普通高等农业院校适用教材
——本书由"中职本科3+4分段培养项目"资助出版

食用菌栽培加工学

袁学军 编著

U0320873

中国农业科学技术出版社

图书在版编目（CIP）数据

食用菌栽培加工学／袁学军编著．—北京：中国农业科学技术出版社，2018.2
ISBN 978-7-5116-3469-6

Ⅰ.①食…　Ⅱ.①袁…　Ⅲ.①食用菌-蔬菜园艺　Ⅳ.①S646

中国版本图书馆 CIP 数据核字（2018）第 003382 号

责任编辑　　姚　欢
责任校对　　马广洋

出 版 者　中国农业科学技术出版社
　　　　　北京市中关村南大街 12 号　邮编：100081
电　　话　（010）82106636（编辑室）　　（010）82109702（发行部）
　　　　　（010）82109709（读者服务部）
传　　真　（010）82106631
网　　址　http://www.castp.cn
经 销 者　各地新华书店
印 刷 者　北京建宏印刷有限公司
开　　本　787mm×1 092mm　1/16
印　　张　19　彩插　4 面
字　　数　500 千字
版　　次　2018 年 2 月第 1 版　2020 年 8 月第 3 次印刷
定　　价　50.00 元

前　言

　　食用菌含有人体所必需的 18 种氨基酸和多种维生素，不但营养丰富、味道鲜美，而且对多种疾病具有食疗作用，它符合联合国粮农组织倡导的天然、营养、健康的保健食品要求，因而备受人们的青睐。同时食用菌产业的发展可使多种农业废料变宝，净化环境，改良土壤，促进农业生产良性循环。而且促进农村剩余劳动力就业，实现增产增收。因此，开发食用菌产业在一定程度上可以优化农业生产结构，促进区域性经济的发展和提高农民的收入水平，具有广阔的市场前景和良好的经济效益。

　　食用菌栽培技术有力地推动了我国农业现代化进程，社会对食用菌栽培技术人才的需求也越来越大。为适应这种农业人才需求形势的变化，很多高校、职业学校等在种植类专业中陆续开设了食用菌栽培技术这门实用性很强的技术课程。为此，我们吸纳国内外最新研究成果和企业先进实用技术，从食用菌栽培技术岗位的要求出发，根据生源的特点和人才培养方向，本着突出技术能力培养、理论联系实际、科学性与实用性相结合和有利于教学的原则编写了本书。

　　本书是在近 20 年试验、教学、科研、广泛调查研究、参阅大量文献资料的基础上，运用最新的科研成果，结合我国食用菌栽培技术的实际，进行分析、归纳和消化吸收而形成的。本书的主要内容包括 3 部分。第一部分是总论，分为 7 章，主要介绍食用菌概述、形态与分类、生理、消毒与灭菌、菌种生产、加工、常见病虫害防治；第二部分是各论，分为 18 章，主要介绍平菇、双孢菇、香菇、木耳、草菇、银耳、灵芝、金针菇、猴头、茶树菇、杏鲍菇、鸡腿菇、竹荪、滑菇、姬松茸、灰树花、大球盖菇、羊肚菌等栽培技术；第三部分是实验，分为 6 个实验，分别为：母种培养基的制作、菌种的分离与培养、原种与栽培种制作、食用菌栽培技术、食用菌栽培与加工现场参观、食用菌电化教学等。本书所介绍的内容具有较强的科学性、先进性、实用性和可操作性，对提高食用菌制种、栽培、加工的技术水平将会起到重要作用。

　　本书在编写过程中得到了许多热心的朋友和同志的帮助、支持，对引用科研成果和文献资料的研究人员，在此一并深表感谢。

目　　录

第一部分　总　　论

第二部分　各　　论

第三部分　实　　验

第一部分　总　　论

第一章　食用菌概述

第一节　食用菌的概念

食用菌又称食用真菌，广义的食用菌是指一切可以食用的真菌。它不仅包括大型真菌，而且还包括小型真菌，如酵母菌、脉孢霉、曲霉等。狭义的食用菌是指真菌中可供人类食用的具有大型子实体的真菌，通常形体较大，多为肉质、胶质和膜质。俗称菇、菌、蘑、蕈、耳。主要包括担子菌纲和子囊菌纲中的一些种类。大约有90%的食用菌属于担子菌，而少数属于子囊菌。我们平时所说的食用菌是指狭义概念上的食用菌。从药食同源这个意义上讲，广义上的食用菌包括食用、药用和食药兼用三大类用途的大型真菌；狭义上仅指作为蔬菜食用和食药兼用的种类，不包括药用种类。常见的食用种类如平菇、香菇、双孢蘑菇、木耳、金针菇、草菇等；常见的药用种类有灵芝、茯苓、猪苓等；常见的食药兼用种类有冬虫夏草、猴头、银耳、灰树花等。

第二节　食用菌发展历史

中国是世界上最早认识食用菌的国家之一。食用菌也伴随着人类文明的进步经历了悠久岁月。东西方文明古国的早期历史文献中，都记述了关于菌类的栽培。在2 000年以前的史料中已有记载，《吕氏春秋》载有"味之美者，越骆之菌"；《史记》中有对获各的记载，称为"千岁松根，食之不死"；东汉王充的《论衡》中就谈到"紫芝"可以像豆类在地里栽培。我国最早药学专著《神农本草经》中记载了灵芝可治神经衰弱、心悸、失眠等症，并根据菌盖色泽，评述品质高低。北魏著名农学家贾思勰的《齐民要术·素食篇》中详细介绍了木耳的做法。唐代段成式的《酉阳杂俎》中，有关于竹荪的描述。唐代苏敬等人著的《新修本草》中记载了"煮浆粥安诸木上，以草覆之，即生蕈尔"的原始木耳栽培法。唐代韩鄂的《四时纂要》中，则比较详细地叙述了用烂构木及树叶埋在畦床上栽培构菌的方法，还对菌子的种植、管理、采收、干藏以及菌的有无毒性，能否食用，做了具体叙述。南宋陈仁玉撰写了第一部《菌谱》，其中对侧耳作过"五台天花，亦甲群汇"的评述，还对浙江东南部的11种食用菌列述了名称，并对它们的风味、生长习性和出菇环境等做了精辟的论述。这一时期我国人民认识和利用食用菌知识进步很大。

在西方国家中，希腊有一名医师在公元1世纪提出用木屑在畦床上栽培杨树鳞耳的方法。到 16 世纪末，意大利的一位名医用这种方法栽培成功，后来大力传播。虽然这些办法比较原始，但它具体记载了食用菌科学知识的渊源，具备了为后来半人工栽培的雏形。这一阶段从技术上考虑，完全是靠食用菌的孢子漫天飞，天然生产，人们只是认识了现象。这就是食用菌栽培业的诞生。

近几十年来，人们逐渐认识了食用菌的生长规律，改进了古老的依靠孢子、菌丝自然传播的生产方式。人工培养栽培种的菌丝，加快了食用菌的繁殖速度和获得高产的可能性。有些国家还建成了年产鲜菇千吨以上的工厂。1950 年，全世界较大面积的栽培食用菌约 5 类，产量约 $7×10^7$kg，西欧一些生产蘑菇的国家，每平方米栽培面积的平均产量约为 2 000g。到 1980 年，栽培种类已超过 12 类，产量约 $1.21×10^9$kg、有的国家每平方米的产量已提高到 27kg。近年来，还发展了既供观赏又供食品的家庭种菇和用菌丝体液体发酵生产食品添加剂的技术。中国广泛栽培的食用菌有蘑菇、香菇、草菇、木耳、银耳、平菇、滑菇 7 类，1982 年总产量约 $1.5×10^8$kg，在掌握选育优良品种、改进制种和栽培技术的基础上，食用菌的发展速度正迅速提高。科学家们预言，21 世纪食用菌将发展成为人类主要的蛋白质食品之一。

第三节　发展食用菌的意义

食用菌风味独特，营养丰富，既有食用功能，又有保健功效。食用菌生产具有"不与农争时，不与人争粮、不与粮争地、不与地争肥、比种植业占地少、用水少、比养殖业投资小、见效快、周期短"等特点，为农业资源综合利用和实现农林牧立体种养良性循环打下良好基础。是现代有机农业和特色农业的典范，正以其独特的生产优势、市场优势、劳动密集和资源密集的行业优势、促进农业可持续发展的生态优势及其美味、保健、绿色、安全为特点的产品优势已成为一个颇具生命力的朝阳产业。

一、食用菌是功能性食品

食用菌是高蛋白、低脂肪、富含维生素、矿物质和膳食纤维的优质美味食物，已被联合国推荐为 21 世纪的理想健康食品。利用真菌生产高质量的食用菌类食品，被称之为 21 世纪"白色农业"的发展方向。因此，食用菌将会成为人类未来的重要食品来源。食用菌子实体中蛋白质的含量很高，占鲜重的 3%~4% 或占干重的 30%~40%，介于肉类和蔬菜之间。食用菌所含的蛋白质是由 20 多种氨基酸组成的，其中有 8 种是人体必需氨基酸。食用菌是人类膳食所需矿物质的良好来源。含有丰富的矿物质元素，这些营养元素有钾、磷、硫、钠、钙、镁、铁、锌、铜等。矿质元素种类数量与其生长环境有密切关系。有些食用菌还含有大量的锗和硒。

我国利用食用菌作为药物已有两千多年历史，是利用食用菌治病最早的国家。在汉代的《神农本草经》及明代李时珍的《本草纲目》中就有记载。食用菌对调节人体机能，提高免疫力，降低血压和胆固醇，抗病毒，抗肿瘤以及延缓衰老等有显著功效。如灵芝含有硒（Se）元素能提高人体免疫机能及延缓细胞衰老等作用；猴头可治疗消化系统疾病；

马勃鲜嫩时可食，老熟后可止血和治疗胃出血；茯苓有养身、利尿之功效；木耳润肺、清肺的作用，是纺织工人和理发师的保健食品；冬虫夏草有良好的营养滋补和免疫排毒功效，可以抑菌防癌、抗病毒，是延年益寿的食疗、药膳佳品；双孢蘑菇中的酪氨酸酶可降低血压，核苷酸可治疗肝炎，核酸有抗病毒的作用；香菇中的维生素 D 可以增强人的体质和防治感冒，还可以防治肝硬化等。

随着科学技术的发展，食用菌的药用价值日益受到重视，有许多新产品如食用菌的片剂、糖浆、胶囊、针剂、口服液等应用于临床治疗和日常保健。特别是从食用菌中筛选天然抗肿瘤药物，近几年发展很快，至少有 150 种大型真菌被证实具有抗肿瘤活性。目前已在临床应用的有多种菇类多糖，如香菇多糖、云芝多糖、猪苓多糖、灰树花多糖、灵芝破壁孢子粉等，被作为医治癌症的辅治药物，可以提高人体抵抗力，减轻放疗、化疗反应。食用菌已成为筛选抗肿瘤药物的重要来源。

二、市场广阔

随着世界经济的发展，人民生活水平和科学文化认识水平的提高，对食用菌的需求会越来越大。经济的发展总伴随着食物结构的改变，营养学家提倡科学的饮食结构应是"荤—素—菌"搭配。欧美不少国家把人均食用菌的消费量当做衡量生活水平的标准。新加坡年人均食用菌的消费量约为 4kg，日本约为 3kg，美国约为 1.5kg，中国约为 0.5kg。中国人口众多，其膳食结构逐步向营养、抗病、保健、无公害方向发展，对食用菌消费量每年约以 10%的速度上升，食用菌作为保健食品、有机食品、绿色食品在我国的消费潜力巨大。鲜菇加工的品种多样，涉及领域有医药、罐头、酱制品、食品添加剂、保健茶、休闲食品、蔬菜制品等。不仅提高了食用菌的利用率，而且大幅度地增值，提高了经济效益。国际市场上食用菌及其加工品的交易日趋活跃，我国食用菌产品的出口量也逐年上升。无论是国际市场还是国内市场，食用菌的销路非常宽阔，属于供不应求的紧俏品，有潜在的巨大市场。

三、社会效益显著

食用菌产业是劳动密集型产业，可直接或间接转化大量的农村、城郊富余劳动力，这为农村转移富余劳动力提供了有效的途径，增添了增收渠道。同时，食用菌产业的壮大发展还会带动其他相关产业，比如商贸、交通运输、机械加工、原辅材料、农膜包装、旅游饮食、金融银行业的发展，可达到农民增收、农业增效、财政增长的目的，能形成"兴起一个产业，富裕一方百姓"的农村经济新格局。

四、经济效益高

食用菌生产以其独特的低投入、高产出、见效快的短平快优势，已成为广大农民群众增收致富的一大产业，从事食用菌种植的农户们或是通过此项生产脱掉了贫困的帽子，或是在增收致富道路上又找到了新的途径。另外，各种食用菌系列深加工产品不仅可提高食用菌的利用率，而且大幅度地增值，从而提高经济效益。

五、生态效益好

食用菌产业是一个高效、生态、环保的产业，能将种植业、养殖业、加工业和沼气生产有机结合起来，综合利用，变废为宝，形成了一个多层次利用物质及能量的自然平衡的生态系统，可大大提高整个生态系统的生产能力。工农林的副产品均可作为生产各种食用菌的原料，如各种农作物的秸秆、玉米芯、棉籽壳、麸皮、米糠、高粱壳、花生壳；林业上各种木材加工剩余的木屑、柞蚕场轮伐、果树修剪下枝杈；酿造业上的酒糟、醋糟以及各种畜禽粪尿等，如果将这些用来栽培食用菌就会变废为宝。利用食用菌生产的废料生产饲料、肥料、粉末状活性炭、无土栽培蔬菜基质。菌糠回田下地，作为良好的有机肥料，使大田作物丰收，产量增加；用作饲料，可减少精料，增强家畜抗病力；用于沼气生产，产量比一般沼气原料多产气 70% 以上。栽培模式有利用秸秆生产草腐菌，饲料—养殖—沼气池—沼渣、沼液—食用菌、蔬菜、果品的循环经济模式；利用木腐菌废料生产草腐菌的循环生产模式。形成了"菌糠饲料—养殖—粪便—沼气池—沼液还田"的循环链条。通过食用菌循环经济的带动，以食用菌为核心的产业链可促进林业、种植业、养殖业及循环链条其他环节的发展。

第四节　食用菌产业发展概况

一、食用菌行业概述

中国领土辽阔，地形复杂，气候多样，是菌类的良好的滋生地，孕育着丰富的食用菌资源。中国食用菌产业的历史可以追溯到公元 1 世纪。当今世界性商业化栽培的十余种食用菌，绝大多数都起源于中国。由于食用菌产业在我国历史悠久，我国在其基础研究和应用技术研究方面都有许多重大的发现和革新，在某些领域一直居于国际领先水平。中国食用菌产业的发展有其鲜明的特色，我国的食用菌产业属于低成本产业，注重发挥社会效益和生态效益，成为许多发展中国家借鉴的成功典范，为世界食用菌产业的繁荣做出了有益贡献。

（一）食用菌产业是朝阳产业

自改革开放以来，食用菌产业作为新兴产业在我国农业和农村经济发展中特别是建设社会主义新农村中的地位日趋重要，已成为我国广大农村和农民最主要的经济来源之一，成为中国农业的支柱产业之一，也是在我国农业发展中具有独特的优势和地位，是种植业中最具活力的经济作物之一。目前我国从事食用菌菌种、种植、收购、加工、运输和贸易的相关人员已达 3 000 万，人工栽培的食用菌种类不断增多，年产量持续增长随着食用菌技术的应用普及，市场需求与农业结构调整的政策环境，中国食用菌行业已步入快速成长期的稳定发展阶段。

（二）食用菌产业现已成为中国农业中的一个重要产业

我国是一个农业大国。食用菌产业现已成为中国农业中的一个重要产业，是种植业中仅次于粮、棉、油、果、菜的第六大类产品。丰富的农林废料为食用菌产业的发展提供了充足的原料，且劳动力资源丰富。食用菌产业已成为中国农业中的一个重要产业。据统计，2006 年全国食用菌产量达到 1 400 万 t，占全球产量的 70%，总产值 590 亿元，在全国种植业中仅次于粮、棉、油、果、菜，居第六位，占全球总产值的 70% 以上，出口创汇约 74 亿元，综合产值达 1 300 亿元（含餐饮及深加工），安置和转移农村富余劳动力、矿区失地农民、林区转产工人 2 500 万人。食用菌生产是我国农林经济中具有较强活力的新兴产业，也成为贫困地区农民脱贫致富的重要途径。食用菌产业在发展我国农村经济、帮助农民脱贫致富，开发新的食品和药品资源，保障人民健康等方面做出了重要贡献。由于我国具备发展食用菌产业的得天独厚的条件，因此食用菌产业发展迅猛，现已成为世界上第一食用菌生产大国。目前中国食用菌年产量占世界总产量的 65% 以上，出口量占亚洲出口总量的 80%，占全球贸易的 40%。2002 年中国食用菌产量为 867 万 t，加工后的总产值 408 亿元。

（三）中国已成为名副其实的食用菌大国

食用菌产业是种植业中仅次于粮、棉、油、果、菜的第六大类产品。目前，中国食用菌年产量占世界总产量的 65% 以上，出口量占亚洲出口总量的 80%，占全球贸易的 40%。2002 年中国食用菌产量为 867 万 t，加工后的总产值 408 亿元。我国食用菌的平菇、香菇、双孢菇、黑木耳、金针菇、猴头菇、草菇等品种产量为世界之首，目前，我国食用菌年产量达 1 150 万 t（2006 年），占世界总产量的 65%~70%，占世界食用菌贸易总量的 40%，贸易总额达 11.2 亿美元，已成为世界食用菌生产大国。除产量外，食用菌的栽培种类也位居世界首位。目前，我国已知食用菌近 950 种，进行人工栽培的食用菌约有六十余种，例如双孢菇、香菇、金针菇、平菇、凤尾菇、秀珍菇、滑菇、竹荪、毛木耳、黑木耳、银耳、草菇、银丝草菇、猴头菌、姬松茸、杏鲍菇、白灵菇、灰树花、皱环球盖菇、长根菇、鸡腿蘑、真姬菇等。除人工栽培食用菌外，我国还大力发展了以灵芝、冬虫夏草、茯苓等为代表的药用菌产业和以松茸、牛肝菌、块菌、羊肚菌等为代表的野生食用菌产业。仅松茸一项，2003 年出口创汇就达 5 000 多万美元。近年来，中国食用菌产业在增加产量的同时，更加注重提高质量、保证安全，食用菌生产开始从数量增长型向质量效益型转变。在产品结构上，发展优势产品，开发珍稀品种；在生产技术上，向机械化、集约化方向发展，提高劳动效率和产品质量；在生产经营上，坚持走精深加工的道路，开发保健食品，提高综合效益；在产品流通上，发展专业批发市场，在大中城市建立配送中心和连锁店，使小包装鲜菇直接进入超市柜台。在食用菌消费上，努力宣传食用菌文化，食用菌产品已作为健康、时尚食品摆上家庭餐桌；在对外出口贸易上，加强对外宣传，扩大国际交流合作，拓宽出口渠道，开拓多元化国际市场，中国食用菌产品正稳步走向世界。

（四）全国食用菌的生产发展很不平衡

中国的食用菌重点产区主要分布在黑龙江、河北、河南、山东、浙江、江苏、福建、广东和四川等省。全国有两个省年产量超过 100 万 t，3 个省超过 50 万 t，6 个省超过 30 万 t，4 个省超过 10 万 t。但是，全国食用菌的生产发展很不平衡，西部地区发展尤为缓慢。全国最大食用菌生产基地是福建省古田县，该县食用菌生产量大，出口量为全国之冠，是中国食用菌之都，尤其是银耳（白木耳）产量占世界的 90%。

（五）食用菌是我国重要的出口创汇农产品

食用菌是我国重要的出口创汇农产品，2003 年出口创汇已超过 6 亿美元。据中国海关总署统计，出口量在 1 万 t 以上的国家和地区有 12 个：日本、韩国、德国、加拿大、马来西亚、美国、意大利、荷兰、俄罗斯、爱沙尼亚，以及中国的香港和台湾地区。出口值在 500 万美元以上的国家和地区有 15 个：日本、德国、韩国、意大利、美国、马来西亚、加拿大、荷兰、澳大利亚、俄罗斯、爱沙尼亚、法国、印度，以及中国的香港和台湾地区。总之，食用菌产业在发展我国农村经济、帮助农民脱贫致富、开发新的食品和药品资源、保障人民健康等方面做出了重要的贡献。

二、食用菌行业主要技术现状及发展趋势

食用菌是继植物性、动物性食品之后的第三类食品———菌物性食品，其味道鲜美，而且含有丰富的蛋白质、多种微量元素和维生素，被世界公认为健康食品。食用菌含水量高、组织脆嫩，在采收和贮运过程中极易造成损伤，引起变色、变质或腐烂等，加强实用型的食用菌贮藏保鲜和高技术含量的深加工技术研究和开发已成为食用菌生产发展的一个重要课题。此外加强菇类主要病虫害防治技术的研究（包括高效、低毒、低残留药剂的筛选和施用技术）、菇类病虫害的生物防治、菇类病毒病血清特异性反应的电镜检测技术研究以及食品安全检测正越来越引起全球的关注，这些正在成为食用菌行业发展的关键之一。

（一）食用菌栽培技术研究现状

我国从事现代栽培技术研究始于 20 世纪 50 年代。1962 年，我国在国际上首先人工驯化栽培猴头和银耳取得成功。70 年代初，木耳、香菇、银耳的纯菌种生产的制种技术获得突破，并广泛用于栽培。70 年代中期，我国发明了香菇袋料栽培技术，引进、消化吸收和推广了双孢蘑菇堆料二次发酵技术。80 年代实现了平菇、凤尾菇、滑菇、金针菇、毛木耳的袋料栽培。随后，我国食用菌栽培技术步入了快速发展时期，先后在灰树花、鸡腿菇、杨树菇、长根菇等 10 余个品种的人工栽培技术上获得成功，极大地丰富了人工栽培食用菌的种类，使我国食用菌的总产量迅速上升。

（二）食用菌保鲜技术现状及趋势

由于食用菌含水量高、组织脆嫩，在采收和贮运过程中极易造成损伤，引起变色、变质或腐烂，失去食用价值和商品价值，因此严重地制约了食用菌生产。为了减少损失，调节、丰富食用菌的市场供应，满足国内外市场的需要，提高食用菌产业的效益，大力推行实用型的食用菌保鲜贮藏和加工技术已成为食用菌生产发展的一个重要课题。食用菌保鲜就是利用活的子实体对不良环境和微生物侵染所具有的抗性，通过采用物理或化学方法，使食用菌的分解代谢处于最低状态（休眠状态），借以延长贮存时间，保持鲜嫩的食用价值和商品价值。但保鲜过程不能使菌体完全停止生命活动，因此不能长期保存，只能延长食用期。食用菌的贮藏保鲜经历了由简到繁、由低级到高级的一个发展过程，保鲜技术研究的重点在于要使食用菌呼吸代谢强度控制在合适的水平上，生产中常用的保鲜方法有简易包装保鲜法、辐射保鲜法、冷藏保鲜法、化学药剂保鲜法、气调贮藏保鲜法等，上述方法各有其自身的优点。

1. 辐射保鲜法

对防止开伞、保持质地、抑制呼吸和微生物繁殖有较好的效果，缺点是对色泽维持的效果不理想。

2. 冷库保鲜

采收的鲜菇经整理后，放入筐、篮中，用多层湿纱布或麻袋片覆盖。阴凉处放缸，缸内盛有少量清水，水上放置木架，将筐篮放于木架上，再用薄膜封闭缸口。

3. 休眠保鲜

采收后于25℃以上室内放置3~5小时，使其旺盛呼吸，然后再于0℃左右的冷库中静置处理12小时左右，20℃左右保鲜期为4~5天。

4. 气调保鲜

该方法是以人工控制环境的温度、湿度及气体成分等，达到保鲜目的。简易气调保藏将鲜菇（如香菇、双孢菇等）贮藏于含氧量1%~2%、二氧化碳40%、氮气58%~59%的气调袋内，于20℃条件下，可保藏8天左右。

5. "硅窗"袋保鲜

将硅橡按比例地镶嵌在塑料包装袋壁，就形成了具有保鲜作用的"硅窗"保鲜袋。该塑料袋能依靠"硅窗"自动调节袋内氧与二氧化碳的比例，从而达到使鲜菇安全贮藏的目的。

6. 化学保鲜

化学保鲜就是利用化学物质来抑制食用菌的呼吸强度，并防止腐败性微生物的活动。食用菌化学保鲜具有方法简单、成本低、保鲜程度高等优点。

7. 气调贮藏保鲜法

以纸袋包装，加上天然去异味剂，在5℃左右条件下贮藏，可保持蘑菇15天基本无褐变。该技术使用简便，适用于农村生产条件下的食用菌保鲜，具有极大的推广价值。

（三）食用菌深加工技术现状及发展趋势

食用菌食品多为传统的干鲜品和盐渍品，已远远不能满足消费者的需要。为改变目前食用菌产业所面临的困境，需要认真探索、深入研究食用菌的化学组成、物化性质和贮藏加工过程中的各种变化，为深加工提供理论基础；研究食用菌贮藏保鲜新技术，大大延长新鲜菇品的保存时间，提高鲜品的附加值；在已有食用菌深加工产品，如菇类酱油、木耳糖等取得良好的经济效益和社会效益的基础上，不断增加新的加工产品；满足市场对优质食用菌食品品种多样、供货快捷、健康饮食的要求，实现食用菌产品的增值，使食用菌市场与国际接轨，深入研究食用菌深加工新技术和各种食用菌的活性功能成分，为食用菌天然新药开发打下基础；加强食用菌质量与安全检测技术的研究开发，尤其是现场在线快速检测技术，为食用菌产业无公害和有机食品生产建立起良好的技术支撑平台；构建食用菌产品质量标准HACCP质量体系，努力提高食品安全控制的能力，保障食用菌产品的质量和安全，必将会给食用菌产业的发展带来美好的前景。

1. 冷冻干燥保鲜技术

食品保鲜储藏方法中，冷冻干燥（简称冻干）保鲜技术已越来越受到人们的重视，是国际上公认的优质食品干燥方法。冻干技术是把含水物料在冻结状态下，使水分在真空条件下由固态升华为气态脱除，达到除去水分、保存干物质的目的。冻干技术使食品中的挥发性物质和热敏性的营养成分损失小，可保持食品原有的性状，使食品脱水彻底，食品中易氧化的营养成分得到了保护，微生物活动和酶活性得到明显抑制，从而使食品得到长期保存。食用菌鲜品利用冻干的方法进行保存，不仅具有一般冻干食品的优点，而且保存了食用菌中易氧化的多糖和嘌呤等营养成分。

2. 液体深层发酵技术

发酵工程属于现代生物工程技术范畴，是生物技术转化为生产力的重要途径，它在食用菌功能性食品开发中已得到深入研究和广泛的应用。食用菌研究人员认为食用菌液体深层发酵技术比传统的食用菌生产方式有明显的优越性，在液体深层培养中，菌丝细胞能在反应器内最适的环境下生长，呼吸作用所产生的代谢废气又能及时排放，因此新陈代谢旺盛，菌丝生长分裂迅速，能在短时间内产生大量的菌丝体和特定代谢产物。深层培养食用菌生产的菌丝体营养价值高，多糖、蛋白质、氨基酸的含量均超过了子实体。因此，进行食用菌液体深层发酵研究，找出食用菌悬浮培养规律，可以用于食用菌功能性食品的有效生产。

3. 超细粉体技术

目前国外对粒径小于 $3\mu m$ 的粉体称为超细粉体，超细粉体通常又分为微米级、亚微米级及纳米级粉体。超细粉体表面积大，表面活性高。食用菌子实体、菌丝体干品、浸提物精粉和多糖粉经超细化后，粉体表面积增大，使食用菌功能因子的利用率、吸收率和疗效得到提高。食用菌经超细化后，不但在内服上能提高利用率、吸收率和疗效，在外用上还可扩大其疗效，如防脱发、促生发、护肤祛斑作用，还可进行鼻腔、皮下给药。

4. 微胶囊技术

微胶囊技术是用成膜材料将三态物质包覆使之形成微小粒子的技术。形成的大小在微米和毫米之间的微小粒子叫微胶囊。胶囊内部可以是固体、液体和气体。灵芝等食用菌精粉的功能因子中的三萜类，味道极苦，经微胶囊包覆后，即起到掩盖不良味道的作用。食用菌的功能因子，用亲水性半透性壁材包覆后，可使食用菌的功能因子通过微胶囊技术起到缓释的作用，达到长效的目的。目前，利用微生物为原料制备微胶囊技术，已在许多领域中得到实际的应用。

5. 超临界流体萃取技术

超临界流体萃取技术是近年来已得到较快发展的高新技术，其原理是利用某些物质处于超临界状态下，所具有的优良溶剂特性来分离固相或液相混合物，最终达到提纯目的。该技术可以较好地避免传统食用菌在提取过程中的缺陷。超临界 CO_2 提取技术最大的优点在于可将萃取、分离（精制）和去除溶剂等多个过程合为一体，简化了工艺流程，提高了生产率，并且不对环境造成污染。食用菌中的功能因子可用超临界 CO_2 萃取技术，从精粉中提纯三萜类活性成分。食用菌中的多糖类活性成分，因极性较大，单用纯 CO_2 提取效果不佳，需与提携剂并用，才可把多糖中具有活性的多糖成分提纯出来。

三、食用菌特色产业的类型

近年来，中国食用菌产业在增加产量的同时，更加注重提高质量、保证安全，食用菌生产开始从数量增长型向质量效益型转变。食用菌产业实现由数量型增长向质量效益型增长转变的目标，将向以下方面发展。

（一）特色菇业

利用本地自然资源、市场和技术等优势，瞄准市场需求，引进或开发1~2个适合当地发展名优珍稀品种，实施产业化开发，形成从菌种生产、商品菇种植、病虫害防治、产品包装和加工等一条龙的产业化生产，并组建科技、信息以及产地专业批发市场和远销组织等为一体的服务体系，最终形成规模特色。

（二）生态菇业

无公害种植技术，把保护菇业资源与环境和菇产品的卫生安全融为一体，最终实现菇业可持续发展。我国加入WTO后，必须发展生态菇业技术，只有实现无公害种植，才能生产出安全的菇产品，我国的菇产品就更易打入国际市场。

（三）创汇菇业

瞄准国际菇菌产业市场，充分挖掘本地菇菌产品的资源与技术优势，种植一些创汇品种，如白灵菇、杏鲍菇、真姬菇、茶薪菇、松毛菇、牛排菇、金福菇以及优质花菇、蘑菇、滑菇、木耳等。

（四）休闲菇业

随着人们生活水平的提高，节假日增多，人们的消费需求也随之向多样化方向发展，对菇产品的需求不仅仅是为了满足食用，而且要满足休闲度假、美化环境等多方面的需求。因此，应将菇产业种植生产与旅游观光、采摘自食、观赏盆景等综合开发结合起来，协调发展，建立一批环境优美的休闲菇业基地，通过食用菌观光旅游，使生活在城市中的人们了解一些菇业基本知识，欣赏购买新特菇菌，采摘鲜菇菌子实体，体会收获的喜悦。与之相关的盆景制作技术，珍稀品种栽培技术和配套相关产品开发技术将得到发展，成为菇产业中的一项新型产业。

（五）保健菇业

食用菌目前主要用于菜肴，它营养丰富、味道鲜美、誉称为"山珍"，如洁白肥嫩可口的草菇、味如鸡丝的鸡腿菇、黏滑多胶的木耳、清嫩可口的竹荪、香郁诱人的香菇、肉质细腻的口蘑、鲜美质脆的羊肚菌、水果清香的鸡油菌、鲍鱼海鲜风味的侧耳等，都是享誉古今中外的美味营养食品。但近几年来部分品种发展过快，出现供大于求，深精加工没有跟上的现象。由于人们生活水平的提高，对保健类的菇产品情有独钟，把食用菌所具有的蛋白质、维生素和多糖成分等渗透到各种糖果中，或把食用菌直接制成风味食品，使消费者在食用这些产品时，一方面获得美味享受，一方面又获得食用菌提供的营养和免疫保健功能。如木耳糖、灵芝糖、平菇花生糖、香菇软糖、猴头牛皮糖、奶耳蛋白糖及香菇松、香菇笋豆、金针菇干、油浸金针菇、蜜银耳、橘瓣银耳、冰糖樱桃银耳、银耳果冻、咸辣菇条、菇类豆酱等。另外，食用菌还有经过精加工的口服型和外用型的美容制品以及灵芝胶囊、菇菌片、蜜环菌片、云芝多糖片、健肝片、舒筋散、云芝肝泰等产品。

第五节　我国食用菌业的发展趋势

一、向多品种发展

根据市场需求，发展新、优品种，尤其是国内外畅销的品种，并注重野生品种的驯化研究。食用菌生产品种由原来以平菇、香菇为主，发展到平菇、香菇、金针菇、双孢蘑菇、草菇、木耳、白灵菇、茶薪菇、姬松茸、鸡腿菇、灰树花、猴头、杏鲍菇、灵芝等品种。近年又有一批珍稀食用菌试种成功，如北冬虫夏草、长根菇等。随着人民生活水平的提高，食用菌市场向着多品种、高档次的方向发展是必然趋势。

二、向高质量发展

高标准生产基地的建设、高质量食用菌产品的开发，为食用菌产业发展打下产品基础，食用菌从栽培到加工、包装、储运、销售的全过程要遵循无公害的原则，以便生产出有竞争优势的高质量产品，增强我国食用菌产品在国际市场上的竞争力。各地制定食用菌生产加工系列标准，按照"高标准起步、高水平建设、高速度发展、高效益示范"的原则，完善食用菌标准化保障体系、技术服务、产品检测等三大体系，及产品质量可追溯体系，使食用菌产品实现优质、高效、绿色、安全。

三、栽培原料向多样化发展

随着新技术、新品种的不断开发和推广，国家封山育林政策的实施，人们环保意识的增强，会逐渐淘汰传统的段木栽培方式，向代料栽培发展。拓宽培养材料不仅能降低生产成本，也是保持我国食用菌生产长期繁荣的必由之路。代料栽培食用菌已不仅仅限于木屑、棉籽壳、蔗渣、酒糟、稻草、农作物秸秆、高粱壳、玉米芯等农林副产品，一些杂草、果皮、树叶等也逐渐用来栽培食用菌。

四、由家庭作坊向工厂集约化经营方向转变

我国食用菌生产，多以农户作坊式分散分户季节型栽培为主，但不能适应大市场、大流通的要求。近几年，食用菌产业正在发生着两个突变，即经营体制由分散分户、自产自销的小农经济向高产优质高效益的产业化、商品化市场经济转变；经济增长方式由粗放型经营、农村副业地位向集约型、工厂化、精细化、一体化的现代企业经营地位转变。我国已涌现出一批专业的食用菌股份公司、有限公司或研究所，有利于食用菌生产向企业化、集约化方向发展，逐步形成以市场引导生产的产业化发展运行机制，提高我国食用菌的经营管理水平，增强在国际市场上的竞争能力。

五、由手工操作向机械化方向发展

用机械操作代替手工操作，可显著提高劳动效率。近几年，我国已有不少食用菌专用

机械面世，只要搭配合理，就可以形成流水线生产。

六、栽培季节向周年化发展

根据我国经济发展水平，农业生产以不同季节栽培不同品种，施行周年栽培为最佳方式，例如，北方一个菇棚，可平菇→草菇→香菇或平菇的周年栽培，可柱状田头菇→鲍鱼菇→香菇或平菇的周年栽培，还可平菇→灰树花→白阿魏侧耳的周年栽培，总之，不同地区、不同气候条件、不同栽培设施可以选择不同的周年栽培模式。

七、向增值化发展

食用菌由以销售鲜菇、干制或腌制为主，发展为精深加工，向保健食品、药品方向开拓新产品。各种食用菌系列深加工产品、调料、方便快餐相继问世，不仅提高了食用菌的利用率，而且大幅度地增值，提高了经济效益。此外，利用菌丝发酵液中提取物生产药品、食品及保健品已成为一个关注的热点。

八、市场向网络化发展

随着信息产业的发展，市场网络迅速扩大，市场信息传递迅捷，产、供、销联系日益紧密，产销渠道将日臻通畅完善，这就需要生产者和经营者都要及时掌握市场信息，以立于不败之地。

复习题

1. 食用菌的概念。
2. 发展食用菌的意义。
3. 食用菌特色产业的类型。
4. 我国食用菌业的发展趋势。

第二章 食用菌的形态与分类

在自然界中食用菌的种类繁多，千姿百态，大小不一。不同种类的食用菌以及不同的环境中生长的食用菌都有其独特的形态特征。掌握食用菌形态和分类知识，是指导食用菌生产并获得栽培成功的前提和保证。

第一节 食用菌的形态结构

虽然它们在外表上有很大差异。但实际上它们都是由生活于基质内部的菌丝体和生长在基质表面的子实体组成的，即食用菌是由菌丝体和子实体两部分组成。菌丝体是营养体（结构），存在于基质内，主要功能是分解基质，吸收，输送及贮藏养分；子实体是繁殖结构，其主要作用是产生孢子，繁殖后代，也是人们食用的主要部分。子实体是从菌丝体上产生的。

一、菌丝体的形态结构

（一）菌丝体的概念

是由基质内无数纤细的菌丝交织而成的丝状体或网状体，一般呈白色绒毛状。

（二）菌丝的概念

是由管状细胞组成的丝状物，是由孢子吸水后萌发芽管，芽管的管状细胞不断分枝伸长发育而形成的。每一阶段的菌丝都具有潜在的分生能力，均可发育成新的菌丝体。生产应用的"菌种"，就是利用菌丝细胞的分生作用进行繁殖的。食用菌的菌丝一般是多细胞的，菌丝被隔膜隔成了多个细胞，每个细胞可以是单核、双核或多核。隔膜（septum）由细胞壁向内作环状生长而形成，食用菌的菌丝都是有隔菌丝（图2-1）。

（三）菌丝的形态

多细胞、管状、无色、透明、有横隔。

（四）菌丝的功能

分解、吸收、转化、积累、运输养分和贮藏、繁殖。

（五）菌丝的类型

根据菌丝发育的顺序和细胞中细胞核的数目，食用菌的菌丝可分为初生菌丝、次生菌丝、三次菌丝。

1. 初生菌丝

孢子萌发而形成的菌丝。开始时菌丝细胞多核、纤细，后产生隔膜，分成许多个单核

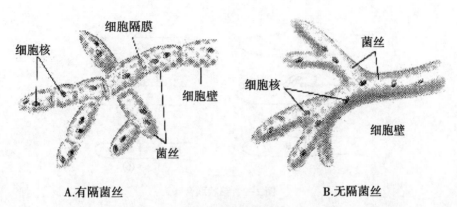

A.有隔菌丝   B.无隔菌丝

图 2-1 菌丝的类型

细胞，每个细胞只有一个细胞核，又称为单核菌丝或一次菌丝。子囊菌的单核菌丝发达且生活期较长，而担子菌的单核菌丝生活期较短且不发达，两条初生菌丝一般很快配合后发育成双核化的次生菌丝。单核菌丝无论怎样繁殖，一般都不会形成子实体，只有和另一条可亲和的单核菌丝质配之后变成双核菌丝，才会产生子实体。

2. 次生菌丝

两条初生菌丝结合，经过质配而形成菌丝。由于在形成次生菌丝时，两个初生菌丝细胞的细胞核并没有发生融合，因此次生菌丝的每个细胞含有两个核，又称为双核菌丝或二次菌丝。它是食用菌菌丝存在的主要形式，食用菌生产上使用的菌种都是双核菌丝，只有双核菌丝才能形成子实体。它能发出多个分枝，向多极生长，并分泌水解酶，将基质中的大分子碳水化合物水解成小分子化合物供自身生长需要，从而不断生长扩大，直至成熟集结形成子实体，同时也为子实体提供养料，两条初生菌丝制种既是培养次生菌丝体，任何微小的菌丝体片段（菌种块），均能产生新的生长点，由此产生新的菌丝体。生长基质内的菌丝体，如条件适宜，可以永远生长下去，直至基质养料消耗完毕。

锁状联合：大部分食用菌的双核菌丝顶端细胞上常发生锁状联合，这是双核菌丝细胞分裂的一种特殊形式。担子菌中许多种类的双核菌丝都是靠锁状联合进行细胞分裂，不断增加细胞数目，锁状联合过程见图 2-2：①先在双核菌丝顶端细胞的两核之间的细胞壁上产生一个喙状凸起；②双核中的一个移入喙状凸起，另一个仍留在细胞下部；③两个异质核同时进行有丝分裂，成为 4 个子核；④分裂完成后，2 个在细胞的前部；另外 2 个子核，其中 1 个进入喙凸中，另 1 个留在细胞后部；⑤此时，细胞中部和喙基部均生出横隔，将原细胞分成 3 部分。此后，喙凸尖端继续下延与细胞下部接触并融通。同时喙凸中的核进入下部细胞内，使细胞下部也成为双核；⑥经如上变化后，4 个子核分成 2 对，一个双核细胞分裂为两个；此过程结束后，在两细胞分融处残留一个喙状结构，即锁状联合。这一过程保证了双核菌丝在进行细胞分裂时，每节（每个细胞）都能含有两个异质（遗传型不同）的核，为进行有性生殖，通过核配形成担子打下基础。双核菌丝是靠锁状联合进行细胞分裂的；锁状联合是双核菌丝的鉴定标准，凡是产生锁状联合的菌丝均可断定为双核。锁状联合也是担子菌亚门的明显特征之一，尤其是香菇、平菇、灵芝、木耳、鬼伞等。

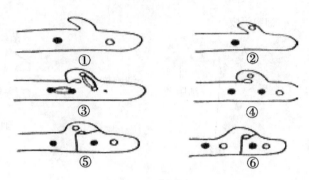

图 2-2　锁状联合

3. 三次菌丝

由二次菌丝进一步发育形成的已组织化的双核菌丝，也叫三生菌丝或结实性菌丝。如菌索、菌核、菌根中菌丝以及子实体中的菌丝。

（六）菌丝组织体的类型

菌丝体无论在基质内伸展，还是在基质表面蔓延，一般都是很疏松的。但是有的子囊菌和担子菌在环境条件不良或在繁殖的时候，菌丝体的菌丝相互紧密地缠结在一起，就形成了菌丝体的变态。常见的菌丝组织体有：

1. 菌索

由菌丝缠结而形成的形似绳索状的结构。（菌丝组织体）对不良环境有较强的抵抗力，当环境条件适宜时，菌索可发育成子实体。典型的如蜜环菌、安络小皮伞等。

2. 菌核

由菌丝体和贮藏营养物质密集而形成的有一定形状的休眠体，又称菌核。菌核中贮藏着较多的养分，对干燥、高温和低温有较强的抵抗能力。因此，菌核既是真菌的贮藏器官，又是度过不良环境的菌丝组织体。菌核中的菌丝有较强的再生力，当环境条件适宜时，很容易萌发出新的菌丝或者由菌核上直接产生子实体。我们常用的药材如猪苓、雷丸、茯苓等都是。

3. 菌丝束

由大量平行菌丝排列在一起形成的肉眼可见的束状菌丝组织叫菌丝束。无顶端分生组织，如双孢菇子实体基部常生长着一些白色绳索状的丝状物，即是它的菌丝束。

4. 菌膜

由菌丝紧密交织成一层薄膜，即是菌膜。如香菇的表面形成的褐色被膜。

5. 子座

由菌丝组织即拟薄壁组织和疏丝组织构成的容纳子实体的褥座状结构。一般呈垫状、栓状、棍棒状或头状。它是真菌从营养生长阶段到生殖阶段的一种过渡形式。

二、子实体的形态结构

菌丝在基质中吸收养分不断地生长和增殖，在适宜条件下转入生殖生长，形成子实体原基并逐步发育为成熟子实体。子实体是真菌进行有性生殖的产孢结构，俗称菇、蕈、耳等，其功能是产生孢子，繁殖后代，也是人们主要食用的部分。担子菌的子实体称为担子果，是产生担孢子。子囊菌的子实体称为子囊果，是产生子囊孢子的部分。子实体是由菌丝构成的，与营养菌丝比，在形态上具有独特的变化型和特化功能。子实体形态丰富多彩，不同种类形态各不相同，有的是伞状（蘑菇，香菇），有的贝壳状（平菇），漏斗状（鸡油菌），舌状（半舌菌），头状（猴头菌），毛刷状（齿菌），珊瑚状（珊瑚菌），柱状（羊肚菌），耳状（木耳），花瓣状（银耳）等，以伞菌最多，可作商品化栽培的食用菌大多为伞菌，下面着重以伞菌为例，简单地介绍其子实体的形态和构造。伞菌子实体主要由菌盖、菌褶、菌柄组成见图2-3，某些种类还具有菌幕的残存物——菌环、菌托。

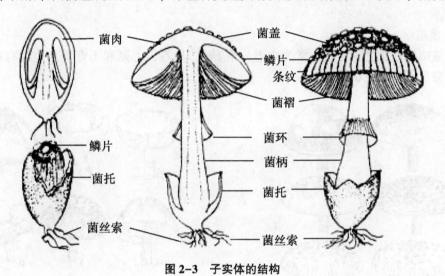

图2-3　子实体的结构

（一）菌盖

又称菌帽，是伞菌子实体位于菌柄之上的帽状部分，是主要的繁殖结构，也是我们食用的主要部分。由表皮，菌肉和产孢组织——菌褶和菌管组成。

1. 形态

形态见图2-4：因种而异，常见有钟形（草菇），半球形（蘑菇）。

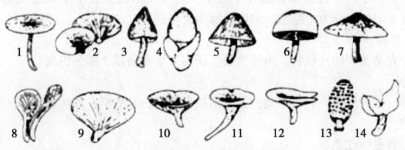

1. 圆形　2. 半圆形　3. 圆锥形　4. 椭圆形　5. 钟形　6. 半球形　7. 斗笠形　8. 钥匙形　9. 扇形　10. 漏斗形　11. 喇叭形　12. 浅漏斗形　13. 圆筒形　14. 马鞍形

图2-4　菌盖常见形状

2. 颜色

颜色各异，有乳白色（双孢蘑菇），杏黄色（鸡油菌），灰色（草菇），红色（大红菇），青头菌为紫绿色。

3. 附属物

附属物见图 2-5：鳞片（蛤蟆菌），丛卷毛（毛头鬼伞），颗粒状物（晶粒鬼伞），丝状纤维（四孢蘑菇）。

4. 菌肉

表皮以下是菌肉，多为肉质，少数是革质（裂褶菌），蜡质（蜡菌），也有胶质或软骨质的。

5. 菌盖

菌盖边缘形状见图 2-6：常为内卷（乳菇），反卷，上翘和下弯等。边缘有的全缘，有的撕裂呈不规则波状等。

1. 纤毛　2. 丛毛鳞片　3. 颗粒状鳞片
4. 块状鳞片　5. 龟裂鳞片　6. 角锥鳞片

图 2-5　菌盖附属物

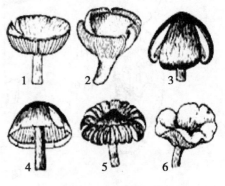

1. 上翘　2. 反卷　3. 内卷
4. 边缘有全缘　5. 边缘撕裂
6. 边缘不规则波状

图 2-6　菌盖附属物

6. 菌盖大小

因种而异，小的仅几厘米，达几十厘米。通常将菌盖直径小于 6cm 的称为小型菇，菌盖直径在 6~10cm 称为中型菇，>10cm 称为大型菇。

（二）菌褶

是生长在菌盖下的片状物。由子实层、子实下层和菌髓 3 部分组成。

1. 形状

三角形、披针形等。有的很宽，如宽褶拟口蘑等；有的窄，如辣乳菇等。

2. 颜色

白色、黄色、红色。

3. 排列

菌褶一般呈放射状，由菌柄顶部发出，可分成 5 类：①等长；②不等长；③分叉；④有横脉；⑤网纹，菌褶交织成网状。

4. 菌褶与菌柄的连接方式

①直生，菌褶内端呈直角状着生于菌柄上，如红菇；②离生，菌褶的内端不与菌柄接触，如双孢蘑菇、草菇等；③弯生或凹生，菌褶内端与菌柄着生处呈一弯曲，如香菇、金针菇等；④延生（或垂直），菌褶内端沿着菌柄向下延伸，如平菇。菌管就是管状的子实层，在菌盖下面多呈辐射状排列。如牛肝菌或多孔菌（图2-7）。

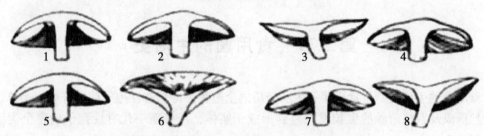

1. 离生　2. 弯生　3. 直生　4. 延生　5. 边缘平滑
6. 边缘波浪形　7. 边缘颗粒状　8. 边缘锯齿状

图2-7　菌褶与菌柄着生及边缘情况

（三）菌柄

连接菌盖和菌丝体中间结构，同时还起支撑作用。

1. 形状

形状见图2-8：圆柱状（金针菇）、棒状、假根状（鸡枞菌）、纺锤状等。

 1. 中生　2. 偏生　3. 侧生　4. 无菌柄　5. 圆柱状　6. 棒状　7. 纺锤状　8. 柱状　9. 分枝
10. 基部联合　11. 基部膨大呈球状　12. 基部膨大呈白状　13. 菌柄扭转　14. 基本延长呈假根状

图2-8　菌柄形状

2. 着生位置

分为中生（蘑菇，草菇），偏生（香菇），侧生（平菇）等类型。

3. 菌柄纵剖面形状

分为实心（香菇），空心（鬼伞），半空心（红菇）。

（四）菌环和菌托

1. 菌幕

指包裹在幼小子实体外面或连接在菌盖和菌柄间的那层膜状结构。前者称外菌幕，后者称内菌幕。

2. 菌环

幼小子实体的菌盖和菌柄间的那层膜，随着子实体成熟，残留在菌柄上发育成菌环。

3. 菌托

包裹在幼小子实体外面，随着子实体的生长，残留在菌柄基部，形成菌托。

第二节　食用菌的生活史

食用菌的生活史是指食用菌一生所经历的全过程。即从有性孢子萌发开始，经单、双核菌丝形成及双核菌丝的生长发育直到形成子实体，产生新一代有性孢子的整个生活周期，如图2-9。

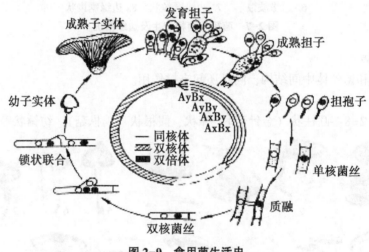

图2-9　食用菌生活史

一、菌丝营养生长期

（一）孢子萌发期

食用菌的生长是孢子萌发开始的，孢子在适宜的基质上，先吸水膨胀伸出芽管，芽管顶端产生分枝发育成菌丝。在胶质菌中，部分种类的担孢子不能直接萌发菌丝（如银耳、金耳等），常以芽殖方式产生次生担孢子或芽孢子（也叫芽生孢子），在适宜的条件下，次生担孢子或芽孢子形成菌丝；木耳等担孢子在萌发前有时先产生横隔，担孢子被分隔成多个细胞，每个细胞再产生若干个钩状分生孢子后萌发成菌丝。

（二）单核菌丝

是子囊菌营养菌丝存在的主要形式，担孢子大单核菌丝存在的时间很短，它细长分枝稀疏，抗逆性差，容易死亡，故分离的单核菌丝不宜长期保存（如草菇、香菇等）。单核菌丝生长时遇到不良环境时，菌丝中的某些细胞形成厚垣孢子，条件适宜时又萌发成单核菌丝。双孢蘑菇的担孢子含有2个核，菌丝从萌发开始就是双核的，无单核菌丝阶段。

（三）双核菌丝

单核菌丝发育到一定阶段，由可亲和的单核菌丝之间进行质配（核不结合），使细胞双核化，形成双核菌丝。双核菌丝是担子菌类食用菌营养菌丝存在的主要形式。食用菌的营养生长主要是双核菌丝的生长。固体培养时对双核菌丝通过分枝不断蔓延伸展，逐渐长满基质；液体培养时形成菌丝球，将基质的营养物质转化为自身的养分，并在体内积累，为日后的繁殖作物质准备。

二、菌丝生殖生长期

（一）子实体的分化和发育

双核菌丝在条件适宜的环境中能旺盛地生长，体内合成并积累大量营养物质，达到一定的生理状态时，首先分化出各种菌丝束（三级菌丝），菌丝束在条件适宜时形成菌蕾，菌蕾再逐渐发育为子实体。与此同时，菌盖下层部分的细胞发生功能性变化，形成子实层着生担子。

（二）担孢子的释放与传播

孢子散发的数量是很惊人的，通常为十几亿到几百亿个，如双孢蘑菇18亿个，平菇600亿~855亿个。个体很小，但数量很大，这是菌类适应环境条件的一种特性。平菇→孢子雾，2~3天。有的菌是通过动物取食、雨水、昆虫等其他方式传播，如竹荪孢子恶臭黏液→几十米外蝇传孢子。块菌特殊气味→动物取食进行传播。

（三）菌丝的有性结合

按初生菌丝的交配反应间将食用菌的有性繁殖分为同宗结合和异宗结合两类。

1. 同宗结合

同一孢子萌发成的两条初生菌丝进行交配，完成有性生殖过程。称为同宗结合。

2. 异宗结合

同一孢子萌发的初生菌丝，不能自行交配（不亲合），只有两个不同交配型的担孢子萌发的初生菌丝才能互相交配，完成有性生殖过程。它是担子菌亚门食用菌有性生殖的普遍形式，在已研究的担子菌中占90%。

第三节　食用菌分类

食用菌的分类是人们认识、研究和利用食用菌的基础。野生食用菌的采集、驯化和鉴定，食用菌的杂交育种以及资源开发利用都必须有一定的分类学知识。

一、食用菌的分类地位

1969年生态学家惠特克提出的生物界系统包括植物界、动物界、原核生物界、原生生物界、真菌界和非细胞形态结构，和其他生物一样也是按界、门、纲、目、科、属、种的等次依次排列，种是基本单位（变种、生理小种或培养小系）。

品种：有共同祖先，有一定经济价值，遗传性状比较一致的人工栽培的食用菌群体。

菌株：指单一菌体的后代，由共同祖先（同一种、同一品种、同一子实体）分离的纯培养物。

二、食用菌的分类依据

食用菌的分类主要是以其形态结构、细胞、生理生化、生态学、遗传等特征为依据，特别是以子实体的形态和孢子的显微结构为主要依据。

三、食用菌的种类

全世界目前已发现大约 25 万种真菌，其中有 1 万多种大型真菌，可食用种类有 2 000多种，但目前仅有 70 多种人工栽培成功。有 20 多种在世界范围被广泛栽培生产。我国的地理位置和自然条件十分优越，蕴藏着极为丰富的食用菌资源。到目前为止，在我国已经发现 720 多种食用菌，它们分别隶属于 144 个属、46 个科。

（一）子囊菌中的食用菌

子囊孢子的发育过程见图 2-10，少数食用菌属于子囊菌，在我国它们分别隶属于 6个科，即麦角菌科、盘菌科、马鞍菌科、羊肚菌科、地菇科和块菌科。

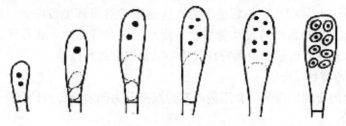

图 2-10　子囊孢子发育过程

1. 麦角菌科

冬虫夏草。

2. 块菌科

黑孢块菌、白块菌、夏块菌。

3. 羊肚菌科

羊肚菌、黑脉羊肚菌、尖顶羊肚菌以及皱柄羊肚菌等。

4. 地菇科

网孢地菇、瘤孢地菇。

5. 马鞍菌科

马鞍菌、棱柄马鞍菌。

（二）担子菌中的食用菌

担孢子的发育过程见图 2-11。

1. 耳类

木耳目、银耳目、花耳目的食用类。常见的种类：①木耳科的黑木耳、毛木耳、皱木耳以及

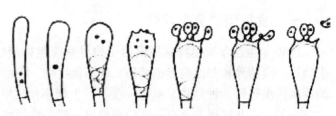

图 2-11　担孢子发育过程

琥珀褐木耳等，其中黑木耳是著名食用兼药用菌；②银耳科的银耳、金耳、茶耳、橙耳等，其中银耳和金耳也是著名的食用兼药用菌；③花耳科的桂花耳。

2. 非褐菌类

珊瑚菌科、齿菌科、绣球菌科、多孔菌类、灵芝菌科。常见的种类：①珊瑚菌科的虫形珊瑚菌、杵棒、扫帚菌；②锁瑚菌科的冠锁瑚菌、灰锁瑚菌；③绣球菌科的绣球菌；④牛舌菌科的牛舌菌；⑤齿菌科的猴头、珊瑚状猴头、卷缘齿菌，其中猴头是著名的食用兼药用菌，被誉为中国四大名菜之一；⑥灵芝科的灵芝、树舌，其中灵芝被誉为灵芝仙草，有神奇的药效；⑦多孔菌科的猪苓、茯苓、灰树花、硫色干酪菌，猪苓、茯苓的菌核都是著名的中药材，灰树花又称栗子蘑，近年来越来越受国际市场的青睐。

3. 伞菌科

伞菌目、牛肝菌目、鸡油菌目、红菇目的可食用菌类。其中伞菌目的食用菌种类最多。常见的种类：①鸡油菌科的鸡油菌、小鸡油菌、灰号角、白鸡油菌等，鸡油菌近年来在国际市场上十分走俏，尤其是盐渍的鸡油菌；②伞菌科的双孢蘑菇、野蘑菇、林地蘑菇、大肥蘑；③粪伞科的田头菇、杨树菇；④鬼伞科的毛头鬼伞、墨汁伞、粪鬼伞、白鸡腿蘑；⑤丝膜菌科的金褐伞、黏柄丝膜菌、蓝丝膜菌、紫丝膜菌、皱皮环锈伞等；⑥蜡伞科的鸡油伞蜡伞、小红蜡伞、变黑蜡伞、鹦鹉绿蜡伞；⑦光柄菇科的灰光柄菇、草菇、银丝草菇；⑧粉褐菌科的晶盖粉褐菌、斜盖褐菌；⑨球盖菇科的滑菇、毛柄鳞伞、白鳞环锈伞、尖鳞伞；⑩靴耳科的靴耳；⑪鹅膏科的灰托柄菇、橙盖鹅膏菌；⑫口蘑科的大杯伞、雷蘑、鸡枞菌、肉白香蘑、长根菇、松口蘑、金针菇、堆金钱菌、红蜡蘑、棕灰口蘑、榆生离褐伞等，其中松口蘑是十分珍贵的食用菌，在日本享有"蘑菇之王"的美称，每千克鲜品其价格高达几十美元到上百元美元；⑬牛肝菌科的美味牛肝菌、厚环乳牛肝菌、褐疣柄牛肝菌、黏盖牛肝菌、黑牛肝菌、松乳牛肝菌、松塔牛肝菌；⑭铆钉菇科的铆钉菇；⑮桩菇科的卷边网褶菌、毛柄网褐菌；⑯红菇科的大白菇、变色红菇、黑菇、正红菇、变绿红菇、松乳菇、多汁乳菇；⑰侧耳科的香菇、虎皮香菇、糙皮侧耳、金顶侧耳、桃红侧耳、凤尾菇、小平菇。

4. 腹菌类

腹菌类的食用菌主要指灰包目、鬼笔目、轴灰包目、黑腹菌目和层腹菌目。其中黑腹菌目和层腹菌目属于地下真菌，即子实体的生长发育是在地下土壤中或腐殖质层下面土表完成的真菌。常见的种类有：①灰包科的网纹灰包、梨形灰包、大秃马勃、中国静灰球；②鬼笔科的白鬼笔、短裙竹荪、长裙竹荪；③灰包菇科的荒漠胃腹菌；④黑腹菌科的倒卵孢黑腹菌、山西光腹菌；⑤须腹菌科的红须腹菌、黑络丸菌、柱孢须腹菌；⑥层腹菌科的梭孢层腹菌、苍岩山层腹菌。

复习题

1. 菌丝的类型。

2. 菌丝组织体的类型。

3. 子实体的结构。

4. 常见食用菌的种类。

第三章 食用菌的生理生态

第一节 食用菌的营养

一、食用菌需要的营养物质

1. 碳源

食用菌最重要的营养来源是碳源。作为碳源，除少数的碳水化合物不能被利用之外，它们能利用从单糖到纤维素等各种复杂的碳水化合物，如：纤维素、葡萄糖、果糖、蔗糖、麦芽糖、半乳糖、糊精、淀粉、半纤维素、木质素、有机酸、某些醇类等。碳源主要参与食用菌细胞物质的构成，同时还为食用菌的生长发育提供能量，在制作培养料配方时要充分考虑碳源的含量。由于食用菌属于化能异养型，不能以二氧化碳、碳酸盐等无机碳为碳源，它只能吸收利用有机碳。葡萄糖、果糖、甘露糖、乳糖等单糖是食用菌的速效碳，通过细胞膜的主动吸收进入细胞内，不需要转化，直接参与细胞代谢。蔗糖、麦芽糖、海藻糖等双糖，部分食用菌可不经过转化被完整地吸收到细胞中去。有些种类则需要在相应酶的作用下水解为单糖后吸收利用，是比较容易吸收利用的碳源。淀粉、纤维素、半纤维素、木质素等多糖是食用菌生长的长效碳，但食用菌不能直接吸收利用，而必须先将多糖分解为单糖、双糖方可被吸收利用。食用菌在生长过程中，菌丝能够分泌分解酶的种类和数量决定了这种食用菌可利用的多糖种类及利用率。纤维素是由 1 万个以上的葡萄糖通过 β-1, 4 糖苷键连接形成的大分子有机物。菌丝若能向细胞外分泌纤维素分解酶，将纤维素分解为单糖、双糖，就能以纤维素为碳源；若不能分泌纤维素酶或虽有分泌但数量很少，这种食用菌则不能利用纤维素或对纤维素的利用率很低。半纤维素是由木糖、阿拉伯糖、乳糖、葡萄糖、甘露糖及糖醛酸混合而成的杂聚物，它必须依靠半纤维素复合酶系催化才能降解，不能分泌该酶的食用菌就不能利用半纤维素。木质素是由多个或一个苯酚丙烷单体组成，食用菌对木质素的降解是通过酚氧化酶、漆酶的作用降解成原儿茶酚类化合物，再经过环裂解形成脂肪族化合物，才能被吸收。淀粉在淀粉酶的作用下水解成麦芽糖及少量糊精，也可发生酸性水解成为葡萄糖，变成食用菌可以吸收利用的营养。有些食用菌没有直接分解多糖的能力，就必须进行培养料的发酵处理，在多种微生物的联合作用下，将其转化成为可以利用的单糖、双糖。食用菌生产中所需的碳源，除葡萄糖、蔗糖等单糖、双糖外，主要来源于麦草、稻草、玉米芯、棉籽壳、木屑等农林副产品及其下脚料。这些产品都是食用菌的长效碳源，具有来源广泛、取材容易、价格低廉、可再生等特点，是栽培食用菌的重要原料。为了促进菌丝生长，在培养料中应当加入 0.5%~5%的葡萄糖等速效碳，作为菌丝生长初期的辅助碳源，促进菌丝早发菌、早吃料、早定殖，诱导纤维素酶、半纤维素酶、木质素酶等胞外酶的产生，为特效碳的充分利用打好基础。

2. 氮素

氮素是食用菌合成蛋白质和核酸必不可少的主要原料。它虽不能像碳源一样为食用菌提供能量，但仍然是碳源之外最重要的营养源。食用菌在生长发育的过程中，所需要的氮源主要有蛋白质、氨基酸、尿素、氨、铵盐和硝酸盐等。蛋白质必须经蛋白酶分解成氨基酸后才能被吸收，伞菌类小分子氮素化合物菌丝体可直接吸收。食用菌可利用的氮源有简单的有机氮、复杂的有机氮和无机氮三大类。氨基酸、尿素等是食用菌的速效氮，菌丝可以不经转化直接吸收利用。蛋白胨、蛋白质等复杂的有机氮是食用菌的持效氮，必须经过胞外酶的分解，转化成为小分子的有机氮才能被吸收利用。

选用什么样的含氮物质做氮源，应根据培养对象可产生的胞外酶的种类来决定，并根据胞外酶的产生数量决定培养料发酵处理的时间与强度。大多数食用菌也可以用铵盐和硝酸盐等无机氮做氮源，铵盐和硝酸盐都是食用菌的速效氮，菌丝可直接吸收利用，但铵盐更易被吸收利用。如果在培养料中只有无机氮而没有有机氮，则菌丝生长非常缓慢，子实体分化困难，不出菇。这是由于菌丝不能以无机氮为原料合成其生长必需的全部氨基酸。在食用菌生产中常用的氮源有蛋白胨、酵母膏、尿素、麸皮、米糠、豆饼、畜禽粪便、硝酸铵、硫酸铵等。尿素在高温下易分解，释放出氨和氢氰酸，会造成培养料的酸碱度升高和菌丝的氨中毒，影响菌丝生长，所以尿素不宜用于熟料栽培。在栽培食用菌的配方中，尿素的使用量应掌握在 0.1%~0.2%，并且主要使用于生料和发酵料栽培的食用菌中。一般认为食用菌培养料中的含氮量小于 0.064%时，菌丝生长纤弱无力，产量低；含氮量大于 0.064%时，菌丝生长旺盛，但子实体分化难，发育慢。

3. 无机盐

在食用菌的生长发育中还需要一定量的无机盐类，如磷酸二氢钾、硫酸钙、硫酸镁、氯化钠、硫酸锌、氯化锰等。无机盐中的金属元素磷、钾、镁最为重要，适宜用量是每立方米培养料加 100~500mg，而铁、钴、锰、锌、钼等微量元素每立方米培养料只需 0.25mg。微量元素对食用菌生理的影响虽然十分重要和显著，但其需求量极小。在一种用无机分析方法检测不到微量元素存在的培养基上，食用菌仍然能够正常生长，而不会出现因微量元素缺乏导致的生理性病害发生。在水和玉米芯、棉籽壳、木屑、大豆秆等植物性产品中所含的微量元素已经足够食用菌正常生长了，所以在食用菌栽培中一般不需要另外添加微量元素；如果额外添加，不仅无益，相反还会造成盐中毒。

大量元素对食用菌生长影响较大，缺乏其中任何一种都会造成产量损失。磷是细胞的结构物质，是细胞膜、细胞核和一些酶及辅酶的成分。同时它还以磷酸代谢的形式参与细胞能量代谢，并参与调节细胞的渗透性。磷对食用菌的生长发育有着非常重要的作用，被食用菌吸收利用磷的物质形态是无机磷酸盐，如磷酸氢二钾、磷酸二氢钾、磷酸钾、过磷酸钙等，常用量 1%~2%。磷酸氢二钠、磷酸二氢钠食用菌不能吸收利用。食用菌还可利用有机磷酸盐，如肌醇三磷酸、酪蛋白等。硫是含硫氨基酸、维生素及含硫或巯基酶的组成成分，常用的硫酸盐是硫酸钙、硫酸镁、硫酸铵等，常用量 1%~3%。钙是食用菌细胞内重要的二价阳离子，是某些蛋白酶的激活剂，能够抵抗某些二价阳离子过量而引起的毒害，还能起到缓冲剂的作用，生产中常用的钙盐有硫酸钙、碳酸钙和石灰，常用量 1%～3%。食用菌生长还需要一定量的镁，镁在食用菌细胞内的主要作用是构成某些酶的活性成分，如己糖磷酸化酶、异柠檬酸脱氢酶等酶的构成成分，在糖的氧化代谢中起着重要调节作用，生产中硫酸镁常用量为 0.1%～0.5%，使用量过大会造成毒害。钾的主要作用是酶的激活剂，能促进碳水化合物的代谢，控制原生质的胶体状态和细胞质膜的透性，影响营养物质的输送。由于植物细胞中富含钾，以植物性产品为原料培养食用菌时一般不会出现钾元素缺乏，个别品种特别需要时，加入适量的草木灰即可。

4. 维生素和生长素

维生素是食用菌生长发育必不可少，而且用量极小的一类小分子有机化合物。它主要起辅酶的作用，参与酶的组成和菌体代谢。它虽然不能提供能量，也不是细胞和组织的结构成分，一旦缺少维生素，酶就会失去活性，新陈代谢就会失调，导致菌体生长和发育异常。所以，在食用菌栽培中，培养料中仅有碳源、氮源、矿质营养和水分是不够的，在缺乏维生素的培养料上食用菌生长乏力，无法实现栽培目的。有些食用菌（金针菇、香菇、鸡腿菇等）自身无合成维生素的能力，通常称其为营养缺陷型，栽培这类食用菌时就要注意添加维生素。在食用菌生产中，常用马铃薯、麸皮、米糠、玉米面、麦芽、酵母膏等原料制作培养基。在这些原料中一般含有种类齐全、数量足够的维生素，基本能够满足食用菌的需要，通常可不必另外添加。

对培养料灭菌时，切忌长时间高温，大多数维生素不耐高温，温度在 120℃ 以上时维生素就会发生分解而失效。在野生食用菌的驯化工作中，经常遇到的一个问题是菌丝体在人工培养基上不生长或生长缓慢，子实体不分化发育慢，其中一个重要原因就是在人工培养基中缺乏某些野生食用菌生长所需要的维生素，或在对培养基进行高温灭菌时破坏了原来存在的维生素。对食用菌生长影响最大的是 B 族维生素和维生素 H 以及维生素 P。维生素 B_1（硫胺素）、维生素 B_2（核黄素）、维生素 B_5（泛酸）、维生素 B_6（吡哆醇）、维生素 B_7 等是构成各种酶的活性基本成分。维生素 B_1 是羧基酶的辅酶，维生素 B_2 是脱氢酶的辅酶，培养基中缺少了维生素食用菌就会生长缓慢，严重时停止生长。

5. 生长因子

是促进子实体分化的微量营养物质，主要是核酸和核苷酸，其中的环腺苷酸（CAMP）具有生育激素的功能，当培养基中加入一定量（$10^{-7}～10^{-5}$ mol）的环腺苷酸可使美味牛肝菌在人工培养基上形成子实体。另外，萘乙酸（NAA）、赤霉素（GA）、吲哚乙酸（IAA）、吲哚丁酸（IBA）等生长激素也能促进食用菌子实体的生长发育，在栽培中也有应用，但仍处于实验研究阶段，应用时要控制好浓度，浓度过高会抑制生长。在食用菌生产中常用浓度为吲哚乙酸（IAA）10mg/L、萘乙酸（NAA）20mg/L、赤霉素（GA）10mg/L、三十烷醇 0.5～1.5mg/L。

二、食用菌的营养类型

食用菌同其他生物一样都需要摄取一定的营养物质。属异养性生物，自身不能合成养料，而是通过菌丝细胞表面的渗透作用，从周围基质中吸收可溶性养料的。不同种类的食用菌摄取营养的方式不同，一般可分为腐生性、共生性、寄生性3种类型。

（一）腐生类型

大部分食用菌属腐生类。他们以营腐生生活为方式，从正在分解或已经死亡的植物体以及无生活力的有机体上吸收养料，可分为木生型、土生型、粪草生型3个生态群。木生型食用菌主要生长在枯立木、倒木、树桩及断枝上。土生型食用菌多生长在森林腐烂落叶层、牧场、草地、肥沃田野等特定生长场所。粪生型食用菌多生长在腐熟堆肥、厩肥以及腐烂草堆或有机废料上。目前，进行商业性栽培的菇类几乎都是腐生性菌类，但在实际生产中要根据它们的营养生理来选择合适的培养料。

（二）共生类型

共生类食用菌不能独自在枯枝腐木上生长。它们需要的营养必须由活的松树等植物来供给，由于植物和这些食用菌在营养上彼此有益，因此称为共生菌。在食用菌中，不少种类能和高等植物、昆虫、原生动物或其他菌类形成相互依存的共生关系。如菌根菌就是菌类与高等植物共生的代表，大多数森林蘑菇都是这种菌根菌。菇类菌丝能包围在树木根毛的外围形成伪柔膜组织，称为外生菌根，一部分菌丝可延伸到森林落叶层50cm处，能帮助树木吸收土壤中的水分和养料，并能分泌激素，刺激植物根系生长；树木则能为菌根菌提供光合作用所合成的碳水化合物。块菌科、牛肝菌科、口蘑科、红菇科、鹅膏菌科的许多种类都是菌根菌，它们常和一定树种形成共生关系。法国在橡树林接种黑孢块菌、日本在赤松林接种松口蘑。在热带和亚热带有近百种蚂蚁能栽培蘑菇，这是昆虫与菌类共生的一种自然现象。我国的鸡枞菌就是与白蚁共生的食用菌。高等真菌之间也存在共生现象，金耳的子实体就是金耳与粗毛硬革所构成的复合体，银耳和阿氏碳团共生。

（三）寄生类型

寄生类食用菌是完全寄生在活着的寄主，从活着的寄主细胞中吸取养分。这种营寄生生活的种类非常稀少，大多数是兼性寄生类型，即兼备上述两种类型，它们既可以在枯枝、禾草上生长，又能寄生于活的植物体上。如蜜环菌，它既能像香菇那样在枯木上繁殖生长，又能侵入到天麻等植物的根内营寄生生活。多年拟层孔菌和层孔菌，都是寄生性菌类，能引起树木的白色腐烂。食用菌的营养生理类型虽然不同，但归根结底，它们都是从基质中摄取碳源、氮源、无机盐和维生素等营养物质。

第二节 食用菌正常生长发育的条件

自然界任何生物都是在特定环境之中生存的，不同种食用菌由于原产地的差异，对生活环境的要求不尽一致，如金针菇喜寒，草菇喜暑；口蘑盛产于草原，猴头菌则出现在枯枝上；鸡枞菌多扎根在蚁窝中，牛肝菌总是长在松根旁。即使同一种食用菌在不同发育阶段，也需要不同的环境条件。尽管如此，食用菌对主要环境因子的反应还是有许多共同之处，探索和了解其反应规律，对于指导食用菌生产至关重要。影响食用菌生长发育的环境条件主要有水分、湿度、温度、通气、酸碱度（pH值）、光照等。

一、水分及湿度

水不仅是食用菌细胞的重要成分，而且是菌丝吸收营养物质及代谢过程的基本溶剂。由于水导热性好，还能有效地调节食用菌生长环境的温度、湿度。食用菌没有像植物根尖那样专门的吸收器官，是通过菌丝与所接触基质间的渗透压差吸收水分。吸水力的大小取决于培养料中水分多寡、细胞膨压大小及菌体蒸发快慢等。细胞中水分稍有不足，整个代谢都会受到影响。所以，人工栽培食用菌的各个阶段，都应保持适合的水分条件。

（一）菌丝营养生长对水分要求

人工栽培的食用菌，其营养菌丝阶段所需的水分，主要来自培养基。为促进菌丝在基质中快速萌发、健壮生长，播前控制好培养料中的含水量十分重要。含水量是指水分占湿料重的百分含量。段木栽培香菇、木耳等，含水量以35%～45%为宜，因为在此范围内木材中部分导管、木纤维及细胞间隙有一定的水分；部分间隙、导管水分较少，菌丝生长时即能吸收到水分，又具有一定的通气性，因而易萌发定殖。接种一年后的段木，随着年份的增加，菌丝量的增殖、孔隙度相应加大，含水量也应提高到60%左右，以利于菌丝的生长和子实体大量形成。

用木屑、棉籽壳、稻草等进行袋料栽培，原料质地疏松，孔隙度大，适宜含水量在58%～65%。例如双孢蘑菇播种时的含水量是60%～65%，如果高于或低于这个标准，都会使产量降低。因为菌丝束的形成常由培养料的含水量来决定，若培养料的含水量为40%～50%，菌丝生长慢，而且稀疏或不能形成菌丝束；若培养料的含水量超过65%时，随着水分的增加通透性下降，菌丝束的形成则减少；若含水量超过75%时菌丝则停止生长。因此掌握好培养料的适宜含水量是发菌好坏的关键。

虽然配料时已按要求满足了各类食用菌的水分需要量，但是在发菌过程中由于菌丝的吸收和蒸发（特别是微孔发菌法），常会损失部分水分，严重时会影响菌丝生长和出菇。因此，当空气干燥时，应通过向地面喷水等方式，使空气相对湿度维持在70%～75%。

（二）子实体发育对水分湿度的要求

食用菌子实体一般含水量可达菇体重量的85%～93%。其水分绝大多数是从基质中获得，只有培养料水分含量充足，才能形成子实体。但也不能忽视空气湿度对子实体发育的影响，子实体原基形成后，代谢旺盛，组织脆嫩，能否正常发育，一定条件下取决于周围环境的相对湿度。因而控制好出菇期空气相对湿度特别重要。

食用菌对空气相对湿度的要求，随种类和发育阶段而有差异。一般子实体形成时期要求的空气相对湿度比菌丝生长阶段要高些。如平菇，其菌丝体生长阶段要求空气相对湿度为70%～80%，子实体发育阶段的适宜空气相对湿度为85%～95%。如果空气相对湿度低于60%，平菇子实体就会停止生长；当空气相对湿度降至40%～45%时，子实体不再分化，已分化的幼菇也会干枯；但空气相对湿度超过96%时，由于菇房过湿，易引起二氧化碳积累、蒸腾速度降低、营养物质传导受阻、招致病虫害滋生，导致食用菌生长发育不良而减产。

因此，在生产食用菌时，必须根据所栽食用菌品种的生物学特性，灵活采取通风换气、少喷勤喷、干湿交替的措施来调节菇房空间的相对湿度，以利于子实体的生长发育。

二、温度

温度是影响食用菌生长发育和自然分布的最重要因素。只有具备某种食用菌菌丝生长的温度，又在一定时期具有食用菌子实体形成所需温度的地方，才能使该食用菌在此地生存下来。在人工栽培中，温度直接影响各个生长阶段的进程，决定生产周期的长短，也是食用菌产品质量和产量决定性因素之一。不同种类的食用菌或同一种食用菌的不同品系及不同的生长发育阶段，对温度的要求不尽相同。

（一）菌丝生长期的温度效应

各类食用菌菌丝在营养体增殖期生长的快慢，除本身固有的特性之外，主要是受温度的制约。温度对菌丝生长的影响，一方面随着温度的升高，菌丝细胞代谢速度加快，促进菌丝的生长和增殖；另一方面，因细胞主要活性物质蛋白质、核酸等对高温敏感，温度过高其结构及活性会受到破坏和影响，而使菌丝生长减慢。如香菇菌丝体在5℃时每天生长6.4mm，在25℃时生长85.5mm，在30℃时生长41.5mm。因此，菌丝生长有一定的温度范围和最适温度。一般最低温度为0~5℃，最高温度为35~39℃，最适温度为20~30℃。

食用菌的菌丝在最低温度与最适温度之间生长速率随着温度的升高而加快，在最高温度与最适温度之间生长速率随着温度的升高而降低。这里指的最适温度是菌丝生长最快时的温度，但生产中往往不是最合适的温度，因为菌丝生长最快时细胞呼吸旺盛，物质消耗过快而菌丝生长细弱。为了培育健壮菌丝体，常把发菌温度控制在略低于生理最适温度2~5℃的范围内，即"协调最适温度"下培养，虽然菌丝生长速度略慢，但菌丝生长得健壮、浓密、旺盛。

食用菌的菌丝较耐低温，对高温敏感。一般在0℃左右不会死亡，如口蘑菌丝体在自然界可耐-13℃的低温，香菇菌丝在菇木内遇到-20℃的低温仍不会死亡。但食用菌一般不耐高温，如香菇菌丝在40℃下经4小时，42℃下2小时，45℃下40分钟就会死亡，其他食用菌的致死温度均在45℃以内。然而草菇例外，它在40℃温度下可以旺盛生长，但不耐低温，其菌丝在5℃以下就会很快死亡。

（二）子实体发育阶段的温度效应

食用菌在菌丝生长、子实体分化及发育3个阶段中，对温度的要求各不相同。一般菌丝体生长阶段所需温度较高，子实体分化时期所需温度较低，子实体发育所需温度介于二者之间。

1. 按照原基分化时对温度的要求分类

（1）低温型。子实体分化最高温度在24℃以下，最适温度为20℃以下，如香菇、金针菇、双孢菇、平菇、猴头菌等，通常在秋末至春初产生子实体。

（2）中温型。子实体分化最高温度在28℃以下，最适温度22~24℃，如木耳、银耳、大肥菇等，多在春、秋季节产生子实体。

（3）高温型。子实体分化最高温度在30℃以上，最适温度在24℃以上，如草菇、长根菇等，此类食用菌大多在盛夏产生。

2. 按照子实体分化阶段对变温刺激的反应分类

（1）变温型。变温处理对子实体分化有促进作用，如香菇、侧耳等。菌丝从生理上发育成熟后，单受降温刺激不能形成菇蕾，必须有一定的温差刺激，温差幅度越大，出菇越快且越多，将这些菌类称之为变温结实类。

当诱导菇蕾形成之后，子实体发育和温差大小关系不大，但生长快慢与温度高低有关。温度偏高，生长周期缩短、生长快、菌盖薄、开伞早、干物质少、品质差；温度偏低，生长缓慢、肉质紧密、菌盖厚、质量好，但周期长。

（2）恒温型。变温对子实体分化无促进作用，如木耳、双孢蘑菇、草菇、猴头、灵芝、大肥菇等。双孢蘑菇子实体发育最佳温度为 16℃ 左右。温度突然上升或下降都容易导致蘑菇早开伞，这些菌称之为恒温结实类。

实际生产中由于品种、菌株不同、对温度的要求差异很大。如香菇就有高温、中温、低温菌株之分。高温品系的子实体发育温度为 15~20℃；而低温品系子实体发育温度为5~10℃。另外平菇根据子实体发育对温度的不同要求，也分为高温型、中温型和低温型 3个品系。生产食用菌时必须充分了解所栽品种的温度类型，根据品种的温度特性确定合适的栽培时期。例如平菇生产多在春、秋两季进行，冬季由于气温逐渐下降应选中低温型品种，如糙皮侧耳系列，江都 792，新农 6 号、杂 17 等。春季栽培由于气温逐渐上升，应选中高温型品种，如凤尾菇、佛罗里达侧耳等。这样既能满足菌丝生长对温度的要求，又延长了产菇期，同时也节省开支。

三、氧气和二氧化碳

食用菌为好氧性异养生物。通过释放胞内或胞外酶对有机物进行生物氧化获得代谢所需要的能量和物质。

呼吸作用是食用菌维持正常生命活动不可缺少的生理过程。不同发育阶段需氧量大小不同。一般生殖生长阶段需氧大于营养菌丝阶段。

（一）营养菌丝阶段

不同菌类在营养菌丝阶段需氧量存在着差异。将菌种接在有较长斜面试管中，一部分试管用石蜡封口，另一部分用棉塞封口作对照。置同一温度（20~21℃）下培养，比较两者菌丝生长情况。从 12 种食用菌的对比实验表明，氧的正常供应对菌丝生长是必须条件，在通气不良情况下，不同菌的菌丝生长受到影响也不同。如香菇、金针菇、砂耳，在较低的氧分压下能或多或少生长，但大多数受到严重抑制。栽培实践中当通气不良时，多表现为菌体生活力下降，生长缓慢，菌丝体稀疏灰白等。

菌丝生长阶段不仅需要氧气供应充足，同时对高浓度的二氧化碳反应敏感。据测定双孢蘑菇菌丝体在 10% 的二氧化碳浓度下，其生长量只有正常通气下的 40%，二氧化碳浓度越高，产量越低。平菇等食用菌虽能忍耐一定的二氧化碳，但浓度较高时就抑制菌丝的生长。平菇袋料栽培，采用塑料袋微孔通气发菌技术使发育时间缩短 40%，成功率达95% 以上，杂菌发生率明显下降。在香菇、银耳等袋料栽培过程中，采取增氧发菌措施，也有促进菌丝生长的效果。

（二）生殖阶段对通气的要求

食用菌由营养阶段转入生殖生长阶段，即子实体分化初期，低浓度的二氧化碳（0.034%~0.1%时）对子实体的形成是必要的，但一旦子实体原基形成，由于呼吸旺盛，对氧气的需求也急剧增加，这时 0.1%以上的二氧化碳浓度对子实体就有毒害作用。据调查，在人防设施中栽培平菇，如洞中二氧化碳浓度在 1 000mg/L 以下时子实体尚可正常形成；当空气中二氧化碳浓度超过 1 300mg/L 时，就会发生畸形菇。实验还发现凤尾菇比平菇能忍受更高的二氧化碳浓度，说明不同种类所忍受的二氧化碳浓度也是不同的。

良好的通风换气能补充菇房内新鲜空气，排除过多的二氧化碳和其他代谢废气。此外，适当通风还可调节空气的相对湿度，减少病菌滋生。可见，栽培食用菌过程中，菇房内经常进行通风换气，是获得高产优质子实体的一项关键措施。

胶质菌（银耳、木耳）进行室内栽培通风不良时，耳片不易展开，即使展开，耳蒂也过大，干品泡松率低。香菇野外人工段木栽培时畸形率为 1%~2%；而在室内进行代料栽培时，往往第一潮菇的畸形率高达 50%～70%，这和栽培室的二氧化碳的浓度高低有关。

灵芝子实体形成对二氧化碳更为敏感，二氧化碳在 0.1%浓度时不形成菌盖，菌柄分化呈鹿角状；二氧化碳浓度增到 10%时子实体形态极不正常，甚至连皮壳也不发育。又如双孢蘑菇，当菇房中的二氧化碳浓度大于 1%时会出现菌柄长、开伞早、品质下降等现象；二氧化碳浓度超过 6%时，菌盖发育受阻，菇体畸形呈鼓槌状，商品价值受到很大影响。人工栽培金针菇时与上述情况则不同，在菇蕾形成之后，提高二氧化碳浓度到 1%，子实体产量和品质良好，但二氧化碳浓度高于 5%时，又抑制子实体的形成。因为一定浓度的二氧化碳能抑制金针菇的菌盖开伞，促进菌柄伸长。人们利用这一特性促使子实体不易开伞，使菇柄生长达到一定长度以提高商品价值。

四、酸碱度（pH 值）

食用菌所处环境的酸碱度，直接影响菌丝细胞内酶的活性、细胞膜透性以及对金属离子的吸收能力。食用菌的新陈代谢是在一系列酶的作用下进行的，酶是具有催化效应的蛋白质，每一种酶的作用都有相应的 pH 值，过高过低都将使酶的活力降低，从而使新陈代谢减慢甚至停止。pH 值的变化，还可改变细胞膜的透性，影响细胞对某些物质的吸收，过酸时妨碍细胞对阳离子的吸收，一些金属离子如镁、钴、锌等会形成不溶性盐类，难以吸收；pH 值过高还会影响菌体代谢过程中物质的内外传递和正常呼吸。

不同种类的食用菌菌丝生长有其最适、最低和最高 pH 值。一般木腐菌类和共生菌类及寄生菌类大都喜欢在偏酸的环境中生长；粪草类食用菌喜欢在偏碱性的基质中生长。总体来说，适宜菌丝生长的 pH 值大于 7.0 时生长受阻，大于 9.0 时生长停止。据测定，猴头菌菌丝最适 pH 值为 3.0~4.0、木耳 pH 值为 5.0~5.4、银耳 pH 值为 5.0~6.0、大肥菇 pH 值为 6.0~6.4。其中猴头菌是最耐酸的食用菌，它的菌丝在 pH 值 2.4 时仍能生长。草菇是一种耐碱的食用菌，其孢子萌发与菌丝体生长的最适 pH 值为 7.5 左右，在 pH 值为 8.0 的草堆中，其子实体仍能发育良好。

人工栽培食用菌应该控制培养基的 pH 值在适合范围内，否则将会影响菌丝的新陈代谢。配料时，料内的 pH 值应比最适 pH 值偏高些，因为培养基的 pH 值在灭菌和堆置的过程中会有所下降；另外菌丝体在新陈代谢中也要产生有机酸（如醋酸、琥珀酸、草酸等），使基质中 pH 值下降。生产上为了使菌丝稳定生长在最适 pH 值范围内，常在培养基中加 0.2%的磷酸氢二钾和磷酸二氢钾等缓冲物质。如果所培养的菌类产酸过多，也可在培养基内加少许碳酸钙、石灰等，以中和或缓冲培养基酸度的变化。

五、光照

（一）光照与菌丝营养生长

食用菌不含光合色素，营养菌丝生长时期不需要光线，甚至光线对营养菌丝生长是一种抑制因素。

（二）光照与子实体发育

除了在无光条件下能完成整个生活史的菌类（茯苓、大肥菇）以外，一般来说，食用菌在子实体分化和发育阶段都需要一定的散射光。如香菇、草菇等在完全黑暗下不形成子实体；侧耳、灵芝等在无光条件下虽能形成子实体，但菇体畸形，只生长菌柄，不长菌盖，不产孢子；而金针菇在暗光条件下却能形成柄长、盖小、色白的"优质菇"。

光照对子实体的形成也有影响。对菌丝生长有抑制作用的蓝紫光却对子实体分化最有效，在蓝光下不但分化速度快，分化数量和菇体成长情况均与全光下相似。红光不能产生光促反应，几乎与黑暗一样。菌丝体生长与子实体分化对光质的不同反应，说明二者代谢方式是不相同的。

光照对子实体形成的作用机理目前还不清楚。通过对长根鬼伞研究表明，光在子实体形成过程中至少在 3 个阶段起着重要作用，即原基形成、原基分化、核融合及减数分裂。在光照诱发细胞分化后，菌丝细胞分裂活性提高，分枝旺盛、膨胀、厚壁化、胶质化等各种变化综合结果引起组织分化，形成子实体原基。原基形成后，子实体分化需要光的照射。光照主要是诱导菌盖发育，促进菌盖形成。若在黑暗条件下菌柄徒长则不形成菌盖。又据观察担子中核行为发现，光能诱导担子中双核融合及减数分裂发生。

光照对子实体的形态、品质和色泽等也有很大影响。不同的光强度和光质可显著改变菌柄的长度和菌盖形状。光照不足时草菇呈灰白色；黑木耳的色泽也会变淡，耳片薄而软，黑木耳只有在光强为 250~1 000lx 时，才会出现正常的红褐色，耳片厚，质嫩而具弹性的子实体。研究表明，许多木腐菌类如灵芝、金针菇、侧耳等其子实体均有向光性，尤其在子实体分化初期反应特别灵敏，而地上生长的伞菌如蘑菇的子实体，在所有发育阶段均表现为无向光性。猴头菌虽无向光性，但其菌刺有向地性。

研究光照对食用菌发育的影响，在生产上具有指导意义。子实体发育需要光照的食用菌不可栽在完全黑暗的菇房内，必须有一定的光照。据调查，在防空洞栽平菇，菇床表面光照强度必须达到 4~10lx，子实体才能正常发育。由此可见，适度的散射光是促使食用菌优质、丰产的重要条件。

上述 5 个方面，是影响食用菌生长发育的主要环境条件。环境是一个综合体，各个因子是互相联系、互相影响、互相制约的。一个条件发生变化，会导致其他环境条件也发生变化。生产中采取某些管理措施，改善环境条件时必须要有整体观念，不能顾此失彼。

复习题

1. 食用菌需要的主要营养物质。
2. 食用菌的营养类型。
3. 影响食用菌生长发育的主要环境因素。

第四章 食用菌消毒灭菌

微生物在自然界中的分布很广，食用菌生产中所涉及的原料、用水、设备、空气等都有着大量的真菌、细菌、放线菌、病毒等微生物和虫害，它们无时无刻在与食用菌争夺养料并侵害食用菌，给食用菌生产造成很大的损失。在食用菌制备和栽培中，抑制和消灭有害微生物的活动，对食用菌进行纯培养是很有必要的，故消毒灭菌是食用菌生产过程中很重要的一个环节。

几个重要概念：

消毒：是指用物理或化学的方法，杀死、消除或充分抑制部分微生物，使之不再危害食用菌的生长发育。

灭菌：是指用物理或化学的方法，杀死物体表面或内部一切有生命的物质。

杀菌：杀死微生物菌体，但不包括芽孢。

抑菌：阻止菌体的生长繁殖。

无菌：不存在任何有生命的物质。

杂菌：在某一培养基中除了要培养的微生物外，其他所有的微生物都是杂菌。

防腐：通过杀菌或抑菌防止物品腐败、霉变的方法。

无菌操作：在整个操作过程中，不携带任何有生命的物质。

除菌：是一种用机械的方法（如过滤、离心分离、静电吸附等）除去液体或气体中微生物的方法。

第一节 培养基质的消毒灭菌

基质消毒灭菌包括对培养基、培养料的微生物进行杀灭，它是食用菌纯培养的必要条件。一般采用热力灭菌、拌药消毒等方法。

一、热力灭菌

热力灭菌是利用高温使菌体蛋白变性，从而失去活性，达到灭菌的目的。常采用湿热灭菌的方法对培养基质进行灭菌，因为热蒸气的穿透力强，蛋白质的凝固点随含水量的增加而降低。根据采用不同的仪器、温度、时间及压力指标分为高压蒸气灭菌、常压灭菌、常压间歇灭菌、发酵杀菌（巴氏消毒）等方法。

1. 高压蒸气灭菌

将灭菌物置于密封的高压锅内，利用加压高温蒸气在较短的时间内达到彻底灭菌的方法。常用的高压锅类型有：手提式，立式，卧式。

（1）液体培养基在 1kg/cm² 下，处理 20~30 分钟，温度约为 121℃。

（2）固体培养基在 1.5kg/cm² 下，处理 1~2 小时，温度约为 128℃。

高压蒸气灭菌的使用步骤：加水至水位线→装物→加盖→加热→放冷气→升压保压→降压排气→出锅。

注意：①装锅时不要摆得太挤，以免影响蒸汽流通和灭菌效果。②加盖，对角线旋紧螺旋。③压力未降至 0 时，切勿打开锅盖，否则突然降压，导致培养基沸腾，沾湿棉塞，甚至冲出管外。

2. 常压灭菌

将灭菌物置于灭菌锅内，以自然压力的蒸气进行灭菌的方法。100℃ 保持 8 个小时。灭菌灶使用方法：100℃ 开始计时，维持 8~10 小时。

注意：温度要尽快升至 100℃，中途不能停火，经常补充热水。

优点：建灶成本低，容量大。

缺点：灭菌时间长，能源消耗量大。

3. 常压间歇灭菌

在没有高压灭菌设备的条件下，或对一些不宜用 100℃ 以上温度而又必须杀灭其中的细菌，可采用此法。具体做法：将培养基或其他灭菌物置于灭菌锅里，经 100℃ 的热蒸气 30~100 分钟。

4. 发酵杀菌

在食用菌生产中经常采用培养料堆制发酵的方法，由微生物的代谢热所产生的高温，使培养料发酵熟的同时，根据巴氏消毒的原理，杀死培养料中杂菌的营养体、害虫的幼虫及卵。

二、拌药消毒

在食用菌的生料栽培的过程中，对培养料进行拌料时，通常要加入 0.1% 多菌灵或甲基硫菌灵等杀菌剂，以杀死杂菌或抑制杂菌的生长。

第二节　接种与培养环境的消毒灭菌

一、消毒杀菌剂

化学消毒杀菌剂广泛用于食用菌生产过程中的消毒灭菌，其主要种类详见表 4-1。

1. 重金属盐类

如汞、银、铝、锌、铜等。

杀菌机理：是通过与蛋白质结合而引起蛋白质变性。低浓度的重金属对微生物起到抑制或杀死作用。微生物浸在 0.1%~0.5% 硝酸银升汞溶液中，几分钟就会死亡。常用 0.1%~0.2% 升汞溶液对玻璃器皿、非金属器械及用于菌种分离的菌菇、菇木进行表面消毒。

2. 氧化剂

如高锰酸钾、过氧化氢、臭氧、漂白粉等。

杀菌机理：通过强烈的氧化作用，破坏微生物的原生质或酶蛋白质结构。

3. 还原剂

如甲醛，5%甲醛可杀死细菌芽孢和真菌孢子。

杀菌机理：甲醛能与微生物细胞蛋白质的氨基酸结合，引起蛋白质变性，使原生质失去正常活动能力。

4. 表面活性剂

如乙醇，70%乙醇的消毒力最强，过高和过低消毒效果都差。

常用于接种前手指消毒及不耐热制品的消毒。

5. 其他消毒剂

石灰，以4份生石灰加入1份水，即生成熟石灰、并放出热，具有杀菌作用。硫黄，常用于培养室和出菇房等空间熏蒸杀菌。

杀菌机理：硫黄粉燃烧后产生二氧化硫，二氧化硫与水作用生成亚硫酸，亚硫酸能夺取菌体细胞中的氧，菌体细胞因脱氧至死。

表 4-1　常用消毒剂的种类、作用机制和用途

药物名称	防治对象	用法及用量	常用浓度配制	备注
甲醛	真菌 细菌 蚊蝇 菌螨	(1) 用于熏蒸消毒，可按每立方米空间甲醛 6~10mL 加高锰酸钾 3~6g (2) 可用 36%甲醛溶液喷洒 (3) 处理覆土，每立方米覆土用 3%~5%甲醛液 400~800mL	5%甲醛液：取 39%福尔马林 12.5 mL 加水 87.5mL	(1) 甲醛放置时间长会出现白色混浊，使用前可加少量浓硫酸处理 (2) 氨气可中和残留在空间的甲醛气体
高锰酸钾	真菌 细菌	(1) 用 0.5%~1%高锰酸钾水溶液洗涤器具、手等 (2) 与甲醛混合熏蒸		强氧化剂
酒精	真菌 细菌	(1) 70%~75%的酒精洗涤干燥品 (2) 80%~85%的酒精洗涤湿润品 (3) 70%~75%的酒精用于菌种分离时的表面消毒	75%的酒精：取 95%酒精加蒸馏水 20mL	酒精浓度以（70%~75%）的杀菌效果最好
新洁尔灭	真菌 细菌	0.1%~0.25%浓度的新洁尔灭水溶液清洗器具、皮肤及用作空间喷雾	25%新洁尔灭：取原液 1 份加蒸馏水 19 份	
氯化钠	黏菌、蜗牛 （蛞蝓）	用 0.5%~1%的食盐水喷雾		
来苏尔	真菌 细菌	(1) 3%溶液消毒器具 (2) 1%~2%溶液喷雾	2%来苏尔溶液：取原液 40mL 加蒸馏水 960mL	

（续表）

药物名称	防治对象	用法及用量	常用浓度配制	备注
硫黄粉	害虫 霉菌 细菌	用于熏蒸。每立方米空间7~12g，用炭火或加少量酒精点燃		事先应关闭门窗，并在空间、墙壁、床架等物上喷少量水，以提高药效
漂白粉	霉菌 细菌 线虫	（1）3%~4%水溶液浸泡床架及器具 （2）1%用于接种室、生产场地喷雾消毒	要根据有效氯的含量而配制	漂白粉溶液在使用时随配随用，不可久置
多菌灵	真菌	（1）25%粉剂500~1 000倍拌料 （2）稀释500~1 000倍喷雾（25%）	（1）500kg原料拌25%多菌灵0.5kg （2）1kg多菌灵（25%）加水500~1 000kg	切忌在木耳和猴头菇上使用（包括菌丝和菌菇）
石炭酸	细菌 真菌	2%~5%的溶液喷洒	2%~5%的石炭酸溶液：取20~50g加水950~980mL	剧毒，有腐蚀性，忌与酒精混用
波尔多液	真菌	0.5%~2%波尔多液喷洒或涂抹	硫酸铜500g+石灰500g+水50kg配制而成	
灭蚊片	菇蚊 菇蝇	密封熏蒸	每10m³用药4~5片	
敌百虫	菌蚊 菌蝇	稀释100倍液喷雾		切忌喷药后用肥皂洗手，以免中毒
敌敌畏	菇蝇 菇蚊 螨类 跳虫	（1）800~1 000倍喷雾 （2）0.1%的比例拌料 （3）每立方米空间用80%乳油0.1~0.5mL与等量甲醛混合熏蒸		有些菇类（如凤尾菇）在出菇期间忌用
碘化钾	线虫	0.1%药液喷洒	0.1%碘化钾：碘化钾1g加水1 000mL	
三氯杀螨醇	螨类	（1）稀释800倍溶液喷洒 （2）0.1%用于拌料，盖膜闷杀		可与其他农药混合使用
鱼藤精	菇蝇 跳虫	（1）0.1%水溶液喷洒 （2）鱼藤精500g，中性肥皂250g，加水1 000kg喷洒		
溴氰菊酯	菌螨、菌蚊、菌蝇、跳虫	每5~10mL加水50kg喷雾		

二、表面消毒杀菌

表面消毒常用于菌种的分离材料、接种人员的手、器材、工作台面、墙壁等的杀菌处理，表面消毒剂的种类很多，一般是通过涂抹、喷雾、浸泡、洗刷等方法使用。

1. 菌种分离材料的表面消毒

子实体未外露的，用0.1%升汞溶液浸泡1分钟；子实体已外露的种菇材料，只能用75%酒精棉球擦菌盖表面和菌柄，不能浸泡在升汞溶液中。

2. 手的表面消毒

先用肥皂洗手，再用1%~2%来苏尔等溶液浸泡2分钟。接种前用75%酒精擦手。

3. 接种工具的消毒杀菌

先用75%酒精擦拭刀片、镊子、接种铲等工具，然后用酒精灯火焰燃烧。

4. 器皿的杀菌

利用高温空气进行干热灭菌，生产中也常用高压蒸汽灭菌法对器皿进行灭菌。

5. 墙壁、台面、菇床的表面消毒

常用2%~5%的漂白粉洗刷接种室、培养室墙壁、地面、床架、用具等。

三、室内空间杀菌

接种箱、培养室、出菇房的空间消毒主要采用紫外线杀菌和气体灭菌法，还可辅以空间喷雾的方法，增强杀菌的效果。

1. 紫外线杀菌法

适用：一般应用于无菌室、接种箱、超净工作台内的灭菌。只适用于空气和物体表面的消毒。使用方法：应该在黑暗中使用紫外线，一般照射20~30分钟，可杀死空气中95%的细菌。杀菌机理：导致菌体细胞内核酸和酶发生光化学变化，而使细胞死亡；紫外线可使空气中的氧气产生臭氧，臭氧也具杀菌作用。

2. 气体灭菌法（熏蒸杀菌法）

适用：接种箱、接种室和菇房消毒。常用药物：40%甲醛溶液、硫黄、菇保一号、科达气雾消毒盒、克霉灵气雾消毒剂。

复习题

1. 概念：消毒、灭菌、杀菌、杂菌、防腐、无菌操作、除菌。
2. 培养基质消毒灭菌的方法。
3. 常用消毒剂的种类及浓度。

第五章 食用菌菌种生产

第一节 食用菌菌种概述

一、菌种的概念

菌种指人工培养进行扩大繁殖和用于生产的纯菌丝体。

二、菌种的类型

根据菌种的来源、繁殖代数及生产目的，把菌种分为母种、原种和栽培种。

（1）母种又称一级种。从孢子分离培养或组织分离培养获得的纯菌丝体。生产上用的母种实际上是再生母种，又称一级菌种。母种既可繁殖原种，又适于菌种保藏。

（2）原种又称二级种。将线种在无菌的条件下移接到粪草、木屑、棉籽壳或谷粒等固体培养基一培养的菌种，又称二级菌种或瓶装菌种。原种主要用于菌种的扩大培养，有时也可直接出菇。

（3）栽培种又称三级种。将二级种转接到相同或相似的培养基上进行扩大培育，用于生产上的菌种，又称三级菌种或袋装菌种。栽培种一般不用于再扩大繁殖菌种。

第二节 实验室的设计和仪器

基本实验室包括准备室、洗涤灭菌室、无菌操作室、培养室、缓冲间，是食用菌菌种生产的基本条件。基本仪器详见图 5-1 至图 5-7。

一、基本实验室

1. 准备室（化学实验室）

功能：又叫化学实验室，进行一切与实验有关的准备工作，完成所使用的各种药品的贮备、称量、溶解、器皿洗涤、培养基配制与分装、培养基和培养器皿的灭菌、培养材料的预处理等。

要求：最好有 $20m^2$ 左右。要求宽敞明亮、以便于放置多个实验台和相关设备，方便多人同时工作；同时要求通风条件好，便于气体交换；实验室地面应便于清洁，并应进行防滑处理。

百分之一天平　　　　千分之一天平　　　　万分之一天平

图 5-1　常用天平

图 5-2　各种型号的高压灭菌锅

图 5-3　超净工作台

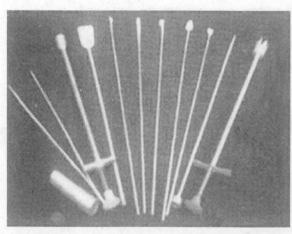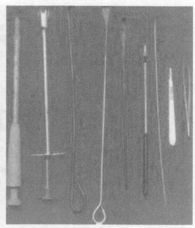

图 5-4 食用菌接种常用工具

图 5-5 培养架

多用振荡器   恒温振荡器

图 5-6 常用振荡器

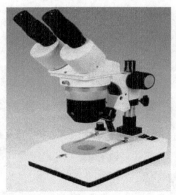
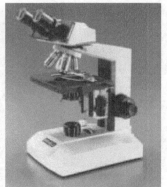

体视显微镜　　　　　　　　　普通光学显微镜

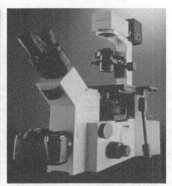

倒置显微镜　　　　　　　　　荧光显微镜

图 5-7　常用显微镜

根据功能准备室分为下列 2 类：

分体式——研究性质实验室，分开的若干房间将准备室分解为药品贮藏室、培养基配制与洗涤室和灭菌室等，功能明确，便于管理，但不适于大规模生产。

通间式——规模化实验室，准备室一般设计成大的通间，使试验操作的各个环节在同一房间内按程序完成。准备试验的过程在同一空间进行，便于程序化操作与管理，试验中减少各环节间的衔接时间，从而提高工作效率。此外还便于培养基配制、分装和灭菌的自动化操作程序设计，从而减少规模化生产的人工劳动，更便于无菌条件的控制和标准化操作体系的建立。

设备：准备室应具备实验台、药品柜、水池、仪器、药品、防尘橱（放置培养容器）、冰箱、天平、蒸馏水器、酸度计、移液器、各种玻璃器皿（烧杯、量筒、容量瓶、试剂瓶、三角瓶等）及培养基分装用品等。

2. 洗涤灭菌室

功能：完成各种器具的洗涤、干燥、保存、培养基的灭菌等。

要求：洗涤灭菌室根据工作量的大小决定其大小，一般面积控制在 $30 \sim 50 m^2$。在实验室的一侧设置专用的洗涤水槽，用来清洗玻璃器皿。中央实验台还应配置 2 个水槽，用于清洗小型玻璃器皿。如果工作量大，可以购置一台洗瓶机。准备 1~2 个洗液缸，专门用于洗涤对洁净度要求很高的玻璃器皿，地面应耐湿并排水良好。

设备：水池、落水架、中央实验台、高压灭菌锅、超声波清洗器、离心机、水浴锅、微波炉、电炉、磁力搅拌器、蠕动泵、干燥灭菌器（如烘箱）等。

3. 无菌操作室（接种室）

功能：也叫接种室，主要用于食用菌的消毒、接种、培养物的转移以及一切需要进行无菌操作的技术程序，是食用菌生产或生产中最关键的一步。

要求：接种室宜小不宜大，一般 7~8m² （10~20m²） 即可，其规模根据实验需要和环境控制的难易程度而定。要求封闭性好，干爽安静，清洁明亮，能较长时间保持无菌，因此不宜设在容易受潮的地方；地面、天花板及四壁尽可能密闭光滑，易于清洁和消毒；配置拉动门，以减少开关门时的空气扰动；为便于消毒处理，地面及内墙壁都应采用防水和耐腐蚀材料；为了保持清洁，无菌室应防止空气对流。接种室要求在适当位置吊装 1~2 盏紫外线灭菌灯，用于照射灭菌。最好安装一台小型空调，使室温可控，这样可使门窗紧闭，减少与外界空气对流。

一般新建实验室的无菌室在使用之前应进行灭菌处理，处理方法是甲醛和高锰酸钾熏蒸，并需定期灭菌处理，还可每周使用紫外线照射 1~2 小时，或每次使用前照射 10~30 分钟。

设备：紫外灯、空调、解剖镜、消毒器、小推车、酒精灯、接种器械（接种镊子、剪刀、解剖刀、接种针）、磁盘、手持喷雾器、细菌过滤器、实验台、搁架，还有超净工作台和整套灭菌接种仪器、药品等。

4. 培养室

功能：对接种到培养瓶和菌袋等中的菌种进行控制条件下的培养，无论是研究性实验室还是生产性实验材料进行培养的场所。要求：需 10~20m²，培养室的大小可根据需要培养架的大小、数目及其他附属设备而定，其设计以充分利用空间和节省能源为原则。基本要求是能够控制光照和温度，并保持相对的无菌环境，因此，培养室应保持清洁和适度干燥；为满足食用菌培养材料生长对气体的需要，还应安装排风窗和换气扇等培养室的换气装置；为节省能源和空间，应配置适宜的培养架。

设备：培养架（控温控光控湿）、摇床、转床、自动控时器、紫外灯、边台实验台用于拍摄培养物生长状况、除湿机、显微镜、温湿度计、空调等。

5. 缓冲间

功能：缓冲间是进入无菌室前的一个缓冲场地，减少人体从外界带入的尘埃等污染物。工作人员在此换上工作服、拖鞋，戴上口罩，才能进入无菌室和培养室。

要求：缓冲间需 3~5m²，可建在准备室外或无菌操作室外，应保持清洁无菌；备有鞋架和衣帽挂钩，并有清洁的实验用拖鞋、已灭菌过的工作服；墙顶用 1~2 盏紫外灯定时照射，对衣物进行灭菌。缓冲间的门应该与接种室的门错开，两个门也不要同时开启，以保证无菌室不因开门和人的进出带进杂菌。

设备：1~2 盏紫外灯、水槽、实验台、鞋帽架、柜子、灭菌后的工作服、拖鞋、口罩。

二、辅助实验室

根据研究或生产的需要而配套设置的专门实验室，主要用于细胞学观察和生理生化分析等。

1. 细胞学实验室

功能：用于对培养物的观察分析与培养物的计数，对培养材料进行细胞学鉴定和研究，由制片室和显微观察室组成。制片是获取显微观察数据的基础，制片室应配备有切片机、磨刀机、温箱及样品处理和切片染色的设备，还应有通风柜和废液处理设施。显微观察室主要是显微镜和图像拍摄、处理设备。

要求：明亮、清洁、干燥、防止潮湿和灰尘污染。

设备：体视显微镜、普通显微镜、倒置显微镜、荧光显微镜、配套显微照相装置、普通相机或数码相机、切片机及配套制片及染色用品等。

2. 生化分析实验室

功能：培养细胞产物为主要目的的实验室，应建立相应的分析化验实验室，随时对培养物成分进行取样检查。大型次生代谢物生产，还需有效分离实验室。

第三节　食用菌制种的条件

一、食用菌制种程序

食用菌生产就是指在严格的无菌条件下大量培养繁殖菌种的过程，一般食用菌制种都需要经过母种、原种和栽培种 3 个培养步骤，详见表 5-1。

表 5-1　菌种生产流程

菌种	母种（一级种）	原种（二级种）	栽培种（三级种）
培养容器	试管	菌种瓶	塑料袋、菌种瓶
培养基	斜面	固体	固体
数量	少	不多	多
转接	1 支转接 30 支母种	1 支母种转接 8 瓶原种	1 瓶原种转接 20 袋栽培种

二、制种设备和条件

（一）机械设备

原料加工设备：枝材切片机、木片粉碎机等。

拌料分装设备：搅拌机、装瓶机、装袋机等。

（二）灭菌设备

灭菌设备：高压灭菌锅、常压灭菌灶等。

消毒条件：药剂、紫外灯、电子灭菌器等。

（三）接种设备

接种条件：接种室，无菌室，缓冲间，紫外灯等。

接种设备：超净工作台或接种箱、接种工具、酒精灯等。

（四）培养设备

培养条件：菌种培养室等。

培养设备：恒温培养箱等。

（五）保藏设备

冰箱冷藏室等、冷藏恒温库等。

第四节 食用菌菌种培养基

一、培养基的类型

培养基是采用人工的方法，按照一定比例配制各种营养物质以供给食用菌生长繁殖的基质。

（一）根据物理状态分类

1. 液体培养基

液体培养基是指把食用菌生长发育所需的营养物质按一定比例加水配制而成的培养基。营养成分分布均匀，有利于食用菌充分接触和吸收养料，因而菌丝体生长迅速且粗壮，同时这种液体菌种便于接种工作的机械化、自动化，有利于提高生产效率。

缺点：需要发酵设备，成本较高，也较复杂。液体培养基常用来观察菌种的培养特征以及检查菌种的污染情况。

用途：实验室用于生理生化方面的研究；生产上用于培养液体菌种或生产菌丝体及其代谢产物。

2. 固体培养基

固体培养基是以含有纤维素、木质素、淀粉等各种碳源物质为主，添加适量有机氮源、无机盐等，含有一定水分呈现固体状态的培养基。

优点：原料来源广泛，价格低廉，配制容易，营养丰富。

缺点：菌丝体生长较慢。

用途：是食用菌原种和栽培种的主要培养基。

3. 固化培养基

固化培养基是指将各种营养物质按比例配制成营养液后，再加入适量凝固剂的培养基。如2%左右的琼脂，加热至60℃以上是液体，冷却到40℃以下时则为固体。

用途：主要用于母种的分离和保藏。

（二）根据营养来源分类

（1）天然培养基（利用天然来源的有机物配制而成）。

（2）合成培养基（由各种纯化学物质按一定比例配制而成）。

（3）半合成培养基（由部分纯化学物质和部分天然物质配制而成）。

（三）根据表面形式分类

（1）斜面培养基。

（2）平面培养基。

（3）高层培养基。

（四）根据用途可分为

（1）母种培养基。

（2）原种培养基。

（3）栽培种培养基。

二、母种常用培养基

（一）母种培养基常用物质

马铃薯、葡萄糖、磷酸二氢钾、硫酸镁、琼脂、维生素 B_1 等。

（二）常见的母种培养基

（1）马铃薯葡萄糖培养基（PDA 培养基）。马铃薯 200g、葡萄糖 20g、琼脂 18~20g、水 1 000mL。

（2）马铃薯综合培养基。马铃薯 200g、葡萄糖 20g、磷酸二氢钾 3g、硫酸镁 1.5g、琼脂 18~20g、维生素 $B_1$10mg、水 1 000mL。

（3）木屑浸出汁培养基。

（4）棉籽壳煮汁培养基。

（5）豆芽汁培养基等。

（三）母种斜面培养基的制作

1. 称取

用天平称取培养基各种成分的用量。

2. 配制溶液

为避免发生沉淀，加入的顺序一般是先加缓冲化合物，溶解后加入主要元素，然后是微量元素，再加入维生素等。最好是每种成分溶解后，再加入第二种营养成分。若各种成分均不发生沉淀，也可以一起加入。

若用马铃薯、玉米粉、苹果、米粉、木屑等原料时，应先制取这些原料的煮汁，然后再把煮汁与其他成分混合。

PDA 培养基的配制：把选好的马铃薯洗净，去皮并挖去芽眼，切成薄片或宽 1cm 大小的方块，称取 200g 放在容器中，加水 1 000mL，加热煮沸 20~30 分钟，至软而不烂的程度，用 4 层纱布过滤，取其滤液。在滤液中加入琼脂，小火加热，用玻璃棒不断搅拌，以防溢出或焦底，至琼脂全部溶化，再加入葡萄糖使其溶化，最后加水至 1 000mL 即成。

3. 调酸碱度

一般用 10%HCl 或 10%NaOH 调 pH 值，用 pH 值试纸（或 pH 值计）进行测试。

4. 分装

培养基配制好后，趁热倒入大的玻璃漏斗中，打开弹簧夹，按需要分装于试管或三角瓶内。

注意事项：①将漏斗导管插入试管中下部，以防培养基沾在管口或瓶口。②分装体积以试管总长的 1/5~1/4 为宜，三角瓶容量 1/3 为宜。

5. 塞棉塞

塞棉塞既可过滤空气，避免杂菌侵入，又可减缓培养基水分的蒸发。制作棉塞的方法多种，形状各异，总原则如下：①用普通棉花制作；②松紧适合；③塞头不要太大，一般为球状。

6. 灭菌

将包扎好的试管直立放入手提高压灭菌锅内，盖上牛皮纸，在 $1.05kg/cm^2$ 压力下，灭菌 30 分钟。

7. 摆斜面

灭菌后冷却到 60℃ 左右，从锅内取出，趁热摆成斜面。

①制作斜面培养基。一般斜面长度达试管长度的 1/2~2/3 为宜，待冷却后即成斜面培养基；②制作平板培养基。灭菌的三角瓶中的培养基，倒入无菌培养皿中（每皿倒入 15~20mL），凝固后即成平板培养基。

8. 无菌检查

取数支斜面培养基放入 28℃ 左右的恒温箱中培养 2~3 天，若无杂菌生长便可使用。若暂时用不完，用纸包好放入 4℃ 冰箱保存。

三、原种和栽培种常用的培养基

（一）常用的培养基

（1）棉籽壳培养基。棉籽壳 98%、蔗糖 1%、石膏粉 1%，加水调含水量至 65% 左右。

（2）木屑培养基。木屑 78%、米糠或麸皮 20%、蔗糖 1%、石膏粉 1%，加水调含水量至 50%~60%。

（3）棉籽壳麦麸培养基。

（4）棉籽壳木屑培养基。

（二）培养基的制作流程

称料→拌料→调 pH 值→分装培养料→清洁瓶、袋外壁→封口→灭菌。

第五节　食用菌菌种分离

一、菌种分离方法

组织分离法（最常用的方法）、孢子分离法（不常用的方法）、基质分离法（很难成功）。

（一）组织分离法

1. 概念

将食用菌的部分组织移接到斜面培养基上获得纯培养的方法。部分组织包括子实体或菌核、菌索的任何一部分组织。

2. 特点

属于无性繁殖，能保持原有菌株的优良种性。方法简单易行，适用于所有伞菌及猴头菌。若种菇感染病毒，不易脱毒。

3. 方法

（1）子实体组织分离法。是采用子实体的任何一部分如菌盖、菌柄、菌褶、菌肉进行组织培养，而形成菌丝体的方法。尽管子实体的任何一部分都能分离培养出菌种，但是多年的实践经验表明，选用菌柄和菌褶交接处的菌肉最好。

子实体组织分离的方法和步骤：种菇的选择→种菇的消毒→切块接种→培养纯化→出菇试验→母种。

操作过程（以伞菌类为例）：

种菇选择：选择头潮菇、外观典型、大小适中、菌肉肥厚、颜色正常、尚未散孢、无病虫害、长至七八分成熟的优质单朵菇选作种菇。

种菇消毒：0.1%升汞溶液或75%酒精，浸泡或擦拭，无菌水冲洗，吸干表面的水分。

切块接种：将分离种菇沿柄中心纵向掰成两半，用解剖刀在菇盖柄交接处划成"田"字形，取黄豆大小的菌肉组织，接在斜面培养基上。

培养纯化：在25℃下，培养2~4天长出白色绒毛状菌丝体，当菌丝延伸到基质上后，用接种针挑取菌丝顶端部分，接种到新的斜面培养基上，长满管后即为母种。

（2）菌核组织分离法。它是从食用菌菌核分离培养获得纯菌丝的一种方法。如猪苓、茯苓、雷丸等食用兼药用菌。

（3）菌索组织分离法。它是从食用菌菌索种分离培养得到纯菌丝的方法。如蜜环菌、假蜜环菌等食用菌。

（二）孢子分离法

1. 概念

利用子实体产生的成熟有性孢子分离培养获得纯菌种的方法。

2. 特点

①属于有性繁殖，后代易发生变异，可用此法培育新品种；②分离过程比较复杂，适用于胶质菌类和小型伞菌。

3. 操作流程

种菇选择→种菇消毒→采集孢子→接种→培养→挑菌落→纯化菌种→母种。

4. 方法

（1）单孢子分离法。用于杂交，选育新的优质菌种。如①平板稀释法；②连续稀释法。

（2）孢子印分离法。取成熟子实体经表面消毒后，切去菌柄，将菌褶向下放置于灭过菌的有色纸上，在20~24℃静置一天，大量孢子落下形成孢子印，然后移取少量孢子在试管培养基上培养。

（3）孢子弹射分离法。剪取一小块新鲜的耳片组织，悬挂在盛有培养基的三角瓶的棉花塞下方或培养皿的上盖内面，放在 25℃ 温箱中或室温下，2~3 天后，耳片上的担孢子会弹射到下面的培养基表面，萌发后形成胶质菌落。

（三）基质分离法（菇木分离法）

1. 概念

从生长子实体的培养基中分离菌丝获得纯培养的方法。

2. 特点

①污染率高；②子实体已腐烂，但又必须保留该种菌种；③有些子实体小而薄，用组织分离法和孢子分离法比较困难；④还有一些菌类如银耳菌丝，只有与香灰菌丝生长在一起才能产生子实体，如果要同时得到这两种菌丝的混合种，也只能采用基内菌丝分离法进行分离。

3. 操作过程

菇木选择→菇木消毒→切块接种→培养纯化→母种。

二、菌种分离提纯

1. 选择性培养基

抗霉培养基：涕必灵（TBZ）或多菌灵（MBC）培养基；抗生素：四环素、氯霉素、链霉素、金霉素等。

2. 排除细菌性污染

利用某些大型真菌在温度较低（20~25℃）时，菌丝生长比细菌要快的特点，用接种针切割菌丝的前端，接种到斜面培养基上（无冷凝水、硬度高），连续 2~3 次就能获得纯菌丝。

3. 排除霉菌污染

可使用切割法、基内菌丝挑取法。

4. 菌丝再提纯

三、出菇试验

包括菌丝生长速度、吃料能力、菌丝形态特征、生理生态特性、出菇速度、菇体形态特征、产量、质量等。

第六节　食用菌菌种的扩繁与培养

从外地购进或分离获得的母种数量有限，不能满足生产的需要时，要对初次获得的母种进行扩大繁殖，以增加母种数量。

一、菌种扩大

接种：把接种物移至培养基上，在菌种生产工艺上称接种。

播种：在栽培工艺即生产中称播种。

条件：无菌操作（接种箱或超净工作台、酒精灯火焰周围 10cm）。

1. 母种扩接方法（超净工作台内接种，由试管到试管）

将试管菌种接到新的试管斜面上扩大繁殖，称为继代培养，转管程序如下。

（1）消毒手和菌种试管外壁。

（2）点燃酒精灯。

（3）用左手的大拇指和其他四指紧握要转接的菌种和斜面培养基，在酒精灯附近拔掉棉塞。

（4）在酒精灯火焰上灼烧接种锄和试管口。

（5）冷却接种锄，取少量菌种（绿豆大小），至斜面培养基上。

（6）塞上棉塞，贴好标签。

要求：整个过程要快速、准确、熟练；1 支→30 支。

2. 原种扩接方法（超净工作台内接种，由试管到瓶或塑料袋，1 支母种→10 瓶原种）

（1）消毒手和母种试管外壁。

（2）点燃酒精灯。

（3）拔掉母种棉塞，在酒精灯火焰上灼烧试管口和接种锄，将母种固定。

（4）拔掉菌种瓶棉塞，取 2 块 1cm² 菌种，至菌种瓶内。

（5）塞上棉塞，贴好标签。

3. 栽培种扩接方法

（1）原种瓶棉塞进行消毒处理。

（2）消毒手和原种瓶外壁。

（3）点燃酒精灯。

（4）拔掉原种棉塞，在酒精灯火焰上灼烧原种瓶口和接种匙，将原种瓶固定。

（5）拔掉菌种瓶棉塞，将表面的老菌种块和菌皮挖掉，用接种匙捣碎菌种，取满匙菌种至栽培袋内。

（6）塞上棉塞，贴好标签。

1 瓶原种→20 瓶栽培种。

二、菌种的培养

1. 母种培养

（1）适温培养。在恒温箱（室）培养，种块有萌发，并向培养基上蔓延后，将培养温度降低 2~3℃，促使菌丝健壮生长。

（2）注意通风。通风不足，菌丝生长缓慢，棉塞上易滋生霉菌。

（3）定期检查。前几天，要逐管检查，以防掩盖杂菌。发现污染，及时淘汰。

（4）详细记录。记录菌株来源、转接时间、培养基种类、发菌的温度和湿度、菌丝生长情况，以及污染现象、数目。

2. 原种和栽培种的发菌培养

（1）适温培养。在菌种培养室培养：在培养过程中，菌丝生长代谢释放出呼吸热，料温上升，较室温高 2~5℃，温差视菌种量多少和通风保温情况而定，应及时调整室温。在冬季，可利用此热量增加培养温度，但在夏季或气温较高时，则要防止烧菌。

（2）注意通风、避光培养。

（3）定期检查。萌发是否正常、有无污染、生活力和生长势。

（4）及时使用。原种满瓶 7~8 天，栽培种满袋 10~15 天，菌丝处于最佳生长期。

（5）暂时不用。应低温、干燥、避光保存。

三、菌种培养中常见的异常情况及原因

1. 母种常见的异常情况及原因

（1）培养基凝固不良。

（2）接种物不萌发。

（3）菌种生长过慢或长势不旺。

（4）菌种生长不整齐。

（5）细菌污染。

（6）真菌污染。

2. 原种和栽培种常见异常情况及原因

（1）接种物不萌发，是由于菌种被烫死或接种时培养料的温度太高。

（2）瓶壁出现不规则的杂菌群落，主要是由于灭菌不彻底所致。

（3）在培养料面出现杂菌，是由于接种过程中未达到无菌操作要求而造成污染。

（4）接种块上发生杂菌，是由于菌种不纯带入杂菌而引起的。

（5）瓶内菌丝长到半瓶而不再向下延伸，由于培养基料中水量过高或装瓶时培养料压得太坚实所致。

第七节 菌种质量鉴定

菌种鉴定：纯度、长势、菌龄、均匀度、出菇快慢。出菇试验是最可靠、最实际的方法。

一、母种质量鉴定

控制转管次数，转管 2~3 次为宜，最多不超过 4 次（菌种培养的时间越长，菌龄越大，生活力下降，菌种易老化）。

1. 出菇试验

菌丝生长健壮，出菇快、朵形好、产量高，为优良菌种。

2. 外观肉眼鉴定

外表菌丝浓白、粗壮、富有弹性，则生命力强；菌丝已干燥、收缩或菌丝自溶产生大量红褐色液体，则生命力弱。

3. 长势鉴定

菌丝生长快、整齐，浓而健壮，是优良品种。

4. 温度适应性鉴定

一般菌类在30℃，高温型菌在35℃，培养4小时。在高温下，仍能健壮生长，为优良菌种；在高温下，菌丝萎缩，为不良菌种。

5. 干湿度鉴定

能在偏干或偏湿培养基上生长良好的菌种，为优良菌种。

二、原种和栽培种的质量鉴定

1. 菌种传代和菌龄应在规定范围内

（1）用转管在4~5次以内的母种生产的原种和栽培种。

（2）一般食用菌的原种和栽培种，在常温下可保存3个月内有效；草菇、灵芝、凤尾菇等高温型菌则保存1个月内有效。超过上述期限的菌种，即使外观健壮，生产上也不使用。

2. 原种及栽培种外观要求

（1）菌丝生长健壮，绒状菌丝多，生长整齐。

（2）菌丝已长满培养基，银耳的菌种还要求在培养基上分化出子实体原基。

（3）菌丝色泽洁白或符合该菌类菌丝特有的色泽。

（4）菌种瓶内无杂色出现和无杂菌污染。

（5）菌种瓶内无黄色汁液渗出，反之，表明菌种老化。

（6）菌种培养基不能干缩与瓶壁分开。

3. 常见优质原种和栽培种的性状

（1）平菇。菌丝洁白、浓密、粗壮、生长整齐，不产生色素，菌丝生长较快，在PDA培养基上5~7天长满，气生菌丝旺盛，爬壁力强，有些在28℃以上培养，气生菌丝顶端会变成橘红色或分泌浅黄色的液体，对生产原种无影响，但不能再转母种。气生菌丝过多，形成很厚的菌被，将试管壁包满的是老化菌种，不宜使用。

（2）双孢菇。好的母种要求菌丝白色微蓝，纤细，稀疏；菌丝在PDA培养基上生长较慢，一般15天长满斜面；气生菌丝生长整齐、挺拔有力、无扇形变异，菌丝扎根较深。菌丝倒伏、发黄，形成黄白色菌被及子实体的不能使用。

（3）香菇。菌丝洁白、粗壮、整齐、絮状，不产生色素，菌丝生长中等，在PDA培养基上12~14天长满斜面，后期分泌酱油色液滴的为优质母种。

（4）木耳。菌丝白色、密集、较粗壮，后期颜色加深，能分泌褐色色素，不同品种色素颜色均有区别，培养基随可溶性色素变色。菌丝生长中等，不爬壁，在PDA培养基上10天左右长满，后期斜面上可形成耳芽。

（5）金针菇。菌丝白色、浓密、爬壁慢，能分泌色素使培养基变成淡黄色。在PDA

培养基上一般 10 天左右可长满，培养基表现易形成子实体。如果菌丝外观呈细粉状，灰白色或略带黄色，已分化的子实体萎缩，是老化的菌种，管壁上易出现粉状物，即粉孢子，凡是粉孢子多的菌种，其品质一般不理想。

（6）草菇。菌丝粉白色到银灰色、细长、稀疏、有光泽，爬壁能力强，培养数天后产生的厚垣孢子呈链状，初期淡黄色，成熟后为深红色的团块。在室温下 5~7 天长满 PDA 培养基斜面。如果菌丝密集、洁白，可能混有杂菌；不产生厚垣孢子的菌种，其结菇能力有问题，但过早过多地出现厚垣孢子是生活力衰退的表现。

（7）灵芝。菌丝白色、纤细、整齐，匍匐生长，不爬壁，生长速度快，一般 10 天左右可长满培养基斜面，这时菌落表现逐渐形成一层菌膜，形如石膏状，具有韧性，不分泌色素。菌丝老化时，菌落表面中间呈淡黄色或浅黄褐色。

第八节　菌种保藏和复壮

菌种是重要的生物资源，也是教学、科研和生产的基本材料，因此菌种研究和菌种保藏具有重要的意义。

一、菌种保藏的目的和原理

保藏目的：使菌种不死亡、不衰退、不被杂菌污染，能长期在生产上应用。

保藏原理：是使菌丝的生理代谢活动尽量降低。通常采用的手段是低温、干燥和减少氧气供应。

二、菌种保藏方法

1. 斜面低温保藏

最常用、最简便的方法。

保藏方法：一般在 4℃冰箱（草菇在 10~15℃）。

保藏措施：①使用营养丰富的半合成培养基；②加大琼脂用量到 2.5%；③加上 0.2%磷酸二氢钾；④增加每管培养基的装量，不少于 12mL；⑤用石蜡封口；⑥冰箱温度稳定；⑦培养基出现干缩时，及时转管；⑧第一次扩接时，尽量多扩试管，并作多处理。

保藏期：3~6 个月。

使用时：提前 12~24 小时取出，室温培养活化后，才能转管使用。

2. 液体石蜡保藏——矿油保藏

液体石蜡覆盖在菌种上，防止培养基水分散失，使菌丝体与空气隔绝，抑制新陈代谢。

保藏方法：石蜡灭菌→除水→无菌条件下，菌种加石蜡，没过斜面 1cm→在 4℃冰箱或常温下，垂直保藏。

保藏期：5~7 年。

缺点：需垂直放置、运输不便、易燃。

使用时：直接挑取菌丝；菌丝生长弱，需经再次转接培养。

3. 麦粒保藏菌种

保藏方法：选择麦粒→浸泡 8~12 小时→稍加晾干，分装试管 1/4~1/3→灭菌→接种，长满→干燥 1 个月→在 4℃冰箱或常温下，保藏。

保藏期：1 年以上。

使用时：1 粒麦粒/支。

此外，还有许多菌种保藏方法，如砂土保藏、滤纸保藏、液氮超低温保藏、真空冷冻保藏等。

三、菌种退化原因及复壮

在菌种繁殖过程中，往往会发现某些原来优良性状渐渐消失或变劣，出现长势弱、生长慢、出菇迟、产量低、质量差等变化，这就是"退化"。

1. 菌种退化的原因

①菌种遗传性状分离或突变；②可能感染病毒；③菌龄变大；④不适的培养和保藏条件。

2. 菌种复壮的措施

①纯种分离法；②变化培养基复壮；③控制传代次数，组织分离/年，孢子分离/3年；④创造良好的培养条件和有效的菌种保藏方法。

第九节　良种选育

一、食用菌的遗传与变异

食用菌遗传变异的特性是良种选育的基础。

遗传：子代与亲代性状相似的现象。

变异：子代与亲代性状的差异现象。

二、良种选育方法

（一）人工选种

1. 原理

食用菌的种性是通过菌丝体的繁衍逐代传递的，所以自然选择就侧重于在不同菌株之间进行，而不是在同一菌株的后代中进行。

2. 方法

收集品种资源→生理性能测定→品种比较试验→扩大、示范推广。

（1）品种资源的收集。尽可能地收集有足够代表性的野生菌株。确定采种的目标，采集点的地理条件，并做好详细的采集记录。

（2）生理性能测定。标本采集后应尽快采用多种分离方法获取菌株，随后立即用平板做颉颃试验（即分离的菌株菌丝两两配对接入同一平板培养基内），适温培养，经十余日，不同菌株的菌落内是否出现颉颃线，同时还可在平板或生长测定管上测定菌丝生长速度及对温度的反应。

（3）菌株比较。比较各菌株的优劣，详细记录各菌株的产量、菇形、温性、干鲜比、始菇期、菇潮间隔、形态等。为了试验的准确性，要保证菌种的质量，培养基配方、接种、管理措施等可能影响结果的因素，尽可能使之一致。试验还应按生物统计原理进行安排。

（4）扩大试验。上述的品种评比结果仅是个阶段性的成果，还应和当地的优势菌株同时进行栽培，证实它是更优良的菌株。

（5）示范推广。经扩大试验后，将选出的优良品种放到有代表性的试验点进行示范性生产，待试验结果进一步确定之后，再由点到面推广。

（二）诱变育种

出发菌株→生理性能测定→品种比较试验→扩大、示范推广。

（三）杂交育种

1. 原理

食用菌的杂交是指不同种或种内不同株系之间的交配，后者则更重要。

2. 方法

选择亲本→单孢子分离→单孢子杂交配对→转管繁殖→初次筛选→复筛→小面积栽培试验→大面积示范推广→定名审批。

（1）选择亲本。

（2）单孢子分离。

（3）单孢子杂交配对。

（4）转管繁殖。将可亲和的组合移入新的斜面保存备用。四极性的异宗结合的食用菌，由于自交不育，经配对后，凡出现双核菌丝的组合，并能正常结实者，即证明杂交成功。次级同宗结合食用菌（如双孢蘑菇），首先经过单孢子分离、培养，获取不孕菌丝。随后进行不孕性菌丝间的配对。

（5）初次筛选。经过初步筛选，淘汰大部分表现一般的菌株。经初筛后再做出菇试验比较，选出优良菌株。

（6）复筛。通过栽培比较，选出少数性能优良的菌株。出菇鉴定包括如下几个方面：①菌丝生长速度；②出菇菌块（袋）的表型特征；③子实体表型特征；④测定其最适生长温度、湿度等。⑤计算子实体的产量。

（7）小面积栽培试验。将复筛菌株置于不同地域的栽培区进行栽培，以考察其适应性与性状的稳定性，并做相关的详细记录。

（8）大面积示范推广。逐步扩大栽培面积，进行示范性的推广，将种性优良、优质高产的菌株逐渐定为当家菌株。

（9）为确定保留下来的杂交新品种正式定名，并申请有关部门批准。

（四）育种新技术

1. 基因工程

2. 原生质体融合技术

细胞工程重点研究和开发的是细胞融合技术和细胞培养技术。细胞融合技术是人们按照需要，使 2 个不同遗传特性的细胞，融合成一个新的杂种细胞，从而人工构建新型细胞，这个细胞兼有两个亲代细胞的遗传特性。

三、常用培养基及其配方

（一）母种常用培养基及其配方

1. PDA 培养基（马铃薯葡萄糖琼脂培养基）

马铃薯 200g（用浸出汁），葡萄糖 20g，琼脂 20g，水 1 000mL，pH 值自然。

2. CPDA 培养基（综合马铃薯葡萄糖琼脂培养基）

马铃薯 200g（用浸出汁），葡萄糖 20g，磷酸二氢钾 2g，硫酸镁 0.5g，琼脂 20g，水 1 000mL，pH 值自然。

（二）原种和栽培种常用培养基配方及其适用种类

1. 以木屑为主料的培养基

适用于香菇、黑木耳、毛木耳、平菇、金针菇、滑菇、鸡腿菇、真姬菇等多数木腐菌类。

（1）阔叶树木屑 78%，麸皮 20%，糖 1%，石膏 1%，含水量 58%±2%。

（2）阔叶树木屑 63%，棉籽壳 15%，麸皮 20%，糖 1%，石膏 1%，含水量 58%±2%。

（3）阔叶树木屑 63%，玉米芯粉 15%，麸皮 20%，糖 1%，石膏 1%，含水量 58%±2%。

2. 以棉籽壳为主料的培养基

适用于黑木耳、毛木耳、金针菇、滑菇、真姬菇、杨树菇、鸡腿菇、侧耳属等多数木腐菌类。

（1）棉籽壳 99%，石膏 1%，含水量 60%±2%。

（2）棉籽壳 84%~89%，麦麸 10%~15%，石膏 1%，含水量 60%±2%。

（3）棉籽壳 54%~69%，玉米芯 20%~30%，麦麸 10%~15%，石膏 1%，含水量 60%±2%。

（4）棉籽壳 54%~69%，阔叶树木屑 20%~30%，麦麸 10%~15%，石膏 1%，含水量 60%±2%。

3. 以棉籽壳或稻草为主的培养基

适用于草菇。

（1）棉籽壳 99%，石灰 1%，含水量 68%±2%。

（2）棉籽壳 84%~89%，麦麸 10%~15%，石灰 1%，含水量 68%±2%。

（3）棉籽壳 44%，碎稻草 40%，麦麸 15%，石灰 1%，含水量 68%±2%。

4. 腐熟料培养基

适用于双孢蘑菇、大肥菇、姬松茸等蘑菇属的种类。

（1）腐熟麦秸或稻草（干）77%，腐熟牛粪粉（干）20%，石膏粉1%，碳酸钙2%，含水量62%±1%，pH值7.5。

（2）腐熟棉籽壳（干）97%，石膏粉1%，碳酸钙2%，含水量55%±1%，pH值7.5。

5. 谷粒培养基

小麦、谷子、玉米或高粱97%~98%，石膏2%~3%，含水量50%±1%，适用于双孢蘑菇、大肥菇、姬松茸等蘑菇属的种类，也适用于侧耳属各种和金针菇的原种。

复习题

1. 菌种的概念。

2. 菌种的类型。

3. 食用菌菌种培养基。

4. PDA培养基的配方。

5. 菌种培养中常见的异常情况及原因。

6. 菌种质量的鉴定方法。

第六章　食用菌保鲜和加工技术

第一节　食用菌加工现状

一、食用菌加工概述

食用菌的加工已进入了机械化阶段，主要加工形式是机械热风干燥、冷藏保鲜、浸渍和制罐加工。食用菌产品除了以往的脱水烘干制品、罐头制品、腌制品外，还开发了速冻制品、真空包装制品、饮料、调味品（香菇方便汤料、金针菇精、蘑菇酱油等）、方便食品（蘑菇泡菜、香菇脯、冰花银耳、茯苓糕、平菇什锦菜、食用菌蜜饯等）、保健品（虫草冲剂、灰树花保健胶囊、灵芝保健酒等）、药品（云芝糖肽，香菇多糖的针剂、片剂等）。

食用菌产品已进入精深加工的产业化阶段。食用菌深加工是改变食用菌的传统面貌，包括改进食用菌保鲜技术，充分利用原料加工成速食食品，科学提取食用菌多糖等有效成分，加工成药品、保健食品、化妆美容产品等。目前，我国利用大型真菌类加工的保健食品已进入商品化生产或尚在中试阶段的产品有 500 多种，其中主要有营养口服液类、保健饮料类、保健茶类、保健滋补酒类、保健胶囊类等 5 个系列的产品，市场潜力巨大，前景诱人。食用菌即食产品的市场潜力也很大，优点在于不用费时烹调，可以直接食用，作为休闲食品和餐桌佐餐受到消费者好评。而随着生活节奏日趋加快，忙碌的人们懒于动手烧菜，特别是旅游和出差的人，尤为喜爱美味的方便食品，因此应运而生的各种各样的方便食品很有生命力。

二、食用菌深加工产品从功能上分类

1. 普通食品类

包括保鲜食品，如保鲜香菇；方便食品，如速泡汤料；休闲食品，如菇类蜜饯；饮料类食品，如灵芝酒。

食用菌蜜饯是在果脯制作的基础上发展起来的，食用菌蜜饯糖渍后的含糖量在 65% 以上，以 70% 为适宜。其制作工艺为菇体整理、切刀和分级→杀青→菇胚腌制→保脆和硬化→硫处理→银耳蜜饯、金针菇蜜饯、蘑菇蜜饯、香菇蜜饯等。

食用菌饮料是在饮料制染色→糖制→烘晒和上糖衣→整理包装。市上常见的蜜饯有白平菇蜜饯制作过程中加入菇体，参与发酵或浸渍，使菇体中对人体有益的成分溶于饮料

中，从而增加饮料的营养与药用价值。其基本方法是将菇体烘干后粉碎，加入水，通入蒸汽加热，并加入糖、酵母粉、柠檬酸等发酵，然后再加入菇粉、酵母和糖，继续发酵，静置过滤后即可得菇酒。近年已酿造成的食用菌酒有香菇酒、蘑菇酒、猴头酒、花粉灵芝蜜酒等。此外，还有食用菌风味饮料，风味饮料中加入的是菇体浸提液，以保持食用菌特有的风味。

2. 功能保健食品类

食用菌独特的营养和保健作用，可以开发如防治贫血、冠心病、气管炎、神经衰弱、糖尿病等不同剂型的功能性食品。

利用食用菌减肥、消脂、轻身的功能和特殊的抗氧化、缓衰老成分，可制成各类型美容制品。食用菌保健饮品是指饮料类，如各种露、液等。其基本工艺是：水煮提取→过滤→配制→灌装。常见的有香菇露、香菇可乐、金菇露、木耳、椰子汁、灵芝液、香菇汽水、灵芝速溶茶等。

3. 药用食用原料类

从食用菌中提取菌菇多糖等价值成分，作为药品或辅助药品原料，如香菇多糖、灵芝多糖等。食用菌多糖是一种特殊的生物活性物质，是一种生物反应增强剂和调节剂，它能增强体液免疫和细胞免疫功能。食用菌多糖的抗病毒作用机制可能在于其提高感染细胞免疫力，增强细胞膜的稳定性，抑制细胞病变，促进细胞修复等功能。同时，食用菌多糖还具有抗反转录病毒活性。因此，食用菌多糖是一种有待开发的抗流感的保健食品。

4. 农药制品

从食用菌中提取有关激素、生长素，制成生物增产素，还可以从食用菌中提取抗病毒物质，防治植物病毒。

5. 观赏制品

塑造食用菌的形象，经过选苗、移栽、培土、造型等工序，将食用菌塑造成各种各样不同的形态，培植好的灵芝盆景高雅大方、雍容华贵，金针菇盆景姿态飘逸，分外妖娆。

三、食用菌深加工产品从加工方式分类

1. 简单加工

简单加工是目前食用菌加工的主要形式。①食用菌通过简单的烘干制成干品出口或内销。仅在湖北随州三里岗香菇市场，年成交额近亿元，是中南地区较大的香菇集散中心，有效地促进了随州地区及附近地区的香菇生产。②加工成罐头、腌制（糖制）产品。食用菌鲜品贮藏时间有限，制成干品后损失了大量的营养及鲜味物质，失去了食用菌原有风味。通过简单加工成罐头、蜜饯或腌制品既能达到长期贮存的目的，又能较好地保持食用菌原有形状和风味，并增加产品的可视性和美观度，且食用快捷方便、安全卫生。

2. 用于保健及医疗方面的加工

近几年保健品发展迅速，现代科学已从分子水平上证实了食用菌的特殊营养保健功能及其药用价值。食用菌类食品以其安全、天然、富有营养和具有调节人体多项生理功能而赢得越来越多人的青睐。其中以多糖加工与用于医疗的功能因子提取居多。

食用菌多糖作为一种天然多糖类化合物具有抗肿瘤和增强免疫力的作用，天然植物中

免疫多糖的生物学效应已越来越受到人们的重视。在多糖的提取中大多采用水溶醇对食用菌中的多糖进行粗提、分离，大大提高了食用菌的价值，是当前研究的热点。

3. 其他产品

食用菌加工的产品还有很多，如发酵奶、保健饮料、食用菌冻干粉碎、美容产品、香菇糯米酒、香菇保健蛋糕、食用菌面包和平菇软糖加工等。这些食用菌产品多样，营养丰富，拓展了食用菌应用的空间。

食用菌深加工的未来发展方向应该是食用菌即食食品和食用菌功能食品。在国家"农产品加工业'十一五'发展规划中"关于食用菌加工是这样说的"加强食用菌加工和保鲜技术研究，提高产品质量和档次，增强国际市场竞争力；重点开发食用菌即食食品和保健食品，增加食用菌产品附加值；大力开展食用菌药用成分提取与利用研究，延长产业链，提高食用菌生产的综合效益"。

在浙江、福建、山东等食用菌主产区，建立一批食用菌生产加工基地，大力发展无公害、绿色和有机食用菌生产加工，积极推进食用菌即食食品、保健品及药物开发，从根本上提升我国食用菌行业发展水平。初加工主要在主产区进行布局，精深加工主要在中心城市布局。在食用菌加工产品结构中，力争初加工制品比重下降，不超过80%，即食、保健食品和药物制品比重上升，分别达到15%和5%。

四、食用菌深加工趋势产品

1. 蘑菇汤料

该产品采用香菇粉、平菇粉和茶树菇粉等多菇种复配技术，并结合酵母提取物等其他调味料精心调制而成，丰富了产品的内涵，使之味道更加鲜美醇厚，营养更加丰富。并且由于采用超微粉碎技术，使菇粉末可溶解于水中，消费者只需将粉末用水冲泡，即可制得饮用菇饮品，非常符合现代人对食品方便性的需求。由于高的脱水率，保存方便，保质期长，无须防腐剂，常温下即可有极长的保质期。如果包装良好，保质期可超过五年。产品重量轻，贮存不需要冷链，贮藏、运输方便，经常性费用低。

2. 仿真素牛肉干

素牛肉采用天然香菇柄制作，保留了其中大量的可食性纤维、营养素及活性多糖。虽然口感柔韧，却不粗糙难嚼；风味类似牛肉干，使消费者在食用后，真正体味"吮指回味"的美妙感觉，素牛肉的健康营养作用更具独特优势。素牛肉即可用于休闲旅游时随身携带的方便佐餐食品，也可以用于业余时间的即食小食品，还可用于减肥辅助食品。因此素牛肉是一款老少皆宜的休闲食品，其本身的一系列亮点，能够吸引各个阶层及不同年龄段和不同性别的消费者。对于生产者而言，素牛肉远较牛肉干成品低，原料较为丰富，是一种极具加工潜力的产品。而对于消费者则是物美价廉，物有所值的休闲小食品，相信素牛肉必然具有强势的市场竞争力。

3. 菌菇脆片

脆、酥、鲜、香；菇味浓郁、回味悠长。菌菇脆片是采用当今先进的生产技术，将优质菌菇（如香菇、鸡腿菇、白灵菇、杏鲍菇等）进行前期整理、清洗、切片，利用低温真空油炸设备进行真空低温油炸并在真空状态下进行脱油，然后进行调味品的调配，使产品更独具特色，适应消费者需求，最后经过严格检验包装而成的休闲保健食品。它不仅保留了菌菇的天然风味和营养成分，具天然色泽，而且低糖、低盐、低脂肪、低热量、高营养。产品松脆可口，风味宜人。

4. 菌多糖膳食纤维胶囊

本产品以香菇优质膳食纤维为原料，配以超双歧因子，采用超微粉碎技术，使香菇多糖更易被人体吸收。该产品能有效改善人体消化道环境，调节微生态平衡，提高免疫力和肠胃功能，临床研究表明对慢性腹泻和一般性便秘有很好的疗效。

第二节 食用菌的保鲜

食用菌的保鲜加工是食用菌产业化大生产这个链条中的一个重要组织环节，既是生产、流通、消费中不可缺的环节，又是为食用菌产业化提供扩大再生产和增加效益的基础。由于食用菌采收后，仍进行呼吸作用和酶生化反应，导致褐变、菌柄伸长、枯萎、软化、变色、发黏、自溶甚至腐烂变质等，严重影响食用菌的外观、品质和风味，失去食用价值和商品价值，造成经济损失，严重地制约了食用菌生产。为了减少损失，调节、丰富食用菌的市场供应，满足国内外市场的需要，提高食用菌产业的效益，大规模进行食用菌生产必须要对产品进行保鲜、贮藏与加工。常用的保鲜方法有低温保鲜、低温速冻保鲜、气调保鲜、化学药剂保鲜、辐射保鲜、负离子保鲜等方法。

一、影响食用菌鲜度的因素

1. 温度

鲜菇的保鲜性能与其生理代谢活动关系密切。在一定的范围内，温度越高，鲜菇的生理代谢活动越强，物质消耗越多，保鲜效果越差。据试验，在一定温度范围内（5~35℃），温度每升高10℃，呼吸强度增大1~1.5倍。所以，温度是影响食用菌保鲜的一个重要因素。

2. 水分与湿度

菇体水分直接影响鲜品的保鲜期。采摘食用菌鲜品前三天最好不要喷水，以降低菇体水分，延长保鲜期。另外，不同菇类在贮藏过程中，对空气湿度要求不一样。一般以95%~100%为宜，低于90%，常会导致菇体收缩而变色、变形和变质。

3. 气体成分

在贮存鲜菇产品时，氧气浓度降至5%左右，可明显降低呼吸作用，抑制开伞。但是氧气的浓度也不是越低越好，如果太低，会促进菇体内的无氧呼吸，基质消耗增多，不利于保鲜。几乎大多数菇类，在保鲜贮藏期内，空气中的二氧化碳含量越高，保鲜效果越好。但二氧化碳浓度过高，对菇体有损害。一般空气中二氧化碳浓度以1%~5%比较适宜。

4. 酸碱度

酸碱度能影响菇体褐变。菇体内的多酚酶是促使变褐的重要因素。变褐不仅影响其外观，而且影响其风味和营养价值，使商品价值降低。当 pH 值为 4~5 时，多酚氧化酶活性最强，当 pH 值小于 2.5 或大于 10 时，多酚氧化酶变性失活，护色效果最佳。低 pH 值同时可抑制微生物的活性，防止腐败。

5. 病虫害

鲜菇保鲜时，常因细菌、霉菌、酵母等的活动而腐败变质。此外，菇蝇、菌螨等害虫也严重地影响菇的质量。食用菌即使在低温下，仍会受到低温菌的污染。

二、食用菌保鲜的方法

（一）低温保鲜

食用菌种类不同，低温贮存温度也不相同，双孢蘑菇、香菇等大多数食用菌低温贮存温度为 0~5℃；草菇为高温型食用菌，其贮存温度为 10~15℃。低温保鲜的流程：鲜菇分级与精选→降湿→预冷→入库贮藏。保鲜实例为香菇的低温保鲜。

1. 原料分级与精选

鲜菇要求菇形圆整，菇肉肥厚，卷边整齐，色泽深褐，菌盖直径在 3.5cm 以上，菇体含水量低，无黏附杂物，无病虫感染。出口香菇通常采用三级制：大级菇（L 级）菇盖直径在 55mm 以上；中级菇（M 级）菇盖直径为 45~55mm；小级菇（S 级）菇盖直径为 38~45mm。

分级采用人工挑选或用分级圈进行机械分级，也可两者结合进行分级。在进行原料分级的同时，应剔除破损、脱柄、变色、有斑点、畸形及不合格的次劣菇，选好后应及时入库冷藏。有条件的地区可在冷库中进行分级和拣选，以确保鲜菇的质量。

2. 降湿处理

刚采收或采购的鲜香菇，其含水量一般在 85%~95%，不符合低温贮运保鲜的要求。因此，需要进行降湿处理，鲜菇因包装形式、冷藏时间的不同而有所差异。一般用作小包装的含水量掌握在 80%~90%；用作大包装的含水量掌握在 70%~80%；空运含水量可控制在 85% 以下；海运含水量大多控制在 65%~70%。采用脱水机排湿，也可以采用晾晒排湿。机械排湿时，要注意控制温度和排风量。

3. 预冷、冷藏

将降湿后的鲜菇倒入塑料周转筐内，入库后按一定方式堆放，避免散堆。堆放时，货垛应距离墙壁 30cm 以上，垛与垛之间、垛内各容器之间都应留有适当的空隙，以利库内空气流通、降温和保持库内温度分布均匀。垛顶与天棚或与冷风出口之间应留有 80cm 的空间层，以防因离冷风口太近，引起鲜菇冻害。

4. 入库贮藏

排湿后的鲜菇要及时送入冷藏库保鲜，冷藏库温度在 1~4℃，贮温越低，保鲜期越长。但不应降至 0℃ 以下，以防引起冻害或不可逆的生理伤害。出入冷藏库时，要及时关闭库门，并尽量避免货物出入的次数过多。冷藏库空气相对湿度为 75%~85%，如湿度过高，也可采用除湿器进行除湿。要注意通风换气，通常选在一天气温较低的时间进行，同时要结合开动制冷机械，以减缓库内温湿度的变化。

鲜菇起运前 8~10 小时，才可进行菇柄修剪工序。如提前进行剪柄，容易变黑，影响质量。因此在起运之前必须集中人力突击剪柄，菇柄的长度一般为 2~3cm，剪柄后纯菇率为 85%左右，然后继续入库，待装起运。

（二）速冻保鲜

低温速冻保鲜是指将保鲜物快速由常温降至-30℃以下贮存。这种技术能较好地保持食品原有的新鲜程度、色泽和营养成分，保鲜效果良好。食用菌速冻保鲜的工艺流程为：原料选择→护色、漂洗→分级→热烫、冷却→精选修整→排盘冻结→挂冰衣→装箱和冷藏。保鲜实例为双孢蘑菇的速冻保鲜。

1. 原料的准备和处理

选用菌盖完整，色泽正常，无严重机械损伤，无病虫害，菌柄切削平整，不带泥根的上等菇作为加工原料。

2. 护色、漂洗

先用 0.03%焦亚硫酸钠液漂洗，捞出后稍沥干，再移入 0.06%焦亚硫酸钠液浸泡 2~3 分钟进行护色，随即捞出，用清水漂洗 30 分钟，要求二氧化硫残留量不超过 0.002%。

3. 分级

根据菌盖大小分级，小菇（S 级）15~25mm，中菇（M 级）26~35mm，大菇（L 级）36~45mm。由于热烫后菇体会缩小，原料选用径级可比以上标准大 5mm 左右。

4. 预煮（杀青）、冷却

将双孢蘑菇按大小分别投入煮沸的 0.3%柠檬酸液中，大、中、小三级菇的热烫时间分别为 2.5 分钟、2 分钟和 1.5 分钟，以菇心熟透为度。热烫液火力要猛，pH 值控制在 3.5~4。热烫时不得使用铁、铜等工具及含铁量高的水，以免菇体变色。热烫后的菇体迅速盛于竹篓中，于 3~5℃流水中冷却 15~20 分钟，使菇体温度降至 10℃以下。

5. 精选修剪

将菌柄过长、有斑点、严重机械损伤、有泥根等不符合质量标准的菇拣出，经修整、冲洗后使用，将特大菇、缺陷菇切片作生产速冻菇片的原料加以利用，脱柄菇、脱盖菇、开伞菇应予以剔除。

6. 排盘、冻结

先将菇体表面附着水分沥干，单个散放薄铺于速冻盘中，用沸水消毒过的毛巾擦干盘底积水，在 3~4℃预冷 20 分钟，在-40~-30℃下进行冻结 30~40 分钟，冻品中心温度可达到-18℃。

7. 挂冰衣

将互相粘连的冻结双孢蘑菇轻轻敲击分开，使之成单个，立即放入小竹篓中，每篓约 2kg，置 2~5℃清水中，浸 2~3 秒，立即取出竹篓，倒出双孢蘑菇，使菇体表面迅速形成一层透明的、可防止双孢蘑菇干缩与变色的薄冰衣。水量以增重 8%~10%为宜。

8. 包装

采用边挂冰衣、边装袋、边封口的办法，将冻结双孢蘑菇装入无毒塑料包装袋中，并随即装入双瓦楞纸箱，箱内衬有一层防潮纸。

9. 冷藏

冻品需较长时间保藏时，应藏于冷库内，冷库温度应稳定在-18℃，库温波动不超过

±1℃，相对湿度95%~100%，波动不超过5%，应避免与气味或腥味等挥发性强的冻品一同贮存，贮藏期为12~18个月。

其他食用菌如草菇、平菇等，也可根据各自的商品规格和相关要求，参照上述方法进行速冻贮藏。

（三）气调保鲜

气调保鲜就是通过人工控制环境中气体成分以及温度、湿度等因素，达到安全保鲜的目的。一般是降低空气中氧气的浓度，提高二氧化碳的浓度，再以低温贮藏来控制菌体的生命活动。食用菌气调保鲜多采用塑料袋装保鲜法，平菇每袋放0.5kg，在室温下，可保鲜7天；金针菇在2~3℃下，可延长保鲜时间6~8天；草菇采用纸塑袋包装，并在袋上加钻4个微孔，置18~20℃可保存3~4天；香菇放入0~4℃可保鲜15~20天。

以气调贮藏是现代较为先进有效的保藏技术。通常将气调分为自发气调、充气气调和抽真空保鲜。

1. 气调保鲜方法

（1）自发气调。一般选用0.08~0.16mm厚的塑料袋，每袋装鲜菇1~2kg，装好后即封闭。由于薄膜袋内的鲜菇自身的呼吸作用，使氧气浓度下降，二氧化碳浓度上升，可达到很好的保鲜效果。此种方法简单易行，但降氧速度慢，有时效果欠佳。

（2）充气气调。将菇体封闭入容器后，利用机械设备人为地控制贮藏环境中的气体组成，使得食用菌产品贮藏期延长，贮藏质量进一步提高。人工降低氧气浓度有多种方法，如充二氧化碳或充氮气法。充气气调贮藏保鲜法效率高，但所需设备投资大，成本也高。

（3）抽真空保鲜。采用抽真空热合机，将鲜菇包装袋内的空气抽出，造成一定的真空度，以抑制微生物的生长和繁殖。常用于金针菇鲜菇小包装，具体方法是将新采收的金针菇经整理后，称重105g或205g，装入20μm厚的低密度聚乙烯薄膜袋，抽真空封口，将包装袋竖立放入专用筐或纸箱内，1~3℃低温冷藏，可保鲜13天左右。

2. 气调保鲜的工艺流程

保鲜实例为双孢蘑菇气调保鲜：采摘→分选→预冷处理→气调贮藏。

（1）采摘。一般在子实体七八分熟为好，采收时对采收用具、包装容器进行清洁消毒，并注意减少机械损伤。

（2）分选。采后应进行拣选，去除杂质及表面损伤的产品；清洗后剪成平脚，如有菇色发黄或变褐，放入0.5%的柠檬酸溶液中漂洗10分钟，捞出后沥干。

（3）预冷处理。将双孢蘑菇迅速预冷，预冷温度控制在0~4℃。预冷可采用真空预冷或冷库预冷，真空预冷时间30分钟左右，冷库预冷时间15小时左右。

在冷库预冷同时用臭氧进行消毒，或采用装袋充臭氧消毒，臭氧浓度及时间应根据空间及产品数量计算确定。

（4）气调贮藏

1）自发气调。将双孢蘑菇装在0.04~0.06mm厚的聚乙烯袋中，通过菇体自身呼吸造成袋内的低氧和高二氧化碳环境。包装袋不宜过大，一般以可盛装容量1~2kg为宜，在 0℃ 下 5 天品质保持不变。

2）充二氧化碳。将双孢蘑菇装在 0.04~0.06mm 厚的聚乙烯袋中，充入氮气和二氧化碳，并使其分别保持在 2%~4% 和 5%~10%，在 0℃ 下可抑制开伞和褐变。

3）真空包装。将双孢蘑菇装在 0.06~0.08mm 厚的聚乙烯袋中，抽真空降低氧气含量，0℃ 条件下可保鲜 7 天。

（四）化学保鲜

采用符合食品卫生标准的化学药剂处理鲜菇，通过抑制鲜菇体内的酶活性和生理生化过程，改变菇体酸碱度，抑制或杀死微生物，隔绝空气等，以达到保鲜的目的。但使用化学品要慎之又慎。常用的化学保鲜方法如下：

1. 米汤膜保鲜

熬取稀米汤，同时加入 5% 小苏打（碳酸氢钠）或 1% 纯碱，溶解搅拌均匀后冷却至室温。将采下的鲜菇浸入米汤碱液中。5 分钟后捞出，置于阴凉干燥处。菇体表面即形成一层薄膜，既隔绝空气，减少水分蒸发，又抑制了酶的活性。可保鲜 3 天。

2. 焦亚硫酸钠处理

先用 0.01% 焦亚硫酸钠水溶液漂洗菇体 3~5 分钟，再用 0.1%~0.5% 焦亚硫酸钠水溶液浸泡 30 分钟，捞出后沥去焦亚硫酸钠溶液，装袋贮存在阴凉处，在 10~25℃ 下可保鲜 8~10 天，食用时，要用清水漂洗。焦亚硫酸钠不但具有保鲜作用，而且对鲜菇有护色作用，使鲜菇在运输贮藏过程中，保持原有色泽不变。

3. 盐水浸泡

将整理后的鲜菇在 0.5%~0.8% 食盐溶液中浸泡 10~20 分钟，因品种、质地、大小等确定具体时间，捞出后装入塑料袋密封，在 15℃ 下，可保鲜 3~5 天。其护色和保鲜的效果非常明显。

4. 保鲜液浸泡

将 0.02%~0.05% 浓度的抗坏血酸和 0.01%~0.02% 的柠檬酸配成保鲜液。把鲜菇体浸泡在此液中，10~20 分钟后捞出沥干水分，装入非铁质容器内，可保鲜 3~5 天。用此方法菇体色泽如新，整菇率高。

5. B_9 保鲜

根据鲜菇品种、质地及大小，配制 0.003%~0.1% B_9 溶液，将鲜菇浸泡 10~15 分钟后，取出沥干，装袋密封，在室温下保鲜 8 天，能有效防止变褐，延长保鲜期。适用于双孢蘑菇、香菇、平菇、金针菇等菌类保鲜。

（五）负离子保鲜

将刚采下的菇体不经洗涤，在室温下封入 0.06mm 厚的聚乙烯薄膜袋中。在 15~18℃ 下存放，每天用 $1×10^5$ 个/cm^3 浓度的负离子处理 1~2 次，每次 20~30 分钟。经过处理的鲜菇可延长保鲜期和保鲜效果。

负离子对菇类有良好的保鲜作用。能抑制菇体的生化代谢过程，还能净化空气。负离子保鲜食用菌，成本低，操作简便，也不会残留有害物质。其中产生的臭氧，遇到抗体便分解，不会集聚。因此，负离子贮藏是食用菌保鲜中的一种有前途的方法。

（六）辐射保鲜

辐射保鲜食用菌是一种成本低、处理规模大、见效显著的保鲜方法。用^{60}Co等放射源产生的γ射线照射后，可以抑制菇体酶活性，降低代谢强度，杀死有害微生物，达到保鲜效果。辐射贮藏是食用菌贮藏的新技术，与其他保藏方法相比有许多优越性。如无化学残留物，能较好地保持菇体原有的新鲜状态，而且节约能源，加工效率高，可以连续作业，易于自动化生产等优点。但这种保鲜方法对环境设备的要求十分高，使用放射源要向有关单位申请，一般只有科研机构和规模化企业使用。

第三节　食用菌干制加工技术

食用菌的干制也称烘干、干燥、脱水等，它是在自然条件或人工控制条件下，促使新鲜食用菌子实体中水分蒸发的工艺过程，是一种被广泛采用的加工保存方法。适宜于脱水干燥的食用菌如香菇、草菇、黑木耳、银耳、猴头和竹荪等，干燥后不影响品质，香菇干制后风味反而超过鲜菇。但是平菇、猴头菇、滑菇一般以鲜食为好；金针菇、平菇等干制后，其风味、适口性变差。黑木耳和银耳主要以干制为主。经过干制的食用菌耐贮藏，不易腐败变质，可长期保藏。干制品对设备要求不高，技术不复杂，易掌握，食用菌常用干制方法有晒干、烘干和热风干燥等。

一、干制原理

由于干制品所含可溶性固形物浓度相对提高，因而具有很高的渗透压，能使附在其上的腐败菌产生生理干旱，无法活动。菇体所含的游离水在干燥过程中容易排除，但化合水结合于组织内的化合物质中，干燥过程中难以排除。菇体脱水是靠菇体表面水分汽化和菇体内水分的向外扩散而实现的。由于水分下降，酶的活性也受到抑制，这就是食用菌干制品能长期保藏的原理。

二、影响干燥作用的因素

在干燥过程中，干燥作用的快慢受许多因素的相互影响和制约。

1. 干燥介质的温度

空气中相对湿度减少10%，饱和差就增加100%，所以可采取升高温度，同时降低相对湿度来提高干制质量。食用菌干制时，特别是初期，一般不宜采用过高的温度，否则因骤然高温，组织中汁液迅速膨胀，易使细胞壁破裂，内容物流失，原料中糖分和其他有机物常因高温而分解或焦化，有损产品外观和风味，初期的高温低湿易造成结壳现象，而影响水分的扩散。

2. 干燥介质的相对湿度

在温度不变化情况下，相对湿度越低，则空气的饱和差越大，食用菌的干燥速度越快。升高温度同时又降低相对湿度，则原料与外界水蒸气分压相差越大，水分的蒸发就越容易。

3. 气流循环的速度

干燥空气的流动速度越快，食用菌表面的水分蒸发也越快。

4. 食用菌种类和状态

食用菌种类不同，干燥速度也各不相同。原料切分的大小与干燥速度有直接关系。切分小，蒸发面积大，干燥速度也越快。

5. 原料的装载量

装载量的多少与厚度以不妨碍空气流通为原则。烘盘上原料装载量多，厚度大，则不利于空气流通，影响水分蒸发。干燥过程中可以随着原料体积的变化，改变其厚度。干燥初期应薄些，干燥后期可厚些。

三、干制方法

菌类的干制分为晒干、烘干和冷冻干燥等方法。

1. 晒干法

晒干是指利用太阳光的热能使新鲜食用菌脱水干燥的方法。适用于竹荪、银耳、木耳等品种。该法的优点是不需设备，节省能源，简单易行。缺点是干燥时间长，风味较差，常受天气变化的制约，干燥度不足，易返潮。对于厚度较大、含水高的肉质菌类不太适合，很难晒至含水量13%以下。适于小规模培育场的生产加工。

采用晒干法时，应选择阳光照射时间长，通风良好的地方，将鲜菇（耳）薄薄地摊在苇席或竹帘上，厚薄整理均匀、不重叠。如果是伞状菇，要将菌盖向上，菇柄向下。晒到半干时，进行翻动。翻动时伞状菇要将菌柄向上，这样有利于子实体均匀干燥。在晴朗天气，3~5天便可晒干。晒干后装入塑料袋中，迅速密封后即可贮藏。晒干所用时间越短，干制品质量越好。

木耳晒干法：选择耳片充分展开，耳根收缩，颜色变浅的黑木耳及时采摘。剔去渣质、杂物，按大小分级。选晴天，在通风透光良好的场地搭晒架，并铺上竹帘或晒席。将黑木耳薄薄地均匀撒摊在晒席上，在烈日下暴晒1~2天，用手轻轻翻动，干硬发脆，有哗哗响声为干。但需注意，在未干之前，不宜多翻动，以免形成"拳耳"；将晒干的耳片分级，及时装入无毒塑料袋，密封保藏于通风、干燥处。

2. 烘烤法

将鲜菇放在烘箱、烘笼或烤房中，用电、煤、柴作为热源，对易腐烂的鲜菇进行烘烤脱水的方法。此法的特点是干燥速度快，可保存较多的干物质，相对地增加产品产量，同时在色、香、外形上均比晒干法提高2~3个等级。适于大规模生产和加工出口产品，烘干后产品的含水量在10%~13%，较耐久贮藏。

（1）烘箱干制法。烘箱操作时，将鲜菇摊放在烘筛上，伞形菇要菌盖向上，菌柄向下，非伞形菇要摊平。将摊好鲜菇的烘筛，放入烘箱搁牢，再在烘箱底部放进热源。烘烤温度不能太高，控制在40~50℃为宜。若先把鲜菇晒至半干，再进行烘烤，既可缩短烘烤时间、节省能源，又能提高烘烤质量。

（2）烘房干制法。烘房干制法是指利用专门砌建的烘房进行食用菌脱水干燥的方法。一般菇进菇房前，应先将烤房温度预热到40~50℃，进入菇房后要下降到30~35℃。晴天采收的菇较干，起始温度可适当高一些。随着菇的干燥程度不断提高，缓慢加温，最后加到60℃左右，一般不超过70℃。整个烘烤过程因食用菌种类的不同和采收时的干湿程度不同而异，一般需要烘烤6~14小时。在烘烤过程中必须注意通风换气，及时把水蒸气外逸出去。

烘烤时应正确的操作技术，否则会造成损失。以香菇为例，为使菇型圆整、菌盖卷边厚实、菇背色泽鲜黄、香味浓郁，必须把握好以下环节。香菇送入烘房前，事先要按菇体大小、干湿程度的不同，分别摊放在烘筛上。摊放香菇时，要使菌盖向上，铺放均匀，互不重叠。烘筛上架时将鲜菇按大小、厚薄、朵形等整理分级：小菇放在下层，大菇放在上层，含水量低的放在下层，含水量高的放在上层。烘烤的温度，一般以30℃为起始点，每小时升高1~2℃，上升至60℃时，再下降到55℃。烘烤时，应及时将蒸发的水汽排除。至四五成干时，应逐朵翻转。香菇体积缩小后，应将上层菇并入下层筛中，再将鲜菇放入上层空筛中烘烤。香菇干燥所需的时间，小型香菇为4~5小时，中型菇为5~10小时，大型菇为10~12小时。随着菇体内水分的蒸发，如烘房内通风不畅会造成湿度升高，会导致色泽灰褐，品质下降。要注意排湿、通风。

用手指甲掐压菇盖，感觉坚硬，稍有指甲痕迹；翻动时，发出"哗哗"响声；香味浓，色泽好，菌褶清晰不断裂。表明香菇已干，可出房、冷却、包装。

3. 热风干燥法

采用热风干燥机产生的干燥热气流过物体表面，干湿交换充分而迅速，高湿的气体及时排走。具有脱水速度快，脱水效率高，节省燃料，操作容易，干度均匀，菇体不变色、变质，适宜大量加工。

热风干燥机用柴油作燃料，设有一个燃烧室和一个排烟管，将燃烧室点燃，打开风扇，验证箱内没有漏烟后，即可将食用菌烘筛放入箱内进行干燥脱水。干燥温度应掌握先低、后高、再低的曲线，可以通过调节风口大小来控制，干燥全过程需8~10小时。

4. 冷冻干燥

先将菇体中的水分冻成冰晶，然后在较高真空下将冰直接汽化而除去。为了做到长期保藏，最好采用真空包装并在包装袋内充氮。如双孢蘑菇的冷冻干燥工艺是：将蘑菇放入密闭容器中，在-20℃下冷冻，然后在较高真空条件下缓缓升温，经10~12小时，因升华作用而使蘑菇脱水干燥。经过这种处理的蘑菇具有良好的复原性，只要在热水中浸泡数分钟便可恢复原有形状，除硬度略逊于鲜菇外，其风味与鲜菇几乎没有差别。

以上几种干制技术都是间接干燥，都是以空气为干热介质，热力不直接作用于加工制品上，造成很大的能源浪费。近年来，现代化的干燥设备和相应的干燥技术有了很大的发展，例如远红外技术、微波干燥、真空冷冻升华干燥、太阳能的利用、减压干燥等，这些新技术应用到食用菌的干燥上，具有干燥快、制品质量好等特点，是今后干制技术的发展方向。

第四节 食用菌腌制加工技术

一、腌制原理

腌制是让食盐渗入到菇体组织内,降低其水活度,提高菇体的渗透压,以控制微生物的生长活性,抑制腐败菌的生长,从而防止食用菌腐败变质,保持其商品价值,其制品称为盐水菇。食盐属高渗透压物质,质量浓度为 10g/L 的食盐溶液可以产生 610kPa 的渗透压。生产盐水菇用的食盐溶液质量浓度可达 350g/L,能产生 20MPa 以上的渗透压,菇体组织中的水分和可溶性物质外渗,盐水渗入,最后达到平衡,使菇体组织也有很高的渗透压。一般微生物细胞液的渗透压为 350~1 670kPa,一般细菌则为 300~600kPa。食盐溶液的渗透压则高得多,使附着在菇体表面的有害微生物细胞内的水分外渗,原生质收缩,质壁分离,造成生理干燥,迫使微生物处于假死状态或休眠状态,甚至死亡,从而达到防止腐烂变质的目的。

食盐溶解后就会离解,并在每一离子的周围聚集着一群水分子,也就是离子水化。水化离子周围的水分聚集量占总水分量的百分率随着盐分浓度的提高而增加,水分活度则随之降低,也抑制了微生物的生长;而高浓度食盐离解产生高浓度的钠离子和氯离子,造成微生物所需的离子不平衡,产生单盐毒害,同样也抑制了微生物的活动。食盐对微生物分泌的酶活力也有破坏。由于氧很难溶解在盐水中,在盐液中形成了缺氧环境,需氧菌是难以生长的。

二、食用菌腌制方法

不同的腌制方法和不同的腌制液,可腌制出不同的产品、不同的口味。

1. 盐水腌制

利用盐水的高渗透来抑制微生物活动,避免在保藏期中因微生物活动而腐败。如盐水双孢蘑菇、盐水平菇、盐水金针菇和盐水香菇等。

2. 糟汁腌制

先配制糟汁,一般配方(以 1 000g 菇计)为:酒糟 2g,蔗糖 80g,食糖 250g,食盐 180g,味精 16g,辣椒粉 8g,35%酒精 220mL,山梨酸钾 2.8g。将上述各料混合均匀后备用。将冷却后的菇体放入陶瓷容器中,撒一层糟汁腌制剂放一层菇体,依次重复地摆放下去,直到放完为止。糟汁腌制好后,每天翻动 1 次,7 天后腌制结束。糟制最好在低温下进行,因为高温下糟制微生物活动频繁,糟制品易腐败变质。

3. 酱汁腌制

先配酱汁,腌制 1 000g 食用菌的酱汁配方为:豆酱 2 000g,食醋 40mL,柠檬酸 0.2g,蔗糖 400g,味精 8g,辣椒粉 4g,山梨酸钾 3g 将上述各料充分混合备用。腌制时,操作方法与糟汁腌制法相同,也要在陶瓷容器中腌制,一层酱汁一层菇摆放。

4. 醋汁腌制

腌制100g食用菌的醋汁配方为：醋精3mL，月桂叶0.2g，胡椒1g，石竹1g。将调料一并放入沸水中搅混，同时放入菇体，煮沸4分钟，然后取出菇体，装进陶瓷或搪瓷容器中，再注入煮沸过的、浓度为15%～18%的盐液，最后密封保存。

三、食用菌腌制的工艺流程

选料→护色→漂洗→预煮（杀青）→冷却→腌制→分级包装。

下面以盐水腌制为例说明操作要点。

1. 原料菇的选择与处理

菇形圆正，肉质厚，含水分少，组织紧密，菇色纯正，无泥根，无病虫害，无空心。如双孢蘑菇要切除菇柄基部；平菇应把成丛的逐个分开，淘汰畸形菇，并将柄基部老化部分剪去；滑菇则要剪去硬根，保留嫩柄1～3cm长。要求当天采收，当天加工，不能过夜。

2. 护色、漂洗

及时用0.5%～0.6%盐水洗去菇体的杂质，接着用0.005mol/L柠檬酸溶液（pH值4.5）漂洗，防止菇体氧化变色。若用焦亚硫酸钠溶液漂洗，先用0.02%焦亚硫酸钠溶液漂洗干净，再用0.05%焦亚硫酸钠溶液浸泡10分钟，后用清水漂洗3～4次，使焦亚硫酸钠的残留量不得超过0.002%。

3. 预煮（杀青）

使用不锈钢锅或铝锅，加入5%～10%的盐水，烧至盐水沸腾后放经漂洗后的菇体，水与菇比例为10∶4，不宜过多，火力要猛，水温保持在98℃以上，并经常用木棍搅动、捞去泡沫。煮制时间依菇的种类和个体大小而定，掌握菇柄中心无夹生，就要立即捞出。杀青应掌握以菇体投入冷水中下沉为度，如漂起则煮的时间不足，一般双孢蘑菇需10～12分钟，平菇需6～8分钟。锅内盐水可连续使用5～6次，但用2～3次后，每次应适量补充食盐。

4. 冷却

煮制的菇体要及时在清水中冷却，以终止热处理，若冷却不透，容易变色、变质。一般用自来水冲淋或分缸轮流冷却。

5. 盐渍

容器要洗刷干净、消毒后用开水冲洗。冷却后的菇体沥去清水，按每100kg加25～30kg食盐的比例逐层盐渍。缸内注入煮沸后冷却的饱和盐水。表面加盖帘，并压上卵石，使菇浸没在盐水内。

6. 翻缸（倒缸）

盐渍后3天内必须翻缸一次。以后5～7天翻缸一次。经常用波美比重计测盐水浓度，使其保持在23℃左右，低了就应倒缸。缸口要用纱布和缸盖盖好。

7. 装桶

将浸渍好的菇体捞起，沥去盐水，5分钟后称重，装入专用塑料桶内，每桶按定量装入。然后注满新配制的20%盐水，用0.2%柠檬酸溶液调节pH值在3.5以下，最后加盖封存。此法可以保存一年左右。

食用时用清水脱盐，或在 0.05mol/L 柠檬酸液（pH 值=4.5）中煮沸 8 分钟。

第五节　食用菌罐头加工技术

将新鲜食用菌经过一系列处理之后，装入特制的容器内，经过抽气密封、隔绝外界空气和微生物，再经过加热杀菌，便能在较长时间内保藏食用菌，其保藏的产品称为食用菌罐头。按罐藏内容物的组成和制造目的的不同，食用菌罐头可分为两大类。以食用菌整菇、片菇或碎菇为主要原料，注入适当浓度的盐水作填充液，称为清水罐头，主要用于菜肴的烹调加工，是当前食用菌罐头生产的主要类型。将菇类和肉、鸡、鸭等原料配制，经烹调加工制成的罐头，如蘑菇猪肚汤等复合式食用菌罐头，可直接食用。食用菌罐头厂一般采用马口铁罐和玻璃瓶罐，也有采用复合塑料薄膜袋包装。我国食用菌罐头生产大约从 20 世纪 50 年代开始，一直发展至今。目前，蘑菇罐头已成为中国出口罐头的拳头产品，除此之外，还有草菇罐头、香菇罐头、金针菇罐头等新品种，并已批量出口。

一、罐头加工原理

食用菌罐藏品能较长时间保藏的主要原理是：罐藏容器是密封的，隔绝了外界的空气和各种微生物。制罐过程中，密闭在容器里的食用菌及制品经过高温灭菌，罐内微生物的营养体被完全杀死，但可能有极少数微生物孢子体没有被杀死。如果是好气性的，由于罐内形成一定的真空而无法活动；如果是厌气性的，罐藏品仍有变质的危险，所以，罐藏品有一定的保藏期限，通常为两年。由于高温灭菌也破坏了菇体的一切酶系统，使菇体内的一切生理生化反应不能进行，防止了菇体变质。

二、罐头生产工艺

1. 原料准备

（1）选择好原料菇。它必须符合制罐等级标准并应及时加工处理。

（2）漂白护色。将菇体置于质量浓度为 0.3g/L 的焦亚硫酸钠溶液中浸 2~3 分钟，再倒入质量浓度为 1g/L 的焦亚硫酸钠溶液中漂白为止，然后用清水洗净。

（3）预煮。将菇体放入已烧开的 2% 食盐水中煮熟但不烂，可抑制酶活性，防止酶引起的化学变化；排除菇体组织内滞留的气体，使组织收缩、软化，减少脆性，便于切片和装罐，也可减少铁皮罐的腐蚀。

（4）冷却。将煮过的原料迅速放入流水中冷却。采用滚筒式分级机或机械振荡式分级机进行分级。

2. 装罐

空罐使用前用 80℃ 热水消毒。装罐用手工或罐机装罐，因为成罐后内容物重量减少，一般装罐时应增加规定量的 10%~15%。

3. 注液

注入汤液可增加风味，排除空气，有利于在灭菌、冷却时加快热的传递速度。汤液一般含 2%~3% 的食盐或 0.12% 的柠檬酸，有的还加 0.1% 的抗坏血酸。

4. 排气抽真空

排气最重要的目的是除去罐头内所有空气。空气中氧气会加速铁皮腐蚀，排气后可以使罐头的底盖维持一种平坦或略向内凹陷的状态，这是正常良好罐头食品的标志。排气有两种方法：一种是原料装罐注液后不封盖，通过加热排气后封盖；另一种是在真空室内抽气后，再封盖。

5. 封罐

主要防止腐败性细菌侵入。较早使用手工焊合封盖，现在普遍使用双滚压缝线封罐机，有手摇、半自动、全自动和真空封罐机。

6. 灭菌

其目的是使罐头内容物不致受微生物的破坏，一般采用高压蒸汽灭菌。采用高温短时间灭菌对保持产品的质量有好处。蘑菇罐头灭菌温度为 113~121℃，灭菌时间为 15~60 分钟。

7. 冷却

灭菌后的罐头应立即放入冷水中迅速冷却，以免色泽、风味和组织结构遭受大的破坏。玻璃罐冷却时，水温要逐步降低，以免玻璃罐破裂。冷却到 35~40℃ 时，则可取出罐头擦干；抽样检验，打印标识并包装贮藏。

第六节 食用菌其他产品加工技术

一、香菇柄珍味品

【工艺流程】干菇柄（去蒂）→浸泡（3% 醋 500mL，室温，过夜）→煮制（盐、糖、调味、煮沸 30 分钟）→升温（加压，120℃，20 分钟）→降温→除去多余调味液，添加香辣佐料→热风干燥（60~70℃ 至含水 20%）→压片（压力 100kg/cm^2，150℃）→成品（含水量 15%）。

二、香菇松

【配方】菇柄 100kg，上等酱油 8kg，白糖 6.5kg，花生油 3kg，精盐 600g，黄酒 4kg，葱 5kg，生姜 3kg，五香粉 500g，茴香 400g，味精 200g，食用色素适量。

【操作要点】

（1）菇柄处理。先将菇柄用切碎机切成 1cm 的碎段，用清水洗净后浸泡一天，连水带柄倒入锅中煮沸，而后改用文火煨 3~4 小时，并用木槌捣碎。捞出菇柄，沥干送入高速搅打机中打碎。然后进行焙炒，并用铁铲不断拌炒，搓揉，至菇柄呈半纤维状。炒好后取出摊放于竹筛上冷却。

（2）配料。先将花生油加热，加入生姜炸片刻后加酱油、精盐和其他调味品，用文火煮制半小时。然后将料过滤，加入味精即可。

（3）拌料焙炒。将上述处理好的菇柄料拌松散，颜色逐渐变成黄色即为香菇松。

三、香菇肉脯

【配方】瘦肉 47kg，肥膘肉 3kg，干菇柄 50kg，广东鱼露 8kg，蛋 3kg，盐、糖、酱油、八角茴香、丁香等依当地消费者口味而定，另加 0.05% 的防腐剂。

【制作要点】先将肉料、菇料放入绞肉机中粉碎，再将其他配料加入，充分搅拌至浆。然后用竹刮刀把浆料涂布在烘筛上，厚约 0.6cm。将湿肉脯送入烘箱内烘烤，先用 60~80℃ 烘 6~8 小时后排气一次，再用 150~170℃ 烘 2 小时，随即升温至 200℃ 左右烘 1.5 分钟，立即取出冷却，冷后用食品塑料袋包装即为浓郁香菇味和口感比猪肉脯更松脆的香菇肉脯。

四、香菇面酱

【配方】干香菇柄 5kg，面粉 100kg，食盐 3.5kg，五香粉 300g，柠檬酸 300g，糖精 100g，防腐剂 100g，水适量。

【操作要点】

（1）制曲环。将面粉加水拌匀，做成面饼置瓶中常压蒸 2 小时，再冷却到 30℃ 时按 0.1%~0.2% 的比例接入酱种曲。然后塞以棉花，在 0.6~10kg/cm² 压力下（或常压下）杀菌半小时，冷至 30℃ 在无菌条件下按培养体积的 4% 加入 95% 食用酒精，同时接入试管纯醋酸菌种，放在 25~28℃ 的保温箱内培养 3 天，或置振荡机上培养即可。若生产量大，则可再扩大培养一次，培养液的配比处方和酒精加量同前一次，不同之处是将三角瓶中已培养好的菌种液倒入第二次的培养液内，接种量为 10%，条件也同前。

（2）发酵成醋。先将 3/4 的饴糖倒入香菇杀青水，加热至沸，用四层纱布过滤，倒入发酵缸内，待温度降至 30℃ 加入酒精、醋酸母液，让其自行发酵，测定醋酸含量 7% 以上时即可。

（3）配料杀菌。将发酵好的醋酸用四层纱布过滤，滤液放入铝锅，加入老姜、五香籽（用布包好），加热至沸腾并维持 25 分钟，趁热加入花椒油，剩余 1/4 的饴糖、食盐置于曲盘内保持 30~35℃ 下培养 2~3 天，其内部为菌所穿透，且有特殊芳香味时即为坯。

（4）香菇盐液制备。将香菇柄加水浸泡 4~6 小时，再连水带料一同入锅煮沸 30~40 分钟。然后四层纱布过滤，往滤液中加入盐使其浓度达 15 波美度。

（5）发酵以后将曲坯搓散后装入酱缸内，加入成倍的香菇盐液，利用日晒或增温措施使其发酵，经 1~2 个月后颜色转棕红，香气浓郁时即可。时间愈久，味道愈好。最后将用冷开水溶解的五香粉、糖精、柠檬酸和防腐剂加入酱内并拌匀。

五、香菇食醋

【配方】杀青水 100kg，酸种液 20kg，酒精 3.5kg，花生油 180g，五香籽 300g，生姜 500g，焦糖 4kg，食盐 4kg，青皮 150g，防腐剂 100g，食用色素适量。

【制作要点】在香菇杀青水中加入 0.5 的酵母膏、0.5% 的葡萄糖，混用 500mL 三角瓶装量 80mL，盐搅拌溶解，用纱布过滤入缸，加入色素、防腐剂（事先用水溶解），测定酸含量至 5g/100mL 时，让其冷却沉淀，然后再进行一次过滤，滤液装瓶在 100℃以下杀菌 20 分钟，冷却后即为成品。

六、香菇酱油

【配方】香菇杀青水 50kg，胡椒 90g，花椒 100g，桂皮 250g，八角茴香 140g。生姜 300g，食盐 165g，焦糖液 3kg，柠檬酸 45g，防腐剂 50g，食用色素适量。

【操作技术】将上述各种香料用四层纱布包好，放入杀青水中煮沸后维持 1.5~2 小时，将纱布包取出，再往杀青水中加入焦糖液煮沸，随即装坛封口即可。

复习题

1. 影响食用菌鲜度的因素有哪些？
2. 食用菌鲜度的方法有哪些？
3. 食用菌的加工方法有哪些？
4. 描述食用菌干制的工艺流程。
5. 描述食用菌腌制的工艺流程。

第七章　食用菌病虫害的防治

第一节　食用菌常见病害

一、霉菌

（一）霉菌的形态特征与发生规律

1. 木霉

特征：绿色木霉分生孢子多为球形，孢壁有明显的小疣状凸起，菌落外观呈深绿色或蓝绿色（图7-1）。

发生规律：多年栽培的老菇房、带菌的工具和场所是主要的初侵染源，发病后产生的分生孢子，可以多次重复侵染，在高温高湿条件下，再次重复侵染更为频繁。发病率的高低与下列环境条件关系较大：木霉孢子在15~30℃时萌发率最高；空气相对湿度95%的条件下，萌发最快。

2. 链孢霉

特征：链孢霉菌丝体疏松，分生孢子卵圆形，红色或橙红色（图7-2）。在培养料表面形成橙红色或粉红色的霉层，特别是棉塞受潮或塑料袋有破洞时，橙红色的霉呈团状或球状长在棉塞外面或塑料袋外，稍受震动，便散发到空气中到处传播。

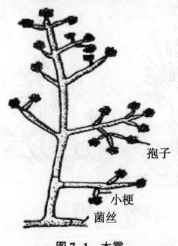

图7-1　木霉

孢子
小梗
菌丝

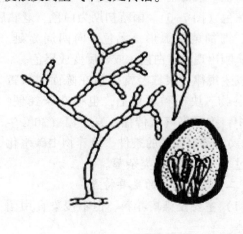

图7-2　链孢霉

发生规律：靠气流传播，传播力极强，是食用菌生产中易污染的杂菌之一。

3. 青霉

特征：在被污染的培养料上，菌丝初期白色，颜色逐渐由白转变为绿色或蓝色（图7-3）。菌落灰绿色、黄绿色或青绿色，有些分泌水滴。

发生规律：通过气流、昆虫及人工喷水等传播。

4. 毛霉

特征：毛霉又名长毛菌、黑霉菌、黑面包霉。毛霉菌丝白色透明，孢子囊初期无色，后为灰褐色（图7-4）。

发生规律：毛霉广泛存在于土壤、空气、粪便及堆肥上。孢子靠气流或水滴等媒体传播。毛霉在潮湿的条件下生长迅速，在菌种生产中如果棉花塞受潮，接种后培养室的湿度过高，很容易发生毛霉。

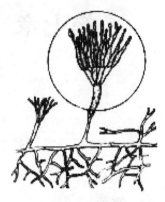

图7-3 青霉

5. 曲霉

特征：曲霉包括黄霉菌、黑霉菌、绿霉菌。黑曲霉菌落呈黑色；黄曲霉呈黄色至黄绿色；烟曲霉呈蓝绿色至烟绿色（图7-5）；曲霉不仅污染菌种和培养料，而且影响人的健康。

发生规律：曲霉分布广泛，存在于土壤、空气及各种腐败的有机物上，分生孢子靠气流传播。当培养料含淀粉较多或碳水化合物过多的容易发生；湿度大、通风不良的情况也容易发生。

6. 根霉

特征：根霉菌初形成时为灰白色或黄白色，成熟后变成黑色（图7-6）。菌落初期为白色，老熟后灰褐色或黑色。匍匐菌丝弧形，无色，向四周蔓延。孢子囊刚出现时黄白色，成熟后变成黑色。

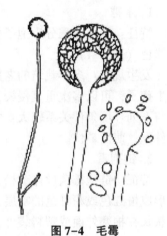

图7-4 毛霉

发生规律：根霉经常生活在陈面包或霉烂的谷物、块根和水果上，也存在于粪便、土壤中；孢子靠气流传播；喜中温（30℃生长最好）、高湿偏酸的条件。培养物中碳水化合物过多，易生长此类杂菌。

（二）霉菌为害的主要特点

（1）主要侵染培养料，但不侵染食用菌子实体。

（2）与食用菌争夺水分、养料、氧气。

（3）改变培养料pH值，分泌毒素，使菌丝萎缩、子实体变色、畸形或腐烂。

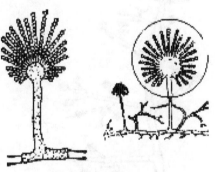

图7-5 曲霉

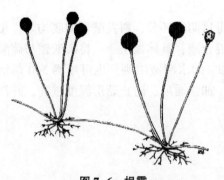

图 7-6　根霉

（三）病害的种类及防治

1. 褐腐病

又称湿孢病，是由有害疣孢霉侵染而引起。有害疣孢霉，属真菌门半知菌亚门丝孢纲丝孢目丛梗孢科，是一种常见的土壤真菌，主要为害双孢蘑菇、香菇和草菇，严重时可致绝产。子实体受到轻度感染时，菌柄肿大成泡状畸形。子实体未分化时被感染，产生一种不规则组织块，上面覆盖一层白色菌丝，并逐渐变成暗褐色，常从患病组织中渗出暗黑色汁滴。菌盖和菌柄分化后感染，菌柄变成褐色，感染菌褶则产生白色的菌丝。

防治方法：初发病时，立即停止喷水，加大菇房通风量，将室温降至 15℃ 以下。病区喷洒 50% 多菌灵可湿性粉剂 500 倍液，也可喷 1%～2% 甲醛溶液灭菌。如果覆土被污染，可在覆土上喷 50% 多菌灵可湿性粉剂 500 倍液，或 70% 甲基硫菌灵可湿性粉剂 500 倍液，杀灭病菌孢子。发病严重时，去掉原有覆土，更换新土。将病菇烧毁，所用工具用 4% 甲醛溶液消毒。

2. 褐斑病

又称干孢病、轮枝霉病，是由轮枝霉引起的真菌病害。不侵染菌丝体，只侵染子实体，但可沿菌丝索生长，形成质地较干的灰白色组织块。染病的菇蕾停止分化；幼菇受侵染后菌盖变小，柄变粗变褐，形成畸形菇；子实体中后期受侵染后，菌盖上产生许多针头状大小、不规则的褐色斑点，并逐渐扩大成灰白色凹陷。病菇常表层剥落或剥裂，不腐烂，无臭味。

防治方法：搞好菇房卫生，防止菇蝇、菇蚊进入菇房。菇房使用前后均严格消毒，采菇用具用前用 4% 的甲醛液消毒，覆土用前要消毒或巴氏灭菌，严禁使用生土，覆土切勿过湿。发病初期立即停水并降温至 15℃ 以下，加强通风排湿。及时清除病菇，在病区覆土层喷洒 2% 甲醛或 0.2% 多菌灵。发病菇床喷洒 0.2% 多菌灵溶液，可抑制病菌蔓延。

3. 软腐病

又称蛛网病、树枝状轮枝孢霉病、树枝状指孢霉病，是由树枝状轮枝孢霉引起的真菌病害。先在床面覆土表面出现白色珠网状菌丝，如不及时处理，很快蔓延并变成水红色。侵染子实体从菌柄开始，直至菌盖，先呈水浸状，渐变褐变软，直至腐烂。

防治方法：严格覆土消毒，切断病源。局部发生时喷洒 2%～5% 甲醛溶液或 40% 多菌灵 800 倍液。也可在病床表面撒 0.2～0.4cm 厚的石灰粉。同时减少床面喷水，加强通风降温排湿。

4. 猝倒病

又称立枯病、枯萎病、萎缩病，是由尖镰孢菌和菜豆镰孢菌引起的真菌病害。主要侵染菇柄，病菇菇柄髓部萎缩变褐。患病的子实体生长变缓，初期软绵呈失水状，菇柄由外向内变褐，最后整菇变褐成为僵菇。镰孢菌广泛存在于自然界，土壤、谷物秸秆等都有镰孢菌的自然存在。其孢子萌发最适温度为 25～30℃，腐生性很强，并具寄生性。菇房通风不良，覆土过厚过湿，易引发该病的发生。

防治方法：主要是把握住培养料发酵和覆土消毒这两个环节，料发酵要彻底均匀，覆土要严格消毒。一旦发病，可喷洒硫酸铵和硫酸铜混合液，具体做法是：将硫酸铵与硫酸铜按 11∶1 的比例混合，然后取其混合物，配成 0.3% 的水溶液喷洒。也可喷洒 500 倍液的苯莱特或托布津。水分管理中注意喷水少量多次，加强通风，防止菇房湿度过高，并注意覆土层不可过厚和过湿。

二、细菌

（一）特征及发生规律

特征：被污染的试管母种上，细菌菌种多为白色、无色或黄色，黏液状，常包围食用菌接种点，使食用菌菌丝不能扩展。菌落形态特征与酵母菌相似，但细菌污染基质后，常常散发出一种污秽的恶臭气味，呈现黏湿，色深。

发生规律：灭菌不彻底是造成细菌污染的主要原因。此外，无菌操作不严格，环境不清洁，也是细菌发生的条件。

（二）病害的种类

1. 斑点病

病征局限于菌盖上，开始菌盖上出现 1~2 处小的黄色或茶褐色的变色区，然后变成暗褐色凹陷的斑点。当凹陷的斑点干后，菌盖裂开形成不对称的子实体，菌柄上偶尔发生纵向的凹斑，菌褶很少受到感染，菌肉变色部分一般很浅，很少超过皮下 3mm。有时蘑菇采收后才出现病斑，特别是把蘑菇置于变温条件下，水分在菇盖表面凝集，更容易发生斑点病。

防治方法：播种前菇房喷洒甲醛、来苏儿或新洁尔灭等消毒剂，覆土土粒用甲醛熏蒸消毒，管理用水采用漂白粉处理或用干净的河水、井水，清除病菇后，及时喷洒含 100~200 单位的链霉素溶液，或 50% 多菌灵或代森锰锌可湿性粉剂 500 倍液，或 0.2%~0.3% 的漂白粉液。

2. 黄斑病

染病初期菌盖上有小斑点状浅黄色病区，随着子实体的生长而扩大范围及传染其他子实体，继之色泽变深，并扩大范围到整个菌盖，染病后期菇体分泌出黄褐色水珠，病株停止生长，继而萎缩、死亡。黄斑病是由假单胞杆菌引起的病害，为细菌性病原菌；该病菌喜高温高湿环境，尤其当温度稳定在 20℃ 以上、湿度 95% 以上，而且二氧化碳浓度较高的条件下，极易诱发该病。即使温度在 15℃ 左右，但菇棚湿度趋于饱和（100%）且密不透风时，该病亦有较高的发病率，在基料及菇棚内用水不洁时，该病发病率也很高。

防治措施：一是搞好环境卫生，严格覆土消毒，消灭害虫。二是喷水必须用清洁水，切忌喷关门水、过量水，防止菇体表面长期处于积水状态和土面过湿。三是子实体生长期严防菇房内湿度过大。加强通风，使棚内的二氧化碳浓度降至 0.5% 以下，降低棚湿，尤其在需保温的季节时间段里，空气湿度控制在 85% 左右。四是子实体一旦发病，通风降低菇房内湿度，喷洒 600 倍漂白粉液，但应注意，喷药后封棚 1~2 小时，然后即应加强通风，降低棚温。

三、放线菌

（一）形态特征及发生规律

特征：该菌侵染基质后，不造成大批污染，只在个别基质上出现白色或近白色的粉状斑点，发生的白色菌丝，也很容易与食用菌菌丝相混淆。其区别是污染部位有时会出现溶菌现象，具有独特的农药臭或土腥味。放线菌菌落表面多为紧密的绒状，坚实多皱，生长孢子后呈白色粉末状。

发生规律：菌种及菌筒培养基堆温高时，易发生为害。

（二）防治方法

（1）菌种培养室使用之前，要进行严格的消毒处理。消毒药品可用"菌室专用消毒王"熏蒸处理或用"金星消毒液"进行全方位的喷洒消毒。

（2）菌种袋上锅灭菌时，一定要以最快的速度将稳定上升到100℃，并维持2小时左右。夏季要防止菌种棉塞受潮，菌种灭菌时，可用"菌种防湿盖"盖上棉塞后再灭菌，而且棉塞不要太松。

（3）接种时要认真做好灭菌工作，严格执行无菌操作，防止接种时菌袋污染。

（4）出现放线菌污染的菌袋，要挑开处理。

第二节　食用菌常见虫害

一、食菌螨

（一）形态特征及发生规律

食菌螨又称红蜘蛛、菌虱（图7-7）。体形微小，常为圆形或卵圆形，一般为4个构成，即颚体段、前肢体段、后肢体段、末体段。前肢体段着生前面2对足，后肢体段着生后面2对足，全称肢体段，共4对足，足由6节组成。聚集时常呈白粉或六六六粉状。螨类主要由培养料或昆虫带入菇房，几乎所有食用菌的菌种都受螨类为害。

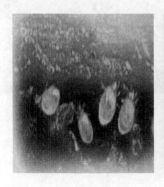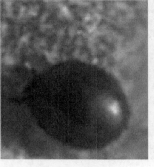

图7-7　螨虫

（二）防治方法

（1）生产场地保持清洁卫生，要与粮库、饮料间及鸡舍保持一定距离。

（2）培养室、菇房在每次使用前都要进行消毒杀虫处理。

（3）培养料要进行杀虫处理。

（4）药物防治。

（5）严防菌种带螨。

二、食菌蚊

（一）形态特征及发生规律

食菌蚊又称尖眼菇蚊，别名菇蚊、菌蚊、菇蛆（图7-8）。卵为圆形或椭圆形，光滑，白色，半透明，大小为0.25mm×0.15mm。幼虫为白色或半透明，有极明显的黑色头壳，长6~7mm。蝇长为2.0~2.5mm。初为白色，后渐成黑褐色。雌虫体长约2.0mm，雄虫长约0.3mm。具有趋光性。主要的为害：为害双孢菇、平菇、金针菇、香菇、银耳、黑木耳等食用菌的菌丝和子实体。成虫产卵在料面上，孵化出幼虫取食培养料，使培养料呈黏湿状，不适合食用菌的生长。幼虫咬食菌丝，造成菌丝萎缩，菇蕾枯萎。幼虫蛀食子实体。

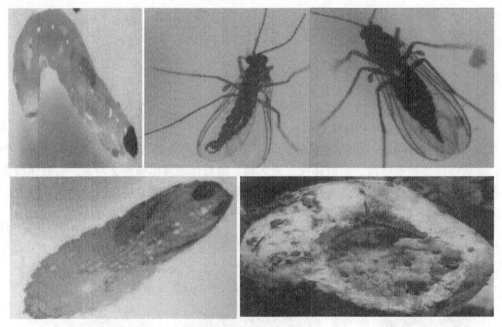

图7-8　食菌蚊

（二）防治方法

（1）生产场地保持清洁卫生。

（2）菇房门窗用纱网封牢。

（3）培养料要进行杀虫处理。

（4）黑光灯诱杀。

（5）药物防治。

三、食菌蝇

食菌蝇又称蚤蝇，别名粪蝇、菇蝇（图7-9）。幼虫蛆形，白色无足，头尖尾钝，成虫比菇蚊健壮，似苍蝇。主要的为害：蝇取食双孢蘑菇、平菇、银耳、黑木耳等食用菌。幼虫常在菇蕾附近取食菌丝，引起菌丝衰退而菇蕾萎缩；幼虫钻蛀子实体，导致枯萎、腐烂。防治的方法同食菌蚊。

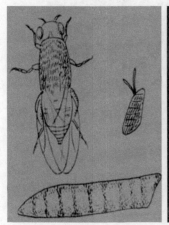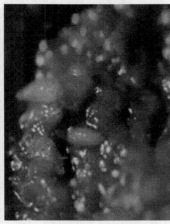

图7-9　食菌蝇

四、跳虫

跳虫又称烟灰虫（图7-10）。能爬善跳，似跳蚤聚集时似烟灰趋阴暗潮湿，不怕水。主要的为害：取食双孢菇、平菇、草菇、香菇等食用菌的子实体。防治的方法同食菌蚊。

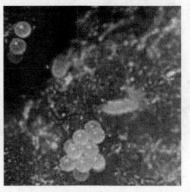

图7-10　跳虫

五、线虫

体形极小，只能在显微镜下才能观察到。形如线状，两端尖幼虫透明乳白色，似菌丝老熟呈褐色或棕色（图7-11）。所有食用菌均能被为害，受害的子实体变色、腐烂，发出难闻的臭味。常随蚊、蝇、螨等害虫同时存在。防治的方法同食菌蚊。

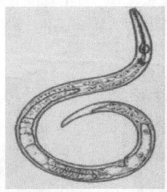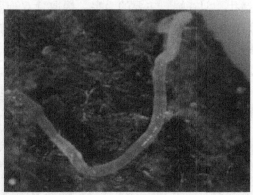

图 7-11　线虫

六、蛞蝓

（一）形态特征及发生规律

蛞蝓又称蜒蚰，鼻涕虫（图7-12）。体柔软，裸露，无保护外壳生活，在阴暗潮湿处所爬之处留下一条白色黏滞带痕迹。昼伏夜出，取食子实体；对木耳、香菇、平菇、草菇、蘑菇、银耳等均有为害；直接咬食子实体，造成不规则的缺刻，严重影响食用菌的品质。

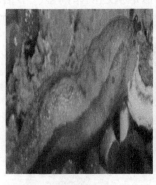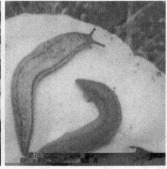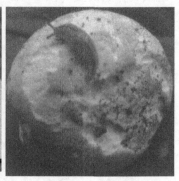

图 7-12　蛞蝓

（二）防治方法

（1）保持场地清洁卫生，并撒一层生石灰。

（2）毒饵诱杀。

（3）药物防治。

第三节　食用菌常见生理性病害

在栽培食用菌的过程中，除了受病原物的侵染，不能正常生长发育外，同时还会遇到某些不良环境因子的影响，造成生长发育的生理性障碍，产生各种异常现象，导致减产（或）品质下降，即所谓生理性病害，如菌丝徒长、畸形菇、硬开伞、死菇等。

一、菌丝徒长

1. 病害产生原因

蘑菇、平菇栽培中均有菌丝徒长的发生。在菇房（床）湿度过大和通风不良的条件下，菌丝在覆土表面或培养料面生长过旺，形成一层致密的不透水的菌被，推迟出菇或出菇稀少，造成减产。这种病害除了与上述环境条件有关外，还与菌种有关。在原种的扩繁过程中，气生菌丝挑取过多，常使母种和栽培种产生结块现象，出现菌丝徒长。

2. 防治措施

在栽培蘑菇的过程中，一旦出现菌丝徒长的现象，就应立即加强菇房通风，降低二氧化碳浓度，减少细土表面湿度，并适当降低菇房温度，抵制菌丝徒长，促进出菇。若土面已出现菌被，可将菌膜划破，然后喷重水，大通风，仍可出菇。

二、畸形菇

1. 病害产生的原因

双孢菇、平菇袋料栽培过程中，常常出现形状不规则的子实体，或者形成未分化的组织块。常常出现由无数原基堆集成的花菜状子实体，菌柄不分化或极少分化，无菌盖。原基发生后的畸形菇，则是由异常分化的菌柄组成珊瑚状子实体，菌盖无或者极小。食用菌常出现菌柄肥大，盖小肉薄，或者无菌褶的高脚菇等畸形菇。

2. 防治措施

造成食用菌形成畸形成的原因很多，主要是二氧化碳浓度过高，供氧不足，应及时降低二氧化碳浓度；覆细土颗粒，其实出菇部位适中；加强光照；降低湿度；注意用药，以免引起药害。

三、薄皮早开伞

1. 病害产生的原因

在蘑菇出菇旺季，由于出菇过密，温度偏高（18℃以上），很容易产生薄皮早开伞现象，影响蘑菇质量。

2. 防治措施

在栽培中，菌丝不要调得过高，宜将出菇部位控制在细土缝和粗细土粒之间；防止出菇过密，适当降低菇房温度，可减少薄皮、早开伞现象。

四、空根白心

1. 病害产生的原因

蘑菇旺产期如果温度偏高（18℃以上），菇房相对湿度太低，加上土面喷水偏少，土层较干，蘑菇菌柄容易产生白心。在切削过程中，或加工泡水阶段，有时白心部分收缩或脱落，形成菌柄中空的蘑菇，严重影响质量。

2. 防治措施

为了防止空根白心蘑菇的产生，可在夜间或早晚通风，适当降低温度，同时向菇房空间喷水，提高空气相对湿度。喷水力求轻重结合，尽量使粗土、细土都保持湿润。

五、硬开伞

1. 病害产生的原因

不温度低于18℃，且温差变化10℃左右时，蘑菇的幼嫩子实体往往出现提早开伞（硬开伞）现象。在突然降温，菇房空气湿度偏低的情况下，蘑菇硬开伞现象尤甚，严重影响蘑菇的产量和质量。

2. 防治措施

在低温来临之前，做好菇房保温工作，减少室内温差，同时增加菇房内空气相对湿度，可防止或减少蘑菇硬开伞。

六、死菇

1. 病害产生的原因

在多种食用菌的栽培中，均有死菇现象发生。尤其是头两潮菇出菇期间，小菇往往大量死亡，严重影响前期产量。

2. 防治措施

（1）出菇过密过挤，营养供应不足。

（2）高温高湿，菇房或菇场通风不良，二氧化碳累积过量，致使小菇闷死。

（3）出菇时喷水过多，且对菇体直接喷水，导致菇体水肿黄化，溃烂死亡。

（4）用药过量，产生药害，伤害了小菇。

第四节　食用菌病虫害综合防治

一、食用菌病虫害综合防治的意义与原则

防治食用菌病虫害应遵循"预防为主，综合防治"的植保工作方针，利用农业、化学、物理、生物等进行综合技术防治，在防治上以选用抗病虫品种，合理的栽培管理措施为基础，从整个菇类的栽培布局出发，选择一些经济有效，切实可行的防治方法，取长补短，相互配合，综合利用，组成一个较完整的有机的防治系统，以达到降低或控制病虫害

的目的，把其危害损失压低在经济允许的指标以下，以促进食用菌健壮生长，高产优质。

二、食用菌病虫害的综合防治的方法

1. 治理环境

食用菌生产场所的选择和设计要科学合理，菇棚应远离仓库、饲养场等污染源和虫源；栽培场所内外环境要保持卫生，无杂草和各种废物。培养室和出菇场要采取在门窗处安装窗纱，防止菇蝇飞入。操作人员进入菇房尤其从染病区进入非病区时，要更换工作服和用来苏尔洗手。菇房进口处最好设有漂白粉的消毒池，进入时要先消毒。菇场在日常管理中如有污染物出现，要及时科学处理。

2. 生态防治

环境条件适宜程度是食用菌病虫害发生的重要诱导因素。当栽培环境不适宜某种食用菌生长时，便导致其生命力减弱，给病虫害的入侵创造了机会，这也就是生存竞争、优胜劣汰的原则。如香菇烂筒、平菇死菇等均是菌丝体或子实体生命力衰弱而致。因此，栽培者要根据具体品种的生物学特性，选好栽培季节，做好菇事安排，在菌丝体及子实体生长的各个阶段，努力创造其最佳的生长条件与环境，在栽培管理中采用符合其生理特性的方法，促进健壮生长，提高抵抗病虫害的能力。此外，选用抗逆性强、生命力旺盛、栽培性状及温型符合意愿的品种；使用优质、适龄菌种；选用合理栽培配方；改善栽培场所环境，创造有利于食用菌生长而不利于病虫害发生的环境，都是有效的生态防治措施。

3. 物理防治

利用不同病虫害各自的生理特性和生活习性，采用物理的、非化学（农药）的防治措施，也可取得理想效果。如利用某些害虫的趋光性，在夜间用灯光诱杀；利用某些害虫对某些食物、气味的特殊嗜好，可进行诱杀；链孢霉在高温高湿的环境下易发生，把栽培环境湿度控制在70%、温度在20℃以下，链孢霉就迅速受到抑制，而食用菌的生长几乎不受影响。此外，防虫网、黄色粘虫板、臭氧发生器等都是常用的物理方法。

4. 化学防治

在其他防治病虫害措施失败后，最后可用化学农药，但尽量少用，大多数食用菌病原菌也是真菌，使用农药也容易造成食用菌药害。而且食用菌子实体形成阶段时间短，在这个时期使用农药，未分解的农药易残留在菇体内，食用时会损害人体健康。在出菇期发生虫害时，应首先将菇床上的食用菌全部采收，然后选用一些残效期短，对人畜安全的植物性杀虫剂，如可用500倍液、800倍液的菊酯类农药防治眼蕈蚊、瘿蚊；用烟草浸出液稀释500倍喷洒防治跳虫。食用菌栽培中发生病害时，要选用高效、低毒、残效期短的杀菌剂，常用的甲醛，对培养料和覆土可用5%的药液，每立方米用500mL喷洒，并用塑料薄膜覆盖闷2天。甲醛还可作为熏蒸剂，每立方米空间用10mL加热蒸发，杀死房间砖缝、墙面上的各类真菌孢子。其他常用的消毒剂还有石炭酸、漂白粉、生石灰粉等。

5. 生物防治

利用某些有益生物，杀死或抑制害虫或害菌，从而保护食用菌正常生长的一种防治方法，即所谓以虫治虫、以菌治虫、以菌治菌等。生物防治的主要作用类型有：①捕食作用。如蜘蛛捕食菇蚊、蝇，捕食螨是一种线虫的天敌等。②寄生作用。如苏云金芽孢杆菌和环形芽孢杆菌对蚊类有较高的致病能力，其作用相当于胃毒化学杀虫剂。目前，常见的细菌农药有苏云金杆菌（防治螨类、蝇蚊、线虫）、青虫菌等；真菌农药有白僵菌、绿僵菌等。③占领作用。绝大多数杂菌很容易侵染未接种的培养基，相反，当食用菌菌丝体遍布料面，甚至完全吃料后，杂菌就很难发生。因此，在生产中常采用加大接种量、选用合理的播种方法，让菌种尽快占领培养料，以达到减少污染的目的。④拮抗作用。在食用菌生产中，选用抗霉力、抗逆性强的优良菌株，就是利用拮抗作用的例子。

三、禁用的化学农药种类及名称

根据农业部、卫生部有关通知规定在蔬菜、果树、烟叶、茶叶等作物和食用菌上禁用的高毒高残留化学农药品种有甲胺磷、杀虫脒、克百威、氧化乐果、六六六、滴滴涕、甲基 1605、1059、苏化 203、3911、久效磷、磷胺、磷化锌、磷化铝、氰化物、氟乙酰铵、砒霜、溃疡净、氯化钴、六氯酚、4901、氯丹、毒杀酚、西力生和一切汞制剂等。

复习题

1. 食用菌常见病害。
2. 食用菌常见虫害。
3. 食用菌病虫害综合性防治的方法。

第二部分　各　论

第一章　平菇栽培技术

第一节　平菇基本知识

一、平菇的营养和药用价值

1. 平菇的营养价值

平菇味道鲜美，质地柔嫩，营养丰富。是一种高蛋白、低脂肪的营养食品。平菇含有蛋白质中含有 18 种氨基酸，其中含有 8 种人体必需的氨基酸，可与肉蛋类食品相媲美。特别是粮食和豆类中通常缺乏的赖氨酸、维生素 B 等，但在平菇中含量丰富。

2. 平菇的药用价值

平菇药用价值很高。据元代《日用本草》记载，平菇有益气、杀虫作用。平菇热水提取物对肿瘤抑制率达 70% 左右。平菇子实体还含有微量牛磺酸，牛磺酸是胆汁酸的成分，对脂类物质消化吸收和溶解胆固醇有重要作用，可以舒筋活络。临床上已制成舒筋散，用于治疗腰痛、手足麻木、筋络不舒，并对肝炎、胃、十二指肠溃疡、慢性胃炎和胆结石等也有一定疗效，是老年人和心血管疾病与肥胖症患者的保健食品。

二、平菇栽培历史和现状

20 世纪初，欧洲一些国家和日本开始用锯木屑栽培平菇获得成功。1964 年在日本东京市场上，平菇全年上市量只有 19t，到 1971 年却猛增到 733t。世界各国平菇栽培都有很大发展，年鲜菇总产量由 1975 年 1.2 万 t 上升到 1986 年 16.9 万 t，到 1991 年达到 91.7万 t，总产量由第四位跃居到第二位。欧洲地区主要生产国为匈牙利、意大利和德国，生产品种以糙皮侧耳、佛罗里达侧耳为主。欧洲平菇生产具较高的工业化水平，但单产水平不高，属于高成本生产。如德国用箱栽法生产平菇，每 1kg 生产成本 5 德国马克，波兰每 1kg 生产成本约 2 德国马克。日本平菇生产开始于 1974 年，是日本食用菌中重要栽培品种，生产品种以糙皮侧耳为主，白黄侧耳也是日本传统品种。日本平菇生产从 20 世纪 50年代开始转向大型空调栽培，逐步实现了工业化与产业化。生产容器为 1 000mL 聚丙烯塑料瓶。瓶栽有如下好处是用料少，操作方便，无菌作业能机械化，能将杂菌控制到最小范围。韩国、印度、泰国、新加坡、印度尼西亚、菲律宾、巴基斯坦等国家平菇栽培历史短，发展速度快。泰国和韩国平菇生产具有代表性。这些国家平菇生产均属低成本。我国木屑栽培平菇起步于 20 世纪 40 年代前后，但真正作为商品生产则开始于 1970 年。1972

年河南省刘纯业用棉籽皮栽培平菇成功后，河南、河北、湖北等省开始了大面积生产。1980 年香港中文大学张树庭先生把凤尾菇菌种送给中国科学院微生物研究所，同年福建农业科学院刘中柱、中国社会科学院费孝通出访澳大利亚时又从悉尼大学引进凤尾菇菌种，在福建、江苏栽培试验。此后，在我国形成了南用稻草、北用棉籽皮种植平菇的新局面。1995 年我国平菇总产量已达 50 万 t。国内平菇栽培崛起于华中地区，并逐渐推广到全国，是国内推广普及程度最高的品种。主要产区仍集中在河北、河南、山东、湖北、湖南、江苏等省，约占全国平菇总产量的 70% 以上，江苏省起步较晚，但平菇产量居全国之首。平菇能利用各种农作物秸秆进行栽培，每年可生产 2~3 个周期，每个周期 120~150 天，生物学效率可达 100%~120%。

三、平菇生物学特性

平菇在植物分类学上，属于真菌门担子菌纲伞菌目白蘑科侧耳属。目前各地广为栽培的平菇为糙皮侧耳，其学名为 *Pleurotus ostreatus*（Jacq. ex Fr.）Kummer。

（一）形态和生活史

平菇和其他菇类一样也是由菌丝体和子实体两大部分组成。菌丝体为白色，多细胞，具分枝和横隔的丝状体，呈绒毛状。子实体分菌盖和菌柄两部分。菌盖为贝壳状或扇状，常呈覆瓦状丛生在一起，直径 4~12cm，甚至更大；幼时暗灰色，后变浅灰色或褐黄色，老时黄色；菌肉白色，肥厚柔软；菌盖下面着生有许多长短不一的菌褶，白色，质脆易断，是产生孢子的场所。菌柄侧生或偏生，长 3~5cm，粗 1~4cm，白色，中实，上粗下细，基部常有白色绒毛覆盖，各菇体基部常互相连接一起。孢子光滑、无色，圆柱形或椭圆形，大小为（7.5~10）μm×3.5μm。成熟的孢子弹射后一层白色的粉末。平菇的孢子也是四极性的。

平菇在生长发育过程中，由于菌丝体在培养基中得到了足够的营养物质和外界适当的温、湿度，适宜的光照和新鲜的空气等条件后，便由营养生长转变为生殖生长。开始在培养基表面形成一堆堆小米粒状的子实体原基，形如桑葚，称为桑葚期。子实体原基经 3~5 天后，逐渐发育成为珊瑚状的菌蕾群，称为珊瑚期。小菌蕾逐渐伸长，并向中间膨大，成为原始菌柄。原始菌柄逐渐加粗的同时顶端长出一枚灰黑色小球体，即为原始菌盖，这时进入成形期。只有少数的菌蕾能发育成子实体，其余均萎缩。在 15~16℃，湿度 90% 以上的条件下，桑葚期只需一天就可进入珊瑚期。条件适宜，进入成形期也只需一天。再经 7 天左右就可发育为成熟的子实体。成熟的子实体弹射出大量的孢子，就像一团团轻烟在平菇周围飘散。当这些孢子散落到适宜的环境，又会萌发成白色的菌丝体，经一段时间的生长；逐渐发育成新的子实体和产生新的孢子。

（二）对生活条件的要求

1. 温度

平菇为低温型菌类。孢子的形成以 12~18℃ 为适温。孢子的萌发以 24~28℃ 最适宜。菌丝的适应性较强，在 5~35℃ 的范围都能生长，以 24~27℃ 条件下，生长旺盛、健壮。7℃ 以下生长缓慢，但耐寒力很强；即使在 -30℃ 下菌丝冻僵也不会死亡。子实体的形成要求温度较低（5~20℃）以 10~15℃ 子实体生长迅速，菇体肥厚。昼夜温差大，有利于

第二部分 各论 ◆

子实体的形成和生长。在较高温度（室温 23℃ 以上）下，易长成畸形菇。

2. 湿度

平菇生长要求较高的湿度，野生菇常于多雨、潮湿的环境下生长。菌丝阶段要求培养基的含水量为 60%~70%。子实体生长要求空气相对湿度 85%~90%；低于 85% 子实体发育缓慢，瘦小；高于 95%，菌盖易变色，腐烂。

3. 空气

平菇为好气性真菌。子实体在通气不良的条件下，很难形成，即使能出菇，菌柄往往细长，菌盖变薄、变小，畸形菇多。所以，要保持栽培场所的空气新鲜，以利于子实体的正常生长发育。

4. 光照

平菇菌丝对光照条件要求不严，在明亮或黑暗条件下均能生长。但子实体发育要有一定的散射光，在黑暗的地方，只长菌柄，不形成菌盖。一般光照不足菇色白，光照强菇色暗。

5. 营养

平菇属木质腐生菌类，分解木质素和纤维素的能力很强，在其生长发育过程中所需要的营养物质主要为碳水化合物（纤维素、半纤维素以及淀粉、糖等）和木质素，也需要少量的氮素如有机氮、硝酸铵和尿素等。一般段木、稻草、甘蔗渣、棉籽壳、玉米芯、麦秆等代料，添加一些辅助料均能满足其营养要求。

6. 酸碱度

平菇喜偏酸性环境，pH 值 3~7 均能生长，但以 pH 值 5.5~6.5 发育最好。

第二节 平菇常见栽培品种

平菇品种不同，其子实体正常发育时所需适温范围也不相同，生产上常用平菇品种，按温型分类，详细可分为高温型、中高温型、广温偏低型、中低温型。按菇体色泽分类，可分为乳白色、纯白色、灰白色、浅白色、深灰色、灰黑色、黑色。而气温的变化又决定着品种的色泽，如平菇江都 9745 在 8℃ 左右是深黑色，在 25℃ 左右时呈深灰色或灰白色。一般来说，气温越高，色泽越浅；气温越低，色泽越深。

一、高温型

高温型品种按色泽可分为两大类。

（1）乳白色类，子实体发育温度为 15~34℃，最适出菇温度为 22~28℃，主要品种有苏引 6 号、伏源 1 号、高温 908、海南 2 号，这类品种大多安排在春季 3—6 月投料播种，4—9 月高温季节产菇，但因高温白色品种春夏栽培病虫发生频繁，杂菌污染率高，如经验不足，管理不善，易发生黄菇病。夏季种植尽管卖价高，但产生经济效益并不高，因此，乳白色高温型品种总投料量并不多，销售竞争者也少。笔者建议，用户如要种高温型乳白色品种，可多种海南 2 号，该种和国内几十个白色高温品种对照比较，其抗霉性、抗黄菇病、早熟性、商品性均名列前茅。

（2）灰褐色类，主要品种有江都71号；基因2005，这两个品种出菇温度12~36℃，菇体与凤尾菇相似，单生型，鲜菇肉质细嫩、口感好，市场较抢手，幼菇提早采收，可作秀珍菇上市，售价高。实践证明：这两个品种经多年推广，尤以抗杂菌，抗黄菇病能力特强，长势长相突出，后劲足，最多可出8潮菇，又因商品价值、口感均超过乳白色品种，因此，市场前景更广阔。

二、中高温型

子实体发育温度12~30℃，适温20~26℃，主要品种有特大凤尾，大叶凤尾、凤尾5号等，菇体色泽灰褐色，单生型多，这类品种大多安排在春季5—6月和秋季9—10月上市，因出菇周期短，产量偏低，只有少数南方地区种植。

三、广温偏高型

按色泽可分为两大类。

（1）灰白色类，子实体发育温度为2~34℃，最适温度10~29℃，常用品种有：复壮109、1016、F803，这类品种从早秋出菇至次年6月结束，因生产周期长，产量能完全发挥出来，又因早秋菇价高，头潮菇就能收回成本，避开了"烂市"风险。缺陷是，抗黄菇病能力较差，如管理不善，头潮菇后易发生黄菇病，冬季虽能出菇，但出菇量及菇形美观度均稍次。

（2）灰黑色类，出菇温度6~33℃，常用品种：早秋615、科大杂优、锡平1号、春栽1号。其共同特点，抗黄菇病能力特强，属硬柄，菌袋发菌结实，不生菌皮。突出优点：早秋8月底产菇持续到11月底，春季产菇可持续到6月。当中不发生黄菇、死菇。广温偏高型菌株被菇农称为早秋菇价卖得最高、经济效益最明显的品种。

四、广温偏低型

1. 黑色类

子实体发育温度为2~32℃，适温10~26℃，常用品种有超强581、江都9745、江都5178、江都3912等，均属软柄，菇色均为黑色，黑色品种因韧性强、味鲜、菇质厚，已被众多消费者所喜爱，但这类品种出菇温度不能太高或太低，温度过高，易产生菌皮，菌袋不现蕾；温度过低，虽然出菇，但柄长、盖小，商品价值降低。黑色品种最大缺点是，连茬栽培抗病能力和适应性没有深灰色品种强，因此，推广种植一定要精细管理。

2. 深灰色类

如特抗650、抗病265、江都2002、杂交201、2026，出菇温度2~32℃，均属硬柄，子实体丛生柄短，菇色随气温变化而变化，15℃以上色浅，12℃以下色深，这类品种抗黄菇病能力特强，能稳出6~7潮菇，加之菇形好，菌褶纹细，产量又高，所以深受消费者喜爱。

3. 纯白色类

常用品种有：变异40、雪美F₂、910，前3潮均为洁白色，柄短，丛生，其中以变异

40 更为艳丽美观, 盖径大, 后劲足。

4. 浅白色类

子实体发育温度为 2~30℃, 适温 8~25℃, 常用品种有: 天达 7350、天达 85, 天达 300; 新依 1 号; 冠平 1 号; 高抗 1 号、高抗 48, 这类品种产菇适温范围广, 种植时间回旋余地大, 华东地区最早出菇时间为 9 月上旬, 出菇期历经秋、冬、春三季, 且每个季节的菇质、菇型均优, 虫害又少。又因浅白色品种在自然生态条件下具有极强的抗病和适应性, 因此是目前使用最普遍或最有发展前途的菌种。

五、中低温型

子实体发育温度为 2~26℃, 适温 8~16℃, 26℃ 以上菇体发生量少, 优点是特耐低温, 0℃ 以上菇体均可生长, 且肉厚质佳, 尤其在北方地区更为适应。常用浅白色品种为: 天达 1349、超寒 1 号、江都 792 等; 灰黑色品种为: 冻菌 1 号、特大平菇、低黑 H-1、新冬黑平。

六、姬菇品种

姬菇出菇密集, 菇盖灰色, 菌柄长, 每丛有 30~70 个小菇向四周辐射, 市场销售看好。常用品种有: 姬菇王、姬菇 1007、冀农 11 号等, 出菇 6~33℃, 属广温偏高型, 为正宗姬菇品种。其种植方式和平菇基本相同。但正宗姬菇品种有一缺点, 冬季出菇很少或者低温季节菇盖上生瘤, 影响了市场销售, 为了促使冬季市场有大量姬菇销售, 菇农常把广温偏高型、偏低型灰色或灰黑色平菇品种充当姬菇销售, 如新选育的姬菇 53 号、姬菇 57 号, 若通风量加大, 可长成大平菇, 若通风量减少, 在幼菇期采收, 其效果充当小姬菇极好, 为菇农带来了极高的经济效益。

要获得平菇优质高产, 选准当家品种很重要。在引种时必须根据市场菇色需要和当地气候而定, 以市民喜爱白色菇的上海地区为例, 必须选择浅白色类型的高产菌株; 以市民喜爱黑色菇的青岛地区为例, 必须选择灰黑色类高产品种; 以市民喜爱灰色菇的保定地区为例, 应选择深灰色高产品种。

第三节 平菇菌种的生产技术

为了使平菇高产、优质、高效益, 除了全面掌握平菇的基本科学知识外, 掌握菌种的制作工艺至关重要。实践证明, 在相同栽培条件下, 良种可以比一般种增产三成, 产量成倍增长, 因为优良的菌种生命力强, 接种后长速快而旺盛, 在培养基内占据优势, 从而抑制杂菌生长。同时, 由于良种的菌丝在基质内分解和吸收养分能力强, 可以更好地为子实体输送养分和水分, 获得出菇快、朵形美、产量高的效果。菌种包括母种、原种、栽培种。

母种: 用平菇孢子或子实体分离培养出来的第一次纯菌丝体, 再经提纯复壮, 称为纯一代母种, 也称为一级菌种; 母种的分离培养是制种过程中最关键的一个环节, 它直接关系到原种和栽培种质量，关系到平菇的产量和品质。因此，必须做出菇鉴定，无条件的单位或个人可直接向信誉高的科研单位购买母种。

原种：把母种移接到菌种瓶内的棉籽壳或木屑等培养基上，所培育出来的菌丝体称为原种，原种是经过第二次扩大的，所以又叫二级菌种，原种虽然可以用来栽培平菇，但因为数量少，当栽培种使用时成本高，所以一般不用于栽培生产，必须再扩大成许多栽培种。每支试管的母种，可移接 4~5 瓶原种。

栽培种：又叫生产种，即把原种再次扩接到棉籽壳、木屑、玉米芯等培养基上，经过培育得到的菌丝体，作为生产平菇的栽培菌种，栽培种经过了第 3 次扩大，所以又叫三级菌种。栽培种的培育，一般选用聚丙烯 17cm×40cm×5dmm 的塑料袋，一头或者两头接种。

一、母种制作

配方①：马铃薯（去皮）200g、葡萄糖 20g、磷酸二氢钾 3g、硫酸镁 15g、琼脂 20g、水 1 000mL。

配方②：小麦 500g、蛋白胨 2g、磷酸二氢钾 3g、硫酸镁 1.5g，维生素 B_1 3 片、琼脂 20g、水 1 000mL。

以上配方均适应平菇生长。现介绍配方②制作方法：选择质量好的小麦 500g，放进铝锅内，加水 1 500mL，水烧开后，煮沸 10 分钟，然后用 4 层纱布过滤，取其汁液，若滤汁不足 1 000mL，则加水补足，然后将琼脂、蛋白胨、糖等全部加入，加热至全部溶化后，分装试管，装量为试管长度的 1/4，分装时，注意勿使试管口黏附培养基，装好后，立即用棉花塞口，并要求松紧适度，使之既利于通风，又能防止杂菌侵入，棉花塞入试管口的部分，一般为 2/3 左右，留 1/3 在管外便于拨出；装完所有试管后，用绳子每 10 支试管作一捆缚好，管口棉花塞用牛皮纸或聚丙烯薄膜包好，以防受潮，然后竖直放入高压锅内消毒，在 1.2kg/cm² 压力下，维持 40 分钟，灭菌后的培养基要趁热把试管倾斜，使之凝固成斜面，倾斜度以斜面达到管长 1/2 长度为宜，冷却后即成试管斜面培养基。制成的斜面培养基不要立即接种，要空白培养 3~4 天，等管内冷凝水完全风干后才能使用，为防止冷凝水过多生成，可在放置试管斜面后，趁热用棉被盖上，让其慢慢冷却，这样冷却的试管内所含冷凝水珠极少，因为有冷凝水的斜面，接种后，极易产生酵母菌感染。另外，空白培养基还可检验斜面的灭菌效果，因试管培养基表面和内部可明显观察变化程度，这样就避免了因灭菌不彻底造成的接种失败。

母种转扩必须在无菌条件下操作，以保证继代母种的纯正，一般科研单位出售的均为一级母种，它可以进行再次转管扩接以满足原种生产的要求，每支可扩接 20~40 支，但转管次数不宜太多，最多不能超过 2 次，以免削弱菌丝生长活力和降低出菇率，无条件转扩的，也可从科研单位引进一级母种直接转扩原种，则效果更好。

二、原种制作

1. 棉籽壳培养基

棉籽壳 100kg，麸皮 5~8kg，石灰 0.5kg，25% 多菌灵 0.2kg，水 135kg，复合肥 1kg。由于棉籽壳吸水较慢，拌料后须整理成小堆，待 4 小时充分吸湿后，再进行装瓶，装好瓶后，在料中央打一个直径 2cm、深 3cm 的洞穴，有利于接入的母种块加快萌发、生长。以棉籽壳为主培养基的原种菌龄为 25 天左右。

2. 小麦、棉籽壳培养基

小麦 40kg、棉籽壳 60kg、石膏粉 1kg、水适量。制种用的小麦要干燥、色鲜、无霉变，先将麦粒浸入 1%~2% 石灰水和 0.2% 多菌灵混合水溶液中。浸泡时，水面要高出麦粒 10~15cm，浸泡时间随气温高低灵活掌握，以麦粒内部浸到无白心时为准，一般水温 25℃ 左右时，需浸 18~20 小时，15℃ 左右时需浸 30~36 小时。将浸好的麦粒捞出，倒在干净的水泥地面上吹凉，待麦粒表面水分适当干后，可与棉籽壳、石膏粉等混合拌匀，接着装入瓶中。麦粒培养基分装时，要上下震动，以利基质结合相对紧实，分装结束后，因麦粒组织松散，不好打洞眼，可以擦清瓶口污物，塞上棉塞，然后进行消毒灭菌。由于麦粒培养基透气性好，营养足，菌丝 17~22 天即可发满，且质量也最好。

3. 棉籽壳木屑培养基

棉籽壳 30kg、木屑 55kg、麸皮 15kg、复合肥 1kg、水 135kg，该培养基因木屑成分比例大，制作好的菌种虽不够洁白，但含水量足，菌种质量好，且不易老化，笔者建议菇农多采用。原种容器可以是 900mL 专用菌种瓶，也可以用 500mL 医院用盐水瓶代替。无玻璃瓶的，可以用 15cm×33cm×5.5dmm 的丙烯菌种袋，袋口系无棉盖体，也可用颈圈加盖棉塞。原种培养料的灭菌要同母种培养基的灭菌同样严格，不同的培养基，其灭菌程度和时间亦有差异，棉籽壳或木屑培养基在高压 2kg/cm² 压力下保持 2 小时。常压灭菌 100℃ 保持 14~15 小时即可。麦粒培养基在高压 2kg/cm² 压力下保持 2.5 小时，麦粒培养基不要常压灭菌，否则菌丝生长细弱、无力，因为小麦内部有一种酶的营养物质，必须在高压下才能释放出来。

母种接入原种要在接种箱内进行，消毒药剂采用气雾消毒剂熏蒸。接种时，在无菌条件下将母种斜面培养基横割成 4~5 块，第一块要割长一些，因为培养基较薄、易干燥而影响发菌，然后连同培养基一起移入原种瓶内培养基中央洞穴内，每瓶接种一块，麦粒培养基因没有洞穴，接种后最好抖动瓶身，使少量麦粒盖住种块，这样，菌种块在洞穴内或培养基下，由于湿度高，能很快萌发，并吃料生长；原种培养温度以 20~26℃ 为宜，培养室的窗户要用黑布遮光，以免菌丝受光照的影响，造成原基过早出现而老化。在原种培养期间，每隔 5 天要检查一次料面和棉花塞内有无杂菌感染，一旦发现杂菌感染，就要及时淘汰。经过严格筛选，平菇菌丝延伸过程中，色白、粗壮、富有弹性，并布满全瓶，即为合格原种。

三、栽培种制作

栽培种制作容器最好用高压聚丙烯塑料袋，因高压丙烯袋较透明，能明显观察内部菌丝生长情况。

1. 木屑、棉籽壳培养基

木屑 40kg、棉籽壳 40kg；麸皮 10kg；复合肥 1kg、石灰 0.5kg、多菌灵 0.2kg。木屑最好选用相隔半年以上的陈木屑，麸皮要新鲜、无霉变，无虫害，此配方培养的菌丝虽不如纯棉籽壳培养基洁白，但菌丝生长结合力强，紧密度高，耐老化，且不易出菇，存放时间长，17cm×40cm 两头接种制作的菌种，菌龄为 35~40 天。

2. 棉籽壳培养基

棉籽壳 100kg、麸皮 5kg、复合肥 1kg、石灰 0.5kg、多菌灵 0.2kg。先将棉籽壳预湿，然后把麸皮、复合肥（事先压成粉状）混入料内，加水拌匀，棉籽壳培养基 17×40 两头接种，菌龄为 25~30 天。

3. 玉米芯培养基

玉米芯 80kg、麸皮 5kg、玉米面 8kg、复合肥 1kg、石灰 0.5kg、多菌灵 0.2kg。玉米芯要粉碎成大豆大小的颗粒，再用 1% 生石灰水拌好，堆闷 24 小时后，拌入各种辅料，玉米芯培养基与棉籽壳培养基菌龄大致相同。

制作栽培种，除掌握以上配方外，还要使拌料水分恰到好处。含水量偏低，菌丝生长缓慢、纤弱；含水量偏高，料温随之上升，易酸败，菌丝生长受阻。常用感观测定，即装袋前手握培养料，指缝间有水溢出，但不下滴为宜，也可按照伸开手指后料在掌中能成团或掷进料堆四分五裂或落地即散为标准，其含水量较为适中。

配制好的培养料，有条件的可用装袋机装袋，每小时 200 袋以上，使用机器装袋，松紧均匀，省工省时，效率高。但劳力不缺的地方，也可用手工装袋，人工装袋应边装边压实，用力要均匀，要做到袋壁光滑、而无空隙，装好后，两头直接用扎线扎紧即可。常压灭菌时，锅内温度达到 100℃，要维持 12~15 小时再停火，等温度自然下降到 60℃时，才能打开蒸锅取出料袋。待袋料温度降到 25℃左右时，即可接种。转接栽培种时应严格要求，仍要在接种箱内进行，有条件的也可采用离子风接种机进行无菌接种。接种箱消毒一般用气雾消毒剂（2g/m³）熏蒸 0.5 小时，在箱内先将原种用长柄镊子搅碎，在无菌条件下，打开栽培种袋口，均匀倒入原种块，然后，用塑料袋扎绳扎好。注意，扎线不要扎得太紧，防止菌种不透气、难发菌，也不要太松，以防袋口落入杂菌孢子，引起杂菌感染，松紧度掌握在"肉眼能看到缝隙或能吹得进气流为佳"，接入的菌种块要正好处于扎口中心位置，这样有利于种块尽早封面，此种接种方法为线绳扎口法。也可以用塑料袋加无棉盖体法培养栽培种，也可以用塑料袋加套环塞棉花法培养栽培种，还有一种方法就是四川菇农常用的，将袋口系上出菇套环接入原种后，再盖上二层报纸，笔者认为以套环塞棉花法培养的栽培种，污染率最低，且质量最好。

接种后的种袋要及时移入培养室内培养，用线绳扎口法的还要用菇虫净或者虫立杀粉剂将每个袋口进行喷施一下，其目的是让药粉吸附在袋口，以防止菌袋培养过程中虫从口入。在培养过程中，还要防止塑料袋被硬物刺破，应经常检查杂菌污染和鼠害，特别是老菇场，为达到万无一失，防止菌螨、菌蝇进入种袋口内部产卵，必须每隔 7 天对地面、窗户、周围环境用氯氰菊酯或者敌敌畏农药进行喷雾一次。在菌丝生长后期，采用线绳扎口法的如果发现菌丝生长特别慢，可用手拉一下拉袋口，使袋口空隙加大，让更多的氧气进入袋内，以加速菌丝生长。

四、栽培种的质量鉴别

菌种质量的好坏，目前还没有准确的方法，主要靠外观鉴定，一看长势，二看纯度，三看菌龄，菌丝长势要旺盛、浓密、洁白。菌丝纯度主要看有无红、绿、黑等杂色斑点，菌丝上下一体，无抑制线。菌龄主要看菌丝无萎缩老化现象。所谓合格平菇菌种，其主要标准是：菌丝体纯白健壮，粗细均匀，菌落延伸整齐一致，尖端部位分枝清晰，不杂乱。成熟的菌种，菌丝浓密、具有光泽，有"回菌"或生出菌皮现象，有时还有水珠分泌，但基质清楚可辨，不收缩，不干涸。

栽培种菌龄以菌丝发到底后 5 天至原基形成之前使用最好（出现少量原基也没有多大关系），这时挖出的菌种成块，菌丝量大，有弹性，移植后，菌丝萌发快，定植早。一般来说，低温下培养的菌种，只要不出菇，时间延长一些对菌种质量不明显影响，但在高温下培养，即使菌种不出菇，也不能随意延长时间。因在高温下，菌丝体生理代谢活动旺盛，它不但要大量消耗培养料中的养分，同时还会加快自身的衰老速度。凡菌皮过厚、老化干缩、菌丝生长稀疏或培养料结合松散、菇体已长出袋外的菌种，以及带有虫卵或杂菌的菌种，都不能当成菌种栽培，否则，应用到生产中，轻者减产，重者无收。

第四节　平菇栽培技术

一、平菇栽培培养料的种类

1. 主要原料

主要原料又称主料，是指以粗纤维为主要成分，能为平菇菌丝生长提供碳素营养和能量，且在培养料中所占数量比较大的营养物质。

（1）棉籽壳。棉籽壳是脱绒棉籽的种皮，为油料加工厂的下脚料。棉壳占棉籽总重量的32%~40%，我国年产棉籽壳约1 200万 t，绝大部分用于食用菌生产。据研究，棉籽壳不仅营养丰富，且质地疏松，吸水性强，具有良好的物理性状，加水浸透或加压力时，不板结，透气性好，含有一定空气，可提供菌丝生长所需要的氧气，是适宜平菇栽培的最理想原料。棉籽壳也有好多种，有粗壳、中粗壳、细壳之分，有绒多、绒少之分，有含棉籽仁多少之分。一般粗壳、绒少壳，仁少壳发菌好于细壳、绒多壳，仁多。但细壳、绒多、仁多壳产量又高于粗壳、绒少、仁少壳；建议用户在购买时要两者兼顾。

（2）玉米芯。脱去玉米粒的玉米棒，称玉米芯，也称穗轴。我国玉米播种面积居粮食作物的第三位，年产玉米芯及玉米秸秆约9 000万 t。干玉米芯含水分8.7%，有机质91.3%，其中粗蛋白2.0%，粗脂肪0.7%，粗纤维28.2%，可溶性碳水化合物58.4%，粗灰分2%，钙0.1%，磷0.08%，经粉碎发酵，加其他氮源和辅料，可袋栽平菇。

（3）木屑。可选用锯木加工厂产生的下脚料，也可用树枝加工粉碎。适合平菇生长的以阔叶树木屑为佳。木屑的粗细，因加工工具和木质而异。用带锯加工的木屑比圆盘锯加工的细，硬质木材的木屑比软质木材的木屑好。栽培平菇用的木屑粗的比细的好，硬质木材的木屑比软质木材的木屑好。宜栽培平菇树种的干木屑，一般含粗蛋白1.5%，粗脂肪1.1%，粗纤维71.2%，可溶性碳水化合物25.4%，实践证明，松、杉木屑也能进行平菇生产，一般从锯木场收集的木屑，常夹有松、杉、柏、樟等木屑。因此，在使用前应放置半年至一年时间，以自然挥发、驱除芳香等物质就可正常使用。用于塑料袋栽培的木屑，均要过孔径 4mm 的筛，以清除杂物及尖刺木片，以免刺破料袋。

（4）其他。稻草、甘蔗渣、黄豆秸秆、花生壳经粉碎成小颗粒状作为碳源，添加氮源等，也是栽培平菇的培养料，但这类原料种植产量并不高，建议只能以 5% 比例少量添加到以棉籽壳、玉米芯为主的培养料中。

2. 辅助原料与药剂

辅助原料又称辅料，是指能补充培养料中的氮源、无机盐和生长因子，且在培养料中比例较少的营养物质。辅料除能补充营养外，还可改善培养料的理化性状。常用的辅料可分两大类：一类是天然有机物质，如麸皮、玉米粉等，主要用于补充主料中的有机态氮、水溶性碳水化合物以及其他营养成分的不足。另一类是化学物质，以补充营养为主，如尿素、复合肥等。

（1）麦麸。麦麸是小麦籽粒加工面粉时的副产品；含有 16 种氨基酸，尤以谷氨酸含量最高（占 46%），营养十分丰富，而且质地疏松，透气良好。但易滋生霉菌，故用作培养基，需经严格挑选，变质发霉的不宜采用。

（2）玉米粉。玉米粉也称玉米面，是玉米籽粒的粉碎物，一般含水分 12.2%，有机质 87.8%，由于营养丰富，维生素 B_2 含量又高于其他谷类作物。在食用菌培养料中，加入 5%~10%，可以增强菌丝活力并显著提高产量。

（3）尿素。尿素是一种有机氮素化学肥料，白色晶体，含氮量为 42%~46%，在食用菌生产中，常用作菌体培养料的补充氮素营养，其用量一般为 0.1%~0.4%，添加量不宜过大，以免引起氨气对菌丝的毒害。

（4）石灰。在平菇生产中，培养料中添加适量的石灰，主要作用是提高培养料的酸碱度，杀死杂菌或抑制杂菌的生长，防止杂菌的污染。其次是增加培养料中的钙质，改善培养料的营养状况，促进平菇菌丝的旺盛生长，对提高产量有一定的作用。一般用量为 1%~4%。

（5）复合肥。复合肥是指氮、磷、钾 3 种元素高含量的复合肥料，呈灰色颗粒状，增产潜力大，一般进口复合肥要比国产复合肥营养含量高，如进口复合肥磷酸二铵，每 50kg 170 元，用于平菇培养料配制，使用量为 0.2%~0.4%，国产复合肥品种很多，如"三元牌""红光牌"，因含量低，50kg 160 元，用于平菇培养料配制使用量可加大到 0.8%~1.2%，本资料配方中汲及的复合肥都指国产复合肥。

（6）平菇专用肥。本品为浓缩、高效复合营养素，每袋 1 500g，内含食用菌生长所需的各种营养元素，配方全面、合理，适合生料、发酵料、熟料栽培。添加本品后能促进平菇菌丝生长，适合生料、发酵料、熟料栽培，每吨干料添加 2~3 袋，即可代替其他所有肥料，增产幅度最高可达 20%。

（7）大丰激素（802 激素）。对平菇生长有三大奇效功能（每瓶加水 120kg），出菇前喷施可提早出菇，对平菇菌丝满袋迟迟不出菇，划破袋头菌皮，喷施 1~2 次，即可大量现蕾。出菇后喷施，幼菇期每天喷 1 次，连喷 3 次，平菇叶片均可明显增大、增厚，增加产量 10%~20%。采收前 1 天喷施，平菇菌盖边缘更趋于内卷，色泽更鲜嫩，并可推迟开伞时间。

（8）三十烷醇转潮王。本品由三十烷醇和食用菌生长所需的各种微量元素复配而成，和以往推广的粉剂相比，便于溶解，易于菌丝及子实体对营养的吸收，能提高食用菌生长发育及抗霉能力，特别适用于平菇生长，能促进菇体形成与肥大；改善品质；缩短转潮时间，增产幅度 20%~30%。使用方法：幼菇期喷施，每袋加水 75~100kg，每 2~3 天对菇体喷 1 次，连喷 3 次。菌袋补水，每袋加水配合其他营养，通过补水器输入袋料内可以补 500 棒左右。

（9）多菌灵。是一种广谱型的内吸性杀菌剂，对人畜低毒。多菌灵虽不能直接杀菌，但有很强的抑菌作用，其杀菌机制是干扰病原物质细胞分裂。多菌灵化学性质稳定，在酸性或碱性环境中不易失效，在 300~312℃ 条件下才能被分解。多菌灵用量偏大，虽然栽培成功率高，但菇体内有毒物质的残留量会相应增加，低毒并不等于无毒，使用量必须慎重。本资料配方中汲及到的多菌灵均为江苏镇江农药厂生产的含量为 25% 多菌灵。

（10）克霉灵。又名二氯异氰尿酸钠，因长期使用一种杀菌药剂，杂菌易产生抗药性，有个别用户反映因多年使用多菌灵作抗菌剂，现在无论发酵料还是熟料栽培，杂菌总是控制不住。因此，在此情况下，建议改用克霉灵试试，克霉灵作为防霉剂药效成分、作用机理均相似，按 0.1% 的用量拌入培养料中，对氯霉、黄曲霉、链孢霉等有极强的预防和消杀功能。缺点是遇到 70℃ 以上的高温会容易分解。

（11）气雾消毒剂。该产品对食用菌中常见的杂菌和病原菌，杀伤率达 100%，且使用方便，毒副作用小，气雾消毒剂用于接种箱消毒半小时，即可杀灭箱体内全部杂菌，无气味和刺激性，是替代甲醛和高锰酸钾熏蒸消毒最理想的药剂，且操作方便，用火柴点燃即可（不必倒出药剂），就会喷出大量气雾，从而达到杀菌目的。

（12）万消灵。出菇后防治黄菇病必需药品。强力快速杀灭各类细菌、芽孢，治疗平菇因各种病原菌引起的发黄、发软，褐斑病等现象，效果奇特。使用方法，预防发病用量：每片加水 15kg，在出菇后无论有菇或无菇每隔 3 天对菌袋、幼菇、周围环境喷一次，可确保从头潮到尾潮不易发生黄菇病。治疗用量：每片加水 5~6kg，发病初期，即喷施病菇，每天 1 次，3 天可治愈，治愈率 98% 以上。

（13）菇虫净（虫立杀）。制种期和发菌期驱虫、防虫专用特效药，夏、秋、春气温较高季节，生产袋装菌种或熟料栽培扎口处，害虫最易进入袋内咬食菌丝或产卵生蛆；每袋粉剂加水 1~2.5kg 喷洒到接种口和透气孔处，药粉即可吸附在袋口，可长时间起到驱虫和触杀效果，喷药 1 次 3 个月无害虫进入，对菇蚊、菇蝇、跳虫等杀灭率 100%，具有卓越的杀虫、防虫效果，对菌丝生长无副作用。

二、配套材料的准备

1. 筒袋

平菇原种和栽培种的容器可选用高压聚丙烯袋，规格为原种选用 15cm×33cm×5.5dmm 聚丙烯筒膜。栽培种容器可选用 17cm×40cm×5.2dmm 的聚丙烯筒膜。用于平菇生产出菇的容器是低压聚乙烯筒膜，规格为：长为 43~45cm，宽 20~25cm，厚度 1.5~3dmm，一头把口扎好或者烫好（目前市场上已经有封好口的成品袋子出售）。

栽培筒膜质量好坏，不仅关系到菌袋制作成品率高低，还会给菌袋培养和产菇管理带来影响，因此，要向专业厂家或经销单位购买优质筒料。

2. 套环或无棉盖体

塑料袋制种无虫化封口方式有两种：①用套圈塞棉花，在消毒锅里灭菌时，堆放要得体，以防受潮，优点是透气性充足，菌丝发得快，且不易受虫害；②用海绵盖封口，缺点是发菌初期较好，发菌后期菌丝易延伸到盖内，造成菌丝缺氧使生长变得缓慢。近来发现个别厂家生产的无棉盖体内海绵密度不够，空隙较大，易引起螨虫侵染。笔者建议还是用套圈塞棉花较为好，有的菇农最怕棉塞受潮，其实要得到干燥的棉塞很简单，只要在锅内将菌种铁筐叠起堆放，在筐顶部用一层薄膜或铁皮覆盖，让锅顶下滴的冷凝水顺薄膜或铁皮表面流下边沿，再往下流到锅底。切注意：薄膜或铁皮周围边沿要和锅壁相距 2cm 左右。

3. 出菇套环

常用规格为：直径 4cm；环圈高 2cm、环壁厚 1.2～1.5mm，套环可直接向专业厂家或者专业门市订购；也可以自制，方法是：将宽的硬塑打包带剪成 13～15cm 长，将其两头交叠，用灼红的锯条热焊即可。

4. 铜补水针

系采用紫铜管制成，不易弯曲，不生锈。可重复使用多年。

三、平菇栽培场地准备

菌种接入料袋后，从菌丝萌发到现蕾，这个阶段称为发菌。发菌可以在室内进行，也可在室外大棚进行。室内发菌，各方面管理工作易于掌握。室外大棚发菌，由于太阳辐射热的作用，尤其要注意袋温升高，防止烧菌现象。出菇场所，最好选在室外塑料大棚内，因大棚保温保湿好，又易于管理，因此，是最好的场所。

建造塑料大棚，具有造价低廉、温度稳定、保湿性好、冬暖夏凉，便于调节光照等优点，适宜大多数地区菇农使用。生产者应根据自己的实际情况，栽培季节及场地内的温度等变化状况，本着"经济、方便、实用"的原则，因地制宜自主选择。

1. 半拱圆温室

主要适用于东北地区秋冬季平菇栽培，北侧是一面土墙，跨度 4.5～5.0m，墙高 1.2～1.3m，厚 0.5m，后屋面有檩、柁支撑，进光面用竹竿或毛竹片作拱架，形成半拱圆面，拱架间距约 30cm，拉立柱支撑拱架。立柱与拱杆间用 CP6 的钢筋或 8 号铁丝作拉线，拉线与立柱顶紧紧固定，后墙每隔几米留风孔，出菇管理时，只要将南边薄膜支起，即可和后墙风孔形成空气对流。

2. 拱顶形半地下菇棚

在地面挖深 40cm，把土填于两旁，拍实沟壁，筑成一个宽 3.4m、沟壁高 0.8m、长度不限的半地下大棚，再在地沟两边土墙上（地平面向上），每隔数米开一个通气孔，通气孔以 30cm×20cm 为佳，这样每两排袋墙之间都能使空气对流，畦底整成龟背形，并开好水沟。在地沟上架设竹木弓架，用线绳、铁丝固定横梁，然后覆盖薄膜，再在拱棚顶部覆盖草帘或稻草。建造半地下菇棚要注意 3 点：一是造棚场地的土质必须是黏土或壤土；二是菇棚四周必须挖排水沟，以防积水灌入棚内；三是菇棚宽度不可过大，以免造成坍塌。

3. 场地消毒

菇棚搭制好后，要在进袋前20天对发菌场所彻底杀菌、灭虫。可在地面和四周撒上石灰粉，用2 000倍万消灵水液和1 000倍克霉灵水溶液交替喷湿2~3次，再用2 000倍敌敌畏药液喷洒1~2次。在发菌或出菇场地进行定期消毒非常重要，尽量使菇棚周围环境的杂菌及虫害降到最低点，以减少后患。

四、栽培菌袋的制作

（一）生料

生料栽培的时间要求，华东地区最佳播期为8—10月，早于8月不太适合搞生料栽培。

1. 生产配方

（本资料配方中的复合肥均指国产复合肥，如果用进口复合肥则用量减半）：棉籽壳1 000kg，复合肥10kg或者平菇专用肥2包或者磷酸二铵8kg（此3种肥料选择其中的一种即可，如想选择2~3种，用量一定要酌减），石灰粉10kg，多菌灵2kg，克霉灵0.5kg。三十烷醇转潮王1~2包。

2. 建堆

生料处理。将棉籽壳和其他辅助物加水搅拌均匀后建堆，要求堆高1.5m，堆宽1.5~2m，长不限，在料堆上打上洞眼，盖上草帘。如发现蝇虫较多，可在草帘上喷洒敌敌畏药液。本技术要求堆闷12~18小时，达到原料半软化、含水适中的目的后，即可拆堆装袋。此种方法，由于不受发酵时间限制，头天下午拌料，第二天上午即可装袋，较为实用，被大多数菇农所采用。需要指出的是，堆闷12~18小时后，一定要将料堆翻堆一次，并摊开冷却进行装袋，当天装不完的，还要重新建堆打洞，等第2天再进行装袋。否则，由于料堆缺氧，培养料的理化性状和营养条件不但未能得到改善提高，长时间会发生腐烂、劣化，严重的还会变酸，发臭。变质的培养料接种后，菌种只萌发，但不能吃料生长。

相比而言，生料栽培其花工量及成本大大低于熟料栽培，技术性难度也低于发酵料栽培和熟料栽培。实践证明，在气温20~30℃，只要在发菌管理过程中，不发生烧菌，生料栽培成功率最高，可达100%，因为平菇菌丝最怕"绿霉菌"其孢子及菌丝的萌发生长，在15~23℃时较为活跃，一旦产生，平菇菌丝无法抗衡。而在25℃以上，绿霉菌活力明显下降，即使有少量发生，因平菇菌丝生长迅速、活动旺盛，也能将之吃透。因此，华东地区9—10月是平菇生料栽培最佳安全期。笔者建议，假如你计划将培养料全部进行生料栽培，请在9—10月这两个月内，发动一切人力、物力将培养料全部播完，一旦错过了最佳安全期必是危险期，如迟于10月底播种，成功率将大打折扣。

3. 装袋接种

装袋前料的含水量以手握紧料有水印但不能渗出为宜，如指缝内有水渗出就偏多了。刚开始拌料时即建堆前，水分可偏大一点，在手握紧料有水渗出，并往下滴了3~4滴，经15小时左右预热、挥发、吸收后，水分会自动减少。袋膜选用宽22cm，厚1.5dmm聚乙烯塑料袋，可事先裁成45cm长，一头用线绳扎紧，或者直接购买平菇生料成品栽培袋。装料时，先抓一把棉籽壳放在袋底部，然后放一层菌种，再装料，边装边压实，装至近袋口时，放一层菌种，再抓一把棉壳封面。用种量为 12%~15%，扎好袋口后，在 2 小时内用筷子粗的细钢筋（有专用打眼器）在袋两头各打 2~3 个透气孔，洞眼深度为 5~8cm。培养料水分和透气孔是决定生料栽培成功的关键因素。装料前培养料的水分过大，日后菌丝生长速度明显减慢，杂菌感染几率也大大增加，另外袋两头菌种就是通过透气孔吸取氧气而萌发生长的，没有透气孔，菌种层由于缺氧而闷死；透气孔少或过小，有两个缺点：一是在发菌中期，菌丝生长速度滞缓，甚至停止，严重时还会感染杂菌；二是不利于菇蕾形成或生长。透气孔多或过大也不行，也会带来两个缺点：一是易引起虫害和杂菌侵染，二是形成菇蕾基数过多，给管理带来麻烦。另外，菌袋两头各放一把棉籽壳，是让菌种在适湿环境下，迅速萌发吃料，早早封面，起到一种保护层作用，保护层厚度以 1cm 左右为宜。

多年的实践证明，江苏省射阳地区菇农利用在大城市郊区租田种菇，每年更换场地，采取就地露天开放式接种，不需任何灭菌消毒，简捷、方便，生料发菌成功率几达 100%，这也是全县有 10 000 多户农民在外从事平菇生产的主要原因。要使生料栽培发菌成功率达到 100%，每年换一个地方是重中之重，且新场地和旧场地要相隔 300m，没有条件更换场地的也要在播种前两个月腾空发菌场所，对发菌场所要严格干燥、消毒，旧污染料不要就近乱丢，要运到 1 000m 以外的地方，否则，用连续栽培两年以上场地再进行生料栽培，发菌污染及发病率将会增加 20% 以上。

（二）发酵料

棉籽壳和玉米芯均可采用发酵料栽培，播期必须掌握秋季 8—11 月进行，最佳黄金播种期为秋季 9—10 月，其余时间我们不提倡播种，否则，播种成功率会大大降低。

1. 生产配方

（1）棉籽壳 1 000kg，复合肥 10kg 或者平菇专用肥 2 包或者磷酸二铵 8kg（此 3 种肥料选择其中的一种即可，如想选择 2~3 种，用量一定要酌减），石灰粉 10kg，多菌灵 2kg，克霉灵 0.5kg。三十烷醇转潮王 1~2 包。

（2）玉米芯 850kg；麸皮 100kg，玉米面 50kg，尿素 2kg，复合肥 10kg，石灰 30kg，多菌灵 2kg，三十烷醇转潮王 1~2 包。

2. 发酵料处理

先将辅料混匀加入棉籽壳或玉米芯中，再用清水调湿。不易吸湿的原料，如复合肥，应事先单独浸泡或压成粉状加入，培养料经调湿拌匀后，便可建堆。料堆一般建成宽 1.2~1.5m，高 0.8~1.2m，长度不限的长堆，每个料堆的容量不低于 250kg 干料，最好能达到 500kg 左右或更多一些。建堆时，料堆四周要轻轻拍实，堆边呈墙式垂直状，或略有倾斜，以不塌料为准，堆顶拱起呈龟背形。料堆建好后，用直径 5cm 的木棒先在料堆顶部垂直向下打 1~2 行透气孔，再在料堆两侧的中部和下部各横向斜打 1 行透气孔，间距 30cm 左右，孔道深度要分别到达料堆底部和料堆中心部位，随后在料堆中插入长柄温度计，再用草帘、麻包、蛇皮带等能透气的覆盖物将料堆覆盖好。

料堆覆盖后，根据气温高低，2~3 天，在表层 25cm 左右深处，料温升到 55~60℃ 时，开始计时，维持 8~12 小时后，进行第一次翻堆，翻堆要领是，把料堆外层（干燥冷却层）培养料与内层（好气层发酵层）和底层（厌气发酵层）的培养料互换位置，翻堆后，重新建堆，打气孔和覆盖的要求，与初建堆时基本相同，当料堆温度再次升到 55～60℃时，仍保持 8～12 小时后，进行第二次翻堆，并重新建好料堆。平菇培养料堆积发酵，一般需要翻堆 3 次，堆期依气温不同 5～7 天，当培养料色泽均匀转深，质地变得柔软，料内出现较多白色放线菌，闻不到氨、臭、酸味时，便可拆堆终止发酵。拆堆后，等料温降到 30℃左右时，就可装袋播种。

发酵过程注意事项：

（1）气温对发酵过程的影响很大，当气温在 20℃ 以上时最有利于发酵，若气温低，发酵时间要延长，应特别注意保温。

（2）培养料的含水量对发酵过程和质量有很大影响，当水分高于 70% 以上，培养料会发臭或腐败变酸，料温上升缓慢；当水分低于 50% 时，会出现烧堆的"冒烟现象"。出现以上情况时，要马上散堆调节水分后再重新建堆。

（3）培养料发酵期间，不要让太阳直射和雨淋。

（4）堆的形状大小也影响发酵过程，一般堆积发酵一堆不能少于 250kg 培养料。堆的形状以梯形长堆为好。料多时增加堆的长度，这样建堆可以保持堆内外差别小，发酵比较均匀。

3. 调整发酵料的水分

将发酵前的水分掌握在紧握培养料有水渗出且有滴为宜，因发酵过程中水分会自然减少，发酵后装袋的水分应掌握在用手紧握培养料手指间有水印，但无水渗出为宜。需要注意的是，在装袋前调整含水量时，要以"宁干勿湿"为原则。

4. 装袋接种

装袋接种方法同生料栽培完全一样，不需任何灭菌消毒，采取就地露天开放接种。三层菌种播种法。如果老场地杂菌基数较多或迟于 10 月底播种，可采用微孔通气三层菌种播种法。用这种方法袋栽发菌速度快，比两层菌种方法快 10～12 天，减少了杂菌污染机会。但有两个缺点：一是出菇期洞眼内会出小菇，给管理造成麻烦，二是不利于补水，因补水后滞留在袋底的水会从洞眼流出，对整个产菇期的产量将有影响。具体微孔通气方法为：装料时，在袋中间多放一层菌种，除两头放菌种、打洞眼均按常规外，还要在中间菌种层上用细针沿一圈菌种部位均匀刺 10～12 个小孔。另外在料袋堆放发菌时，要成"井"字形堆放，即使是低温期间，也不能采用"袋靠袋"码堆发菌；否则，袋与袋之间会堵住针眼，影响中间层菌种透气或造成菌种块缺氧死亡，严重的还会造成菌袋生绿霉。

（三）熟料

熟料栽培是指培养料配制后先经高温灭菌处理，然后进行播种和发菌的栽培方法。春夏、晚秋、冬季生料或发酵料栽培不易播种时期以选用熟料方式较为理想。熟料栽培还有下列好处。

（1）高温灭菌后的培养料排除了杂菌和害虫的干扰，促进了料内营养物质的分解。平菇菌丝生长速度快，繁殖量大，对培养料的吸收利用率高，可以获得稳产高产。

（2）熟料配方中，可以添加多种营养物质，这不仅能有效地增加养分供应，提高平菇的增产潜力，而且还能充分利用各种营养贫瘠的培养料，如木屑、稻草、污染料等，为平菇培养料的广泛选择和合理搭配使用提供了可靠的技术保证。

（3）熟料栽培使人工控制能力得到加强，它既能够在低温下加温发菌，正常出菇，又能避免高温下非熟料栽培时经常发生的"烧菌"现象，因而提高了单位种植面积的收益率。

（4）熟料栽培用种量少，一般为培养干料的5%左右。

（5）熟料栽培出菇早，这在早秋出菇尤其明显，因熟料栽培菌丝生长缓慢，产温低，所接受的光照、环境变化时间长。因此，比生料或发酵料栽培更容易提早出菇。

（6）熟料栽培可周年进行。平菇适宜的栽培时间主要是根据平菇菌丝和子实体发育所需要的环境条件而确定。我国幅员辽阔，不同地域气候也不相同，同一季节不同地区气温差别也较大。又因为国内平菇品种较多，高温、广温、中低温等各种温型的品种都有，这也决定了平菇能周年栽培出菇，一年四季都可连续供应市场。

1. 品种的合理选择

以华东地区为例，夏季出菇品种应选择高温型品种，早秋及春季出菇品种应选择广温偏高型菌株，秋冬出菇应选择广温偏低型菌株。

2. 菌种的准备

平菇的菌种分为母种、原种和栽培种。母种菌龄为7~8天，棉籽壳原种菌龄为25~30天，棉籽壳栽培种菌龄为20~25天。栽培料袋播种后从播种至出菇为30~35天，出菇周期（即从头潮至尾潮）为3~6个月。因此，在栽培之前，菇农应推算好时间，适时制种。

3. 菌袋规格的选择

熟料菌袋制作工序较为复杂，搬动次数多，袋膜被损坏的可能性极大，此外，培养料经高温熟化后极易染菌，所以，袋膜要有一定的厚度，通常低压聚乙烯袋膜厚度以选择2.5dmm左右为宜，筒膜过厚，既不经济，也无必要；如果过薄，容易造成破损，致使污染率上升。筒袋宽度和长度的选择取决于季节。一般夏季、早秋应选用（20~22）cm×（40~43）cm为宜，以防止料袋大、积温高、难出菇。中秋及晚秋应选用（22~25）cm×45cm为适宜，料袋大，营养足，出菇期长。

4. 熟料栽培配方

（1）棉籽壳1 000kg、复合肥10kg、石灰30kg、多菌灵0.2%，三十烷醇转潮王1~2包。

（2）棉籽壳950kg、麸皮或玉米面任一种50kg、复合肥10kg或者平菇专用肥2包、石灰30kg、多菌灵0.2%，三十烷醇转潮王1~2包。

（3）玉米芯850kg、麸皮100kg、玉米面50kg、复合肥10kg或者平菇专用肥2包、石灰30kg、多菌灵0.2%，三十烷醇转潮王1~2包。

（4）棉籽壳450kg、木屑450kg、麸皮120kg、复合肥10kg或者平菇专用肥2包、多菌灵0.2%，三十烷醇转潮王1~2包。

（5）玉米芯400kg，木屑400kg、麸皮150kg、玉米面50kg、复合肥10kg或者平菇专用肥2包、石灰20kg、多菌灵0.2%，三十烷醇转潮王1~2包。

配方（4）和配方（5）中木屑比例占主料一半，经试验总产量和配方1~3相当，最大优点在整个出菇过程中，不易发生黄菇病，可能与木屑中所含成分能抑制细菌、病毒有关。由于多菌灵遇高温不会分解，菌丝发菌过程中，会抑制杂菌的滋生，因此加入多菌灵对提高料袋发菌成功率大有好处。在熟料栽培中，可能会产生各种杂菌的污染料袋（利用生料和发酵料栽培时也会产生），笔者认为只要没有出菇，即使是绿霉污染袋，也可进行再利用。最关键一条，是要把污染袋料及时倒出晒干，贮藏起来备用。经试验，用坏料再进行熟料栽培，生产出来的平菇质量及产量比用好料只下降20%~30%。坏料利用配方为：生料或发酵料产生的坏料（玉米芯或棉籽壳）970kg、麸皮或玉米面30kg、石灰10kg。熟料产生的坏料（玉米芯或棉籽壳）930kg、麸皮或玉米面70kg。

5. 拌料

按照选定的培养基配方比例，称取原料和清水，因为玉米芯或棉籽壳较难吸水，开始拌料时，水分适当大一些，混合搅拌，先把堆成"山"形的干料从尖端中间挖向四周，使其形成凹陷形，再把清水倒入凹陷处，用锄头或锨把从凹陷处逐步向四周扩大，使水分逐渐渗透，当水分被干物质吸收后，把铺平的料用锨重新整成"山"形料堆，并再次将料堆挖开，按此法反复搅拌3~4次，然后把拌匀的料打成堆，仿照生料栽培培养料的处理方法进行堆闷12~18小时。堆闷有两个好处，一是利用发酵热使培养料熟化并得到软化，二是使料中水分吸收均匀，并将多余水分自动流入地面。有条件的可用拌料机进行拌料，可大大提高工效和拌料质量。考虑到高温灭菌要消耗培养料中的一部分水分，装袋前的水分控制要比生料或发酵料栽培的水分偏多一点，即手握培养料有水渗出但不下滴为宜。

6. 装袋

先打开一端袋口，向筒袋内装料。装料松紧度要达到手按料袋有弹性，当料袋至距袋口7~9cm时，将料表面压平，把袋口薄膜稍微收拢后，用线绳扎紧。有条件者可用装袋机操作，不仅效益高，而且装料松紧一致、均匀。装好后，可直接进行常压锅灭菌。为防止培养料变酸和变质，装好的料袋应及时进行高温灭菌。常压蒸汽灭菌时，温度上升速度宜快，最好在4~5小时内使灶内温度达到100℃，并保持此温度13~15小时，然后停止加热，再利用余热闷闭8小时再出锅。当出锅后的料袋温度降到28~30℃时，应及时接入菌种。

7. 平菇熟料袋栽开放式接种

平菇熟料袋栽接种方式有两种：一种是将菌种接入袋口，系上套环（详见下列半开放式操作），另一种是将菌种接入袋口，然后用线绳直接扎口。用线绳直接扎口以往做法是不扎紧袋口，留一些空隙透气，但最大弊病是菌丝发菌过程中易遭虫害。现在我们要求如用线绳扎口时，应将每个袋口都要扎紧，扎口后，还要在袋两头菌种块部位用细针各刺4~6个眼。注意：①选用家用针或缝纫机针刺孔，刺孔位置不要偏高菌种部位，以免引起杂菌污染。②凡接种的袋口都要刺眼，不能漏掉。万一漏掉，在后几天的观察中要及时补刺。袋一头刺眼的菌丝长速快、旺盛，而另一头如没有刺眼，袋头种块只萌发而不吃料生长。

因熟料栽培劳动强度大，如果每个菌袋都用接种箱接种，其用工量太大，菇农不愿接受，但敞开接种又怕污染。有个别用户在老场地连续种植，敞开接种其污染率已超过

20%。我们通过多年研究，现总结出以下五种方法，可以大大提高接种成功率。

（1）完全开放式操作。不需任何消毒灭菌，在大棚内直接完全开放式接种。经试验，在新场地接种料袋成功率93%，在老场地接种料袋成功率只有82%，如在3年以上老场地或环境卫生较差的地方开放接种，即使加大播种量，接种料袋成功率75%。

（2）半开放式接种操作。接种前先准备干净的室内，如菇农在外租地种菇，条件有限，可在大棚内用塑料薄膜隔一小间，待菌袋冷却到25℃时，连同待接菌种及各种接种工具一起放进接种室，用气雾消毒剂熏蒸一次，用量为每立方米2g，消毒一小时等烟雾散去后，操作者即进去敞开接种。如果在接种室内再设一个缓冲间，在缓冲间内对操作者的工作服一起进行熏蒸消毒，人进入接种室操作前换上工作服去接种，成功率会大大提高。接种时，先把菌种掰开蚕豆粒大小，然后把菌袋口解开，用手抓半把菌种，放入袋口，再将袋口薄膜收拢，套上出菇套环，并将袋口薄膜多出部分翻入套环内，用车胎皮圈固定套环，再用一层报纸封口，扎上皮圈。按此方法，再将另一端接上菌种，并封好袋口。接种时注意：尽量将菌种填满套环口，因套环内透气好，种块3~4天即可萌发封面，杂菌污染机会极少。也可用线绳直接扎口法。经试验，这种用药物熏蒸消毒后接种方法，即使在高温高湿气候条件下，设缓冲间的料袋成功率可达97%，而不设缓冲间的成功率只有94%。

（3）有条件的也可以选择离子风接种机或者臭氧发生器操作，接种成功率都可达95%以上。

五、平菇发菌管理

生料或发酵料或熟料菌袋接种后，应移入发菌场地排放，进行菌丝培养阶段管理。

（一）熟料菌袋的菌丝培养

熟料菌袋发菌管理的技术关键是：合理排放堆码菌袋，适时进行倒袋、翻堆和通气增氧，控制好发菌温度和环境温度等。熟料菌袋的料温变幅较小，菌袋温度的变化主要受环境温度影响，为了能合理控制发菌温度，菌袋的排放形式一定要与环境变化密切结合，当气温在20~26℃时，菌袋可采用"井"字形堆码，堆高5~8层菌袋；当气温上升到28℃以上时，堆高要降到2~4层，同时要加强培养环境的通风换气；盛夏季节，当气温超过30℃时，菌袋必须贴地单层平铺散放。发菌场地要加强遮阳，加大通风散热的力度，必要时可泼洒凉水促使降温，将料袋内部温度严格控制在33℃以下。

正常情况下，采用堆积集中式发菌的菌袋，每7~10天要倒袋翻堆一次，若袋堆内温度上升过快，则应及时提早倒袋翻堆。翻堆时，应调换上、下、内、外菌袋的位置，以调节袋内温度与袋料湿度，改善袋内水分分布状况和袋间受压透气状况，促进菌丝均衡生长；同时，可根据气温和料温的变化趋势，调整菌袋的排放密度和堆码高度。熟料菌袋随着菌丝不断生长，菌温会随之上升。因而，要特别加强对袋堆内层温度的检查。栽培者必须牢记，只要菌袋尚未培养成功，进入出菇管理，都要防止烧菌现象发生。

（二）生料或发酵料菌袋的菌丝培养

菌袋培养的通风主要是通过打开大棚两头和支开大棚两旁薄膜实现的。在发菌阶段要确保空气大流通，严禁关闭通风口，否则会造成大批菌袋烧菌而报废。具体管理措施如下。

1. 合理排放菌袋，严格控制料温

生料栽培装料量多，接种量大，料内各种微生物繁殖活动聚积的发酵热和平菇菌丝生长产生的生物热，会促使料温上升，菌袋发热。这种特性，在菌袋处于低温季节堆积发菌不加温培养时，有很好的自身供热式增温效应，对平菇菌丝生长也有利，是生料袋栽的优势所在。但在8—10月生料栽培安全期内，特别是气温较高的8月，这种增温效应很容易形成烧菌，所以合理排放菌袋，严格控制料温，防止菌袋烧菌，是生料菌袋发菌管理的重点工作。与熟料菌袋相比，生料菌袋比熟料菌袋产温要高5℃左右，通常，在气温20℃左右时，菌袋可采用"井"字形摆放，每墩可放4~5层，墩与墩间距60cm，当气温在25℃时，菌袋只能贴地单层散放或每墩不超过3层排放；当气温在30℃时，菌袋内温度即达到35℃，除全部敞开大棚两头及大棚两边薄膜外，还要往棚顶薄膜内外及菌袋上喷井水降温，如果菌袋内温度上升到38℃，菌丝全部停止生长，如果连续3天38℃高温，大量鬼伞菌就相继出现。当温度上升到40℃时，灰白或浅白色平菇品种连续12小时，就会使菌丝烧死而报废，而灰色或黑色平菇品种菌丝连续6小时就会死亡，由此看出，浅白色平菇菌丝耐高温能力大于灰黑色品种，建议灰黑色或黑色品种如采用生料或发酵料栽培投料时间不要过早。

2. 加强倒袋翻堆和捡杂工作

翻堆工作一方面可以控制料温过高或袋料内过于闷湿而引起的污染率上升，另一方面能及早发现并捡出被侵染的菌袋，防止受害程度加重。生料或发酵料菌袋的捡杂工作应贯穿整个发菌期，特别是发菌前期和中期尤为重要，一旦发现问题，应立即采取补救措施。

注意要点：

（1）接种后2~3天，经检查，菌种未萌发，多属于未打透气孔，应立即补打洞眼。

（2）接种后3~5天，菌种块萌发，但不吃料，多属于袋内温度的问题，特别是菌种层周围温度太高，超过34℃，应立即降低培养温度，采用单层散放，贴地发菌。

（3）发菌中期，如发现袋中间有少许毛霉、黄曲霉，只要不是绿霉，都不要惊慌，这类菌袋经正常管理和培养后，平菇菌丝都能最终压住或盖没污染区域，并能正常出菇。如发现个别菌袋水分偏大，多余积水沉淀在袋底部，可将菌袋立放在地面上，让水通过透气孔流出。

（4）凡污染绿霉，已无法挽救的菌袋，则应及时清理出场地，倒出晒干贮藏，供以后熟料栽培二次再利用，以免污染生产环境或传染给健康菌袋。

3. 加强对害虫的防治

生料菌袋发菌期间，料内会散发出特有的发酵气味，特别是污染袋发出的霉臭味，更容易招引害虫进入，为了防止害虫爬入透气孔内吞食菌丝或产卵，要特别加强对害虫（主要是菌螨、菌蝇）的防治措施。实践证明，每隔4~6天，对菌袋周围环境喷施2 000倍乳油类农药溶液，如高效氯氢菊酯、敌杀死等，可收到明显的防虫、驱虫、杀虫效果。特别注意：发菌过程中敌敌畏不能喷施，否则出菇后会引起大量的平菇畸形。

（三）发菌后期管理工作

无论是半生料菌袋或发酵料菌袋，还是熟料菌袋，发菌后期管理方法则基本相同，当

菌丝长至料袋 3/4 时，即可进行催蕾管理，菌袋排放仍按原来发菌阶段方式，不要急于墙式码堆。在气温较高季节，过早码堆，料温升高，不能满足出菇条件，菌丝繁殖时间拉长，形成菌皮。菌皮过厚，不但造成培养料养分无效损耗，还会阻碍菌丝由营养生长向生殖生长转化，使出菇时间向后推迟 20~30 天。

气温较高季节催蕾方法是：白天和晚上全部敞开大棚两头及中间两边薄膜，让冷湿空气直接袭击菌袋。每天中午用井水向顶棚薄膜内外、棚内空间、地面喷一次，以减低袋温，人工拉大温差，促使菌蕾形成。通常，当菌丝长满发透，手按菌袋硬挺结实，富有弹性，菌丝表面有淡黄色水珠分泌或出现团粒状的原基时，即菌袋培养已达到生理成熟，等菌袋原基有 70% 出现（即 100 袋料筒有 70 袋现蕾时），即可就地墙式码堆出菇。如因品种选择不对路或天气反常气温高等原因，菌袋形成了很厚的菌皮，甚至菌皮上长了很多刺，生产者也不要慌张，这类料袋坏不了，但会推迟一个月，等温度较低时才出菇。

总之，产生菌皮的料袋总产量和产菇效益都要下降。此时的管理方法是：应立即散放料袋，降低袋温，用线绳扎口的栽培袋要用刀片按"川"形在袋两头菌皮上划三道刀痕，刀缝长 6cm 左右、深 1cm 左右。套圈的栽培袋要揭开报纸，并将套环内老菌块扒去。管理要点为，每天中午喷水一次，按照常规保湿、通风管理，等待现蕾。

六、平菇出菇期间的管理

（一）出菇管理

1. 出菇前袋口处理

凡袋口采用套环报纸封面的熟料菌袋，应将封口纸完全除去。凡采用线绳扎口、微孔刺眼的熟料菌袋要在菌丝发满后现蕾前，依品种不同而分别管理：是浅白色或灰白色菇种的要用筷子粗的铁钉分别在两头打 4 个眼（因以前的刺眼太小，不利于发菇），以利洞眼内形成菇体；是灰色或黑色品种的，要解开扎口线，拉开袋头，再系上出菇套环。凡袋口采用打洞透气发菌的半生料和发酵料菌袋，要依品种情况分别对待：灰白或浅白色品种，可保持原状态，让其在透气孔内自然形成原基，不打开袋口，既可保住料内水分，又因出菇集中、菇根干净，商品价值高。灰色或黑色品种，因好气性强、菇脚粗，在透气孔内菇蕾冒不出来，所以，袋料菌丝一经发好，在现原基前就将袋两头系上出菇套环，不必盖报纸。

2. 码堆

在出菇场所码堆前，地面上铺一层塑料薄膜，防止菇体带泥，有利于洁净管理。以半地下大棚内码堆为例，排袋时要按单行排放菌袋，一层一层的堆码成菌墙，每层 7~9 个菌袋，高放 6~7 个菌袋，袋与袋之间不要紧靠在一起，要相隔 1cm，以透气、散热之用。夏季及早秋出菇还要在每层菌袋之间用 2 根竹竿隔开，以防袋层之间升温烧袋，造成下潮菇迟迟不转潮或细菌性病毒污染，这一点请菇农特别引起注意！为防止菌袋滑脱、菌墙倒塌，要充分利用墙体作依托，在底层靠走道的菌袋旁打安全桩。为了有利于出菇管理，出菇菌袋排放时还应注意，生理成熟接近的菌袋要相对集中堆码，防止菌墙出菇参差不齐。

3. 原基期管理

出菇菌袋排放完毕，首先使菇棚内具备适宜出菇的环境条件。此时，菇场内不宜过暗，不能郁闷，要给予一定的散射光照，保持空气新鲜。日常管理除了对菇场的地面、墙壁、棚顶和空间每天喷雾一次以加强环境湿度外，不必进行通风管理。菌袋两头系上套环的因不盖报纸菌丝会裸露在空气中，所以管理上应保持较大的空气湿度，除刚系上套环时2天内不喷水外，以后每天都要将地面喷湿，还要对套环内菌丝以雾状水喷雾保湿。

当袋口或套环内形成大量原基后，仍以保湿为主，原基体小嫩弱，对水分和风吹比较敏感，这时，管理的重点是：切勿对原基喷水，否则造成大批菇蕾死亡。不需通风换气，具有适当二氧化碳浓度的封闭管理能促进原基的发生，也可依此调节原基的发生密度。通风过早，原基会大批死亡，通风过迟或湿度大，原基成活数目增多。原基成活率过高也不是好事，会给疏蕾管理带来麻烦，一旦原基满足了要求，就必须进入开放式管理，以保证氧气的供应，否则会产生畸形菇。

4. 珊瑚期管理

进入珊瑚期后，应及时揭开棚两边通风口，让空气在日夜24小时内都要形成对流。注意：空气对流量要随珊瑚期到成菇期逐渐加大，如果进入珊瑚期后，仍不通风，或空气不能形成对流，菇体将只长菌柄，不长盖，像金针菇一样。珊瑚期通风应缓慢进行，通风大小主要靠每个通风口的敞开度来调节的。珊瑚期因需氧量还较少，敞开通风口 1/4 即可，若风力太强，气流过快，会造成小菇干枯。湿度管理还是依照每天喷雾一次，如遇干燥天气，出菇部位也可喷雾，一掠而过，这对防止小菇干枯和促进菌盖、菌柄分化非常必要。除抓好通风和湿度管理外，疏蕾管理也是重要的一环。颈圈出菇，因出菇集中不需要疏蕾。半生料或发酵料袋栽，两头因有透气孔，每个洞眼都有可能形成菌蕾，这时，应在每袋两头各选 1~2 苗壮肥嫩的菇蕾，去除其他洞眼菇蕾（小菇蕾仍可在集市上出售），让选留下的菇蕾集中生长，形成大菇、优质菇。如果不进行疏蕾，特别是头潮菇，出菇太多，因互相争夺营养，从而使菇形变小，畸形菇增多，商品价值也大大降低。菌蕾疏选工作一直持续到三潮菇结束。

套环出菇可不进行疏蕾管理，因出菇集中，可自然形成大菇，但有的菇农将套环直径做得过大或日常管理时湿度过大，使套环内原基成活个数明显增多，甚至成堆出现，这时也要进行疏蕾处理，即用刀割去套环下半端菇蕾，让其上半端集中生长，否则，会造成大量长柄菇或喇叭菇。

5. 成型期管理

当幼菇菌盖直径长到 1cm 以上时，菇棚内的喷水次数要响应增加，并可直接向菇盖上喷水，喷布量以湿润菌盖但不积水为标准，灰白或浅白色品种对积水还较适应，无异常反应，但灰黑色品种对积水就敏感，极易产生黄斑。菌盖积水是菇体发病的主要原因，应尽量避免。喷水时间为 10 时和 16 时各 1 次随着菇体的发育长大，对氧气和水分的要求也剧增，喷水量要由小到大，通风口敞开度也应由 1/4 到全部揭开，且要日夜通风。通风和喷水管理要机动灵活，雨天、雾天应加大通风量，少喷水，以利菇体迅速发育；若遇到刮风天气，要多喷水，保持湿度，并适当关闭或减小迎风的通风口，防止菇体失水过快而干枯。另外，喷水后千万不能关闭通风口，防止菇体吸水后缺氧，以至营养输送受到阻碍，造成小菇发黄或成批死亡。特别注意：喷水后立即关闭通风口是造成黄菇、死菇的原因之一，应引起菇农重视！总之，整个出菇阶段，出菇棚内应有良好的湿度环境，要保持空气新鲜，以防子实体发生病害。气温较高季节，由于袋层之间要用竹竿隔开，这样菇的长势快、大，有利于下潮菇快速发生。当头潮菇长至7~8分成熟时，便可采收，一般头潮菇生长迅速，菇体幼嫩肥大，产量高，品质好。灰白或浅白色菇头潮菇转化率可达50%左右，灰黑色的菇可达80%左右。

6. 采收

平菇成熟的标准是菌盖边缘由内卷转向平展，此时，菇单丛重量达到最大值，生理成熟也最高，虽其蛋白质含量略低于初熟期，但菌盖边缘韧性较好，菌盖破损率不高，菌肉厚、大、肥厚，商品外观较理想，售价也高。平菇成熟后，要及时采收。采收过迟，菇体老熟，会大量散孢子，不仅消耗料袋营养，而且孢子散落到其他小菇上，也会造成其他小菇未老先衰。采收时，袋栽洞眼出菇的，用手按住菇丛基部，轻轻旋扭即可，采下来的菇柄短或无柄，大小适中，市场畅销。若是袋栽套环出菇的，采下的菇因带有基料还要用利刀削去菇根。套环出的菇比洞眼出的菇柄要稍长，属正常。采收后，应将袋口残留菇根、死根等清除干净，接着进入转潮期管理。

（二）通风与保湿管理

1. 通风

平菇是好气性菌类，子实体生长发育要不断从环境中吸收氧气。如果菇棚内空气中二氧化碳含量过高时，菌柄发育快，菌盖发育慢，因此会形成柄粗长、菌盖小的长柄菇。但通风要和保湿、保温相结合，实践中常出现通风影响温度和湿度的现象。因此，在春、夏、秋季要保持每天日夜24小时空气对流。气温高于20℃，要把大棚两边薄膜全部支起，以加大空气对流。在冬季只要气温在5℃以上，都要使空气缓慢对流，除非气温处于4℃以下或结冰天气应停止对流，白天气温如回升到5℃以上后，仍要在中午进行通风换气。实践证明，只要保持棚内空气新鲜，菇盖上不常积水，黄菇病等细菌性病毒就很难滋生。

2. 保湿

平菇子实体生长发育阶段，菇棚内空气湿度低于70%时，菌盖表面粗糙，易产生龟裂，长时间干燥还会消耗袋内水分。但喷水过多，湿度在95%以上，由于缺氧，极易造成子实体发病或腐烂。因此菇棚内在子实体发育生长期间，要保持85%~95%的空气湿度。调整空气湿度的办法是：湿度低时，采取向地面喷水或对袋两头喷雾来调节；湿度高时，采用加大通风量调节。对平菇子实体喷雾状水很重要，因为可以避免菇体表面积水现象，应加以提倡。但是，现阶段有的菇农随着平菇种植面积加大，已粗放到用潜水泵或自来水龙头引出水源，通过小塑料水管，直接喷浇棚内菇袋及菇体。这种粗放管理极易造成菇体积水。笔者建议，一定要在塑料水管口接一个喷雾头，使用雾状水，否则，将会给黄菇病的发生埋下后患！大面积栽培时，为省工省力及高效管理，可用水幕喷带进行雾状水喷雾，效果极佳。使用时，首先将喷水带安装到菇棚铺设好，将喷水带一头连接潜水泵出水口处（也可安装在自来水龙头上），另一头顺着大棚中央人行道延伸，或吊扣在棚顶，凡有喷水带经过的地方，都能形成雾状水幕。

用喷水带喷雾有下列好处。

（1）节水。使用时，只要打开水泵开关，几分钟时间水雾就会均匀弥漫整个菇棚。

使空气相对湿度迅速达到85%~95%，用水量为原喷水量的1/5。

（2）省工省力省时间。不需要操作者在大棚内来回走动，几分种就喷一遍水，非常方便。

（3）防病。因为是雾状水喷湿菇体，菌盖表面不会积水，能有效防治病害的发生。如需药物防病，可在进水口的水中加入药物，再通过喷水带，可对菇棚内全方位消毒灭菌。在采菇前喷雾几分钟，还使空气中孢子随雾滴沉积地面，能够有效防止孢子过敏症。

（4）省钱省事。100m长的喷水带投资不过150元。可以用5年左右，一次性投资，长期受益。

（5）降温。在夏末高温发菌阶段，为防烧袋，可将喷水带平铺在棚外顶部，作为辅助降温措施。如中午气温最高时使用，可降低棚内温度6~9℃。

（三）子实体采收后管理

1. 头潮后管理

第一潮菇收完后，让菌袋停水吹晾4~5天，然后再用大水循环喷湿菌袋进行补湿，以后每天喷清水1~2次，并正常进行通风换气，使袋口料面保持半干湿状态。在温、湿度适宜条件下，再经7~10天管理，第二潮菇便会陆续发生。如遇天气反常、温度偏高的情况下，转潮速度将会明显减慢。以江苏地区为例，当9月中旬时连续5天30℃高温，使正在出菇的菌袋停止出菇，并使菌丝旺长，形成一层很厚的菌皮，结果转潮期长达35天。但当10月中旬平均温度在20℃以上时，转潮时间达25天。

2. 第二潮管理与第一次补水技术

第2潮菇管理与头潮菇管理基本相同。由于头潮菇消耗了袋中水分和营养，菌棒已开始紧缩，菌棒与筒膜分离，形成了较小的空隙。第2潮菇产量只有头潮菇的2/3，但菇形较好。二潮菇后，因料内水分和营养的不断消耗，如再让其出菇，不但转潮慢，且出菇稀、小，因此，此时应对菌袋进行补水加肥。有人说，在头潮菇后，即应给菌袋补水，笔者认为，头潮菇后补水，因气温还较高，加之菌丝结合力还不够牢固，此时还不宜补水，以防止菌袋因补肥而引起杂菌感染。

（1）补水技术。补水工具是由潜水泵（750W左右）、大塑料管、五通、小塑料管、龙头开关、补水针组成。这些专用工具食用菌专业门市均有出售。使用方法：以上工具准备好后，将大塑料管连接水泵出水口，另一头连接五通的入水口，五通的另外一头连接上5根补水针，水泵沉入营养液水中，开动电机，将补水针插入栽培袋的一头，即可喷出大量营养液水，一般以栽培袋的另外一头有水渗出为宜，时间3~4秒钟。

注意，补水时间不要太长，否则，水流柱在袋内形成饱和后，会穿透菌棒表层，流入菌棒外，大量滞留在筒袋底部，少量滞留积水属正常，最终还是被菌棒吸收。如补水太多，袋底滞留太多的积水，菌丝吸水越多，菌丝会加速自溶、腐烂。一个菌棒补水完毕后即关闭龙头开关，拔出补水针插入另一袋，然后再打开龙头开关。这样，按照菌棒排列顺序，依次补完。每个人可控制两根补水针，两个人同时操作，每小时可补1 000袋左右。

（2）第一次补水及营养液配方，以4 000棒为例。

①平菇专用肥6袋，复合肥30kg，三十烷醇转潮王6包，克霉灵1 000g，多菌灵1 000g，石灰10kg，氯氰菊酯500~800mL，大丰激素20瓶，水2 000kg。

②黄豆 4kg（事先打咸豆浆），复合肥 4kg，大丰激素 10 瓶，克霉灵 500g，石灰 5kg，水 1 000kg。注：复合肥可事先成粉状加入水中，补水激素有 2~3 种即可，加入太多，营养重复，碳氮比失调会招致大量杂菌和病毒，另补水以每袋（袋装 1.25kg 干料为例）补水 0.5kg 为宜，补水太多也易污染，当然还要看菌袋失水情况，失水少的少补，失水多的多补。注意：第二潮菇采收后，不要立即补水，因为菌丝体要有一定休养恢复过程，要待清潮后 4~5 天补水最佳。

3. 第三潮与第四潮管理

第 3 潮菇因菌袋补水补肥后营养充足，加上气温偏低，菇体长速慢，产量仍和头潮菇一样，如浅白色品种，丛大，肥厚，甚至超过头潮菇。第三潮采收后，暂不需往袋内补水，仍按常规转潮管理，先让菌袋充分休息 5~6 天，然后连续喷水 2~3 天，以后轻水保湿，拉大温差，促进第四潮菇生长。因每补一次水，就会长出一潮猛菇，但菌丝每经一次补水后都会受伤、衰弱一次，因此第三潮后不需补水，应让其出第四潮菇。如遇到下列情况，第三潮后即应给菌袋补水，①没有足够时间让菌袋出 5~6 潮菇，短周期内要结束出菇。②遇到菇价较高时，尽量使菌袋多出菇。

4. 第二次补水及第五潮管理

第四潮菇采收后，为使菌丝尽快恢复营养生长，加速分解和积累养分，奠定继续长菇的基础，就必须进行第二次补水补肥。补水方法和第一次补水相同，补水配方与第一次也相同。第五潮菇产生时，如进入冬季产菇管理，应注意以下两个主要因素，第一，要抓好菇棚内保温措施，这是低温是否能正常产菇的关键。北方地区冬季最低气温为 0℃ 以下，如果保温措施不好，子实体就会遭受冻害，停止生长；如菇棚内长时间在 5℃ 以下，会出现菇盖边缘生白毛或起疙瘩现象，甚至出现畸形菇。第二，抓好菇棚增温工作。增温是提高冬季平菇产量，加速子实体发育的重要措施。冬季气温在 8℃ 左右时，大棚上的覆盖物不但要加厚，还要在覆盖物上加盖一层塑料薄膜，即双层薄膜覆盖，以充分利用日光增温。据观察，保温好的大棚，采用日光增温后，白天棚内最高温度可达 10~15℃，比室外高 5~8℃，完全能达到广温型品种对出菇温度的要求。在增温的同时，通气和湿度的管理也要跟上。冬季菇体生长慢，需氧量低，通风口敞开度宜小不宜大，有微弱的空气对流即可，通风要求，要结合菇体大小灵活掌握。实践证明，冬季平菇发育虽较慢，但若换气达不到要求，极易产生盖小、柄长的畸形菇。冬季给菇体喷水时，应选择下午温度较高时进行。

5. 第六、第七潮出菇管理与第三次补水

第六、第七潮菇管理的方法与第五潮相同，因水分和营养不断消耗，菌袋逐渐收缩变形，此时，菇潮已逐渐尾声。第三次补水也是最后一次，此时料袋吸水性能已明显变差，补水量和所加营养也要减小一些。一个菌棒大概只能补水几两而已。如秋季投料，第七潮菇的发生一般为春季 3—5 月，此时春回大地，气温升高，菇棚内应加大通风量，通风口应全部揭开，双层薄膜覆盖也改为单层覆盖，以降低棚内温度。管理要点：每天喷水 2~3 次，以保持适湿环境。加之袋内营养已耗尽，菌丝衰退，并逐渐腐败，整个产菇期就全部结束了。

七、平菇不出菇的原因及预防

栽培平菇经常出现栽培后不出菇或不正常出菇等现象，致使生产失败，降低了生产效益，平菇不出菇或不正常出菇的原因及解决的办法。

1. 菌种不孕

平菇的子实体是由双核菌丝体形成的。生产中使用的菌种若是未曾配对的单核孢子或其生长的菌丝，就会造成不出菇或产量较低。所以在生产前要做好菌种出菇试验，避免不正常出菇，造成经济损失。

2. 菌种混杂不出菇

菌种不纯，掺杂其他菇种或不同温型菌种混为一体，互相抑制与栽培环境不适应难以出菇。在生产中一定要使用优良菌种，保证菌种纯度，防止菌种混杂不出菇影响栽培效益。

3. 栽培季节与品种温型不适应

平菇品种有高、中、低温型和广温型之分。中、低温型的品种，在春季气温回升到25℃以上时，不能再分化子实体。在低温季节种植高温品种也会推迟出菇。平菇生产中要慎重选择品种温型，在栽培前进行品种出菇温度试验。

4. 栽培料的配方不当

平菇是通过菌丝分解栽培料来获得营养物质。在栽培料中要用适宜的碳氮比。菌丝生长阶段 C/N 以 20:1 为宜，子实体发育阶段 C/N 以 40:1 为宜。当氮源浓度过高，C/N值偏小时，就会影响正常出菇。当栽培料中的含水量低于 40% 时，也会造成不出菇或转潮后不正常出菇的现象。生产中要合理配制栽培料，为平菇生长创造适宜的营养条件。

5. 光照、通气不良，发菌不好，难出菇或不正常出菇

平菇菌丝生长不需要光照，而在原基分化时需要一定量的散射光。菌丝生长阶段能耐较低的氧气压，可以在半嫌气条件下生长。而子实体发育阶段，对氧气的需要量急剧增加，应在通风良好的条件下培育，空气中的二氧化碳含量不应高于 0.5%，缺氧时不能形成子实体，即使形成，有时在菌盖上产生许多瘤状突起。所以，生产中在原基分化时期给予一定的散射光，并且适当通风增加氧气量。如果栽培料面菌丝长成老菌皮，长时间不出菇，说明料面板结，应尽早用小铁耙等在料面菌皮上进行浅层抓挠，深度不要超过0.5cm，这样可以促进菌丝尽快扭结、出菇。

6. 温差刺激不当不出菇

平菇菌蕾的形成需要 8~10℃ 的温差刺激。在生产中由于环境温度不适应，昼夜温差太小或太大，都会致使难以现蕾。推迟出菇或不出菇。生产中要控制温差，刺激出菇。

7. 病虫害的影响造成的不出菇

在菌丝生长期，杂菌污染栽培料后，因平菇菌丝生活力强，可将杂菌覆盖，但杂菌并没有除去，它和菌丝争夺养分，并分泌有害物质，抑制平菇菌丝正常生长，影响子实体的分化。害虫侵入栽培料后，咬食菌丝，菌丝断裂失水死亡，使菌丝正常生理代谢和物质转换受到破坏，造成不出菇。在使用杀菌剂、杀虫剂（如多菌灵、敌敌畏等）时，当使用浓度过高或过量时也会影响子实体的分化。生产中在发菌期要经常进行观察，及时处理被

杂菌污染的栽培料。在使用农药时一定要注意使用浓度、方法和使用时期。

平菇生产只要根据栽培季节、市场需求，选择适宜的品种，合理配制栽培料，按各阶段对环境条件的要求进行精心管理，避免造成不出菇或不正常出菇因素的发生，就会获得高产、稳产，增加生产效益。

八、平菇生理病害与防治

1. 高腿状

平菇原基发生后，子实体分化不正常，菌柄分枝开叉，不形成菌盖，偶有分化的菌盖极小，且菌盖上往往再长出菌柄，菌柄又继续分枝开叉，其外观群体松散，形同高腿状或喇叭状。发生原因：平菇形成原基向珊瑚期转化时，菇棚没有及时转入开放式通气供氧管理，所处环境通风不良，二氧化碳浓度偏高，光照强度偏弱，子实体不能进入正常分化，各组成部分生长比例失调。因此，只长菌柄，不长菌盖，形成长柄菇、喇叭菇或高腿菇。

2. 水肿状

染病菇体形态不正常或盖小柄粗，且菇体含水量高，组织软泡肿胀，色泽泛黄，病菇触之即倒，握之滴水，感病重的菇体往往停止生长，甚至死亡。发生原因主要是，长菇阶段用水过频过重，致使菇体上附有大量游离水，吸水后又不能蒸发，导致生理代谢功能减弱，造成水肿状平菇。一旦发现病菇，就要及时摘除，同时加强通风，调节好菇棚内湿度，防止病害加重而引起细菌性病毒感染。

3. 萎缩状

菇体分化发育后，尚未充分长大成熟便卷边停止生长或死亡，病菇有的干瘪开裂，有的皱缩枯萎，色泽多呈黄褐色。主要原因是气温太高，所种品种不适应在此温度下出菇；菌袋含水量低，失水严重，养分运输不畅，菇体所需水分供给不足；通风过甚，菇体水分散失过快。

4. 花菜状

平菇原基发生后，完全失去平菇子实体的正常形态，而呈不规则的团块组织，外观与家常食用的球形花菜相似。将这些花菜状平菇采摘后，第2潮出的菇仍不成形，如朵小、长不大就卷边，且菌盖发脆。主要原因是：原基发生前后，或丝发菌过程中，菇场内或菌袋上喷洒了平菇极为敏感的敌敌畏、速灭杀丁、除虫菊酯等杀虫农药，或产菇环境空气中含有浓度较高的敏感农药味。菌丝受到药害后，从头潮至尾潮都受到影响，目前还没有彻底解救措施。

5. 盐霜状

子实体产生后不分化，菌盖表面像有一层盐霜。主要是由于气温过低造成的。黑色品种一般气温在5℃以下就会出现此类现象。防治措施是注意棚内的保温工作，或选用出菇耐低温的平菇品种。

6. 波浪形

子实体长大后，菌盖边缘参差不齐，大多成波浪形。此种现象，主要出现在白色品种上，主要原因：①采收过迟，子实体老化；②气温处于5℃以下，是子实体受冻害后的正常反应。主要防治方法是适时采收和加强保温工作。

复习题

1. 平菇对环境条件的要求。
2. 平菇出菇期间的管理。
3. 平菇采收后的管理。
4. 平菇不出菇的原因及预防。
5. 平菇生理病害与防治。

第二章 双孢菇栽培技术

第一节 双孢菇的基本知识

一、双孢菇的营养和药用价值

双孢菇又称白蘑菇、洋蘑菇，是目前唯一全球性栽培的食用菌。它味道鲜美，质地脆嫩，属高蛋白、低脂肪的营养食品，并且所含的蛋白质大部分是粗蛋白，其含量高过一般的蔬菜和水果，居食用菌之首，故有"植物肉"的美称。双孢菇的菌肉肥嫩，并含有较多的甘露糖、海藻糖及各种氨基酸类物质，所以味道鲜美，营养丰富。

双孢菇具有较高的营养价值和药用效果。鲜菇蛋白质含量为35%～38%，营养价值是蔬菜和水果的4～12倍，享有"保健食品"和"素中之王"美称。深受国内市场，尤其是国际市场的青睐。双孢菇具有一定药用价值，对病毒性疾病有一定免疫作用，所含的蘑菇多糖和异蛋白具有一定的抗癌活性，可抑制肿瘤的发生；所含的酪氨酸酶能溶解一定的胆固醇，对降低血压有一定作用；所含的胰蛋白酶、麦芽糖酶等均有助于食物的消化。中医认为双孢菇味甘性平有提神消化、降血压的作用。双孢菇含有人体必需的6种氨基酸，还含有丰富的维生素 B_1，维生素 B_2，维生素 PP，核苷酸，烟酸，抗坏血酸和维生素 D 等，不仅具有丰富的营养价值，而且具有较高的药用价值。经常食用双孢菇，可以防止坏血病，预防肺癌，促进伤口愈合和解除铅、砷、汞等的中毒，兼有补脾、润肺、理气、化痰之功效，能防止恶性贫血，改善神经功能，降低血脂。双孢菇中所含多糖类物质具有抗癌作用，用双孢菇罐藏加工预煮液制成的药物对医治迁延性肝炎，慢性肝炎，肝大，早期肝硬化均有显著疗效。因此，双孢菇不仅是一种味道鲜美、营养齐全的菇类蔬菜，而且是具有保健作用的健康食品。

二、双孢菇栽培历史

双孢蘑菇营养丰富、味道鲜美、色泽白嫩，被誉为"健康食品"而风靡世界，消费逐年递增。双孢蘑菇栽培起源于法国，至今已有300年的历史。据报道，16世纪的1550年，法国已有人将蘑菇栽培在菜园里未经发酵的非新鲜马粪上，1651年法国人用清水漂洗蘑菇成熟的子实体，然后洒在甜瓜地的驴、骡粪上，使它出菇。1707年，被称为花言巧语栽培之父的植物学家 D. 托尼弗特用长有白色霉状物的马粪团在半发酵的马粪堆上栽种，覆土后终于长出了蘑菇。1754年，瑞典人兰德伯格进行了蘑菇的周年温室栽培。

1780 年，法国人开始利用天然菌株进行山洞或废弃坑道栽培。1865 年，人工栽培技术经英国传入美国，首次进行了小规模蘑菇栽培，到了 1870 年就已发展成为蘑菇工业。1910年，标准式蘑菇床式菇房在美国建成。菌丝生长和出菇管理均在同一菇房内进行，称为单区栽培系统，适合手工操作。国内目前多采用这一栽培系统。1934 年，美国人兰伯特研究把蘑菇培养料堆制分为 2 个阶段，即前发酵和后发酵，极大地提高了培养料的堆制效率和质量。目前，国外许多菇场采用箱式多区栽培系统，将前、后发酵、菌丝培养、出菇阶段等分别置于各自最适的温、湿度室内，不仅温、湿度可以控制，并配有送料、播种、覆土装置，年栽培次数一般可达 6 次。美国 Syivan 公司在佛罗里达州的菇场年栽培达 10 次，年产鲜菇 1.2 万 t，极大地提高了工效与菇房设施的利用率。此外，爱尔兰等国家还发展了塑料菇房袋式栽培等模式。国际蘑菇栽培出现了农村副业栽培、农场式生产和工业化生产并存的局面。在发达国家工业化生产已逐渐成为主导模式，我国目前仍以农村生产为主。

三、双孢菇生物学特性

（一）形态特征

通常所说的蘑菇是几种蘑菇属（*Agaricus*）食用菌的总称，包括双孢蘑菇（*Agaricus bisporus*）、大肥菇（*Agaricus bitorquis*）、蘑菇（*Agaricus campestris*）等数种。目前世界上普遍栽培的蘑菇系指双孢蘑菇，在分类上属于担子菌纲、伞菌目、黑伞科、蘑菇属。根据子实体色泽不同，双孢蘑菇又分为 3 个品系：法国品系，如白蘑菇；英国品系，如棕蘑菇；哥伦比亚品系，如奶油蘑菇。我国多栽培白蘑菇。

1. 菌丝体

双孢菇菌丝体灰白色至白色，细长有横隔膜，无锁状联合，线状菌丝多而发达。根据菌丝体的培养特征把双孢菇品种分为 3 种类型，即气生型、贴生型、半气生型。贴生型菌株菌丝主要贴伏在培养基表面生长，抗杂抗逆性较强，菇体商品性状稍差；气生型菌株菌丝向空中生长，菇体商品形状好，抗杂抗逆性稍差；半气生型菌株介于二者之间。

2. 子实体

就是我们通常说的蘑菇，是人们食用的主要部分，由菌盖、菌柄、菌褶和菌环四部分组成。菌盖初呈扁半环形，成熟后展开呈伞状，表面光滑，白色至淡黄色。菌肉白色，肥厚，受伤处变为淡红色。菌柄着生在菌盖中央，中生，白色，圆柱状，中心为疏松的髓部。菌柄表面光滑，肉质丰满，成熟后呈纤维化，基部稍膨大。菌环白色、膜质。菌褶最初粉红色，开伞后呈暗褐色，离生。子实层着生在菌褶两面，80% 左右的担子顶端着生两个孢子。孢子褐色，椭圆形，一端稍尖，长 6.0~8.5μm。

（二）双孢菇的生活史

蘑菇属于同宗结合的真菌。成熟的担孢子在适宜的条件下萌发，长出单核的菌丝，又叫初生菌丝。初生菌丝通过同宗结合后便形成具有双核的次生菌丝体。次生菌丝体能分化产生子实体，子实体成熟后，又产生担孢子。这就是蘑菇的生活史。双孢蘑菇则是一种次级同宗结合的食用菌。每个担子上产生两个担孢子，这两个担孢子都是异核，减数分裂后，每两个核进入一个担孢子，担孢子萌发时形成一个双核的能产生子实体的菌丝体。

（三）生长发育条件

影响双孢菇生长发育的因素主要有营养、温度、湿度、空气、光线、酸碱度和土壤等。在不同的生长阶段，双孢菇对环境条件的要求不完全相同，因此在生产上只有创造和满足双孢菇对各生长条件的要求，协调好它们之间的关系，才能获得高产、稳产。

1. 营养条件

（1）碳源。双孢菇是一种草腐菌，主要利用秸秆类物质作为碳源。凡是含有木质素、纤维素、半纤维素的无霉变的禾草及禾壳类物质均可作双孢菇的碳源。但双孢菇对纤维素、半纤维素、木质素这类大分子物质直接利用能力很差。这些物质必须经过堆积发酵。通过发酵过程中的中高温微生物降解之后才能被很好利用。因此，双孢菇不适宜生料栽培，也不适宜熟料栽培，必须利用发酵料栽培。

（2）氮源。双孢菇可以利用的氮源以有机氮为主，尤其适宜利用畜禽粪；它不能直接利用蛋白质，但能很好地利用其水解产物——氨基酸、蛋白胨；对硝酸盐利用不好；对硫酸铵可以利用，但施用量不能过多，否则培养料容易变酸，影响菌丝生长；尿素培养料的发酵有很好的促进作用，但施用量不宜超过0.5%，否则氨气产生过多，影响菌丝生长；各类饼肥都是双孢菇很好的氮源。

双孢菇生长发育最适宜的碳氮比量为（17~18）：10，为使培养料堆制发酵后碳氮比达到（17~18）：1；在配制双孢菇培养料时，原料的碳氮比应掌握在（30~33）：1。对培养料粪肥及尿素的添加要严格按照这个要求进行。

（3）矿物质元素。矿物质元素是双孢菇生长发育需要的重要营养物质。生产上常用1%~3%的过磷酸钙、石膏、碳酸钙、石灰作为钙肥和磷肥。双孢菇培养料是以秸秆类物质为基本原料，其中有丰富的钾，因此，不必另添加。双孢菇生长发育适宜的氮、磷、钾的比例为4：1.2：3。

2. 环境条件

（1）温度。温度是蘑菇生长发育过程中最主要的生活条件，温度的高低，直接影响菌丝的生长速度和子实体的数量及质量。蘑菇菌丝在4~32℃这个范围内都能生长，最适温度为23~25℃，这样的温度菌丝生长适中、浓密、健壮有力。温度在25℃以上时，菌丝生长虽快，但较稀疏，易衰老。温度超过28℃，菌丝生长速度反而下降。当温度超过32℃时，菌丝生长明显缓慢甚至停止生长。这种现象在夏季制作蘑菇纯菌种时，可发现菌种瓶（袋）中的菌丝发黄和分泌出黄色水滴。温度低于15℃，菌丝生长缓慢。

蘑菇子实体分化要求的温度比菌丝生长阶段低，从5~22℃范围内都能产菇，但最适温度为14~17℃。在这样的温度内，子实体生长适中，菌柄粗壮，菇盖厚实，菇质好而且产量高。高于18℃，子实体生长快，数量多，密度大，朵形小，产生高脚薄皮菇，品质差。温度升到20℃以上，子实体的生长就要受到抑制。室温连续几天在22℃以上，会引起死菇。在温度较低的条件下（12~15℃），子实体朵型较大，菇柄短，菇盖厚，菇肉组织致密，品级较优，但个数少，产量低。室温在5℃以下，子实体停止生长。

子实体成熟后，在14~27℃温度内部能散发孢子，18~20℃最适于孢子的释放。低于14℃或高于27℃，子实体不散发孢子。孢子萌发的最适温度为23~25℃，一般7~15天萌发。

（2）水分和湿度。蘑菇子实体的含水量在 90% 左右，菌丝也有很高的水分，因此，在栽培过程中，菇房的湿度和培养料的含水量，对蘑菇菌丝的生长和子实体的发生、发育都有极密切的关系。适宜菌丝生长的培养料含水量为 60%~65%，过湿透气性差，发菌稀疏无力；过干则停止生长。菌丝生长期间，栽培房内的相对湿度应控制在 70% 左右，超过 75%，遇到高温极易发生杂菌。低于 50%，培养料水分蒸发过多，会造成培养料失水偏干，也不利菌丝生长。出菇期间，栽培房的相对湿度应控制在 80%~90% 为宜，相对湿度超过 95%，子实体易出现烂菇、染菌现象，低于 70%，子实体生长缓慢，菌盖外皮变硬，甚至发生龟裂，低于 50%，停止出菇。对覆土的要求，粗土含水量 16%，细土含水量 18% 左右，出菇期间覆土层的湿度应保持在 18%~20%。

（3）空气。蘑菇是好气性真菌，在整个生命活动过程中，不断吸收氧气，放出二氧化碳。由于培养料的继续分解也放出 CO_2，所以在蘑菇生长环境中，由于 CO_2 的积累，往往引起氧气的缺乏，影响生长发育，因此，菇房应经常通风换气，以供其呼吸等生理需要，而菇房的通气强度，应根据不同的生长发育阶段而定。发菌期间，可将 CO_2 控制在 0.2% 以下，低浓度的 CO_2 对菌丝生长有促进作用。子实体形成和生长期，需要的氧气较多，对 CO_2 敏感。应控制在 0.06%~0.2%。如果菇房积累了太多的 CO_2，对菌丝和子实体都有毒害作用，菇房内 CO_2 含量在 0.2%~0.4% 时，菇盖变小，菇柄细长，小菇很容易开伞。当菇房中 CO_2 含量 0.4%~0.6% 时，则不能形成子实体。

（4）光线。双孢菇是能在黑暗条件下完成正常生活史的少数食用菌之一，即在菌丝体和子实体的生长发育中，都可以不需光线。在黑暗条件下能正常形成子实体，且菇体颜色洁白、菇肉肥厚细嫩、朵形圆整、品质优良；在有直射光的环境中，菌盖表面硬化、发黄，菌柄弯曲，菌盖歪斜。因此，双孢菇最忌直射光线，生产上要避免直射光进入菇房。

（5）酸碱度。蘑菇菌丝在 pH 值 5~8.5 均能生长，以 6.8~7.0 最为适宜。由于灭菌过程中 pH 值下降，菌丝在生长过程中会不断产生酸物质，使培养料酸性增加，这样对蘑菇生长不利，却有利于某些霉菌的发生和生长，因此，生产中培养料的 pH 值应适当调高，控制在 7~7.5，覆土的 pH 值应调至 7~8。如果培养料偏酸，可用石灰乳喷洒调节，亦可在配制培养基时添加 0.2% 的磷酸二氢钾或少许碳酸钙起缓冲作用。

第二节 双孢菇常见品种

双孢菇人工栽培已有 300 多年的历史，从原始的自然采种，经历了纯种培养、组织分离、孢子分离、杂交育种等阶段，曾经为双孢菇商业性栽培提供了许多重要的品种。

（一）按子实体色泽分

按子实体色泽分可分为白色、棕色和奶油色 3 种类型。白色双孢菇的子实体圆整，色泽纯白美观，肉质脆嫩，适宜于鲜食或加工罐头。但管理不善，易出现菌柄中空现象。子实体含有酪氨酸，在采收或运输中常因受损伤而变色。奶油色双孢菇的菌盖发达，菇体呈奶油色。出菇集中，产量高，但菌盖不圆整，菌肉薄，品质较差。棕色双孢菇具有柄粗肉厚、菇香味浓、生长旺盛、抗性强、产量高、栽培粗放的优点。但菇体呈棕色，菌盖有棕色鳞片，颜色欠佳，菇体质地粗硬，商品性状差，如引自美国加州的大棕菇。白色双孢菇形美、色好、质佳，颇受消费市场欢迎，在世界各地广泛栽培。奶油色及棕色双孢菇因质地和色泽较差，不适于加工制罐，一般以鲜菇供应市场，栽培规模受到很大限制。

（二）按菌丝形态分

1. 贴生型菌株

特点是：在 PDA 培养基上，菌丝生长稀疏，灰白色，紧贴培养基表面呈扇形放射状生长，菌丝尖端稍有气生性，易聚集成线束状。基内菌丝较多而深。从播种到出菇一般需 35~40 天。子实体菌盖顶部扁平，略有下凹。肥水不足时，下凹较明显，有鳞片，风味较淡。耐肥、耐温、耐水性及抗病力较强，出菇整齐，转潮快，单产较高。但畸形菇多，易开伞，菇质欠佳，加工后风味淡，适宜于盐渍加工和鲜售。如 176、111、101-1 等都是国内大面积栽培的高产稳产菌株。生产要点是：料厚水足是丰产的关键。堆制培养料时，可适当增加粪肥、饼肥、尿素等氮肥的含量，培养料 C/N 约为 27：1，含水量保持在 65% 左右。铺料厚度不低于 20cm，覆土层应偏厚。出菇期间，菇房空气湿度不低于 90%。因出菇密集，转潮快，要早喷出菇水和转潮水，并及时采收。

2. 气生型菌株

特点是：菌丝初期洁白，浓密粗壮，生长旺盛，爬壁力强。菌丝易徒长形成菌被，基内菌丝少。从播种到出菇需 40~50 天。该菌株耐肥、耐温、耐水性及抗病力较贴生型差，出菇较迟而稀，转潮较慢，单产较低。但菇质优良，菇味浓香，商品性状好，适宜于制罐或鲜销。如闽 1 号、102-1 等是国内广泛推广使用的气生型菌株。生产要点是：在制备母种培养基时，为保持略干硬的质地，琼脂用量要比贴生型菌株增加 1g/1 000mL。因该菌株易产生徒长、早衰和吐黄水现象，应严格控制原种和栽培种的菌龄，以刚长满瓶底为宜。气生型菌株对环境条件的要求不如贴生型菌株粗放，在栽培上要掌握培养料养分偏少、腐熟度偏大、含水量偏低的原则；在管理上要掌握生长温度偏低、喷水偏轻、通风要足的原则。因基内菌丝少，培养料建堆时应少加化学氮肥，多加有机肥，调 C/N 为（30~33）：1。发酵料含水量控制在 55% 左右。播种期一般比贴生型菌株推迟 5 天左右。覆土材料的透气性要强，由 1 次性覆土改为 2~3 次性覆土。出菇期间，菌床喷水宜采用勤而轻喷法，不宜用间歇重喷法。空气湿度保持在 85%~90%。室温保持在 17℃ 以下为宜。

3. 半气生型菌株

是通过人工诱变、单孢分离或杂交育种等方法选育出的介于贴生型和气生型之间的类型。菌株特点是：菌丝在 PDA 培养基上呈半贴生、半气生状态，线束状菌丝比贴生型少，比气生型多，基内菌丝较粗壮。该菌株兼有贴生型和气生型两者的优点，既有耐肥、耐水、耐温、抗逆性强、产量高的特性，又有菇体组织细密、色泽白、无鳞片、菇形圆整、整菇率高的品质。如 As2796、As3003、浙农 1 号、苏锡 1 号、101-1、As1671（闽 2 号）等都是我国栽培最广的半气生型菌株。生产要点是：调节培养料 C/N 比为（27~30）：1，含水量 65%~68%。铺料厚度约 20cm。覆土层厚度 2.5~3cm。发菌期间通气性要好，以防菌丝徒长形成菌被。出菇期间喷水要足，结菇水要早喷（菌丝距表土 0.5~1cm 时），重喷，使土层尽快达到最大持水量。正常水分管理时不少于贴生型菌株。在 20℃ 左右通常不死菇，但在薄料栽培、肥水不足时易形成薄皮菇、空心菇等次级品。

（三）按子实体生长最适温度分

按子实体生长最适温度分可分为中低温型（如 As2796、U3、176 等）、中高温型（如上海 102、9506 等）及高温型（如夏菇 93、新登 96 等）3 种。大部分双孢菇菌株属于中低温型，最佳菇温是 13~18℃，产菇期多在 10 月至次年 4 月。夏季因不能抵抗高温而停止生产。高温型菌株的适宜菇温是 26~32℃，适于 5 月底至 6 月初播种，7 月中旬至 9 月底出菇。高温型菌株是进行反季节栽培，消除市场淡季，提高生产效益的理想选择。

（四）按子实体大小分

按子实体大小分可分为大粒型、中粒型、小粒型 3 种。多数菌株属于大粒型或中粒型。小粒型品种菇肉结实、鲜嫩、品质优良，适于整菇制罐（如 F56、F62、9506 等）。

第三节　双孢菇菌种生产技术

一、双孢菇母种生产

1. 培养基的配方

马铃薯 200g、葡萄糖 20g、琼脂 20g、水 1 000mL。

2. 培养基的制作

选择质量较好的马铃薯将皮去掉，并挖去芽眼，将青绿色的部分挖掉，然后用天平称取 100g，冲洗干净切成 1~2mm 的薄片，然后把切好片的马铃薯放入锅中，加入 600mL 的清水，进行加热，沸腾后要小火保持 30 分钟，然后用纱布进行过滤。取马铃薯汁 500mL，将过滤好的马铃薯汁倒入锅中继续加热，这时候称取 10g 琼脂，把琼脂放入水中软化 15 分钟后把琼脂放入装有马铃薯汁的锅中，琼脂放入锅中要不停的搅拌，等琼脂完全融化时称取 10g 葡萄糖放入锅中，沸腾之后把煮好的溶液放入容器内然后就可以装试管了。

3. 分装

制备的母种培养基要趁热尽快分装试管，把玻璃漏斗安放在滴定架上，通过乳胶管进行分装即可。使每支分装试管的装量相当于试管长度的 1/4 左右。分装好后还要进行封口，可以用未经脱脂的原棉，塞入的松紧度以用手抓棉塞不脱落为标准，棉塞塞入试管中的部分为 2cm 左右，外露部分占棉塞总长的 1/3 左右。

4. 灭菌

灭菌时高压锅的压力到达 0.05MPa 时放气一次使压力表回归到 0 时使压力锅再次升压，这次压力上升到 0.1MPa 并维持 30 分钟，在这样的压力下，高压锅的温度一般在 120℃左右，加热停止后等温度自然降至常温再打开高压锅，将试管取出。灭菌后的试管倾斜度保持在 20°，以培养基占试管的 2/3 为标准大约半小时以后，由于琼脂的凝固作用，试管中的培养基就凝固了。

5 母种接种

用接种针将母种切成一个小方块，每块的面积大约为 0.5cm^2，并取一块迅速放入被接种的试管斜面的中前部，然后，再烤一下棉塞，并迅速塞上棉塞，接下来，按照同样的方法连续操作就可以了，一般情况下，每支母种可以扩接试管 30~40 支。

6. 母种培养

将接好种的试管放入恒温培养箱中进行母种的培养，温度应该控制在 24~26℃，一般情况下，培养一个星期后就可以萌发菌丝了，可以用它来进行。

二、双孢菇原种生产

1. 培养基的配方

玉米粒或小麦粒 98%、石灰 0.5%、石膏 0.5%、过磷酸钙 1%。

2. 装袋及灭菌

选无霉变、颗粒饱满的玉米过筛去杂粒，在清水里浸泡 24 小时（泡透），煮半个小时直到有极少数玉米粒开花为止，将玉米粒迅速捞入凉水冷却，然后捞出、沥干、拌料、装瓶。装好后，用干净的布（纱布、棉布均可）擦净瓶口，以防杂菌污染。然后，按常规法塞上棉塞，用牛皮纸或报纸包好后在 1.2kg/cm² 压力下灭菌 120 分钟，取出后冷却备用。在接种箱内接种，放到合适的温度下培养 6~10 天菌丝长满试管即可备用。

3. 接种

原种接种工作也要在无菌超净工作台上进行，操作前的消毒工作和母种接种时是一样的，这一系列工作都做完后，我们从试管母种中挑取 1~1.5cm 见方的一小块菌种块，轻轻放入原种瓶中，并及时塞上棉球。在这里我们在注意一点，接种时的母种瓶口要对着酒精灯的火焰，可以起到防止其他杂菌侵入的作用。一般情况下，一支母种试管，可以接 6~8 瓶原种。接种完成以后，我们就可以将原种瓶放到培养室中了。

4. 原种培养

我们将菌瓶直接摆放到培养架上就可以了，菌种培养期间，室内的温度要保持在 25℃左右，湿度保持在 75%~80%，这样的温湿度下菌丝的生长速度是最快的，一般 10 天以后就开始发菌丝。原种培养时间较长，一般为 40 天左右。

三、双孢菇栽培种生产

1. 培养基的配方

棉籽壳 85%、发酵干牛粪 13%、碳酸钙 1%、过磷酸钙 1%。干料：水 = 1：1。

2. 装袋及灭菌

因为栽培种制作的数量较多，使用瓶子造价高而且在取菌种时比较麻烦所以我们使用塑料袋对栽培种进行扩繁，咱们采取人工的方法进行装袋，首先把培养基装到袋子里，装的时候注意用手压实，然后将塑料环直接套在袋口上，盖上瓶盖。这些工作完成之后，把装好培养基的菌袋运到高压锅前进行灭菌工作，1.2kg/cm² 压力下灭菌 120 分钟。

3. 接种和培养

在无菌超净工作台进行操作前的消毒工作后接种，通常每 500mL 的菌种瓶可以接种 45~50 袋栽培袋。菌种培养需要 40~50 天的时间，注意培养室内的温度保持在 20~24℃，湿度控制在 50%~60%，经常对培养室内的菌种进行检查，将发霉变质的菌袋及时挑出进行清除以免感染其他的菌袋。

四、菌种质量

优质菌种必须达到纯、色正、健壮、湿润、味香、转接后萌发快的要求。菌种的显性性状可通过外观特征进行判断，而隐性性状必须通过栽培试验才能鉴定。

（一）菌种质量鉴定

1. 感官鉴定

双孢菇母种的气生菌丝白色，生长整齐，分支清晰，健壮有力，基内菌丝扎根深。菌丝不发黄、不干燥、不老化，无杂颜色、无菌被、无分泌物，培养基不收缩。菌龄以刚长满斜面为宜（一般需 15~20 天）。原种、栽培种的菌丝白色，均匀一致的密布于瓶中，生长健壮。无线索状菌丝、无杂色、无黄褐色液体、无结皮、无原基、无上部退菌现象、无高温抑制线。有菇香味，无酸、臭、霉、腥等异味。培养基湿润，不干缩脱壁。菌龄以刚长满菌瓶（气生型）或再延迟 10 天左右为宜（贴生型）。

2. 生产鉴定

大规模生产时，无论引进或自行分离的菌种都要经过栽培试验，待确定其产量、品质、抗逆性等性状合格后，方可用于扩大繁殖或出售。一般从以下 4 个方面进行鉴定：①测定菌种的萌发力和定殖能力。播种后，正常条件下应 24 小时内萌发，并快速定殖吃料，菌丝健壮，20 天左右长满培养料。②测定菌种的抗逆性。应对生长温度、湿度一定范围的变化有较强的适应性，不容易发生病虫害。③测定结菇转潮能力。覆土后 15~20 天结菇，分布均匀，每潮菇间隔 10~15 天。④测定菌种的产量和品质。生物学效率不低于 30%，单产不低于 9kg/m²。菇形圆整，菌盖洁白，表面光滑，无鳞片，组织结实等。

（二）菌种选用原则

1. 正确选择优良品种

应根据当地市场特点、生产季节及销售目的等因素进行综合分析，才能正确做出对品种的取舍。除注意品种温度型与栽培期温度的吻合外，还要着重考虑销售需求。若以鲜销为目的，应选用贴生或半气生的大、中粒型品种；若以罐藏、出口外销为目的，应选用气生或半气生的中、小粒型品种。以盐渍、干制或冷冻品为目的，应选择符合客商要求的品种。以充分做到产销的无缝对接，最大限度地提高生产效益。

2. 慎重选择引种点

当前，菌种生产点及销售点不断增加，杂乱菌株、假冒伪劣菌种依然充斥市场。一定要认真选择菌种生产技术高、质量信誉好、有《菌种生产许可证》和《菌种经销许可证》的引种点。母种最好来源于相关大专院校或科研部门，并对所购菌株的生物学特性、菌种代时等问题了解清楚，以便在生产管理时做到有的放矢。不要贪图便宜或轻信广告宣传而造成惨重损失。

第四节 双孢菇栽培技术

双孢菇栽培技术路线：备料→预湿→建堆→翻堆→作床→进棚→播种→发菌管理→覆

土→出菇管理→采收。

一、培养料配方

堆肥是蘑菇生存基础，堆肥质量直接关系到生产成败和产量高低。根据堆肥原料组成，可分为粪草肥和合成堆肥两大类。粪草肥由畜粪和稻草或麦草堆制而成，又称厩肥；合成堆肥是用稻草或麦草和化学肥料堆制而成，又称人造堆肥。目前国内使用最广的堆肥是在粪草培养料中添加少量化学肥料，称为半合成堆肥。以下所介绍的是国内外常用的蘑菇堆肥配方。

（1）干燥的猪（牛）粪58%，石膏1%，稻草或麦秸40%，过磷酸钙1%。

（2）稻草或麦秸1 000kg，禽粪100kg，尿素12~15kg，石膏粉10~20kg。

（3）稻、麦草2 000kg，鸡粪500kg，尿素30kg，石膏50kg，过磷酸钙25kg。

（4）稻草或麦秸1 000kg，豆饼粉30kg，尿素3kg，硫酸铵10kg，米糠100kg，过磷酸钙15kg，碳酸钙20kg。

（5）稻草或麦秸1 000kg，硫酸铵20kg，尿素10kg，碳酸钙28kg。

二、蘑菇培养料发酵

培养料的堆制发酵是蘑菇栽培中最重要而又最难把握的工艺。优质堆肥是蘑菇栽培取得高产优质的关键。没有经过高温发酵的堆肥，很难生长蘑菇，可因病虫害蔓延而导致失败。过度腐熟的堆肥，因营养大量消耗，即使再补充营养物质，也难以获得理想收成。蘑菇培养料的发酵方法分为一次发酵法和二次发酵法。

（一）一次发酵法

是培养料在发酵过程中，经过数次翻堆后，将腐熟料直接上床播种。一次发酵包括预处理、建堆、翻堆几个过程。

建堆前一天，将稻（麦）草切断，用清水或尿水淋透，使麦（稻）草充分吸水，堆放一天。建堆前7~10天，干粪用清水或尿水淋湿，每100kg干粪一般加水160~180kg，充分吸水后建堆发酵。

（1）建堆。堆制时，要求一层粪、一层草逐层堆放，到第四层开始浇水，从第四层到第八层逐层加入全部的饼肥、过磷酸钙及石膏和一半量的尿素，堆好10层后，堆高达1.5m左右，四边上下基本垂直，堆顶成龟背形，最上面盖一层粪。为保持通气状态，在料堆顶部用竹筒从上向下插入2~3个通气孔。为保温保湿，堆顶要覆盖草毡子，雨天要覆盖薄膜。堆料时要求培养料的含水量达到饱和程度。堆料的第二天要测定50cm以内的料温。正常情况下料温会升高到70℃左右，如果达不到70℃，查明原因，尽快采取补救措施。

（2）翻堆。发酵期间每隔一段时间要进行一次翻堆，目的是为了改善培养料内的通气状况，使培养料发酵均匀，并补充辅助原料，调整培养料的含水量和pH值。

第一次翻堆：建堆后的第二天，料温开始上升，第三天料堆中心温度达到最高点（74~80℃），在达到此温情况下，建堆6~7天后可进行第一次翻堆。翻堆前一天在料堆上部先浇水，翻堆时再逐层浇水，堆好后在其周围要有少量水流出来，说明补水到位。翻堆时要调整料堆草粪内外的位置，排除废气，以改善堆内的空气条件，使堆内的微生物继续生长、繁殖，使培养料更好地转化和分解。建堆时仍然从第四层至第八层加入余下的尿素。第一次翻堆 2 天后，料温最高可达 75~80℃。

第二次翻堆：第一次翻堆后的 5~6 天，进行第二次翻堆。要把里外上下彻底翻好，让氨气散发出去，再重新建堆。为提高温度和保持湿度料堆可适当窄一些。第二次翻堆的重点是调整水分，切忌浇水过多，以免造成料堆过湿。用手紧握培养料，可挤出 3~4 滴水为宜。雨天盖塑料布要用木棍支起来，使料里面透气，防止厌气发酵，保持料温在 60~65℃。

第三次翻堆：一般第二次翻堆 4~5 天后即可进行第三次翻堆，方法同上。如果有粪块，要充分捣碎后再拌入。

第四次翻堆：在第三次翻堆后 4 天，进行第四次翻堆。首先检查料堆的含水量，方法是用手紧握培养料时，指缝间滴 1~2 滴水正合适，水分不够，用 1% 的石灰水调节；水分过大，先摊凉片刻，到水分合适时再建堆。同时配制 0.5% 敌敌畏，喷洒灭虫。

第五次翻堆：在第四次翻堆后的 3~4 天，料内温度仍在 50℃ 左右并趋向平稳，进行最后一次翻堆，翻堆时调节培养料的含水量为 60%~63%，pH 值为 7.5~8.0，同时检查培养料内是否有残存的氨气和害虫。如氨气重用甲醛中和，如有虫用 0.5% 敌敌畏灭虫。

培养料从堆制到进房，一般翻堆 4~5 次，每次翻堆间隔时间通常为 7—6—5—4—3 天。在堆制过程中，培养料的水分要先湿后干，料堆要先大后小，翻堆间隔时间要先长后短，遵循这一原则，堆温可长期维持在 50℃ 以上。

一次发酵应达到的质量标准：质地疏松，手握成团，一抖即散；草形完整，柔软、疏松、富有弹性，有一定韧性；无粪臭，无酸败或霉味，有浓郁的香味；堆料的颜色为棕褐色（或咖啡色），不呈黑色；堆料的含水量 60%~63%，手捏时指缝间没有水滴出现，具有较强的保水能力；pH 值在 6.8~7.0；含有大量有益微生物，如放线菌、腐殖霉菌等，无害虫及杂菌。

（二）二次发酵

二次发酵是处理培养料的另一种方法。具有节省时间、发酵彻底、出菇早、产量高等优点。采用二次发酵技术，蘑菇培养料堆制分为二个阶段。第一阶段称"前发酵"，堆制方法与一次发酵相同，但堆制时间短，通常只有 13 天，翻堆 3 次，需加温一定时间（60℃ 需 6~10 小时，48~50℃ 需 4~6 天）使培养料进行第二次升温发酵，所以称"二次发酵"。目前，后发酵技术在菇房条件较好和有栽培经验的栽培地区，已普遍推广应用。

优质培养料标准 无论采取何种配料方法，堆制出的优质培养料应具备：腐熟均匀，无粪臭味，水分适量，料富有弹性，应有一股抗拉力，手捏培养料能捏拢，松手即散，无氨味，有草香味，pH 值 7.5 左右，内部有较多有益微生物白色菌落。

三、菇房消毒

消毒常用的药物及用量是：每立方米用硫黄粉 10g，80% 敌敌畏 3g，36% 甲醛 10mL，高锰酸钾 5g。硫黄粉敌敌畏撒到木屑上，点燃熏蒸，密闭 1 天后，再用甲醛加入高锰酸钾中产生甲醛蒸气，密闭 1 天消毒，用药时注意菇棚各部位均匀用药，若密闭较差的菇棚，也可采取喷洒床架，墙壁等办法消毒。在消毒的整个过程中均应注意人身安全。日光温室及简易大棚种植，可将棚膜封严，让阳光照射升温至50℃以上，连续3天以上高温闷棚，也可起到很好的消毒效果。

四、播种

1. 播种方法

蘑菇播种方法经常使用的有4种。

（1）穴播法。每5~7cm² 用手指或木棍挖一穴，放入红枣大小菌种块，用料将菌种盖住。一般每瓶麦粒种可播种1m³。

（2）条播法。在料面开若干宽3~5cm，深约5cm的横沟，沟间距10~13cm，播种后用料覆盖菌种，轻轻拍打，使料种紧密接触。

（3）撒播法。先将菌种量的2/3撒于料面，然后用耙将菌种翻入料内，再将剩余的1/3菌种覆盖在料面，用木板轻轻拍实，使菌种和料紧密接触。

（4）混播法。将培养料料层厚的2/3与菌种拌匀，再将培养料整平，轻轻拍实。

凡与菌种接触的手、工具都要用0.2%高锰酸钾或0.25%新洁尔灭清洗消毒。

2. 播种后管理

（1）控温保湿。一般播种后1~3天内，不要打开门窗通风，菇房温度控制在28℃以下，菇房相对湿度控制在75%左右，促进菌种萌发。密闭条件较差的菇房，可用石灰清水（pH值8）喷湿的报纸盖在料面保湿，每天掀动报纸数次，以改善通气状况。7天左右菌丝基本封面后，揭去报纸。此时，菇房内要进行通风换气，促使菌丝向料内生长。

（2）撬料通气。当菌丝吃料至一半时，为增加料内通气，可用三齿钩斜插入料深3/4处，轻轻撬动几次，或从床底部向上顶动几次，把已经开始变硬结块的培养料撬松，加强通风，然后整平料面，促使菌丝向料底继续生长。

（3）检查发菌情况。播种后2~3天如发现菌种不萌发、不吃料或菌丝生长慢、菌丝少或退丝时，要及时查明原因，采取相应的补救措施。

（4）检查有无杂菌、虫害发生。如料面有毛霉或螨等杂菌、害虫，要及时采用相应的防治措施。

五、覆土及覆土后的管理

1. 覆土管理

在蘑菇栽培管理中，覆土是一项十分重要的技术措施。其子实体必须覆土之后才会发生，而且是在覆土层中扭结长大的。覆土的土质、土粒大小、土层厚薄等，都会直接影响蘑菇的产量和质量。

（1）覆土方法。常规的覆土方法分覆粗土和细土两次进行。粗土对理化性状的要求是手能捏扁但不碎，不黏手，没有白心为合适。有白心、易碎为过干；黏手为过湿。覆盖在床面的粗土不宜太厚，以不使菌丝裸露为度，然后用木板轻轻拍平。覆粗土后要及时调整水分，喷水时做到少量多次，每天喷4~6次，2~3天把粗土含水量调到适宜湿度。覆粗土后的5~6天，当土粒间开始有菌丝上窜，即可覆细土。细土不用调湿，直接把半干细土覆盖在粗土上，然后再调水分。细土含水量要比粗土稍干，有利于菌丝在土层间横向发展，提高产量。整个覆土层厚度不要超过4cm，过厚容易出现畸形菇和地雷菇；但也不宜过薄，太薄容易出现长脚菇和薄皮菇，容易开伞。覆土质量将直接影响出菇快慢和产量高低。不同覆土材料覆土方法也不尽相同。

（2）覆土材料。覆土材料可分为两大类，即天然土和改造土。天然土包括各种田园土、泥炭土、草甸土、河泥和膨化珍珠岩等。改造土依制作方法不同又可分为合成土和发酵土。田园土和泥炭土是最常用天然土的覆土材料。近十多年来，在覆土材料和覆土方法上有许多新的改进，改造土的配方和制作方法也有许多改进，有较明显的增产作用，现在应用越来越广泛。各种改造土尽管配方不同，但有一个共同特点，就是改造土中不应含有过多的有机质，否则会使菌丝旺发徒长，不能出菇。下面就几种不同的土质进行简单介绍。

田园土：理想的田园土应具有喷水不板结，湿度大时不发黏，干时不成硬块，表面不形成硬皮、龟裂等特点。因此选择蘑菇的覆土材料时主要在于土质结构，肥力不是主要的。最好选用能形成团粒结构的壤土（沙壤土或黏壤土），黏度为40%左右，含有少量腐殖质（5%~10%）。覆土最好不使用新土，因新挖泥土中含有二价铁离子（Fe^{2+}），对蘑菇菌丝有毒害作用，新土经风吹、晒干，二价可转化三低价铁离子（Fe^{3+}），三价铁离子对蘑菇菌丝没有危害。此外，晒干泥土含有大量对蘑菇菌丝生长有利氧化物。一般说，每100m^2要准备5.5m^3覆土，其中粗土用量占2/3，细土用量占1/3。

泥炭土：泥炭土具有吸水性强、疏松、通气性好、不易板结等良好物理性状。国外蘑菇栽培和我国工厂化栽培广泛使用泥炭土。使用泥炭土需注意的是：因泥炭富含腐殖酸，酸性较强，因此使用前和出菇期间必须用石灰水调pH值至8.0，才能保证菌丝"爬土"，顺利出菇。

河泥稻壳土：河泥稻壳（可用麦糠代替）土又称河泥砻糠。是目前使用较广、效果较好的一种合成土。制作方法是取河泥800kg，摊放地面过夜，加石灰粉8kg，碳酸钙80kg，充分拌匀后，再和用石灰水浸泡一夜的稻壳40kg充分混匀，使每粒稻壳表面上均沾有河泥，即可上床覆盖。用河泥覆土时间掌握在菌丝吃料2/3时进行。为防止河泥含水量偏高造成培养料表面菌丝萎缩，覆土前菇房最好进行一次通风，将料面吹干，再将覆土平铺在菌床上，约2cm厚即可。覆土切勿过厚，超过3cm，因河泥透气性不好影响菌丝生长，推迟出菇时间，产量不稳；也不宜过薄，如低于2cm，则出菇早，菇质差，产量受到影响。

2. 覆土后管理

覆土以后管理的重点是水分管理。覆土后的水分管理称为"调水"。调水时采取促、控结合的方法，目的是使菇房内的生态环境能满足菌丝生长和子实体形成。

（1）粗土调水。粗土调水是一项综合性管理技术。管理上即要促使蘑菇菌丝从料面向粗土生长，同时又要控制菌丝生长过快，防止土面菌丝生长过旺，包围粗土造成板结。因此，粗土调水时应掌握"先干后湿"这一原则。粗土调水工艺为：粗土调水（2~3天）→通风壮菌（1天）→保湿吊菌（2~3天）→换气促菌（1~2天）→覆细土。

（2）细土调水。细土调水的原则与粗土调水的原则是完全相反的。细土调水原则是

"先干后湿，控促结合"。其目的是使粗土中菌丝生长粗壮，增加菌丝营养积蓄，提高出菇潜力。其调水方法是：第一次覆细土后即行调水，1~2 天内使细土含水量达 18%~20%，其含水量应略干于粗土含量。喷水时通大风，停水时通小风，然后关闭门窗 2~3天，当菌丝普遍窜上第一层细土时，再覆第二次干细土或半干半湿细土，不喷水，小通风，使土层呈上部干、中部湿的状态，迫使菌丝在偏湿处横向生长。

六、出菇管理

覆土后 15~18 天，经适当的调水，原基开始形成。这些小菌蕾经过管理逐渐长大、成熟，这个阶段的管理就是出菇管理。

1. 秋季管理

蘑菇从播种、覆土到采收，需要 40 天左右的时间。秋菇期间，由于培养料营养丰富，气温适宜，蘑菇生长速度快，出菇密度大，潮次周期短，产量集中，蘑菇对水分、空气需求量大。因此，秋季要想夺取高产，必须处理好温度、湿度、通风三者之间的关系，既要多出菇，出好菇，又要保护好菌丝，为春菇生产打下基础。

（1）水分管理。水分管理是整个秋菇管理中最重要的环节，水分管理的好坏直接影响蘑菇的产量和质量。因此，必须认真对待。出菇后，子实体生长阶段所吸收的水分主要来源于覆土层和空气中水分。培养料中的水分只要能满足蘑菇菌丝体吸收和运输溶于培养料中的养分即可。

秋菇前期，土层喷水的基本原则是一潮菇喷 2 次出菇重水。当每潮菇长到黄豆粒大小时，喷一次重水；当每潮菇采收到 80% 左右时，喷一次重水，以供下一潮菇形成时所需的水分。每潮菇喷好重水后，粗土重新获得充足的水分，含水量应保持在 20% 左右。采菇前后不要喷水，以免影响蘑菇质量和下一潮菇的形成。喷水应在温度适中时（18℃以下）进行，一般在夜间或早、晚喷水。

秋菇后期，因气温逐渐下降，出菇量逐渐减少，密度降低，潮次亦不明显，因而喷水量应相应减少，同时要采取轻喷、勤喷的喷水方法。一般控制在每平方米每次喷水 0.5kg左右，使细土湿度较前期略干结，既要保持细土潮湿，又要保持细土松、软。

喷水时要力求均匀，最好呈雾状，喷头朝上或稍向上倾斜，防止水流直接喷到幼菇上。喷水前后要及时检查土粒的干湿度，以便根据土层的干湿情况合理调节喷水量。干处多喷，湿处少喷或不喷，促使均匀出菇。

水分管理技术是一项细致、灵活的工作，除看菇、看土喷水外，还必须和当时的气候条件、菇房的保湿性能、菌株的特性、菌丝生长情况、覆土物理形状和土层厚度等具体情况综合起来考虑，灵活掌握。如气温适中、晴天干燥，就要多喷水。气温偏高闷热、气压低、阴雨潮湿，就要停水或少喷水。我国南方地区温热、潮湿，就要少喷水；北方地区气候凉爽、干燥，应当多喷水。气生型菌丝要少喷水，匍匐型菌丝要多喷水；菌丝生长旺盛，要多喷水；菌丝细弱无力，要少喷水。床架下层和靠近门窗的菇床，由于通风条件好，水分蒸发快，应多喷水；床架上层和四周的菇床，通风条件差，水分蒸发慢，应减少喷水量。土层较厚，要间歇喷重水；土层较薄，要多次喷轻水。

（2）温度管理。温度是蘑菇生长过程中一个重要的因素，创造菇房内适宜出菇温度是秋菇夺取高产的关键。

秋菇前期气温高，当菇房内温度在18℃以上时，要采取措施降低棚内温度，如夜间通风降温、向棚四周喷水降温、向棚内排水沟灌水降温等。

秋菇后期气温偏低，当棚内温度在12℃以下时，要采取措施提高棚内温度，一般提高棚内温度的方法有采取中午通风提高温度，夜间加厚草苫保持棚内温度，或用黑膜、白膜双层膜提高棚内温度等措施。

（3）通风换气。蘑菇子实体生长发育阶段的呼吸作用比菌丝体生长阶段更为旺盛，排出的二氧化碳多，需氧量大。因此，出菇后，菇房内必须经常保持空气新鲜，随时注意做好菇房的通风换气工作。尤其在秋菇气温偏高的前期，此时菇房内通风不好，将会导致子实体生长不良，甚至出现幼菇萎缩死亡现象。此时菇房通风的原则应考虑到以下两个方面：一是通风不提高菇房内的温度，二是通风不降低菇房内的空气湿度。因此，菇房的通风应在夜间和雨天进行，无风的天气南北窗可全部打开；有风的天气，只开背风窗。为解决通风与保湿的矛盾，门窗要挂草帘，并在草帘上喷水，这样在进行通风的同时，也能保持菇房内湿度，还可避免热风直接吹到菇床上，避免使蘑菇发黄而影响蘑菇质量。

秋菇后期，气温下降，蘑菇减少，此时排出的二氧化碳和热量也相应降低，可适当减少通风次数。菇房内空气是否新鲜，主要以二氧化碳的含量为指标，也可从蘑菇的生长情况和形态变化确定出氧气是否充足，如在通风较差的菇房，会出现柄长盖小的畸形菇，说明菇房内二氧化碳超标，需及时进行通风管理。

（4）挑根补土。秋菇期间，每次采菇后，应及时将遗留在床面上的干瘪、变黄的老根和死菇剔除。若将老根和死菇继续留在土层，这些老根已失去吸收养分和结菇能力，时间一长还会发霉、腐烂，易引起绿色木霉和其他杂菌的侵染和害虫的滋生。每次挑根后，应及时用湿润的细土将采菇时带走的泥土补上，以免喷水时，水渗透到培养料内而影响菌丝生长。

2. 冬季管理

蘑菇冬季管理的主要目的，是保持和恢复培养料内和土层内菌丝的生长活力，并为春菇打下良好的基础。冬季管理能否将培养料内菌丝保护好、休养好，是保证春季出菇是否顺利的关键。

（1）水分管理。随着气温的逐渐降低，出菇越来越少，蘑菇的新陈代谢过程也随之减慢，对水分的消耗减少，土面水分的蒸发量也在减少，为保持土层内有良好的透气条件，必须减少床面用水量，改善土层内的通气状况，保持土层内菌丝的生活力。秋菇结束后，及时在培养料反面打扦戳洞，增加料内的透气性，排出料内有害气体，使料内菌丝能得以生息、复壮。当气温降至10℃以下时，床面要少喷水，降低土层湿度，不仅能让其自然出菇，还能安全地进入冬季"休眠状态"。当气温降至5℃以下时，床面上每周只需喷1~2次水，保持细土不变白，稍湿润即可。

（2）通风换气。秋菇结束后，菇房除加强保温，使之不结冰外，每天中午可开南窗进行通风1小时，使菇房内经常得到新鲜空气，排除菇房内二氧化碳。为保持土层一定湿度，通常每周可喷一次水，每次每平方米喷水0.5kg左右。

（3）松土、除根、喷发菌水。冬季后期，为使土层内菌丝能够得以更好地恢复生长和发展，需要对土层进行一次全面的松动，挑除失去再生能力的老根和死菇，并排除土层内长期积累的有害气体和废弃物质。松土、除老根前，菇房需通风2~3天，使土层水分蒸发便于松动。松土的方法要根据具体情况灵活掌握。土层菌丝生长旺盛，需将细土刮到一边，翻动粗土，使板结的菌丝断裂，拔掉发黄干瘪的老根，再覆上细土，以促进菌丝更好的萌发。土层菌丝尚好，但板结不紧的菇房，只要刮开细土，拨动粗土，去掉死菇，然后再覆上细土。土层菌丝较差的菇房，不需刮开细土，只需用小刀或小耙将粗、细土一起松动一下即可。

松土及除老根后，需及时补充水分以利发菌。发菌水应选择在温度开始回升以后喷洒，以便在适当水分和适宜的温度下，促使菌体萌发、生长。发菌水要一次用够，用量要保证恰到好处，防止用量不足或过多，使菌丝不能正常生长。发菌水总的用量一般为每平方米3kg左右，2~3天喷完，每天喷水1~2次。喷水后应适当进行通风。菌丝萌芽后，千万注意要防止西南风袭击床面，以免引起土层水分的大量蒸发和菌丝干瘪后萎缩。

3. 春季管理

春菇管理和秋菇管理相比较有几个不利的条件。首先，越冬后蘑菇菌丝的生活力比秋菇有所下降，培养料内养分也相应减少。其次，秋季气温变化由高到低，整个气温的变化趋势与蘑菇菌丝体生长和子实体生长对温度的要求相一致，而春季天气变化正好相反，且天气变化无常，忽高忽低。因此，春菇的管理更需谨慎从事，一旦管理不当，容易造成菌丝变黄萎缩、死菇和病虫害的大面积发生。

（1）水分管理。春菇前期调水应勤喷轻喷，忌用重水。每天每平方米用水0.5kg左右，随着气温的升高，蘑菇陆续出菇后，可逐渐增加用水量。把握春菇的出菇时间尤为重要。出菇过早，易受冻害；出菇过迟，则会因温度过高造成死亡。一般气温稳定在12℃左右时，调节出菇水，就能正常出菇。

（2）温度、湿度及通风换气的调节。春季气候干燥，温度变化较大，因而要特别注意加强菇房的保温、保湿工作。尤其我国北方地区，春菇管理应以保温保湿为主，使菇房保护在一个较为稳定的温湿环境，有利于蘑菇生长。通风时严防干燥的西南风吹进菇房，以免引起土层菌丝变黄萎缩，失去结菇能力。

七、采收

当蘑菇长到直径2~4cm时应及时采收，若采收过晚会使品质变劣，并且抑制下批小菇的生长。双孢菇的生长周期为45天，一般接种一次可以采两潮，每潮每平米可采收5kg。采摘时，用手指捏住菇盖，轻轻转动采下，用小刀切去带泥根部，注意切口要平整。采收后在空穴处及时补上土填平。采菇前床面不喷水，如果直接喷水到适熟的子实体上，将提高子实体生物活性，使二氧化碳量增加，造成菇柄伸长，提前开伞。

八、床面管理

每潮菇采完以后，床面上留下的菇根、死菇、病菇及老菌索都应及时清理干净，以免引起腐烂，导致杂菌感染。在清除后的空穴处，及时补充湿润的细土，保持床面平整。产菇中后期，床面追肥和补充营养液，如喷石灰水，调整菌床pH值，根据菇床产菇的实际情况喷培养料浸出液，菇根汤液 0.1%～0.2%尿素和1%葡萄糖复合液，健壮剂2号等，对提高产量和改善品质有良好的效果。

九、蘑菇栽培的增产措施

1. 菇床栽培新工艺

近几年来，蘑菇栽培将传统的平面菇床改为波形料面菇床，长垄式料面菇床和梯形料面菇床，获得不同程度的增产效果。现将方法介绍如下。

（1）波形料面菇床。播种后15～20天，菌丝吃料4/5或刚发至料底时，将培养料铺成波形床面，波峰间距66cm，波峰高27cm，波谷13cm。然后通风3～5天，一次性覆河泥稻壳土后管理按常规进行。波形床面可使出菇面积增加8%～10%，同时料面改成波形面后，增加了通气面积，而且喷水时料面不易积水，既可增加产量，又可提高质量。

（2）长垄式料面菇床。发酵料进菇房后做成长垄式料面，料底宽25cm，顶宽10cm，高20～23cm，垄长依菇床长度而定，长垄间距8cm。用穴播法播种，然后垄的两侧用已调好河泥抹壁（每平方米用河泥45kg、腐熟草料10kg）。播种后，在垄沟覆土；菌丝长到料底后，在垄顶覆土，覆土厚2～3cm，按常规方法管理。长垄式料面栽培出菇面积增加56%，培养料生物学效率提高34%，出菇提前，而且能提高蘑菇的质量。

（3）梯形料面菇床。发酵结束后，将培养料翻匀抖松，做成长、宽各1～1.3m，高15cm，块底边呈70°的梯形块，块间距3～5cm。用穴播法播种，在菌丝长到料底后即可覆土，厚1.5～2cm，四周用木板压成斜坡，按常规方法管理。梯形料面菇床出菇面积增加22%，产量提高10%～15%。

2. 菇床追肥

（1）堆肥浸汁。将经过发酵的堆肥晒干保存，使用时，将堆肥碾碎，加入10倍开水冲泡（有条件时最好加热），充分搅拌。冷却后过滤，取滤汁喷施，使用这种肥液，可延长出菇高峰期，使子实体肥厚。

（2）牛（马）尿水。取新鲜牛（马）尿、煮沸至泡沫消失，在原液中加放7～8倍清水稀释，每隔2～3天喷1次。床上若有小菇，喷完后再用清水喷1次。

（3）粪土肥。将新鲜干猪、牛粪粉碎，用石灰水清液预湿堆制15天，加入粪肥重量50%的肥泥和少量草木灰拌匀，在产量急剧下降或出现死菇时，结合清理床面剔除老根，分期撒施于床面，可起到增收作用。

（4）尿素或硫酸铵液。用0.1%～0.2%尿素溶液或0.5%硫酸铵溶液，每2～3天喷1次，对中后期的菇床，可使子实体变肥增厚。

（5）氨水。将氨水稀释200倍，使其成0.5%浓度喷施，能使菇体肥厚。

（6）蘑菇健壮剂。蘑菇健壮剂1号含 B_9 0.5g，维生素 B_1 40mg，硫酸镁40g，硫酸锌20g，硼酸10g，尿素100g，水100kg。蘑菇健壮剂2号含 B_9 1g，维生素 B_1 100mg，硫酸镁50g，磷酸二钾100g，水100kg。蘑菇健壮剂1号在发菌期间使用，每平方米用量为0.25kg，连续使用2～3次，2～3天喷一次，可使菌丝转白、变粗，起到菌丝复壮的效果。蘑菇健壮剂2号主要在出菇期使用。当菇蕾长到米粒大小时，根据床面出菇密度、覆土和培养料的湿度决定用量，一般每平方米用0.25～0.5kg，停水1～2天再喷，每潮菇喷

2 次。

（7）蘑菇助长剂。萘乙酸 0.5g，硫酸镁 20g，硫酸铵 125g，硼酸 10g，水 25kg。每平方米用量为 0.25~0.5kg，可使长势弱的菌丝得到恢复。

（8）草木灰水。草木灰 5kg，水 100kg，取滤汁用，不仅可使出菇健壮，还能防止"红蘑菇病"。

（9）石灰清液。石灰 1kg，水 100kg，取澄清液使用。在整个出菇期间，每隔 6~7 天喷 1 次，可使菌床 pH 值保持在正常水平。

十、蘑菇栽培常见问题及防范措施

1. 菌丝萎缩

覆土后料面菌丝出现萎缩死亡。原因是土粒间隙大，调水时喷水过重，造成料面和土层之间水分过多，氧气供应不足，菌丝因缺氧而萎缩。另外，调水期间菇房通风不良，以及高温期间喷水，蘑菇菌丝自身代谢产生的热量和二氧化碳，不能及时散发而受到伤害，也会出现菌丝萎缩现象。防止上述现象的产生，在覆粗土后用中土添缝，喷水时采用勤喷、轻喷的方法，喷水后及时通风，高温时不喷水。

2. 菌丝徒长

菌丝生长过旺、过浓而板结，乃至长出细土表面后迟迟不能出菇。原因是覆盖细土过迟，细土调水过急，粗土先干后湿，上干下湿，结菇水喷水过迟，菇房通风不够，菇房相对湿度过高等因素而造成了菌丝在土层中的过分生长。针对上述情况，应分别采取相应措施。如用松动或拨动破坏土层中的板结菌丝，阻止菌丝在土层中的继续生长，加大菇房通风，喷用重水，促使结菇。

3. 出菇过密而小

菌丝扭结形成的原基多，子实体大量集中形成，菇密而小。主要原因是结菇重水使用过迟，使菌丝生长部位过高，子实体在细土表面形成。另外，结菇重水用量不足，菇房通风不够，也容易造成出菇密而小。为防止上述现象发生，在使用结菇重水时，一定要及时和充足，同时菇房注意加强通风。

4. 顶泥菇和稀菇

菌丝在粗土间扭结，造成第一批菇多从粗土间顶出，菇大、柄长、菇稀，出菇提早。原因是粗土调水后，通风过量，覆细土过迟，使原基在粗土缝或细土底部形成。另外，细土调水不及时或覆细土过厚，结菇重水使用量过大过急，菇房湿度不够，都容易造成这种现象发生。防止这种情况的产生，应注意粗土调水后及时减少菇房内的通风，及时覆细土，保持细土有一定的湿度，提高菇房内的空气相对湿度，提高菌丝的生长部位，防止在粗土层内结菇。

5. 死菇

在蘑菇生产中经常会出现大批死菇现象。原因一是在蘑菇原基形成后，尤其在出现小菇蕾时，由于温度过高（超过 22℃），已形成的大批原基因营养受阻而逐渐干枯死亡。二是喷用结菇重水前未及时补土，米粒大小的原基裸露，此时易受水的直接机械性刺激而死亡。三是结菇和出菇重水用量不足，粗土过干，小菇也会因得不到水分干枯死亡。针对上述原因，防止出菇期间高温的影响，喷水时保护好幼小菇蕾，可有效地减少死菇现象的发生。

复习题

1. 双孢菇对环境条件的要求。
2. 双孢菇发酵料的制作技术。
3. 双孢菇栽培技术。
4. 蘑菇栽培常见问题及防范措施。

第三章　香菇栽培技术

第一节　香菇基本知识

一、香菇的营养和药用价值

香菇是世界上第二大宗食用菌，也是我国著名的食用菌之一。我国栽培香菇历史悠久，从古书上推断，我国民间栽培在宋朝末期已初具规模，距今约有八百年历史，是世界上栽培香菇最早的国家，目前世界上香菇总产量最多的是日本，我国居第二位。

香菇肉质脆嫩，滋味鲜美，是人们喜爱的佳肴和佐料。它营养丰富含有蛋白质、氨基酸、多糖类及多种维生素。香菇的蛋白质和氨基酸的含量远远超过一般粮食、蔬菜和水果。故有"素中之荤""菜中之王"称誉。香菇不仅含有丰富的营养，而且具有很高的药用价值。明代著名医药学家李时珍的《本草纲目》中有记载："香菇性平，味甘，能益气不饥，治风破血，化痰理气，益味助食，理小便不禁。"民间常用香菇辅助治疗小儿天花、麻疹及解毒，降血压、治头痛、头晕，预防感冒、防治各种黏膜溃疡，皮肤炎症，身体衰弱，牙床坏血及婴儿佝偻病。现代医学研究及临床试验证明，香菇所含的香菇素可防止胆固醇过高；所含的 1，3-β-葡萄糖苷酶有抗癌治癌作用，近期日本医学界报道，香菇对防治艾滋病有较显著效果。故又将香菇称誉为"八十年代的菌星"。

二、香菇生物学特性

（一）形态特征

香菇在分类中隶属于真菌门担子菌纲伞菌目口蘑科香菇属。

香菇由菌丝体和子实体组成，子实体由无数菌丝交织而成。

1. 菌丝体

菌丝由孢子萌发而成，白色，呈绒毛状，具横隔和分枝，粗 $2\sim4\mu m$，菌丝不断生长繁殖，相互集结为菌丝体，呈蛛网状，菌丝体是香菇的营养器官，相当于高等植物的根、茎和叶，香菇的任何一部分组织均由菌丝组成，取香菇的任何部分在适宜的条件下培养都可萌发新的菌丝，菌丝不断生长，一部分菌丝则在适当条件下发育分化成子实体，菌丝老化后形成黑褐色菌膜，这种菌膜与香菇菌盖外部是同一种物质。

2. 子实体

子实体是香菇的繁殖器官，相当于高等植物的果实，子实体上面产生的孢子即为种子。香菇子实体是由菌盖、菌褶、菌柄三部分组成。

（1）菌盖。菌盖是菌褶的依附，产生担孢子场所的保护器官，菌盖直径一般3～15cm，颜色和形状随着菇龄的大小，受光的强弱及其营养的丰缺而有差异，幼时盖缘内卷呈半球状，成熟时菌褶平展，边缘向内微卷；过分老熟时则向上反卷。菌盖表面淡褐色、茶褐色、黑褐色，往往披有白色或同色的鳞片，有时还产生龟裂或菊裂。幼时边缘有淡褐色纤维状毛的内菌幕，菌幕上方白色，下方茶褐色，此物遗留于菌盖的表面，菌肉肥厚，呈白色。

（2）菌褶。菌褶是孕育担孢子的场所，生于菌盖下面，成辐射状排列，白色，呈刀片状或上有锯齿，宽3～4mm，褶片表层披以子实层，其上有许多担子，在担子上生有无数的孢子。

（3）菌柄。菌柄是支撑菌盖，菌褶和输送养料、水分的器官。生长于菌盖下面的中央或偏中心的地方。菌柄坚韧、中实，圆柱形或上扁下圆柱形，其粗细和长短因温度、养分、光照和品种的不同而异。上部白色曲部略呈红褐色。幼小时柄的表面披有纤毛（干燥时呈鳞片状），一般柄长2～6cm。菌环顶生，易消失。子实体单生、丛生或群生。

（二）生活史

香菇的孢子萌发而成菌丝。菌丝生长发育分化子实体，子实体再产生无数的孢子。这就是香菇的生活史，也称为一个世代。完成这个生活史，在自然条件下需8～12个月，甚至更长一些，在人工木屑栽培条件下，可缩短为3～4个月。香菇的一个世代包括3个主要阶段。

第一阶段：即第一次菌丝。香菇的孢子为4μm大小，有"性"的区别，属异宗配合的高等担子菌。孢子在适宜的条件下萌发伸长形成菌丝，这种菌丝的每个细胞里都含有一个细胞核，即为单菌核即第一次菌丝或称作初生菌丝。此菌丝较细小，分枝较多，生长速度慢，生活力也较弱。由于它有"性"的区别，所以单个孢子发成的单核菌丝是单性不孕的。因此，是不会长出香菇的，必须有两个不同性的单核菌丝互相配合后才能正常发育。香菇又是"四极性"的，它受两对基因控制，而不是任意"+"和"−"都可以配合的。

第二阶段：即第二次菌丝，当第一次菌丝到一定阶段，两个不同"性"的单核菌丝在靠近部分产生凸起，凸起部分伸长相互接触，使两个不同"性"的细胞彼此沟通，原生质融合在一起，其中一个细胞核移到另一个细胞内，完成了原生质的配合过程，即锁状联合形成过程，不断分裂形成两个核的菌丝，因此叫双核菌丝，也叫第二次菌丝，次生菌丝或称复相菌丝，它比第一次菌丝粗壮，生长速度快，生活力强。人工接种的纯菌丝，就是以这种形式存在的。

第三阶段：即第三次菌丝。当双核菌丝生长发育到一定生理阶段，在适当的条件下便高度分化，形成十分密集的菌丝组织，进入到第三次菌丝阶段，并互相扭结成子实体原基，原基分化发育形成菇蕾，最后发育成完整的子实体——香菇，再由香菇产生孢子进入下一个世代。

（三）生活条件

香菇生长发育所需要的生活条件，大体上包括营养、温度、水分、空气、光照和酸碱度等几个主要因素。

1. 营养

香菇是一种木材腐朽菌，是依靠分解吸收木材内的营养为主，在培养基中，适合菌丝生长的碳源以单糖最好，双糖次之，淀粉最次；氮源以有机氮最好；矿质营养以碳酸钙、磷酸二氢钾等为主。在椴木中，菌丝除了吸收木质部和韧皮部中的少量可溶性物质外，主要是利用木质部中的木质素作碳源，利用韧皮部细胞中的原生质作氮源，沉积于导管中的有机或无机盐作营养，因此，选择边材发达、心材软小菇木，有利于香菇的生长发育。在木屑栽培中，培养料内加入米糠、麸皮、糖、微量元素等营养物质，不仅可满足菌丝的生长需要，也有利于后期子实体的连续发生，获得高产，香菇菌丝能利用有机氮和铵态氮，不能利用硝态氮，在有机氮中，能利用氨基酸中的天门冬氨酸、天门冬酸酰胺、谷氨酸酰胺，不能利用组氨酸、赖氨酸等。

2. 温度

温度是影响香菇生长发育的一个最活跃，最重要的因素。在不同的发育阶段，它所需要的温度也不一样。孢子萌发温度一般在 $13 \sim 32 ℃$；最适温度 $23 \sim 28 ℃$。低于 $10 ℃$ 和高于 $32 ℃$ 生长不良；$35 ℃$ 停止生长；$38 ℃$ 以上死亡。在 $-20 ℃$ 经 10 小时也不会死亡。段木栽培时，由于木材的保温作用，菇木内的菌丝可忍耐比气温更低或更高的温度。当气温低到 $-20 ℃$ 和高到 $40 ℃$ 时仍可保持 $10 \sim 20$ 小时生命。香菇原基在 $8 \sim 21 ℃$ 分化；在 $10 \sim 20 ℃$ 分化最好。当气温和水温相差 $10 ℃$ 以上时，把成熟的菇木浸水若干小时，给予温差、湿差、排除草酸，造成无氧呼吸等刺激，可以促使香菇分化，是提高香菇生产的一个有效措施。子实体发育温度 $5 \sim 25 ℃$；适温为 $12 \sim 17 ℃$，香菇子实体的形状和产量同样受到产菇期间温度的巨大影响，在适温范围内，较低的温度（$10 \sim 20 ℃$）香菇发育慢，但质量好，不易开伞，厚菇多；在较高温度（$28 ℃$ 以上）中，香菇发育快，但质量差，质地柔软，易开伞，薄菇多。

3. 水分

水分是香菇生活的首要条件。外界的营养物质只有溶解在水中，才能通过香菇的细胞壁渗透进来。所有的代谢产物也只有溶解在水中，才能排出体外。水分不足或过多会阻碍香菇的生长发育。但在不同的发育阶段，香菇对水分的要求也有差别。孢子在液体中也能萌发（在适温条件下），但菌丝不能正常生长或不能生长（蒸馏水中）。菌丝在木屑培养基中，最适含水量是 $60\% \sim 70\%$（因木屑种类、粗细而异）；在段木中最适宜的含水量是 $35\% \sim 40\%$。空气相对湿度以 70% 为宜。子实体发生的生长发育阶段，菇木含水量应增加到 $50\% \sim 60\%$ 为宜，空气相对湿度以 $90\% \sim 93\%$ 为宜，在生产上把成熟的菇木和木屑栽培采过菇失掉了大量水分的菌砖、菌袋浸入冷水中，提高含水率，使其产生温差和湿差，来促使菇蕾的发生，并通过浸水时间长短来控制菇蕾发生的数量。

4. 空气

香菇是好气性伞菌，足够的氧气是保证香菇正常生长发育的重要条件，空气不流通、不新鲜、呼吸过程则受到阻碍，菌丝体的生长和子实体的发育也受到抑制，甚至造成死亡。缺氧时，菌丝借酵解作用暂时维持生命，但消耗大量的营养。菌丝易衰老，甚至很快死亡。而霉菌或其他杂菌都喜欢在这种空气不流通的环境中，因此，选择菇场和建造菇房时，必须注意通风条件，才能得到好的收成。

5. 光照

香菇虽然属于真菌，是异养作物，不进行光合作用，但是香菇是需水性真菌，强度适合的漫射光是香菇完成正常生活史的必备条件之一。散射光可以促进色素转化和沉积，没有光线决不能形成子实体；分化后的原基在暗处有徒长的倾向，盖小、柄长、色淡、肉薄、质劣。在菌丝营养生长阶段则完全不需要光线，光线会抑制香菇菌丝生长，在黑暗条件下，菌丝生长最快，直射阳光对香菇菌丝有抑制作用和致死作用，在明亮的环境中菌丝易形成褐色的被膜。香菇的原基形成阶段，最适光强度为10lx，过强或过弱都不利于子实体发育。

6. 酸碱度（pH值）

香菇菌丝适宜在微酸性环境中生长，pH值3~6香菇均能生长，但以pH值为5最适宜，香菇菌丝在生长过程中自身要产生有机酸，如醋酸、琥珀酸、草酸等，使培养基逐步酸化，来促进子实体的发生。

以上这些生活条件是综合对香菇发生作用，因此，在栽培实践中，应尽量模拟和创造最适于香菇菌丝体和子实体生长发育的环境条件才能获得优质高产。

第二节　香菇常见栽培品种

一、高温型菌株

出菇温度12~25℃，个别可达到28℃，如931、武香1号等。

二、中温型菌株

出菇温度10~23℃，如LS-10、L-26、H、Z-26m、868、中香2号、9660、上海908等。

三、低温型菌株

出菇温度5~20℃，常用的菌株有908、939、241-4、135-5、上海9018等。

第三节　香菇菌种的生产技术

一、香菇母种生产

（一）母种配方

马铃薯（去皮）200g、葡萄糖20g、琼脂20g、水1 000mL。

（二）母种培养基的制作方法

选择质量好的马铃薯洗净去皮（已发芽的要挖去芽及周围一小块），将其切成薄片，称取 200g。放入铝锅中，加入清水 1 000mL，加热煮沸，维持 30 分钟，用四层纱布过滤，取其汁液，然后将琼脂放在水中浸泡后加入马铃薯汁液中，继续加热至全部溶化（加热过程中要用玻璃棒不断搅拌，以防溢出和焦底），最后加入葡萄糖，并且热水补足 1 000mL，测定并调节 pH 值（用 5%的稀盐酸或 5%的氢氧化钠溶液）到所需范围内。配制好的培养基要趁热分装入试管，装入量约为试管长度的 1/5，装管时要注意勿使培养基黏附试管口。分装完毕塞上棉塞，棉塞要求松紧适度，塞入长度约为棉塞总长度的 2/3，使之既有利通气又能防止杂菌侵入。塞好棉塞后，把试管直放在小铁丝筐中，盖上油纸或牛皮纸，用绳扎好，或用绳子把试管扎成几捆，棉塞部分用牛皮纸包扎好，竖直放入高压灭菌锅内，进行灭菌，在 1.5kg/cm² 压力下维持 30 分钟。灭菌后，待培养基温度下降至 60℃时，再摆成斜面，以防冷凝水积聚过多。摆斜面时，先在桌上放一木棒，将试管逐支斜放，使斜面长度不超过试管总长度的 1/2，冷却凝固后，即成斜面培养基。

灭菌后的斜面培养基，要进行无菌测定，可从中取出 2~3 支，放入 30℃左右的恒温箱中培养 3 天，培养后表面如仍光滑，无杂菌出现，就可供接种。多次制作后，已有把握，可不做无菌测定试验。

（三）接种与培养

将试管放在 22~24℃恒温箱中培养 2~3 天后，组织块上长出白色的菌丝，并向培养基上蔓延生长。当菌丝在斜面上长满后，再移到新的斜面培养基上，培育成母种。

（四）高压灭菌操作步骤和注意事项

（1）在灭菌锅内加水至水位标记高度，首次使用需先进行一次试验，水过少易烧干造成事故，水过多棉塞易受潮。

（2）放火锅内的材料，不宜太挤，否则会影响蒸汽的流通和灭菌效果。体积大的瓶子，要分层放置或延长灭菌的时间。

（3）盖上锅盖，同时均匀拧紧锅盖上的对角螺旋，勿使漏气，关闭气阀。

（4）点火、逐渐升温。水沸后，待锅内压力升至 0.5kg/cm² 时，逐渐开大放气阀，放净锅内冷空气至压力降至"0"，再关闭放气阀。如不放尽冷空气，即使加大至所需压力，而温度达不到应有的程度，也不能达到彻底灭菌的要求。

（5）继续加温至所需压力时，开始记灭菌时间，调节火力大小，始终维持所需压力至一定时间。

（6）停火。让压力自然回降至"0"时，打开放气阀。

（7）打开锅盖，用木块垫在盖下，让蒸汽渐渐溢出，借余热烘干棉塞。

（8）取出已灭菌的材料，并清除剩水，以防锅底锈蚀。

二、原种和栽培种生产

（一）配方

（1）锯木屑 78%、米糠（或麸皮）20%、蔗糖 1%、硫酸钙（石膏粉）1%、水适量。

（2）棉籽壳 40%、锯木屑 40%、麸皮或米糠 20%、蔗糖 1%、石膏粉 1%、水适量。

（二）培养基的制作

木屑以阔叶树的为好，棉籽壳（木屑）均要求干燥无霉烂、无杂质。米糠或麸皮要求新鲜、无虫。将木屑（或棉籽壳）与麸皮、石膏粉拌匀，蔗糖溶于水，将其加直至用手紧握一把培养料时，指缝间有水渗出而不下滴为宜。然后将其装入菌种瓶中，边装边用捣木适度压实，直装至瓶颈处为止，压平表面，再在培养基中央钻一洞直达瓶底。最后用清水洗净瓶的外壁及瓶颈上部内壁处，上棉塞。用牛皮纸包住棉塞及瓶口部分，用绳扎紧。放入高压锅内，在 $1.5kg/cm^2$ 的压力下维持 1.5 小时。如采用土法灭菌，当蒸笼内达 100℃后再维持 6~8 小时。

栽培种培养基的配方及制作方法同源种。当采用其他用料栽培香菇时，可将上述两种配方中的锯末屑用料代替，其余成分不变，构成多种代用料配方。

（三）接种与培养

把母种接到木屑（或棉籽壳）、米糠培养基上进行培育，用以繁殖栽培种用的菌种称为原种。已培育好的母种用接种针挑取蚕豆大一小块放入原种培养基上，经 22~24℃下培育 35~45 天，菌丝体长满全瓶，即成原种。每支母种可接 6~8 瓶原种。

原种直接到相同培养基中扩大培养；用于压块用种为栽培种。从原种里掏出菌种移入灭过菌的瓶子中，培养温度 22~24℃，培育时间为 2 个月以上。每瓶原种可接栽培种 60~80 瓶。

（四）培育原种和栽培种注意事项

第一，原种及栽培种的接种必须遵照无菌操作要求。

第二，当接种后，从第三天开始就要经常检查有无杂菌污染，发现有污染的瓶子要及时取出处理。一般检查要继续到香菇菌丝体覆盖整个培养基表面并深入培养基 2cm 时为止。

第三，培养好的菌种如暂时不用，要将其移放在凉爽、干净、清洁的室内避光保存，勿使菌种老化。

第四节　香菇栽培技术

一、香菇袋栽技术

（一）塑料筒的规格

香菇袋栽实际上多数采用的是两头开口的塑料筒，有壁厚 0.04~0.05cm 的聚丙烯塑料筒和厚度为 0.05~0.06cm 的低压聚乙烯塑料筒。聚丙烯筒高压、常压灭菌都可，但冬季气温低时，聚丙烯筒变脆，易破碎；低压聚乙烯筒适于常压灭菌。生产上采用的塑料筒规格也是多种多样的，南方用幅宽 15cm、筒长 55~57cm 的塑料筒，北方多用幅宽 17cm、筒长 35cm 或 57cm 的塑料筒。

（二）装袋灭菌

先将塑料筒的一头扎起来。扎口方法有两种，一是将采用侧面打穴接种的塑料筒，先用尼龙绳把塑料筒的一端扎两圈，然后将筒口折过来扎紧，这样可防止筒口漏气；二是有的生产者采用 17cm×35cm 短塑料筒装料，两头开口接种，也要把塑料筒的一端用力扎起来，但不必折过来再扎了。扎起一头的塑料筒称为塑料袋，装袋前要检查是否漏气。检查方法是将塑料袋吹满气，放在水里，看有没有气泡冒出。漏气的塑料袋绝对不能用。用装袋机装袋最好 5 人一组，1 个人往料斗里加料；2 个人轮流将塑料袋套在出料筒上，一手轻轻握住袋口，一手用力顶住袋底部，尽量把袋装紧，越紧越好，另外 2 个人整理料袋扎口，一定要把袋口扎紧扎严，扎的方法同袋的另一端。手工装袋，要边装料，边抖动塑料袋，并用粗木棒把料压紧压实，装好后把袋口扎严扎紧。装好料的袋称为料袋。在高温季节装袋，要集中人力快装，一般要求从开始装袋到装锅灭菌的时间不能超过 6 小时，否则料会变酸变臭。料袋装锅时要有一定的空隙或者"井"字形堆叠在灭菌锅里，这样便于空气流通，灭菌时不易出现死角。采用高压蒸汽灭菌时，料袋必须是聚丙烯塑料袋，加热灭菌随着温度的升高，锅内的冷空气要放净，当压力表指向 1.5kg/cm² 时，维持压力 2 小时不变，停止加热。自然降温，让压力表指针慢慢回落到"0"位时，先打开放气阀，再开锅出锅。采用常压蒸汽灭菌锅，开始加热升温时，火要旺要猛，从生火到锅内温度达到 100℃ 的时间最好不超过 4 小时，否则会把料蒸酸蒸臭。当温度到 100℃ 后，要用中火维持 8~10 小时，中间不能降温，最后用旺火猛攻一会儿，再停火焖一夜后出锅。出锅前先把冷却室或接种室进行空间消毒。

出锅用的塑料筐也要喷洒 2% 的来苏儿或 75% 的酒精消毒。把刚出锅的热料袋运到消过毒的冷却室里或接种室内冷却，待料袋温度降到 30℃ 以下时才能接种。

（三）接种

香菇料袋多采用侧面打穴接种，要几个人同时进行，所以在接种室和塑料接种帐中操作比较方便。具体做法是先将接种室进行空间消毒，然后把刚出锅的料袋运到接种室内一行一行、一层一层地垒排起，每垒排一层料袋，就往料袋上用手持喷雾器喷洒一次 0.2% 多霉灵；全部料袋排好后，再把接种用的菌种、胶纸，打孔用的直径 1.5~2cm 的圆锥形木棒、75% 的酒精棉球、棉纱、接种工具等准备齐全。关好门窗，打开氧原子消毒器，消毒 40 分钟；关机 15 分钟后开门，接种人员迅速进入接种室外间，关好外间的门，穿戴好工作服，向空间喷 75% 的酒精消毒后再进入里间。接种按无菌操作（同菌种部分）进行。侧面打穴接种一般用长 55cm 塑料筒作料袋，接 5 穴，一侧 3 穴，另一侧 2 穴。3 人一组，第一人先将打穴用的木棒的圆锥形尖头放入盛有 75% 酒精的搪瓷杯中，酒精要浸没木棒尖头 2cm，再将要接种的料袋搬一个到桌面上，一手用 75% 的酒精棉纱擦抹料袋朝上的侧面消毒，一手用木棒在消毒的料袋侧面打穴 3 个。1 个穴位于料袋中间，其他 2 个穴分别靠近料袋的两头。第二人打开菌种瓶盖，将瓶口在酒精灯上转动灼烧一圈，长柄镊子也在酒精灯火焰上灼烧灭菌；冷却后，把瓶口内菌种表层刮去，然后把菌种放入用 75% 的酒精或 2% 的来苏水消过毒的塑料筒里；双手用酒精棉球消毒后，直接用手把菌种掰成小枣般大小的菌种块迅速填入穴中，菌种要把接种穴填满，并略高于穴口。注意，第二人的双手要经常用酒精消毒，双手除了拿菌种外，不能触摸任何地方。第三人则用 3.5cm×3.5cm 方形胶粘纸把接种后的穴封贴严，并把料袋翻转 180°，将接过种的侧面朝下。第一人用酒精棉纱擦抹料袋朝上的侧面，等距离地在料袋上打 2 个穴，然后把打穴的木棒尖头放入酒精里消毒，再搬第二个料袋。第二人把第一个料袋的 2 个接种穴填满菌种，第三人用胶粘纸封贴穴口，并把接完种的第一个料袋（这时称为菌袋）搬到旁边接种穴朝侧面排放好。接完种的菌袋即可进培养室培养。用35cm长的塑料筒作料袋,可用侧面打穴接种,一般打3个穴,一侧2个,一侧1个,也可两头开口接种。

用接种箱接种,因箱体空间小,密封好,消毒彻底,所以接种成功率往往要高于接种室。但单人接种箱只能一个人操作,只适用于在短的料袋两头开口接种。如果是侧面打穴接种,最好采用双人接种箱,由两个人共同操作,一个人负责打穴和贴胶粘纸封穴口,另一个人将菌种按无菌程序转接于穴中。

(四)菌袋的培养

指从接完种到香菇菌丝长满料袋并达到生理成熟这段时间内的管理。菌袋培养期通常称为发菌期,可在室内(温室)、阴棚里发菌,发菌地点要干净、无污染源,要远离猪场、鸡场、垃圾场等杂菌滋生地,要干燥、通风、遮光等。进袋发菌前要消毒杀菌、灭虫,地面撒石灰。夏季播种香菇发菌期正处在高温季节,气温往往要高于菌丝生长的适温(24~27℃),所以发菌期管理的重点是防止高温烧菌。刚接完种的菌袋,3个袋一层呈三角形垒成排,接种穴朝侧面排放,每排垒几层要看温度的高低而定,温度高可少垒几层,排与排之间要留有走道,便于通风降温和检查菌袋生长情况。发菌场地的气温最好控制在28℃以下。开始7~10天内不要翻动菌袋,第13~15天进行第一次翻袋,这时每个接种穴的菌丝体呈放射状生长,直径在8~10cm时生长量增加,呼吸强度加大,要注意通气和降温。在翻袋的同时,用直径1mm的钢针在每个接种点菌丝体生长部位中间,离菌丝生长的前沿2cm左右处扎微孔3~4个;或者将封接种穴的胶粘纸揭开半边,向内折拱一个小的孔隙进行通气,同时挑出杂菌污染的袋。这时由于菌丝生长产生的热量多,要加强通风降温,最好把发菌场地的温度控制在25℃以下。这在夏季播种是很难做到的,但要设法把菌袋温度控制在32℃以下,超过32℃菌丝生长弱,35℃时菌丝会停止生长,38℃时菌丝能烧死。降温的方法很多,可灵活掌握。如减少菌袋垒排的层数,扩大菌袋间距,利于散热降温;温室和阴棚发菌,白天加厚遮盖物,晚上揭去遮盖物;室内和温室发菌,趁夜间外界气温低时,加强通风降温,有条件的可安装排风扇;气温过高,可喷凉水降温,但要注意喷水后要加强通风,不能造成环境过湿,以防止杂菌污染。菌袋培养到30天左右再翻一次袋。在翻袋的同时,用钢丝针在菌丝体的部位,离菌丝生长的前沿2cm处扎第二次微孔,每个接种点菌丝生长部位扎一圈4~5个微孔,孔深约2cm。为了防止翻袋和扎孔造成菌袋污染杂菌,装袋时一定要把料袋装紧,料袋装的越紧杂菌污染率越低。凡是封闭式发菌场地,如利用房间、温室发菌,在翻袋扎孔前要进行空间消毒,可有效地减少杂菌污染。发菌期还要特别注意防虫灭虫。

由于菌袋的大小和接种点的多少不同,一般要培养45~60天菌丝才能长满袋。这时还要继续培养,待菌袋内壁四周菌丝体出现膨胀,有皱褶和隆起的瘤状物,且逐渐增加,占整个袋面的2/3,手捏菌袋瘤状物有弹性松软感,接种穴周围稍微有些棕褐色时,表明香菇菌丝生理成熟,可进菇场转色出菇。

(五)转色

转色管理香菇菌丝生长发育进入生理成熟期,表面白色菌丝在一定条件下,逐渐变成棕褐色的一层菌膜,叫做菌丝转色。转色的深浅、菌膜的薄厚,直接影响到香菇原基的发生和发育,对香菇的产量和质量关系很大,是香菇出菇管理最重要的环节。

1. 转色方法

转色的方法很多，常采用的是脱袋转色法。要准确把握脱袋时间，即菌丝达到生理成熟时脱袋。脱袋太早了不易转色，太晚了菌丝老化，常出现黄水，易造成杂菌污染，或者菌膜增厚，香菇原基分化困难。脱袋时的气温要在15~25℃，最好是20℃。脱袋前，先将出菇温室地面做成30~40cm深、100cm宽的畦，畦底铺一层炉灰渣或沙子，将要脱袋转色的菌袋运到温室里，用刀片划破菌袋，脱掉塑料袋，把柱形菌块按5~8cm的间距立排在畦内。如果长菌柱立排不稳，可用竹竿在畦上搭横架，菌柱以70°~80°的角度斜靠在竹竿上。脱袋后的菌柱要防止太阳晒和风吹，这时温室内的空气相对湿度最好控制在75%~80%，有黄水的菌柱可用清水洗干净。脱袋立排菌柱要快，排满一畦，马上用竹片拱起畦顶，罩上塑料膜，周围维持保湿保温。待全部菌柱排后，温室的温度要控制在17~20℃，不要超过25℃。如果温度高，可向温室的空间喷冷水降温。白天温高多加遮光物，夜间去掉遮光物，加强通风来降温。光线要暗些，头3~5天尽量不要揭开畦上的罩膜，这时畦内的相对湿度应在85%~90%，塑料膜上有凝结水珠，使菌丝在一个温暖潮湿的稳定环境中继续生长。应注意在此期间如果气温高、湿度过大，每天还是要在早、晚气温低时揭开畦的罩膜通风20分钟。在揭开畦的罩膜时，温室不要同时通风，将二者的通风时间要错开。在立排菌柱5~7天时，菌柱表面长满浓白的绒毛状气生菌丝时，要加强揭膜通风的次数，每天2~3次，每次20~30分钟，增加氧气、光照（散射光），拉大菌柱表面的干湿差，限制菌丝生长，促其转色。当7~8天开始转色时，可加大通风，每次通风1小时。结合通风，每天向菌柱表面轻喷水1~2次，喷水后要晾1小时再盖膜。连续喷水2天，至10~12天转色完毕。在生长实践中，由于播种季节不同，转色场地的气候条件特别是温度条件不同，转色的快慢不大一样，具体操作要根据菌柱表面菌丝生长情况灵活掌握。

2. 转色过程中常见的不正常现象及处理办法

（1）转色太浅或一直不转色。如果脱袋时菌柱受光照射或干风袭，造成菌柱表面偏干，可向菌柱喷水，恢复菌柱表面的潮湿度，盖好罩膜，减少通风次数和缩短通风时间，可每天通风1~2次，每次通风10~20分钟。如果空间空气相对湿度太低或者温度低于12℃，或高于28℃时，就要及时采取增湿和控温措施，尽量使畦内湿度在85%~90%，温度掌握在15~25℃。

（2）菌柱表面菌丝一直生长旺盛，长达2mm时也不倒伏、转色。造成这种现象的原因是缺氧，温度虽适宜，但湿度偏大，或者培养料含氮量过高等。这就需要延长通风时间，并让光线照射到菌柱上，加大菌柱表面的干湿差，迫使菌丝倒伏。如仍没有效果，还可用3%的石灰水喷洒菌柱，并晾至菌柱表面不黏滑时再盖膜，恢复正常管理。

（3）菌丝体脱水，手摸菌柱表面有刺感。可用喷水的方法提高空气相对湿度及菌柱表面的潮湿度，使罩膜内空气相对湿度保持在85%~90%。

（4）脱袋后2天左右，菌柱表面瘤状的菌丝体产生气泡膨胀，局部片状脱落，或部分脱离菌柱形成悬挂状。出现这种现象的主要原因是脱袋时受到外力损伤或高温（28℃）的影响，也可能是因为脱袋早、菌龄不足、菌丝尚未成熟，适应不了变化的环境造成。解决办法是严格地把温度控制在15~25℃，空气相对湿度85%~90%，促其菌柱表面重新长出新的菌丝，再促其转色。

（5）发现菌柱出现杂菌污染时，可用Ⅱ型克霉灵 1 : 500 倍液喷洒菌柱，每天 1 次，连喷 3 天。每次喷完后，稍晾再罩膜。

除了脱袋转色，生产上有的采用针刺微孔通气转色法，待转色后脱袋出菇。还有的不脱袋，待菌袋接种穴周围出现香菇子实体原基时，用刀割破原基周围的塑料袋露出原基，进行出菇管理。出完第一潮菇后，整个菌袋转色结束，再脱袋泡水出第二潮菇。这些转色方法简单，保湿好，在高温季节采用此法转色可减少杂菌污染。

3. 香菇菌柱转色后出菇管理

菌丝体完全成熟，并积累了丰富的营养，在一定条件的刺激下，迅速由营养生长进入生殖生长，发生子实体原基分化和生长发育，也就是进入了出菇期。

（1）催蕾。香菇属于变温结实性的菌类，一定的温差、散射光和新鲜的空气有利于子实体原基的分化。这个时期一般都揭去畦上罩膜，出菇温室的温度最好控制在 10~22℃，昼夜之间能有 5~10℃ 的温差。如果自然温差小，还可借助于白天和夜间通风的机会人为地拉大温差。空气相对湿度维持 90% 左右。条件适宜时，3~4 天菌柱表面褐色的菌膜就会出现白色的裂纹，不久就会长出菇蕾。此期间要防止空间湿度过低或菌柱缺水，以免影响子实体原基的形成。出现这种情况时，要加大喷水，每次喷水后晾至菌柱表面不黏滑，而只是潮乎乎的，盖塑料膜保湿。也要防止高温、高湿，以防止杂菌污染，烂菌柱。一旦出现高温、高湿时，要加强通风，降温降湿。

（2）子实体生长发育期的管理。菇蕾分化出以后，进入生长发育期。不同温度类型的香菇菌株子实体生长发育的温度是不同的，多数菌株在 8~25℃ 的温度范围内子实体都能生长发育，最适温度在 15~20℃，恒温条件下子实体生长发育很好。要求空气相对湿度85%~90%。随着子实体不断长大，呼吸加强，二氧化碳积累加快，要加强通风，保持空气清新，还要有一定的散射光。出菇始期在秋季。由于秋高气爽，气候干燥，温度变化大，菌柱刚开始出菇，水分充足，营养丰富，菌丝健壮，管理的重点是控温保湿。早秋气温高，出菇温室要加盖遮光物，并通风和喷水降温；晚秋气温低时，白天要增加光照升温，如果光线强影响出菇，可在温室内半空中挂遮阳网，晚上加保温帘。空间相对湿度低时，喷水主要是向墙上和空间喷，增加空气相对湿度。当子实体长到菌膜已破，菌盖还没有完全伸展，边缘内卷，菌褶全部伸长，并由白色转为褐色时，子实体已八成熟，即可采收。采收时应一手扶住菌柱，一手捏住菌柄基部转动着拔下。整个一潮菇全部采收完后，要大通风一次，晴天气候干燥时，可通风 2 小时；阴天或者湿度大时可通风 4 小时，使菌柱表面干燥，然后停止喷水 5~7 天。让菌丝充分复壮生长，待采菇留下的凹点菌丝发白，就给菌柱补水。补水方法是先用 10 号铁丝在菌柱两头的中央各扎一孔，深达菌柱长度的1/2，再在菌柱侧面等距离扎 3 个孔，然后将菌柱排放在浸水池中，菌柱上放木板，用石头块压住木板，加入清水浸泡 2 小时左右，以水浸透菌柱（菌柱重量略低于出菇前和重量）为宜。浸不透的菌柱水分不足，浸水过量易造成菌柱腐烂，都会影响出菇。补水后，将菌柱重新排放在畦里，重复前面的催蕾出菇的管理方法，准备出第二潮菇。第二潮菇采收后，还是停水、补水，重复前面的管理，一般出 4 潮菇。有时拌料水分偏大，出菇的温度、湿度适宜，菌柱出第一潮菇时，水分损失不大，可以不用浸水法补水，而是在第一潮菇采收完，停水 5~7 天，待菌丝恢复前面的催蕾出菇管理，当第二潮菇采收后，再浸泡菌柱补水。浸水时间可适当长些。以后每采收一潮菇，就补一次水。

冬季气候阴雨多湿。这时的菌柱经过秋冬的出菇，由于菌柱失水多，水分不足，菌丝生长也没有秋季旺盛，管理的重点是给菌柱补水，浸泡时间 2~4 小时，还可结合补充营养成分如糖和微量元素，要注意保温保湿，空气相对湿度保持在 85%~90%。并适当通风。

（六）出菇后的管理

加强各期的水分管理，是提高香菇产量的重要措施。根据香菇不同季节的生长特点，对水分的管理也有所侧重。

1. 秋菇（10—12 月）

由于菌丝健壮，培养料含水量也较充足，能满足原基生长。管理上主要是抓菇房保湿和塑料薄膜控制小气候的温度、湿度和空气。

（1）当出现小菇蕾时，应把覆盖的塑料薄膜提高 5~6 寸（1 寸 ≈ 3.33cm），让其出菇。

（2）随菇大小、多少、气温高低，灵活掌握水量，保持空气湿度 85%~90%。

（3）第一批菇收后，停水几天，以利菌丝恢复，然后连续喷水几天，使它干干湿湿；拉大温差 10℃ 以上，有利于下一批子实体的形成。

2. 冬菇（1—2 月）

各菇菌块不宜过湿，只要保持菌块湿润即可。过湿不利菌丝生长，小菇也容易死亡，冬季一般只要求出一潮菇。主要以养菌发壮为主，块内水分不能低于 40%，一般以 50% 比较理想。

3. 春菇（3—5 月）

春菇的水分管理是一项极为重要的工作。随着气温升高，此时菌块含水量已降低，应适当补给水分。

可用空中喷雾及地面浇水等方法调整菇房相对湿度到 85%~90%，菌砖表面用喷雾器均匀喷水，使菌砖保持湿润状态。喷水时注意，天晴多喷，阴雨天少喷或不喷，菌砖干燥时多喷，湿润时少喷，菌丝衰弱或有少量杂菌发生时少喷，灵活掌握。当菌砖内部由于蒸发及多批菇的生长而失水过多，在含水量低于 40% 的情况下，子实体的形成便受到抑制，这时可将菌砖直接放入水中浸泡 12~24 小时，使菌砖增重 05kg 左右，以补充菌砖的水分。如果这时气温在 15℃ 左右，取出的菌块要放在培养室催蕾（温度控制在 22℃ 左右），等形成较多子实体时，搬回菇房，保湿出菇。用这种分期分批浸水催蕾的方法，可使香菇产量大幅度提高。

对菌砖表面菌膜过厚、水分不易浸入的，可用小刀将表面划破几处，便于吸水。每批菇采收 10 余天后，或有少量菇蕾出现时进行浸水可刺激菇的发生和生长。

（七）采收

采收早了要影响产量，采收迟了又会影响质地，只有坚持先熟先来的原则，才能达到高产优质。具体采收标准是：当菌伞尚未完全张开，菌盖边缘稍内卷，菌褶已全部伸直时，为采收最适期，采菇应在晴天进行。

二、香菇椴木栽培

（一）备料

1. 树种的选择

据统计，我国可用于香菇栽培的树种有近 200 种，然而不同的树种栽培香菇产量差别很大，选用栽培产量高的树种栽培香菇是夺取优质高产的基础。一般壳斗科、桦木科、槭木科、槭树科和金缕科的阔叶树都是栽培香菇的主要树种。

2. 采集菇木

香菇的营养和水分均来自菇木。因此，对菇木质量的好坏和砍伐季节都直接关系到栽培的成败和产量的高低。

（1）砍树季节，我国土地辽阔，气候千差万别，植被复杂，树种不同，砍树时间也有差异，总的标准是：落叶树种应掌握在树叶变黄（红）叶落一直到春季发芽前砍伐最好。江南各省应在冬至—立春之间。这段时期树木贮藏的营养最丰富，树液流动不快，树皮和木质部之间结合紧密，树皮易脱落，并有利于留下的树桩萌发更新。

（2）树径。菇木直径最好为 7～10cm，树径过粗，产菇晚，单产低，过于笨重，搬运困难；树径太小，接种麻烦并容易干燥。但是为了充分利用资源，直径达 3cm 以上的都应利用，小径菇木还有出菇早、单产高的优点。

（3）严格保护树皮。树皮对于香菇菌丝在菌材内蔓延及子实体的纽结有着极其重要的关系，假如树皮脱落，前期的菌丝即便长得再好也难出菇，树皮能使菌丝少受外界不利气候变化的影响，防止病虫害的侵害。所以从砍树、搬运到栽培管理都应该保证树皮的干净和完整。

（4）截段和干燥、菇木砍倒以后，带枝叶置于山场，使其抽水干燥，一般需半月左右，径级大，含水率高的（如枫香树）干燥时间应更长些，反之，干燥时间应短些。

菇木适当干燥后要去枝截断，去枝时在近树干处留下 1 寸左右，可以减少杂菌侵入树身，增加出菇量，去枝后即将原木锯成 1m 左右长的段，用石灰浆刷在伤口和断面，并将大、中、小菇木分开堆放，用石块填底，距地 10cm 左右，以"井"字形或"屋脊"形堆叠起来。堆高 1.5m 左右。堆叠场所要选择比较平坦的向阳坡，太阳能晒到，而且通风良好的地方，以加速段木的收浆干燥过程。堆叠段木时，要把不同砍伐期和径级差别大的分开堆叠，含水率高（如枫香）不容易干燥的和大径级的段木要堆叠在太阳照射时间长、通风良好、容易干燥的地方，以加速树木组织死亡。当菇木含水率降到 50% 左右时接种成活率最高。菇木含水率的检验除用木材水分计或称重法检查外，外观检查标准是打孔时段木不出水，截断面由于水分蒸发而出现短的裂痕，表示含水率已适合。从砍树到适宜程度所需时间，因树种、径级、天气、干燥环境条件而异，一般需要一个月左右。

（二）接种

1. 接种期

接种期取决于气温条件和段木含水量。香菇菌丝一般在 5～30℃ 均可生长，温度低时菌丝生长虽然慢些，但可减少杂菌污染，因此结合砍伐期，当气温达到 5℃ 以上时可接种，以利早出菇。我国长江以南的栽培区，从 2 月至 4 月上旬均可接种，最适期为 2 月至

3 月中旬；长江中、上游则推迟十天至半月。

2. 菌种的选择

菌种选择包括两个含意，一个是选适宜的品种；一个选质量过得了关的纯菌种。

（1）品种选择。我国目前栽培的品种绝大部分是从日本引种来的，国内杂交，选育一些品种，也常以日本引进的 7402、7405 等作亲本或直接在该品种中分离得来。也有从新加坡引进的，按其子实体发生对温度的要求可分成：调温型、中温型、低温型；按其发生季节可分成：夏秋型、春秋型、秋型、周年型；按其销售目的可分成：鲜菇型、干菇型。

各地应根据自然气候条件，选用适合本地区气候类型和产销特点的菌种。不能死搬硬套。购买菌种时，一定要了解该品种的特性，以便按其品种类型制定管理方案，若条件许可，应提前向制种单位订购自己所需要的品种。

（2）菌种质量选择。在选择香菇种时，应主要注意这样几个方面。

①菌丝白色而且浓深，长有香菇菌丝的木屑培养基由棕褐色变成浅黄褐色，并有香菇特有的刺激性香味。

②香菇的气生菌丝有爬壁能力，菌丝会长到培养基上玻璃瓶的瓶壁。常在培养基表面结成一层浓密的菌膜，并会分泌出棕色的"酱油状液体"，菌膜也会逐渐变成棕色。

③培养基中的菌丝，肉眼观察应是均匀一致的，凡出现杂色斑块或有明显的拮抗线，都是菌种不纯或者有污染杂菌的征象。

④有些比较速生的香菇新品系，由于培养过程中温差刺激，瓶内常可看到一些白色的，形同豌豆的纽结物，这是香菇的原基，即香菇菌种一个主要特征，这样的菌种一般都是较早出菇的速生丰产品系。

⑤菌龄太长，衰老的香菇种，瓶内也常有大量子实体出现，但和上述菌种有明显区别，前者菌丝洁白旺盛，培养基充实饱满，后者菌丝发黄，培养基萎缩，大部脱离瓶壁，菌种老化，生命力下降，严重老化的菌种不能用。

⑥不要向不具有技术设备和条件、信用差的单位和个人购种。

⑦菌种买来后要尽快按计划接种，以免菌种逐步老化，有时菌种运到时还是好的，使用时却变坏了，这与保管不善，放置时间长有关，菌种使用前应放在清洁、通风、室温在15℃左右的暗处，不要和农药、化肥及其他杂物存放在一起。

（三）接种工具

1. 打孔器

专门特制的一种用于段木接种的打孔器，香菇、黑木耳、毛木耳、银耳等段木接种都可以用。这种打孔器配有口径 1.4cm 和 1.6cm 的冲头。用 1.4cm 冲头打孔，1.6cm 的冲头打木塞或树皮盖，使用起来速度快，又方便，特别适宜没有电源的地区使用。

2. 手提式电钻

在有电源的地方可用手提式电钻配 1.5cm 钻头打孔。

3. 皮带冲

用 1.4cm 配 1.6cm 或 1.2cm 配 1.4cm 的冲头。除了打孔和打塞用的冲头外，还必须准备挖种钩、小钉锤、盛菌种用的小盒或碗，消毒用的酒精或高锰酸钾，木马（木工用的不是幼儿园的木马）等。

4. 接种操作

段木接种应选择晴天进行。冒雨接种或雨虽停但段木表皮还是湿的接种都会造成污染。接种时分打孔、放种、盖塞三道工序，可将接种人员分成二组或三组，接种前各用具和手消毒，若用木塞盖孔，须提前制备、煮沸。冷却后使用；若用石蜡封口，其配方是石蜡80%、松香15%、猪油5%，加热溶化后混合，还可用1.6cm的皮带冲，打下0.3～0.4cm厚的硬纸板，再用溶化的石蜡浸泡一下代替木塞，现在大多数栽培者是用树皮盖孔，树皮盖现用现打。

第一组将段木桥在木马上，用打孔工具按6寸的株距，2寸的行距呈"品"字形打1.5～2cm深的孔。

第二组用挖种钩将瓶内菌种成块地挖在盛种盆内。用手分成蚕豆大的颗粒放入孔内，盖上木塞或由第三组盖上木塞，用小钉锤轻轻打紧、打平。整个接种过程应保持清洁卫生，段木也要保持干净。

（四）选择菇场

在香菇林地栽培中，菇场选得是否合适，直接关系到菌丝体的生长发育和产量高低，菇场的海拔高度以800～1 800m为宜，在这个高度范围内温差变化大，菇场方向决定着日照状况，温差变化和温度大小，良好的菇场应夏天日照少，环境阴凉，利于段木内菌丝生长，而冬天日照多，有利于子实体发生对温、光的要求，日本的高产栽培是根据香菇菌丝生长和子实体发生对温、光的不同要求搞"两场制"。森林内设置场应选择在山腰部位，坡度平缓（30°以下），近水源、通风、排水良好的阳山面，林冠郁闭度以0.6为宜。菇场选好后，在菇木进场前一定要把地上及周围一定距离的杂草和影响通风的灌木丛清除掉，开好截水沟，撒上一些杀虫和石灰粉，创造一个适宜于香菇生长而不利于杂菌、害虫生长的生态环境。若搭人工阴棚，也应达到上述环境条件，遮阴的郁闭度还应高一些，以0.7为宜，若能用葡萄、猕猴桃等藤本植物作永久性遮阴物，效果更好。

（五）养菌

香菇接种后，就进入了培养菌丝阶段，创造良好的环境，促进菌种的菌丝恢复，定殖和蔓延是养菌阶段的主要目标。

1. 假伏

段木接种后的15～20天内，是菌种在段木中成活，定殖的关键时期，人为的创造一个较高的相对湿度和适温促进菌丝成活，定殖称假伏，方法是：将接了种的菌材按"井"字形成"屋脊形"堆叠成1.5m高，然后用塑料薄膜和茅草覆盖，每隔2～3天喷一次水，一个星期翻一次堆。15～20天后用小刀轻轻挖开几个接种穴检查，若菌种已经长出白色的香菇菌丝，并向周围木材中蔓延，则说明已经成活定殖，即完成假伏阶段，应去掉塑料薄膜，并且把菌材根据地形和湿度情况，灵活采用"蜈蚣式""复瓦式""井字形""屋脊形"等形状。

2. 困山

菌丝成活，定殖之后，主要进行保湿管理，以促进菌材中香菇菌丝的蔓延为目的，这期间称为"困山"阶段。困山阶段的菌材，每隔10～15天必须进行一次翻堆，将"井字形""屋脊形"堆叠的菌材上下对调，里外对调，其他堆式的菌材上下掉头。连续晴天，每隔2~3天喷水一次。困山阶段菌材中香菇菌丝生长的好坏，直接关系到今后香菇产量的高低和质量的优劣，这阶段的管理必须以香菇生长条件为中心。针对自然界的现成条件，进行人为的调控，这就是香菇栽培的管理艺术，要能熟练掌握它，在很大程度上依赖于栽培者的直观感受、知识水平、技巧和经验，仅从书本上的理论知识是不够的，还需要通过长期实践和积累经验。

（六）浸水催菇

段木接种后，通过假伏、困山，菌丝的生长发育速度、菇木大小、树种、堆放和管理情况不同而有差别，在温暖地区，一般冬末春初接种的，经过春、夏、秋三个季节菌丝基本发育成熟，但在寒冷地区或菇木过大，菌丝要经过两个夏天的生长发育才能进入出菇阶段。约在立冬前后，气温下降到月平均14~16℃，菇蕾就相继出现，这时应人为扩大温差和湿差，刺激出菇，方法是：趁天气晴朗气温升高时，进行喷水2~3天，然后盖上塑料薄膜使堆内温度升高，待气温开始下降时，把菌材浸入冷水中，大约20小时，菌材不再冒气泡时表示已基本吸足水分，这时应将菌材搬进菇场，按"人字形""牌坊型"或"蜈蚣形"排列出菇。小菇蕾出现后，若遇低温干燥，长出的菇肉质肥厚，朵形大、质量高，若遇连续阴雨，有条件的尽可能采取遮盖措施。否则，子实体因水分多长成薄菇。第一批菇采收后，不能马上补水，需经1~2个月，让菇木干燥一段时间后再补水，进行第二次催菇。

（七）采收加工

适时采摘是保证香菇质量的先决条件，当香菇子实体长到七分成熟时，边缘仍向内卷曲，菌盖尚未全展开，就应该及时采摘。这种菇加工后肉质肥厚。香味浓郁，质量最佳，若等菌盖完全展开才采收的菇品质就差了。冬季气温下降后，遇上晴雨（雪）相间，子实体发出后遇上低温干燥天气，菌盖上出现白色的辐射状或菊花状裂纹，菇肉肥厚，称为"花菇"，这是香菇中的高档佳品。刚采摘的鲜菇，肉质脆嫩，要轻拿轻放，保持朵形完整，采收后则应抓紧鲜销上市。若干制，必须当天烘烤，不能久留。

复习题

1. 高压灭菌操作步骤和注意事项。
2. 香菇袋栽技术。

第四章　黑木耳栽培技术

第一节　黑木耳基本知识

一、黑木耳的营养和药用价值

黑木耳是我国传统的出口商品之一，我国黑木耳一直居世界首位。黑木耳营养丰富，口感酥滑脆，历来是我国人民餐桌上的佳肴，黑木耳的蛋白质含量相当于肉类，维生素 B_2 含量是一般米、面和大白菜以及肉类的 $4\sim10$ 倍，钙的含量是肉类的 $4\sim10$ 倍。黑木耳还有很高的药用价值，据《神农本草经》等记载，黑木耳具有清肺、润肺、益气补血等功效。因此是矿山、纺织工业工人良好的保健食品。现代医学证明黑木耳中的多糖体具有增强人体免疫力，防癌抗癌等功效。美国科学家发现黑木耳能减低血液凝块，缓和管状动脉粥样硬化，并且能明显地防止血栓的形成。明代医学家李时珍在《本草纲目》中写到"木耳生于朽木之上，主治益气不饥，清身强志，并有治疗痔疮，血淤下血等作用。"

经现代科学化验分析，每 100g 鲜黑木耳中，含水 11g，蛋白质 10.6g，脂肪 0.2g，碳水化合物 65g，纤维素 7g，灰分 5.8g（在灰分中，包括钙质 375mg，磷质 201mg，铁质 180mg）；此外，还含有多种维生素，包括维生素 A（胡萝卜素）0.031mg，维生素 B 0.7mg（其中维生素 B_1 0.15mg，维生素 B_2 0.55mg），维生素 C 217mg，维生素 D（安角固醇）及肝糖等。因此，黑木耳的营养比较丰富，滋味鲜美。

二、黑木耳栽培历史和现状

我国黑木耳栽培的历史比较悠久，具有关历史资料记载，至少有八百年以上。在早期，我国的黑木耳产区是采用老法栽培，有的是借助于黑木耳孢子的自然传播；有的是借助于老耳木的菌丝蔓延；有的是利用碎木耳来接种。20 世纪 50 年代，我国科学工作者经过艰苦的努力，成功地培育出纯菌种，并应用于生产，改变了长期以来的半人工栽培状态，不仅缩短了黑木耳的生产周期，而且产量也获得了成倍的增长，质量也有显著提高。70 年代以来，国内又开展了代料栽培黑木耳的研究，现已应用于生产。黑木耳代料栽培是利用木屑、玉米芯、稻草作原料，用玻璃瓶、塑料袋等容器栽培黑木耳。代料栽培资源丰富，产量高，周期短，是一种有发展前途的栽培方法。我国黑木耳无论是产量或质量均居世界之首，是我国的拳头出口商品，远销海内外，在东南亚各国享有很高声誉，近年来，已进入欧美市场，换汇价值较高。

三、黑木耳的生物学特性

黑木耳在植物分类中隶属真菌门担子菌纲异隔担子菌亚纲银耳目黑木耳科黑木耳属。近年来，国外也很重视黑木耳生产，但除日本外，国外生产的黑木耳，不是真正黑木耳，大部分是黑木耳的近缘种——毛木耳。由于毛木耳生长环境与黑木耳相同，在我国分布也相当广泛，外表与黑木耳也非常相似，所以国内也常常有人误将毛木耳当成黑木耳的。毛木耳子实体粗大肉厚，栽培生产也较黑木耳容易，产量比黑木耳高得多，但品质较黑木耳低，吃起来质脆不易嚼烂，质量远不及黑木耳，目前市价是黑木耳的1/3左右。

（一）黑木耳的形态特征

在自然界中，黑木耳侧生于枯木上，它是由菌丝体、子实体和担孢子三部分组成。

1. 菌丝体

黑木耳菌丝体，由许多具有横隔和分枝的绒毛状菌丝所组成，单核菌丝只能在显微镜下观察到，菌丝是黑木耳分解和摄取养分的营养器官，生长在木棒、代料或斜面培养基上，如生长在木棒上则木材变得疏松呈白色；生长在斜面上，菌丝呈灰白色绒毛状贴生于表面，若用培养皿进行平板培养，则菌丝体以接种块为中心向四周生长，形成圆形菌落，菌落边缘整齐，菌丝体在强光下生长，分泌褐色素使培养基呈褐色，在菌丝的表面出现了黄色或浅褐色。另外，培养时间过长菌丝体逐渐衰老也会出现与强光下培养的相同特征。

2. 子实体

又称为担子果即食用部分，是由许多菌丝交织起来的胶质体。初生时呈颗粒状，幼小时子实体呈杯状，在生长过程中逐渐延展成扁平的波浪状，即耳片。耳片有背腹之分，背面有毛，腹面光滑有子实层，在适宜的环境下会产生担孢子，子实体新鲜时有弹性，干时脆而硬，颜色变深。担孢子通常是一个核的单位体结构，肾形，长9~14μm，宽5~6μm。大量担孢子聚集在一起时可看到一层白色粉末。

（二）生活史

黑木耳的生长发育是由担孢子—菌丝体—子实体—担孢子，称为一个生活周期或称为一个世代。黑木耳的有性繁殖，是以异宗结合的方式进行的，必须由不同交配型的菌丝结合才能完成其生活史。黑木耳是异宗结合的两极性的交配系统，是单因子控制，具有"十""一"不同性别。不同性别的担孢子在适宜条件下萌发后，产生单核菌丝，这种菌丝称为初生菌丝。初生菌丝初期多核，很快产生分隔，把菌丝分成多个单核细胞。当各带有"十""一"的两条单核菌丝结合进行核配后，产生双核化的次生菌丝，也叫双核菌丝。次生菌丝的每一个细胞中都含在两个性质不同的核，双核菌丝通过锁状联合，使分裂的两个子细胞都含有与母细胞同样的双核。它比初生菌丝粗壮，生长速度快，生活力强。人工培育的菌种就是次生菌丝。次生菌丝从周围环境大量吸收养料和水分，大量繁殖，菌丝交替缠绕，生长在基质中的密集菌丝构成了肉眼可见的白色绒毛就是菌丝体。经过一定时间，菌丝体逐渐向繁殖体的子实体转化，在基质上长出子实体原基。通过从基质中大量吸收养分和水分，逐渐形成胶状而富有弹性的黑木耳子实体。发育成熟的子实体，在其腹面产生棒状担子。担子又从排列的4个细胞侧面伸出小枝，小枝上再生成担孢子。担孢子经过子实体上特殊的弹射器官被弹离子实体，借风力飘散，找到适宜的基质又重新开始一代新的生活史。在适宜的条件下，整个一代生活史需要60~90天完成。

（三）黑木耳生长发育所需要的外界条件

黑木耳在生长发育过程中，所需要的外界条件主要是营养、温度、水分、光照、空气和酸碱度。这里影响较大的因素为水分和光照。

1. 营养

黑木耳赖以生存的营养，完全依靠其菌丝体从基质中吸取。纤维素和木质素是其主要的营养来源，一般壳斗科树木的树干中，纤维素含量约为40%，木质素约为24%，半纤维素中包括多聚戊糖（约为20%）和甲基多聚戊糖（约为1%）。黑木耳在分解、摄取养料时，能由菌丝体不断地分泌多种酶，通过酶的作用分解纤维素，木质素以及其他有机大分子化合物，使它们转变成黑木耳菌丝体易于吸收的小分子量的简单化合物。此外，黑木耳生长还需含氮化合物、维生素及微量的钙、铁、钾等无机盐类，耳树的这些营养是很丰富，尤其是边材发达和生长在土质肥沃，向阳山坡的耳树，养分特别充足。在这些耳树上长出的黑木耳，朵大、肉厚、产量高。耳树中含有的营养物质基本可以满足黑木耳生长发育的需要，但是在用锯木屑等袋料栽培的黑木耳时，则应添加一定量的麦麸、米糠，以补充氮源及维生素源的不足。

2. 温度

黑木耳属中温性菌类，菌丝在6~36℃均能生长，但以22~32℃为合适温度，在5℃以下和38℃以上，菌丝生长受抑制。黑木耳对低温有很强的耐受力，生长在机制中的菌丝体和幼小的耳片可以忍耐-40℃以下的低温，可在我国任何地区自然条件下越冬。黑木耳对短时间的高温也有较强的耐受力，高温条件下菌丝生长较快，纤细，生长势弱。受过高温的菌种种植后有明显的减产作用。在15~27℃的条件下均能化为子实体，但以20~24℃为最适宜温度，在温度较低，温差较大条件下，黑木耳耳片生长较为缓慢，但子实体色深，肉厚，抗流耳能力强，品质好。而在高温条件下，耳片生长速度快，色浅，肉薄，品质不佳。所以春耳、秋耳品质好于伏耳，在高温高湿条件下常易出现流耳现象。

3. 湿度

水分是黑木耳生长发育的主要条件之一。在不同的生长发育阶段，黑木耳对水分的要求是不同的。由于水分和透气性是一对矛盾，不同培养基，其透气性和保持水分的能力各不相同。因此不同的培养基，在黑木耳的不同生长发育时期，对水分条件的需要是各不相同的。用耳木种植黑木耳，在菌丝的定殖，蔓延生长时期，含水量应为45%~55%，而木屑培养基含水量应为55%~60%。水分过少，影响菌丝体对营养物质的吸收和利用，生活力降低，生长缓慢。水分过多，会导致透气性不良，造成氧气供应不足，菌丝体的生长发育受到抑制，可能导致窒息甚至死亡，另外易造成厌气性杂菌的滋生蔓延。在子实体发生和生长阶段，耳木含水量应为60%~70%，木屑培养基水量应为70%~75%。可见在子实体发生和生长阶段要求培养基的含水量要高于菌丝定殖和生长蔓延阶段。这是因为在子实体形成和生长阶段要求有更多的水分参与养分的运输。另外，在这个阶段，还需要有较高的空气湿度（90%~95%），以保证耳片的正常生长和发育。

4. 光照

黑木耳在各个发育阶段，对光照的要求是不同的，在黑暗条件菌丝能正常生长，但子实体形成和生长都需要有可见光。据报道，黑木耳只有在光照强度为 250~1 000lx，才有正常的深褐色。再微弱光照条件下，耳片呈淡褐色，甚至白色。又小又薄，产量低。因为黑木耳是胶质菌，所以强烈的阳光暴晒不会使其子实体干枯死亡，但是烈日暴晒，易引起水分大量蒸发，生长缓慢，影响产量。木段栽培条件下由于有树皮保护，不会引起水分过度散失，除生长缓慢外，产量无大影响。但袋料栽培黑木耳出耳阶段必须搭荫棚，并增加喷水，以防烈日暴晒引起水分过度散失，而造成严重减产甚至大面积污染。

5. 空气

黑木耳是好气性真菌。缺乏氧气，会使菌丝体和子实体的生长发育受到影响，甚至会造成窒息死亡，调治培养基时，水分不可过高，装瓶不能太满，在黑木耳整个生长发育过程中，栽培场地应保持空气畅通，清新，以供给菌丝体、子实体生长发育充足的氧气，另外，空气流通清新还可以避免烂耳，减少病虫滋生。

6. 酸碱度

黑木耳喜欢微酸性环境中生活。菌丝体在 pH 值 4~7 范围内都能正常生长，以 pH 值 5~6.5 最适宜。在段木栽培中，除了应注意喷洒的水具有酸碱度外，一般不需考虑这个问题。上述各种条件彼此并非孤立，它们是相互影响，综合地对黑木耳生长发育起作用。因此，人们在栽培黑木耳的过程中，应根据其习性进行综合性的科学管理，以便获得木耳的高产和稳产。

第二节 黑木耳常见栽培品种

一、木耳

子实体丛生，常覆瓦状叠生。耳状、叶状或近叶状，边缘波状，薄，宽 2~6cm，最大者可达 12cm，厚 2mm 左右，以侧生的短柄或狭细的基部固着于基质上。初期为柔软的胶质，黏而富弹性，以后稍带软骨质，干后强烈收缩，变为黑色硬而脆的角质至近革质。背面外面呈弧形，紫褐色至暗青灰色，疏生短绒毛。绒毛基部褐色，向上渐尖，尖端几无色，$(115~135)$ $\mu m \times (5~6)$ μm。里面凹入，平滑或稍有脉状皱纹，黑褐色至褐色。菌肉由有锁状联合的菌丝组成，粗 2~3.5 μm。子实层生于里面，由担子、担孢子及侧丝组成。担子长 60~70 μm，粗约 6 μm，横隔明显。孢子肾形，无色，$(9~15)$ $\mu m \times (4~7)$ μm；分生孢子近球形至卵形，$(11~15)$ $\mu m \times (4~7)$ μm，无色，常生于子实层表面。

二、毛木耳

子实体初期杯状，渐变为耳状至叶状，胶质、韧，干后软骨质，大部平滑，基部常有皱褶，直径 10~15cm，干后强烈收缩。不孕面灰褐色至红褐色，有绒毛，$(500~600)$ $\mu m \times (4.5~6.5)$ μm，无色，仅基部带褐色。子实层面紫褐色至近黑色，平滑并稍有皱纹，成熟时上面有白色粉状物即孢子。孢子无色，肾形，$(13~18)$ $\mu m \times (5~$

6) μm。

三、皱木耳

子实体群生，胶质，干后软骨质。幼时杯状，后期盘状至叶状，（2~7）cm×（1~4）cm，厚5~10mm，边缘平坦或波状。子实层面凹陷，厚85~100μm，有明显的皱褶并形成网格。不孕面乳黄色至红褐色，平滑，疏生无色绒毛；绒毛（35~185）μm×（4.5~9）μm。孢子圆柱形，稍弯曲，无色，光滑，（10~13）μm×（5~5.5）μm。

第三节 黑木耳菌种生产

在食用菌种的培养上；我们把从黑木耳身上和从耳棒中分离出来的菌丝称为母种，把母种扩大到锯木培养基上进行培养，产生的菌丝称"原种"，再把原种经过繁殖培养成栽培种用于生产。生产种（栽培种）培养基，用于点种木耳。

配方1：枝条（青岗树枝条）35kg、锯末9kg、麸皮5kg、蔗糖0.5kg、石膏0.5kg、水适量。

配方2：棉皮5kg、木屑35kg、麸皮9kg、蔗糖0.5kg、石膏0.5kg、水适量。

配制方法：除枝条种先将枝条用70%的糖水浸泡12小时后捞出木屑麸皮，倒在一块搅匀，再把余下的30%蔗糖和石膏用水化开洒在上面，一面加水一面搅拌外，余下生产方法与生产母种相同。

第四节 黑木耳栽培技术

一、黑木耳袋栽

原料配制→装袋→灭菌→接菌→养菌→开口催耳→出耳管理→采收加工。

（一）优良菌种选择

优良菌种的含义有两个方面，一是菌株本身特性要优良，并适于装袋方式适于木段栽培的菌株，不一定适于袋栽，在一个地区表现好的菌株，在另一地区不一定表现好，因此选择使用适合于地区气候特点和适合于装袋的菌株，对于搞好装袋栽黑木耳非常重要。二是菌种质量要好，袋栽黑木耳无论是使用二级菌种还是三级菌种，都要求菌种生长强壮，生长势强，无污染，无老化菌龄适宜。实践证明，目前有许多袋栽适合于黑木耳。

（二）培养料配制

能用于栽培黑木耳的材料非常广泛，几乎所有天然有机物都可用来栽培黑木耳，不同原料，化学成分不同，物理状态不同，栽培黑木耳的效果也往往不同。任何一种天然材料在化学和物理性状上都很难达到黑木耳生长和出耳要求最佳状态。因此，根据黑木耳营养生长和生殖生长的生理特点合理调配材料，才能获得较好的效果在我国北方地区适合于栽培黑木耳的材料很多，主要有棉籽壳、锯木屑、玉米芯、豆秸粉及稻草粉等，下面介绍几种目前北方广大农村使用的袋栽配方。

（1）锯木屑80%、麦麸16%、豆饼粉2%、石膏0.5%、石灰0.8%。

（2）锯木屑45%、豆秸45%、麦麸10%、石膏0.5%、石灰1%。

（3）锯木屑45%、玉米芯45%、麦麸10%、石膏0.5%、石灰1%。

（4）玉米芯90%、麸皮10%、石膏0.5%、石灰1%。

以上各种配方加入适量水，含水量55%~60%。

（三）装袋

选17cm×16.5cm、3.4~3.8g的聚乙烯折封口袋，用手工或机械装袋均可。配制好的培养基要立即装袋，略实些。料装到料高的3/4处，一般每袋装料（干料）350g，湿料重900~1 000g。表面压平，手工装袋用2cm直径木棍垂直打一中心洞，以便直观二点接菌，促使菌龄一致。认真清理袋口黏着物，然后封口。机械装袋则一次完成。封口多用套颈圈法（市售成品或用打包袋黏合，直径2~3cm），加棉塞或无棉盖体，也可以用皮筋扎口，要均匀一致，松紧适当。

（四）灭菌

袋封好口后直接装入专用周转筐内，可以采用高压灭菌或常压灭菌，若无专用周转筐，用锅帘亦可。目的是袋之间不要挤压不要妨碍水蒸气穿透，要达到无灭菌死角。常压灭菌锅温度达100℃时计时，一直维持8小时停火后再焖3~5小时，或焖一夜为好。高压灭菌时要求在1.5kg/cm²压力以下，维持1.5小时。代袋取出后，料温降到30℃方可接菌。

（五）接种

接种可在无菌室或无菌箱内操作。使用以前先用甲醛及高锰酸钾熏蒸12~24小时，再工作为好。然后用紫外线灯杀菌30分钟才可接种。接种可采用酒精灯火焰接菌、蒸汽接菌、干热风接菌器、负离子净化接菌器、超净工作台接菌，各取方便。每种方法多要严格按照无菌操作程序操作。每瓶二级菌种，可接菌袋40~50袋。接种前勿忘严格检查菌种质量。接种工具可用接菌勺或自制的接菌枪。

（六）培养

这一步也叫养菌，接入菌种后的料袋也叫菌袋，菌袋培育期需50~60天，这期间的管理内容是：培养室消毒及放菌袋。培养室消毒前先安置好床架，可搭4~7层，视规模大小而定，层距不小于30cm。床面可取任何材料（包括玉米秆）但表面一定平整、光滑，避免刺破袋底部。灭菌方式与接种室消毒要求相同。排放菌袋时，不要用手提袋口，防止进入空气，造成污染。袋与袋之间不要挤压，造成变形。控制室温：接菌后1~15天为萌发期，前5天室温以26~28℃为宜，促进菌丝吃料，定殖，造成生长优势。形成表面菌层，减少杂菌入侵。6~15天室温调节在25~26℃。培养15天之后，菌袋中菌丝已长入料内3cm以上，此时菌丝生长旺盛，成分枝状，室温可降到23~24℃，促进菌丝健壮。湿度：菌丝培养室的温度对菌袋湿度能起到微调作用，室内相对湿度维持60%~70%为好。光照与通风：室内在菌丝生长阶段一定要防光，窗门用草帘或布遮挡。室内安有钨灯在工作需要时用于照明。木耳是好气菌，发菌过程要求空气清新，根据实际室内空气情况，可以开小窗通风 20 分钟左右即行。经常检查菌袋情况，从培养第五天开始，每隔 3 天要检查一遍菌袋，随时移走污染的菌袋。如有少量霉菌，可以将袋中污染料挖出，加上新料重新灭菌、接菌，如污染严重则必须隔离，不可挽救。

（七）催耳

1. 适时开口

菌丝发满菌袋后当室外气温已达 15℃，即可开口催耳。开洞前，去掉菌袋的颈圈和棉塞，将塑料袋口内折（向一侧）后再卷到一起，再用 0.2% 高锰酸钾擦洗袋面，待药干后用刀片打洞，刀片一定要消毒洞穴以"V"字形为好，每边长 2~3cm。划口深度一般为 2~3mm。穴口数以 10~12 为宜，"品"字形排列，袋底划 2 个"X"形口出耳时可将菌袋倒置。小口出耳可以提高商品性，用木板、铁条等固定 5~6 枚直径 4~5mm、高 5~7mm 的铁柱，表面要平，间距为 30mm。每袋排口为 50~60 个。这种方式出耳耳根小，有利于保水和提高品质。

2. 催耳

催耳最佳时期：4 月 20 日至 5 月 15 日，催耳必须在有一定湿度（80%~90%）的房间、荫棚、大棚、温室、野外、畦子上进行。

（1）荫棚催耳。搭荫棚：棚高 2m，宽 4~6m，长度不限，选用结实的小杆做柱子。先在四周埋好立柱，埋深 50cm 以上，中间应根据荫棚的长宽和横木的长度适当增设立柱，棚顶的经纬木需用铁丝捆紧，棚顶及四周用草帘、草、秸秆等铺盖，达到保温保湿，防止禽畜进入的目的。一般一个 30m² 的荫棚一次可催耳 6 000~7 000 袋。

催耳是棚内温度在 14℃ 以上，24℃ 以下，最好有 10℃ 左右温差刺激，温差越大越利于出耳。空气湿度 75% 以上，最高不超过 90%。若湿度不够可向袋表面喷雾化水，喷的水要洁净，使袋表面湿润即可。注意通风换气，特别是气温较高时要加大通风量，以防杂菌滋生。温度较低可覆膜增温，覆膜后要注意通风和降低湿度。一般经过 10~15 天的保湿和温差刺激，每个菌袋的开穴处即可整齐地形成耳基，耳基形成后可选出催耳棚，摆放到出耳场地进行出耳阶段的管理。

（2）阳畦催耳。根据地势做畦，地势低易积水作高畦，地势高可做低畦，畦宽 1m，长度不限。畦做好后先撒生石灰等消毒，然后把划好口的菌袋倒立摆放，间距 2~3cm。菌袋上覆盖一层地膜，地膜上再盖一层草帘或遮阳网。白天温度高时可向草帘上喷水降温或掀膜通气。夜间揭开地膜和草帘拉大昼夜温差，同时保持空气相对湿度 75%~90%，如湿度不够，向袋表面喷雾化水，或把地面喷湿。可全开形成后可进行出耳管理。

（八）出耳管理

1. 全光栽培

全光栽培就是指菌袋（已形成耳基的）在露天条件下，不需任何遮阴条件、全光照射栽培出耳。先选择好场地（场地要求平整无陡坡、无低洼、裸露地即可），场地平整按水流方向摆放菌袋，每行 12 个，宽约为 0.5cm，两边留作道，道宽约为 80cm，做到作业方便，管理容易省工省时即可。摆出的菌袋要晒 1~2 天后再浇水，雨天可不浇，晴天可早晚各浇水一次。早晨少浇，晚间多浇。这样的条件可使晚间长耳，白天养菌。待耳片长至 3~4cm 时可停水 2 天，让菌丝充分恢复后，再按上述方法喷水管理，直到采收。

2. 阳畦栽培

催耳后的菌袋，重新整齐地摆放在阳畦上，菌袋间隔 7~15cm。上盖草帘，草帘透光度约 30%。保持草帘下空气相对湿度 80%~90%经常向草帘上喷水，以增加草帘下湿度，晴天每天喷水 3 次，每次 20~30 分钟，阴天可喷水，雨天可不喷水。一般经过 15~20 天即可采收。

3. 吊袋栽培

在荫棚内或大棚内把袋子吊起来，进行立体栽培，管理方法基本同上。优点是管理省工，缺点是上下层温度不匀，易造成减产。吊在荫棚下时，由于缺光，耳片略浅。

4. 树荫下栽培

管理方法基本同阳畦栽培。

（九）采收加工

耳片充分展开，边缘内卷，也叫耳片收边时，应及时采收。采收应在晴天进行，耳片采收要去掉耳根并将朵形撕成单片状，用水洗净，放在带眼的帘上晒干或烘干。晒干或烘干的黑木耳水分含量应低于 11%，应盛装于双层大塑料袋中，避光保存以备出售。

二、黑木耳段木栽培

人工接种就是把培养好的菌种移接到段木上的一道工序，它是人工栽培黑木耳的重要环节，也是新法栽培的特点。接种程序如下。

（一）接种季节

根据黑木耳菌丝生长对气温的要求，当自然温度稳定在 5℃ 以上时即可进行接种。在此期间，杂菌处于不活跃状态，而黑木耳菌丝又能生长，既减少污染又保证了充足的营养生长期，一般都把接种季节安排在"惊蛰"期间为宜，故此，老区有"进九砍树，惊蛰点菌"之说，近年来有的单位把接种时间提前到 2 月，效果也很好，且更有利于劳力安排。即便遇上低温菌丝也不会冻死，气温回升菌丝又继续生长。

（二）接种密度

接种密度一般掌握在穴距 10~12cm，行距 6cm，穴的直径 1.2cm，穴深打入木质部 1.5cm，"品"字形排列。此处，穴距还应根据树径粗，木质硬，海拔高要加密，反之要稀疏。

（三）接种

黑木耳菌种分木屑种和木塞种。木屑种制种容易接种麻烦，而木塞种制种麻烦接种容易。

1. 木屑种的接种法

先用 1.3cm 冲头的打孔锤，皮带冲或电钻按接种密度和深度要求打孔，然后将木屑种接入一小块，以八分满为度，然后将用 1.4cm 皮带冲打下的树皮盖或木塞盖在接种穴上，用小锤轻轻敲平。

2. 木塞菌种

木塞菌种是事先将木塞和木屑培养基按比例装瓶制成菌种。接种时不必另外准备木塞或树皮盖。接种时先将木屑种接入少许进种植孔，然后敲进一粒木塞种即可。

为了保证接种质量，接种时应注意以下几个方面。

（1）雨天耳木表面湿润时不能接种，若耳木是堆放在避雨处，树皮不湿，可在避雨处接种，而晴天则应在阴蔽处接种。

（2）盛装菌种的器皿和接种工具及手都要事先消毒，场地要清洁卫生。

（3）接种应流水作业，专人打孔，专人接种，打完一根孔就马上接种，不能久放，以免接种穴干燥或污染杂菌。

（4）选用适合本地气候的优良品种和菌丝洁白、粗壮、无污染、不老化的优质菌种。

（5）用于封穴的树皮盖要当天打当天用；若用木塞应在接种前用开水煮沸再用。也可用石蜡 80%、松香 15%、猪油 5% 溶化混合均匀涂在接种穴上封口。

（四）发菌

黑木耳接种后，为了使其尽快定殖，使菌丝迅速在耳木中蔓延生长，应采取上堆发菌。其方法如下。

（1）在栽培场内选择向阳、背风、干燥而又易于浇水的地方打扫干净，搞好场地消毒。

（2）铺上横木或石块砖头，把接好的耳木按树径粗细分类堆成"井"字形。堆高 1m 左右，耳木之间留有一定间隙，便于通气。上堆初期气温较低，空隙可留小一点，堆的高度可高一点。后期随着气温上升，结合翻堆应增加间隙，降低堆高，堆面上盖薄膜或草帘保温保湿。

（3）为了使菌丝生长均匀，发菌期间每隔 7~10 天要翻一次堆，使耳木上下、内外对调。第一次翻堆：因耳木含水量较高，一般不必浇水，第二次酌情浇少量水。以后翻堆都要浇水，且每根耳木都应均匀浇湿。若遇小雨还可打开覆盖物让其淋雨，更有利于菌丝的生长。发菌期间应注意温、湿、气的调节工作以满足菌丝生长条件，提高菌丝成活率。上堆发菌 20~30 天，应抽样检查菌丝成活率，方法是用小刀挑开接种盖，如果接种孔里菌种表面生有白色菌膜，而且长入周围木质上，白色菌丝已定殖，表明发菌正常，否则就应补种。

（五）散堆排场

接种的耳木以过 4~6 周的上堆定殖阶段，菌丝开始向纵向深伸展，极个别的接种穴处可看到有小子实体，这时应散堆排场，为菌丝进一步向纵深伸展创造一个良好的环境，促使菌丝发育成子实体。捧场的方法是先在湿润的耳场横放一根小木杆，然后将耳木大头着地，小头枕在木杆上，耳木之间隔 1~2 寸间隙，便于耳木接受地面潮气，促进耳芽生长；又不会使耳木贴地过湿闷坏菌丝和树皮，且可使耳木均匀地接收阳光、雨露和新鲜空气。排场后要进行管理，主要是调控水分。菌丝在耳木中迅速蔓延，这时需要的湿度比定殖时期大，加上气温升高，水分蒸发快，需要进行喷水。开始 2~3 天喷一次水，以后根据天气情况逐渐增加次数和每次喷水量。排场期间需要翻棒，即每隔 7~10 天把原来枕在木杆上的一头与放在地面一头对换；把贴地一面与朝天的一面对翻，使耳木接触阳光和吸收水分均匀。

（六）起架管理

捧场后一个月左右，耳木已进入"结实"采收阶段。当耳木上大约占半数的种植孔产生耳芽时便应起架。方法是将一根木杆作横梁，两头用支架将横木架高 30~50cm。耳场干燥宜架低一点，反之则架高一点。然后将耳木两面交错斜靠在横木上，形成"人"字形耳架。为了方便于计算和管理，一般每架放 50 根耳木。起架后，子实体进入迅速长大和成熟阶段，水分管理最为重要。耳场空气相对湿度要求在 85%~95%，需要喷水管理。喷水的时间、次数和水量应根据气候条件灵活掌握。晴天多喷，阴天少喷，雨天不喷；细小的耳木多喷，粗大的耳木少喷；树皮光滑的多喷。树皮粗糙的少喷；向阳干燥的多喷，阴暗潮湿的少喷。喷水时间以早晚为好，每天喷 1~2 次。中午高温时不宜喷水。在黑木耳生长发育过程中若能有"三晴两雨"的好天气，对菌丝生长和子实体发育都极为有利。每次采耳之后，应停止喷水 3~5 天，降低耳木含水量，增加通气性，使菌丝复壮，积累营养。然后再喷水，促使发出下一茬耳芽。

三、栽培方式

由于各地具体的条件不同，可采取不同的栽培方式。现介绍两种高产的栽培方式。

（一）坑道栽培法

坑道栽培又分为深坑和浅坑两种。深坑，挖坑时多花工但管理起来极为方便，且产量很高；浅坑，挖坑容易，管理麻烦，产量一般。

1. 深坑栽培

挖宽 1m，深 1m，长视地形和耳木数量而定。挖出的土堆在坑沿拍紧以增加坑的深度。坑的上方用竹片或木棍搭成弓形或"人"字形弓架，铺上树枝或提前种上绿色攀缘植物，如苦瓜、豆角、番茄等。坑底两边各挖一条窄沟排水，中间作管理过道。排水沟与过道之间放上薄石块或砖块垫耳木，也可铺一层粗砂垫耳木。坑道两壁离垫石 80cm 的地方各放一根横木，横木两头各用一根 80cm 长的短木作支柱。将耳木一头枕在横木上，另一头放在垫石上使耳木斜放在坑道两壁。深坑栽培受外界不良气候影响小，湿度也容易保证，喷水、采收都很方便。晚秋气温下降，可将荫棚上遮阴物去掉，复上薄膜进行保温栽培延长采收期。深坑栽培法是目前产量较高的一种栽培方式。

2. 浅坑栽培法

挖宽 1m，深 33cm，长不限的浅坑，坑底两边各放一根枕木，将耳木垂直平放在枕木上，放满一层还可再放枕木排二层，然后搭上弓架，并根据气候覆盖薄膜或树枝，管理时因坑内没有管理过道和顶棚与坑底间隔太低而无法直接入内，所以翻木和采收都需要先拆除覆盖物，管理和采收后再覆盖上，所以比深坑栽培管理更为复杂，产量也不及深坑栽培法。

（二）塑料棚栽培

采用塑料棚栽培黑木耳，容易控制温度、湿度和光照条件，能够防止低温、雨涝和干旱，与露天栽培相比较，延长了黑木耳的生长时间，提高了单产水平。塑料棚的设置，应建在距水源近，避风向阳，土质湿润的坡地或者平坦的草地，棚内地面铺上砂石，并开有排水沟。棚体的骨架可采用竹木结构或因地制宜，就地取材进行搭架。棚体为拱式造型，中间部位一般为 2.2~2.4m，两侧留有门和通气窗。管理时要注意温度、湿度的调节，保持良好的通风换气和光照条件。晴天光强温高时应加盖遮阴物，喷冷水降温；盛夏高温时应将棚四周的薄膜翻挂在顶棚上去，气温低时再放下来。

四、越冬管理

段木栽培黑木耳，当年即可采收，可连续收三年。第一年产量不多，第二年产量最高，第三年产量下降。每年进入冬天，随着气温下降，黑木耳停止生长，进入越冬休眠期。越冬期的管理有几种方式。

（1）南方各省冬季的气温较高，耳木可以让其在耳架上自然过冬。在较干旱的时候，适当喷点水保湿。

（2）采取排场过冬，即先在地面上放一枕木，然后将耳木一根根横放在上面，一头着地，一头枕在枕木上。这样既能保持水分，又能防止霉烂和白蚁危害。

（3）将耳木集中堆放在背风、向阳、干燥的场地上，堆高不宜超过1m。太干燥时，适当喷点水保湿。

不管采取哪种方式越冬，都应严格保护好树皮。来年春季子实体大量产生时起架管理。

复习题

1. 木耳对环境条件的要求？
2. 木耳主要的栽培方式有哪些？
3. 木耳袋栽技术。

第五章　草菇栽培技术

第一节　草菇基本知识

一、草菇的营养和药用价值

草菇的营养价值也十分高，还有"素中之荤"的说法，因为它的蛋白质含量比常食用的蔬菜，如茄子、番茄、白萝卜要高出 3~4 倍，维生素 C 含量也非常高，比橙、柚也要高出 2~6 倍。另外草菇含有人体必需的 8 种氨基酸，能促进人体新陈代谢，提高机体免疫力。

（1）草菇的维生素 C 含量高，能促进人体新陈代谢，提高机体免疫力，增强抗病能力。

（2）草菇还具有解毒作用，如铅、砷、苯进入人体时，可与其结合，形成抗坏血元，随小便排出。

（3）草菇蛋白质中，人体 8 种必需氨基酸整齐、含量高，占氨基酸总量的 38.2%。

（4）草菇还含有一种异种蛋白物质，有消灭人体癌细胞的作用。所含粗蛋白却超过香菇，其他营养成分与木质类食用菌也大体相当，同样具有抑制癌细胞生长的作用，特别是对消化道肿瘤有辅助治疗作用，能加强肝肾的活力。

（5）草菇能够减慢人体对碳水化合物的吸收速度，是糖尿病患者的良好食品。

（6）草菇还能消食去热，滋阴壮阳，增加乳汁，防止坏血病的发生，促进创伤愈合，护肝健胃，增强人体免疫力，是优良的食药兼用型的营养保健食品。

二、草菇栽培历史和现状

草菇是世界四大食用菌之一，原生长于热带和亚热带高温多雨地区的草堆上。草菇栽培起源于中国，距今已有 200 多年的历史。广东省韶关市南华寺的和尚以腐烂稻草堆上生长草菇这一自然现象得到启示，创造了栽培草菇的方法，故有"南华菇"之称。按封建王朝的传统规定，各地的特珍产品，都要进贡朝廷。南华寺每年就以 4 箱的干草菇进献清皇宫，所以当时把草菇称为贡菇。1932—1935 年，华侨把栽培草菇的技术传至马来西亚、菲律宾、泰国等东亚国家，后来日本、韩国以及欧美一些地区也有栽培。我国历来是产草菇最多的国家，占世界总产量的 70%~80%，是有名的草菇生产大国。原仅产于广东、福建、广西、湖南、台湾、香港等地。近年来北京、河南、河北、山东等北方省、市也已进行人工栽培。栽培原料主要是稻草，栽培方法是将稻草扭成草把进行栽培，这是我国古老而又普遍的栽培方法。现在用麦秸、棉籽壳等原料大大提高了产量。出口品主要是草菇干、罐头、速冻草菇等。草菇种植具有设备最简、方法最易、成本最低、生长期最短（从种到收10余天）等特点，是理想短平快项目。但草菇的生物效率仍是食用菌中最低的一种。

三、生物学特性

草菇在植物学上的分类属真菌门担子菌亚门无隔担子菌纲伞菌目鹅膏菌科。别名：苞脚菇、蓝花菇、麻菌等。

（一）形态特征

草菇在生长发育过程中有菌丝体和子实体两个不同的发育阶段。

1. 菌丝体

按期发育和形态可分为初生菌丝体和次生菌丝体两种。初生菌丝由担孢子萌发形成，初期菌落透明，菌丝有隔膜，通常向直角方向生长分枝，菌丝体宽为 $7.7 \sim 11 \mu m$，这阶段的特点是菌丝体多处膨大，在分枝内常可看到膨大的细胞，细胞长 $67 \sim 268 \mu m$，每个细胞含有一个单倍体的核，有时有些初生菌丝体能形成厚壁孢子。次生菌丝体有一些是由担孢子萌发而成的，不同初生菌丝体之间都能相互融合，或形成融合桥，进行物质交换，完成同宗配合而形成次生菌丝体。次生菌丝体的细胞中含有两个单倍体的核。它的生长过程与初生菌丝体类似，只是更快更繁茂。在洋菜培养基上和其他稻草纤维培养料上。大多数次生菌丝体培养物中含有很多褐色的圆形厚垣孢子。厚垣孢子多核并有很多球形内含物，在幼龄菌丝体中，可在透明的幼龄膨大细胞的末端形成，也会在未膨大的菌丝体中发现。在老的培养物中，厚垣孢子聚集成褐色颗粒，堆积在试管和培养瓶的壁上。

2. 子实体

成熟的草菇子实体由菌盖、菌褶、菌柄、菌托四部分组成。

菌盖位于菌柄顶部，幼嫩时为半椭圆型，成熟时为伞状。菌盖表面光滑，中央呈茶灰褐色，边缘整齐，淡灰色，其色泽之浓淡因品种及光照强度而有差异，成熟后菌盖张开的直径为 $6 \sim 16 cm$，其大小随营养状况和其他条件因素而变化，在菌盖的背面密生着放射状排列的菌褶。

菌褶离生，与菌柄相隔 $1mm$，是由薄片的组织构成。数量为 $280 \sim 380$ 片。长短有从盖沿至菌柄的全片，也有 3/4、1/2 及 1/3 等，像鱼鳃一样环列而成。每一菌褶由两边对称的子实层所组成。菌褶未成熟时白色，渐变为粉红色，最后深褐色。

菌柄是支撑菌盖的中柱。一般长 $3 \sim 8 cm$，直径 $0.5 \sim 1.5 cm$，菌柄组织由紧密状条状细胞所组成，最顶端为生长组织，质地脆嫩，其下为伸长部分，色泽淡白，无菌环等附属物。

菌托是一种柔软薄膜，呈灰色，由中间膨胀细胞菌丝构成，在卵期前把菌盖及菌柄包裹着，而在卵期后由于菌柄伸长，膜破裂而留于菌柄基部，形状如杯，在菌托下面尚有松软膨胀的菌丝细胞组成的菌根是吸收养分的器官。

（二）生活史

从草菇的担孢子萌发和子实发育两方面进行叙述。

1. 菌丝体的形成

担孢子在适宜的环境条件下，水和营养物质通过脐点处冒出芽孢囊膨大，逐渐发展成芽管。芽管尖端继续生长，达 $28 \sim 267 \mu m$ 即进行分枝。随着芽管的生长，担孢子的内含物移入芽管，孢子内的单倍体核也随之进入芽管。核进入芽管后开始有丝分裂，使仍未分隔的芽管中核的数量大量增加，$2 \sim 24$ 个，数目不等。芽管继续生长，进行分枝和形成隔膜。菌丝体由于形成了隔膜，成为多细胞菌丝，芽管里的单倍体核平均分配到每个细胞中，使每个细胞含有一个单倍体核，这样芽管经过生长、分枝发展成初生菌丝体。

初生菌丝体通过同宗配合发育成次生菌丝体。在养分充足和其他生长条件适宜时，菌丝体可以无限地生长。无论是少数初生菌丝体，还是全部次生菌丝体，生长到一定时间后，都会形成厚垣孢子，厚垣孢子呈圆球状，平均直径 $5.88 \mu m$，细胞壁很厚，具有多核性、无孢脐构造，圆球形的红褐色厚孢子是识别草菇的生物学特性的重要标志。厚垣孢子在成熟后常与菌丝体分离，在温度和其他条件适宜时，$1 \sim 2$ 天即可萌发。由于厚垣孢子的细胞壁厚薄不一，故萌发时会从孢子中冒出一个或多个芽管，芽管可生长发育成次生菌丝体，并能长出正常的子实体。草菇的次生菌丝体生长发育，互相扭结，最后产生子实体。

2. 子实体的发育

在适宜的环境条件下，播种 $5 \sim 14$ 天后次生菌丝体即可发育成幼小的子实体。草菇子实体的发育可以分为 6 个阶段。

（1）针头阶段：次生菌丝体扭结成针头大小的菇结，所以这一阶段称针头阶段。这时外层只有相当厚的白色子实体包被，没有菌盖和菌柄的分化。

（2）小纽扣阶段：针头继续发育成一个圆形小纽扣大小的幼菇，其顶部深灰色，其余为白色。这时组织有了很明显的分化，除去最外层的包被可见到中央深灰色，边缘白色的小菌盖，纵向切开，可见到在较厚的菌盖下面有一条很细很窄的带状菌褶。

（3）纽扣阶段：这时菌盖等整个组织结构虽然仍被封闭在包被里面，如果剥去包被，在显微镜下可以看到菌褶上已出现了囊状体。

（4）卵状阶段：在纽扣阶段后的 24 小时之内，即发育卵状阶段。这时菌盖露出包被，菌柄仍藏在包被里。此阶段在菌褶上的担孢子还未形成，外形像鸡蛋，顶部深灰色，其余部分为浅灰色。

（5）伸长阶段：卵状阶段后几个小时即进入伸长阶段。此阶段菌柄顶着菌盖向上伸长，子实体中菌丝的末端细胞逐渐膨大呈棒状，两个单倍体核发生融合形成一个较大的二倍体核。当细胞膨大时，在担子基部二倍体核进行减数分裂，形成 4 个单倍体核。与此同时，担子末端产生 4 个小梗，小梗的端点逐渐膨大，形成原始担孢子，而后 4 个单倍体核同细胞质一起向上迁移，通过小梗通道被挤压入膨大部分。最后，在膨大部分的基部形成横壁，成为 4 个担孢子，小梗下面留下了一个空担子。

（6）成熟阶段：菌盖已张开，菌褶由白色变成肉红色，这是成熟担子的颜色。菌盖表面银灰色，开有一丝丝深灰色条纹。菌柄白色，含有单倍体核的担孢子，约 1 天后左右即自行脱落。在环境条件适宜时，担孢子又进入了一个新的循环。

（三）生活条件

草菇生长发育对外界环境条件要求如下。

1. 营养

草菇生长发育需要的养分主要是碳水化合物、氮素营养和矿物质，此外还需要一定数量的维生素。这些物质一般可以从稻草或棉籽壳等原料中获得。草菇是一种腐生菌，它必须从死亡的植物体和土壤中吸收养分，栽培草菇应选用无霉烂变质的稻草、棉籽壳等原料，未经晒干的湿草容易腐烂，不宜采用。除此以外，废棉、甘蔗渣、青茅草、花生藤都可以作为栽培草菇的原料。如果在上述原料中适当增加一定数量的辅料，如干燥的牛粪、鸡粪、麦麸、米糠、玉米粉等，以补充氮素营养和维生素，也可提高草菇的产量。

2. 温度

草菇属高温菌类，菌丝生长的温度范围是 10~42℃，最适温度是 28~32℃，10℃时停止生长，高于 45℃，低于 5℃，草菇菌丝就会死亡。草菇的菌种不能放冰箱里保存，以免冻死。草菇子实体生长的温度范围是 22~40℃，最适温度是 28~32℃，平均气温在 23℃以下，子实体难以形成。培养料温度低于 28℃，子实体形成受到影响，低于 25℃时子实体难以形成。气温在 21℃以下或 40℃以上以及突变的气候，对小菌蕾有致命的影响。子实体对温度突变极为敏感，12 小时内料温变化 5℃以上。草菇易死亡。

3. 湿度

草菇是一种喜高温高湿环境的菌类。只有在适宜的水分条件下，草菇的生长发育才能正常进行，水分不足，菌丝生长缓慢，子实体难以形成；水分过多，引起通气不良，容易死菇，杂菌也容易发生。培养料的最适含水量是 70%左右，菌丝生长阶段最适空气湿度是 80%左右，子实体生长阶段空气相对湿度要求在 90%以上。

4. 氧气

草菇是好气性真菌，足够的氧气是草菇生长的重要条件。如氧气不足，二氧化碳积累太多，会使子实体受到抑制甚至死亡，杂菌也容易发生。因此，在栽培草菇的管理过程中，要注意通风换气，保持空气新鲜。但也要注意保湿，必须正确处理通风与保湿、保温的关系。

5. 酸碱度（pH 值）

草菇是一种喜欢碱性的真菌。草菇菌丝生长最适 pH 值是 7.8~8.5，子实体生长的最适值 pH 值是 7.5~8。酸性的环境对菌丝体的生长发育均不利，而且容易受杂菌的感染。栽培时，一般通过添加石灰来调节 pH 值，添加量一般为干料重和 5%左右，使 pH 值达到 10~12。随着菌丝的生长，pH 值会逐渐下降，到子实体形成时，pH 值在 7.5 左右，正好适合草菇子实体的生长发育。

6. 光照

草菇担孢子的萌发和菌丝的生长均不需要光照，直射的阳光反而会阻碍菌丝体的生长。但光照对子实体的形成有促进作用，子实体的形成需要一定的散射光，最适宜光照强度为 300~350lx。光线的强弱不但影响草菇的产量，而且直接影响着草菇子实体的品质和色泽。光照强时，子实体颜色深而有光泽，子实体组织致密；光照不足时，则子实体暗淡甚至呈灰白色，子实体组织也较疏松；没有光照时，子实体白色。强烈的直射阳光对子实体有严重的抑制作用，露地栽培必须有遮阴的条件。

以上几方面，对草菇的正常发育都有直接的影响。它们既是互相有联系，又是互相制约的统一体。栽培中绝对不能只注意一个方面而忽视其他因素，要使各个因子都能满足草菇生长发育的要求，才能够使草菇生产获得理想的结果。

第二节　草菇常见栽培品种

一、按照颜色分类

1. 黑草菇

主要特征是未开伞的子实体包皮为鼠灰色或黑色，呈卵圆形，不易开伞，草菇基部较小，容易采摘。但抗逆性较差，对温度变化特别敏感。

2. 白草菇

主要特征是子实体包皮灰白色或白色，包皮薄，易开伞，菇体基部较大，采摘比较困难，但出菇快，产量高，抗逆性较强。

二、按照草菇个体大小分类

可分为大型种、中型种和小型种。由于用途不同，对草菇品种的要求也不同。制干草菇，宜选取包皮厚的大型种；制罐头，则需包皮厚的中、小型种；鲜售草菇，对包皮和个体大小要求不严格。各地可根据需要，选择适合的品种栽培。现将主要几种介绍如下。

1. V23 号

个体大，属大型种，包被厚而韧，不易开伞，圆菇（未开伞的菇蕾）率高，最适合烤制干菇，也适合制罐头和鲜食。一般播种后 6~11 天出菇，子实体发育需 7 天左右，鼠灰色。产量较高，但抗逆性较差。对高、低温和恶劣天气反应敏感，生长期间如果管理不当，容易造成早期菇蕾枯萎死亡。现在各地所用品种，多数为它的复壮种。

2. V37 号

个体中等，居中型种。包被厚薄及开伞难易均居于中等。一般播种后 5~10 天出菇，子实体发育需 6~7 天，淡灰色。抗逆性较强，产量也较高。适于加工罐头、烤制干菇和鲜食。但味淡，圆菇率也不如 V23，仅为 80% 左右。同时，菌种较易退化，要注意复壮。

3. V20 号

个体较小，属小型种。包被薄，易开伞。一般播种后 44 天出菇，子实体发育需 5~6 天，鼠灰色。抗逆性强，产量高。对不良的外界环境抵抗力较强，较耐寒，菌肉比大、中型种更幼嫩和美味可口，适于鲜食。缺点是个体小，不适宜制干菇，圆菇率也低，为 60% 左右。

4. V35 号

个体中等偏大。颜色灰白，肉质细嫩，香味较浓，口味鲜美，产量较高，生物学效率在 35% 以上。包被厚，开伞稍慢，商品性好。菌丝外观浅白色，粗壮，透明。但其对温度敏感，当气温稳定在 25℃ 以上时，才能正常发育并形成子实体，属高温型品种。我国北方地区栽培适期为 6 月中旬至 8 月上旬。

5. V844 号

属中温中型种。菌丝体生长适温在 26~38℃，最适为 33~34℃；子实体发生温度在 24~30℃，最适为 26~27℃。抗低温性能强，菇型圆整、均匀，适合市场鲜销。但抗高温性能弱，较易开伞。

6. V733 号

个体中等，属中型种。菇蕾灰色或浅灰黑色，卵圆形，单生或丛生，不易开伞。菌丝体生长温度范围为 20~40℃，最适为 30~35℃；子实体发生温度范围为 22~35℃，最适为 25~35℃，较耐低温。最适 pH 值 7~9。高产、优质，抗逆性强。

7. V16 号、V2 号、Vt 号

属中高温中大型种。菇体圆整、均匀，颜色较浅，多丛生或簇生。菌丝体生长期厚垣孢子多，且颜色较深。菌丝体生长适温为 28~40℃，最适为 35~36℃；子实体发生温度为 26~32℃，最适为 28~29℃。出菇早，菇蕾密，成菇率高，抗逆性强。但包被较薄，不耐高温，易开伞。

8. GV34 号

低温中型种。子实体灰黑色，椭圆形，包被厚薄适中，不易开伞，商品性状好，脱皮菇成品率在 60% 以上。产量较高，抗逆性强，对温度适应范围广，能耐气温骤降和昼夜温差较大的气候环境，适于北方初夏和早秋季节栽培。菌丝体能在 24~32℃ 下良好生长，子实体可以在 23~25℃ 下正常出菇。

9. V905 号

个体中等，属中型种。菇体灰白色，发育快，适于鲜销或干制品加工。产量高，生物转化率达 42%。能耐低温，可在 20~25℃ 下栽培出菇。厚垣孢子形成早，数量多，是一个早熟、高产、耐低温良种。

第三节　草菇菌种的生产技术

一、草菇母种

培养基配方 1：马铃薯 200g；葡萄糖 20g；琼脂 20g；水 1 000mL，pH 值 7.50~8。

培养基配方 2：马铃薯 200g；葡萄糖 20g；磷酸二氢钾 1g；磷酸二氢钾 1g；硫酸镁 0.50g；蛋白胨 2g；维生素 B_1 5mg；水 1 000mL，pH 值 7.50~8。

用 1% 的氢氧化钠溶液调 pH 值，逐滴添加，每加一滴测定 1 次。可用直径 24~26cm 的高压锅灭菌，维持 30~40 分钟即可。

二、原种与栽培种

1. 培养基配方

稻草（切碎或粉碎）85%，麸皮或米糠 12%，石膏粉 1%，石灰 2%，含水量 60%，pH 值 8~9。

按培养基配方将各原料称量好，稻草要进行预处理。稻草预处理：按每 100kg 切碎或粉碎成 5cm 以下的小段稻草，用石灰 4kg 左右和水拌匀或浸泡 3~6 小时，做堆或捞起后堆制发酵 4~6 天，中间翻堆 1 次。将发酵好的稻草摊开，与其他辅料充分翻拌。含水量 60%，即以手用力抓料，松手后手感湿润，指缝中无水滴出为宜。含水量偏高时，可适当增加麸皮或米糠含量，或摊开散发多余水分，用石灰调 pH 值至 8~9，及时装瓶后用常压灭菌灶灭菌，温度达 100℃时，维持 8~10 小时，再焖一段时间即可。

2. 优质草菇菌种质量的要求

（1）菌丝白色透明，无厚垣孢子或很少，属幼龄菌种，应继续培养到适龄期方可使用。

（2）菌丝逐渐稀少，但有大量厚垣孢子充满料内，菌丝黄色、浓密如菌被，上层菌丝萎缩，属老龄菌种，对产量影响较大，不宜使用。

（3）菌丝稀疏、透明，纤细如蜘蛛丝，说明菌丝吸收营养不足，菌丝分枝少，常见于培养料灭菌不彻底，草料表面有大量枯草杆菌繁殖，影响草菇菌丝吸收营养，这样的菌种也不宜使用。

（4）菌丝逐渐消亡，袋壁蒙上一层会爬动类似粉末的东西，是害虫螨类在蛀食菌丝，应予淘汰。

（5）菌种袋沉重，菌丝生长不旺，厚垣孢子堆成团块，系培养料湿度太大所致，菌种质量不好。

（6）菌丝密集，颜色洁白，有时有小菌核，可能混有杂菌，若瓶内长出墨汁状伞菌，证明已感染鬼伞菌，应予淘汰。

第四节　草菇栽培技术

一、草菇栽培季节

草菇在自然条件下的栽培季节，应根据草菇生长发育所需要的温度和当地气温情况而定。通常在日平均气温达到 23℃ 以上时才能栽培。南方利用自然气温栽培的时间是阳历 5 月下旬至 9 月中旬。以 6 月上旬至 7 月初栽培最为有利，因这时温度适宜，又值多雨季节，湿度大，温湿度容易控制，产量高，菇的质量好。盛夏季节（7 月中旬至 8 月下旬）气温偏高，干燥，水分蒸发量大。管理比较困难，获得草菇高产优质难度较大。广东、海南等省在自然气温条件下栽培草菇，以 4—10 月较适宜。北方地区以 6-7 月栽培为宜。利用温室、塑料棚栽培，可以酌情提早或推迟。若采用泡沫菇房并有加温设备，可周年生产。

二、草菇培养料的配制

栽培草菇的原料厂，主要是利用富含纤维素和半纤维素的原料来栽培。如废棉渣，棉籽壳，稻草，麦草。以废棉渣产量最高。下面介绍几种常用的培养料的配制。

1. 废棉渣培养料的配制

废棉渣又称废棉，破籽棉、落地棉、地脚棉，来源于棉花加工厂。废棉渣发热时间长，保温保湿性能好，是目前最理想的草菇栽培材料。每平方米需废棉渣 12kg 左右。常用配方有：

配方①：废棉渣 95%+石灰 5%；

配方②：废棉渣 85%+麸皮（或米糠）10%+石灰粉 5%。

其培养料制备方法有两种：一种是砌一个池子，将废棉渣浸入石灰水中，每 100kg 废棉渣加石灰粉 5kg，浸 5~6 小时，然后捞起做堆，堆宽 1.2m，堆高 70cm 左右，长度不限，发酵 3 天，中间翻堆一次。另一种是做一个木框，即长 3.0m，宽 1.8m，高 0.5m，放置在水泥地上。随后在木框中铺一层废棉渣，厚 10~15cm，撒一薄层石灰粉，洒水压踏使废棉渣吸足水分，然后撒一层麸皮或米糠，再铺一层废棉渣，如此一层层压踏到满框时，把木框向上提，再继续加料压踏，直到堆高 1.5m 左右。发酵 3 天。

2. 棉籽壳培养料的配制

棉籽壳又称棉籽皮，也是一种营养较为丰富的草菇栽培材料，但保温、保湿和发热量不如废棉渣。其培养料的配方与废棉渣相同，除上述两种处理方法外，还可将棉籽壳摊放在水泥地上，加上石灰粉或辅料，充分拌湿，然后堆起来，盖上薄膜，发酵 3 天，中间翻堆一次，翻堆时，如堆内过干，需加石灰水调节，上床时料的含水量为 70% 左右，pH 值为 8~9。

3. 稻草或麦草培养料的配制

稻草和麦草原料丰富，是传统的草菇栽培原料，由于稻草和麦草的物理性状较差，且营养缺乏，只要进行适当处理，增加辅料，也可获得较好的产量。每平方米需要干稻草 10~15kg。

配方①：稻草或麦草 87%+草木灰 5%+复合肥 1%+石膏粉 2%+石灰 5%；

配方②：稻草或麦草 88%+麸皮或米糠 5%，+石膏粉 2%+石灰 5%；

配方③：稻草或麦草 73%+干牛粪 5%+肥泥 15%+石膏粉 2%+石灰 5%；

配方④：稻草或麦草 83%+麸皮 5%+干牛粪 5%+石膏粉 2%+石灰 5%。

以上稻草或麦草的处理方式有两种：一种是稻草或麦草不切碎，用长稻草栽培。将稻草浸泡 12 小时左右，稻草上面要用重物压住，以便充分吸水。浸透后捞出堆制，堆宽 2m，堆高 1.5m，盖薄膜保湿，堆制发酵 3~5 天，中间翻堆一次，栽培时，长稻草要拧成"8"字形草把扎紧，逐把紧密排列，按"品"字形叠两层，厚度 20cm。另一种是将稻草或麦草切成 5~10cm 长或用粉碎机粉碎，浸泡或直接加石灰水拌料，并添加辅料，堆 3~5 天，中间翻堆一次。

4. 混合培养料的配制

为了降低生产成本，可采用废棉渣或棉籽壳加稻草或麦草的栽培方法，也可取得较理想的效果。混合比例通常是废棉渣或棉籽壳 1/3~2/3，稻草可切段或粉碎，加石灰和辅料堆制后使用。以下介绍一下草菇的床架式栽培技术。

三、草菇栽培方式

（一）草菇床架式栽培技术

草菇床架式栽培是目前我国常用的栽培方式，在房子或棚子里搭设床架，不但可以充分利用空间，提高利用率，而且保湿、保温好，容易管理，产量高而稳定。

1. 床架的搭设

草菇栽培床架与蘑菇栽培床架相同。床架与菇房要垂直排列，即东西走向的菇房，床架南北排列，菇床四周不要靠墙，靠墙的走道 50cm，床架与床架之间的走道宽 67cm，床架每层距离 67cm，底层离地 17cm 以上。床架层数视菇房高低而定，一般 4~6 层，床架宽 1.3~1.5m。床架可用竹、木搭成，钢筋水泥床架更好。每条走道的两端墙上各开上、下窗一对。窗户的大小以 40cm 宽、50cm 高为好，床架之间走道的屋顶上装通风筒一个，高 1.5m，直径 40cm 左右。

2. 培养料二次发酵

将经过堆制发酵的培养料抖松、拌匀，趁热搬进菇房床架上。这时培养料的含水量最好是 70% 左右，pH 值＝9 左右。不同栽培原料的培养料铺料厚度也不相同，废棉渣或棉籽壳培养料，一般铺料厚 7~10cm，切碎的稻草培养料铺料 12~15cm，长稻草铺料 20cm。夏天气温高时，培养料适当铺薄一些。冬季气温低时培养料适当铺厚一些。铺料后，立即向菇房内通入蒸汽或放煤炉加温，使培养温度达到 65℃ 左右，维持 4~8 小时，然后自然降温。降至 45℃ 左右时打开门窗，二次发酵能杀死菇房及培养料中的害虫及有害杂菌，有利于高温放线菌等有益的微生物的大量繁殖，更有利于草菇生长，容易获得高产。

3. 播种及播种后的管理

当培养料的温度降至 38℃ 以下时，将培养料抖松、拌匀，床面整平，压实，然后进行播种，将菌种从菌种瓶挖出，袋装种可将塑料撕掉，把菌种放在清洁的盆子里，将菌种块轻轻弄碎，采用点播+撒播的办法为好，点播的株行距 10cm 见方，剩余的 1/5 的菌种，撒在料表面上，用木板轻轻拍平，一般 100m³ 栽培面积需播菌种 300~400 瓶（750mL）。播种后，床面盖上塑料薄膜，每天揭膜通风 1~2 次，注意控制料内温度。培养料内的温度是由低到高，由高到低的变化过程。播种后料内温度逐渐上升，一般 3~4 天可以达到最高温度，料内最高温度应尽量控制在 42℃ 以下，否则温度过高，料内水分大量蒸发，草菇菌丝受到严重的抑制或死亡。如料内水分不够，培养料过干，应进行淋水补湿降温；如培养料过厚，应加强室内通风，掀开料面塑料薄膜，并在料内打洞，散发料内温度。播种后 4 天左右，拿掉料面覆盖的塑料薄膜，最好盖上薄薄的一层事先预湿的长稻草，或预湿的谷壳或盖上 1cm 左右厚颗粒状的土，并喷 1% 的石灰水，也可提高草菇的产量。

4. 出菇期管理

一般播种后 5~6 天，草菇菌丝开始扭结时，要及时增加料面湿度，打好"出菇水"

增加室内光照，促使草菇子实体的形成。当大量小白点的菌蕾形成时，以保湿为主，空气相对湿度维持在 90% 以上，床面暂停喷水。当子实体有纽扣大小时，应逐渐增加喷水用量。

（二）草菇畦式栽培技术

草菇的畦式栽培就是室外露地常用的一种栽培方式。其特点是投资少，成本低，灵活性大，操作简单，管理得好可获得较高产量。室外栽培草菇的场地以疏松肥沃，排水良好的砂质壤土最好。这种土壤的保温、保湿、贮存养分及通气性能均好，有利于草菇菌丝体和子实体的生长发育。稻田、菜地、果园、林地以及房前房后的空坪隙地均可以作为栽培草菇的场地。稻田蚯蚓和杂菌较少，有利于草菇的生长发育。气温低时，应选避风、向阳的地方，气温高时，应在阴凉通风的荫棚、瓜棚、树林下种植，这样可获得较理想的产量。

选好栽培场地以后，先把土地翻锄一次，一般深 15~20cm，暴晒太阳 2~3 天，然后整地做畦，畦高 15~20cm，畦宽 1m 左右，一般长 5~6m、畦与畦之间的走道宽 50cm。畦的周围和畦的中间做成宽、高各 10cm 左右的土埂，以便多出地菇。若地势低，应在田的周围开深沟排水。对于地势高且干燥的地方，应做成低畦，走道高于畦 20cm 左右，以便保湿。

畦面整理好以后，因床面泥土较干，应在进料前一天在畦面上灌水或淋水使土壤湿透，或直接在畦面上浇茶枯饼水、氨水或漂白粉水，消灭害虫和杂菌。也可在畦面上撒一层石灰粉，喷杀虫剂以消灭土中害虫和杂菌。

栽培畦消毒以后，把事先堆制发酵好的培养料搬进畦面，将料直接铺在泥土上，比室内床式栽培的料要厚一些，废棉渣或棉籽壳培养料，铺料厚 10cm 左右，切碎的稻草培养基则需铺 15~18cm，长稻草的则需铺料 20cm 左右，播种后特别是稻草培养基的，最好在料面上盖上一层细土，厚 2cm 左右。其上再盖塑料薄膜，每天揭膜 1~2 次。

播种后，畦面上用竹片和篱竹搭成环形拱棚架，棚架中央离畦面高 50cm。棚架盖塑料薄膜，塑料薄膜上再盖遮阳网或稻草帘，这样既可防止阳光直射畦面，又可保温、保湿。播种方法及播种后的管理与室内床式栽培相同。

（三）草菇袋式栽培技术

草菇袋式栽培是一种较新的栽培方式，是一种草菇高产栽培方法，单产较传统的堆草栽培增产 1 倍左右。生物效率可达到 30%~40%。

1. 浸草

将稻草切成 2~3 段，有条件的可切成 5cm 左右，用 5% 的石灰水浸泡 6~8 小时。浸稻草的水可重复使用 2 次，每次必须加石灰。

2. 拌料

将稻草捞起放在有小坡度的水泥地面上，摊开沥掉多余水分，或用人工拧干，手握紧稻草有一二滴水滴下，即为合适水分，含水量在 70% 左右。然后加辅料拌均匀，做到各种辅料在稻草中分布均匀和粘着。拌料时常用的配方有以下几种：

配方①：干稻草约 87%+麸皮 10%+花生饼粉或黄豆粉 3%+磷酸二氢钾 0.1%；

配方②：干稻草约 85%+米糠 10%+玉米粉 3%+石膏粉 2%+磷酸二氢钾 0.2%；

配方③：干稻草 83.5%+米糠 10%+花生饼粉 3%+石膏粉 2%+复合肥 1.5%；

配方④：干稻草 56.5%+肥泥土 30%+米糠 10%+石膏粉 2%+复合肥 1.5%。

3. 装袋

经充分拌匀的料，选用 24cm×50cm 的聚乙烯塑料袋，把袋的一端用粗棉线活结扎紧，扎在离袋口 2cm 处。把拌好的培养料装入袋中，边装料边压紧，每袋装料湿重 2~2.5kg，然后用棉线将另一端的袋口活结扎紧。

4. 灭菌

采用常压灭菌，装好锅后猛火加热，使锅内温度尽快达到 100℃，保持 100℃ 6 小时左右，然后停火出锅，搬入接种室。

5. 接种

采用无菌或接种箱接种。无菌室或接种箱的消毒处理与其他食用菌相同。接种时，解开料袋一端的扎绳，接入草菇菌种，重新扎好绳子。解开另一端的扎绳，同样接入菌种，再扎好绳子。一瓶（或一袋）菌种可接种 12 袋左右。

6. 发菌管理

将接种好的菌袋搬入培养室，排放在培养架上或堆放在地面上。菌袋堆放的高度应根据季节而定，温度高的堆，层数要少，温度低、堆放的层数可以适当增加。一般堆放 3~4 层为宜。培养室的温度最好控制在 32~35℃，接种后 4 天，当菌袋菌丝吃料 2~3cm 时，将袋口扎绳松开一些，增加袋内氧气，促进菌丝生长。在适宜条件下，通常 10~13 天菌丝就可以长满全袋。

7. 出菇管理

长满菌丝的菌袋搬入栽培室，卷起袋口，排放于床架上或按墙式堆叠 3~5 层，覆盖塑料薄膜，增加栽培室的空气相对湿度至 95% 左右。经过 2~3 天的管理，菇蕾开始形成，这时可掀开薄膜。当菇蕾长至纽扣大小时，才能向菌袋上喷水，菇蕾长至蛋形期即可采收，一般可采收 2~3 潮菇。

（四）塑料泡沫房周年栽培技术

塑料泡沫房栽培是草菇周年栽培的主要方式。它保温、保湿性能好，夏季能隔热、冬季可加温。投资少，成本低。杂菌少，产量高。

塑料泡沫房的种类很多，目前主要有两种，现介绍如下：

1. 二床式

菇房长 5m，宽 2.2m，搭两排床架，每排床架 4 层。菇房为木制木框架结构，"八"字形屋顶。先搭床架，后盖薄膜和泡沫板。床架框架用杉木方搭建，木方规格一般为 4cm×4cm 或 3cm×3cm。每个床架宽 70cm，层与层之间的距离 60cm，底层离地 40cm 左右。床架与床架之间的走道宽 60cm 左右。床架搭好以后，在床架外侧和顶部覆盖塑料薄膜，盖好塑料后再封泡沫板。泡沫板的厚度以 2.5~3cm 为宜，薄膜接口处用塑料胶布封口。两块泡沫板接口处用杉林片压实、钉牢、走道两端各开一个门、窗，菇房的顶层除覆盖塑料和泡沫板外，有条件的最好盖一层石棉瓦。

泡沫房的走道是砌一个直径 30cm、深 50cm 的地下炉灶，炉底有炉栅，有进风口和排风口。进风口有管道通至菇房外，排气口与加温管道相连，管道沿走道一直伸至菇房的另一端墙外。管道的一半在地表下面，一半在地表上面。炉的上部用水泥板盖严，炉内的热量经管道散发在菇房内，产生的烟由管道排出菇房外。冬季可对菇房进行加温栽培。

2. 三床式

菇房宽4m，长5m，内设三排床架，左右两排床架宽70cm，中间一排床架宽1.2～1.4m，两条走道，走道宽60cm。其他同上。

（五）草菇堆草式栽培技术

从稻田里割下来的较长的稻草和麦草，并采取传统的堆草栽培方式，栽培地点可在室内、室外稻田、大棚内、果树下等均可进行。

堆的大小应根据外界气温高低而具体确定：气温低，堆形要大；气温高，堆形要小。一般气温在25℃左右时，堆宽75cm，堆高35cm左右；气温在30℃左右时，堆宽70cm，堆高30cm左右；气温在33℃以上时，堆宽60cm，堆高25cm左右。踏堆的方式很多，现主要介绍以下几种：

1. 轧草式

先在栽培场上做好栽培畦，整理好床面，畦面浇石灰水或撒石灰粉。为多出菇先在栽培畦周围土上播一条1.5cm左右宽的菌种，然生踩第一层草，刚好压住菌种。将用5%的石灰水浸湿的稻草用轧刀从中轧成两段，边轧边堆，齐头切面朝外，草头草尾朝内，一把紧靠一把，用脚踩紧，草堆中间填放乱稻草，根据草的干湿适当浇水。在第一层草的周围，离堆边2cm左右朝内播上1.5cm宽的菌种。然后踩第二层，草把刚好压住菌种，其播种方法同第一层，一般堆2～4层，上一层周围均比下一层缩进2cm左右，堆成长方梯形，顶上一层撒播菌种，播种后盖上薄薄一层稻草，踏紧，堆成龟背形，堆表用塑料薄膜和稻草覆盖。一般50kg稻草播菌种5瓶左右，适当增加播种量，杂菌少，出菇快，产量高。

2. 交叉式

先将稻草放在5%的石灰水中浸泡5～6小时，然后再将稻草扭成"8"字形的把子，用草扎紧，每把干重0.25kg左右，其他方法同前。

3. 折尾式

此法适用于65cm以上的长稻草，每把干重0.4kg左右，在近草头1/3处扎把，要求草头整齐，踩堆时，草头在畦的一侧，草尾在畦的另一侧，同时折转草尾踩紧，下种后踩第二层。草头方向与第一层相反压在第一层草尾上。其他方法同前。

四、草菇的采收

草菇播种后7～10天可见菇，15～17天就能采收。由于草菇生长迅速，必须及时采收，有时一天要收两次。商品草菇采收适宜期是菌蕾长足，而脚苞未破裂也就是卵期末采摘。当作鲜菇售时，根据当地习惯也有在伸长期采收的。一般可收4～7潮菇。采收时动作要轻，一手保护未成熟的小菇，一手将成熟的草菇扭转提起，可加工成罐头，也可以烘烤成干菇。

采完第一潮菇后，一般过4天就会出第二潮菇，管理得当，可收2～3批菇。但主要是第一潮菇，一般第一潮菇的产量占总产量的80%左右。有些菇房为了提高菇床利用率，通常只采收一潮菇。

五、草菇栽培过程中的主要问题及防治措

1. 鬼伞发生的原因及防治措施

墨汁鬼伞、膜鬼伞是草菇栽培过程中最常见的竞争性杂菌，它喜高温、高湿，一般在播种后一周或出菇后出现，一旦发生，会污染料面并大量消耗培养料中的养分和水分，从而影响草菇菌丝的正常生长和发育，致使草菇减产。因此，控制鬼伞的发生及发生后如何防治，是提高草菇产量的关键技术措施。现将鬼伞发生的原因及防治措施介绍如下。

（1）栽培原料质量不好：在栽培草菇时利用陈旧、霉变的原料作栽培料，容易发生病虫害。因此，在栽培时，必须选用无霉变的原料，使用前应先在太阳下翻晒 2~3 天，利用太阳光中的紫外线杀死杂菌孢子。

（2）培养料的配方不合理：栽培料的配方及处理与鬼伞的发生也有很大关系。鬼伞类杂菌对氮源的需要量高于草菇氮源的需要量，所以在配制培养料时，如添加尿素、牛粪过多，使 C/N 降低，培养料堆制中氨量增加，可导致鬼伞的大量发生。因此在培养料中添加尿素、牛粪等作为补充氮源时，尿素应控制在 1% 左右，牛粪 10% 左右，且充分发酵腐熟后方可使用。

（3）培养料的 pH 值偏低：培养料的 pH 值大小也是引起杂菌发生的重要原因之一。草菇喜欢碱性环境，而杂菌喜欢酸性环境。因此，在培养料配制时，适当增加石灰，一般为料的 5% 左右。提高 pH 值，使培养料的 pH 值达到 8~9。另外在草菇播种后随即在料表面撒一层薄薄的草木灰或在采菇后喷石灰水，来调整培养料的 pH 值，也可抑制鬼伞及其他杂菌的发生。

（4）培养料发酵不彻底：培养料含水量过高，堆制过程中通气不够，堆制时发酵温度低，培养料进房后没有抖松，料内氨气多，均可引起鬼伞的发生。培养料进行二次发酵，可使培养料发酵彻底，是防止发生病虫害的重要措施。也是提高草菇产量的关键技术。

除此以外，菌种带杂菌、栽培室温度过高，通气不良，病虫害也容易发生。一旦菇床上发生鬼伞，应及时摘除，防止鬼伞孢子扩散。另外在草菇的栽培过程中，还会发生菌丝萎缩，使幼菇大量死亡。

2. 菌丝萎缩的原因及防治措施

在正常情况下，草菇播种后 12 小时左右，可见草菇菌丝萌发并向料内生长。如播种 24 小时后，仍不见菌丝萌发或不向料内生长，或栽培过程中出现菌丝萎缩，其主要原因有：

（1）栽培菌种的菌龄过长：草菇菌丝生长快，衰老也快，如果播种后菌丝不萌发，菌种块菌丝萎缩，往往是菌龄过长或过低的温度条件下存放的缘故。选用菌龄适当的菌种，一般选用栽培种的菌丝发到瓶底 1 周左右进行播种为最好。

（2）培养料温度过高：如培养料铺得过厚，床温就会自发升高，如培养料内温度超过 45℃ ，就会致使菌丝萎缩或死亡。播种后，要密切注意室内温度及料温，如温度过高时，应及时采取措施降温，如加强室内通风，拿掉料面覆盖的塑料薄膜，空间喷雾，料内

撬松，地面倒水等。

（3）培养料含水量过高：播种时，培养料含水量过高，超过75%，这样料内不透气，播种后塑料薄膜覆盖得过严且长时间不掀，加上菇房通风不好，使草菇菌丝因缺氧窒息而萎缩。

（4）料内氨气危害：在培养料内添加尿素过多，加上播种后覆盖塑料薄膜，料内氨气挥发不出去，对草菇菌丝造成危害。

3. 幼菇大量死亡的原因及防治措施

在草菇生产过程中，常可见到成片的小菇萎蔫而死亡，给草菇产量带来严重的损失。幼菇死的原因很多，主要有：

（1）培养料偏酸：草菇喜欢碱性环境，pH值小于6小时，虽可结菇，但难于长大，酸性环境更适合绿霉、黄霉等杂菌的生长，争夺营养引起草菇的死亡。因此，在培养料配制时，适当增加料内pH值。采完头潮菇可喷1%石灰水或5%草木灰水，以保持料内酸碱度在pH值=8左右。

（2）料温偏低或温度骤变：草菇生长对温度非常敏感，一般料温低于28℃时，草菇生长受到影响，甚至死亡。温度变化过大，如遇寒潮或台风袭击，则会造成气温急剧下降，会导致幼菇死亡，严重时大菇也会死亡。

（3）用水不当：草菇对水温有一定的要求，一般要求水的温度与室温差不多。如在炎热的夏天喷20℃左右的深井水，会导致幼菇大量死亡。因此，喷水要在早晚进行，水温以30℃左右为好。

根据草菇子实体生长发育的不同时期，正确掌握喷水。若子实体过小，喷水过重会导致幼菇死亡。在子实体针头期和小纽扣期，料面必须停止喷水，如料面较干，也只能在栽培室的走道里喷雾，地面倒水，以增加空气相对湿度。

（4）采菇损伤：草菇菌丝比较稀疏，极易损伤，若采摘时动作过大，会触动周围的培养料，造成菌丝断裂，周围幼菇菌丝断裂而使水分、营养供应不上。因此，采菇时动作要尽可能轻。采摘草菇时，一手按住菇的生长基部，保护好其他幼菇，另一手将成熟菇拧转摘起。如有密集簇生菇，则可一起摘下，以免由于个别菇的撞动造成多数未成熟菇死亡。

复习题

1. 子实体的发育可分为哪几个阶段？
2. 描述草菇对环境条件的要求。
3. 描述草菇栽培方式。
4. 描述草菇畦式栽培技术。
5. 阐述草菇栽培过程中的主要问题及防治措。

第六章 银耳栽培技术

第一节 银耳基本知识

一、银耳的营养和药用价值

银耳是极著名的"山珍"之一，是一种营养丰富的滋补品。据中国医学科学院营养卫生研究所分析，每百克干银耳内含有蛋白质 5.0g，脂肪 0.6g，碳水化合物 79g，粗纤维 2.6g，灰分 3.1g，钙 380mg，磷 250mg，铁 30.4mg，硫胺素 0.002mg，核黄素 0.14mg，烟酸 1.5mg。原福建省三明真菌试验站分析，银耳蛋白质中含有 18 种氨基酸，其中有 7 种为人体必需氨基酸。银耳除食用外，尚有很好的药用效果。从我国汉代的《神农本草经》，到明代杰出的医学家李时珍的《本草纲目》，以及近代《中国药学大辞典》对银耳药用的功效都有过记载。医学家认为银耳具有治肺热咳嗽、久咳喉痒、咳痰带血、痰中血丝、妇女月经不调、大便秘结、小便出血，还有提神益气，滋嫩皮肤等功效。

二、银耳栽培历史和现状

银耳栽培大体经历了 3 个阶段。

1. 银耳孢子天然接种阶段（1940 年前）

采用天然孢子接种，处于半野生、半人工状态，产量低，生产周期长，产量不稳定，仅在四川、湖北、贵州和福建老区有少量栽培。

2. 银耳孢子液阶段（1940—1970 年）

1941 年，杨新美教授在国内首次用银耳子实体进行担孢子弹射分离获得酵母状分生孢子，并制成孢子悬液，人工接种于壳斗科段木上，取得了显著的效果，较原木诱导法提前一年出耳，单产提高 7 倍以上。

3. 银耳菌丝接种阶段（1957 年至今）

1961 年，上海农业科学院的陈朋梅先生分离银耳成功获得纯菌丝体，次年完成银耳菌种驯化和段木人工栽培研究。1962—1964 年，福建省三明真菌试验所的黄年来等系统研究了银耳菌种分离、生产和防止银耳菌种退化的方法，大大提高了银耳菌种成品率。之后，福建古田的姚淑先、戴维浩等又相继发展了银耳瓶栽和袋栽技术，并在全国各地推广。

三、银耳生物学特性

银耳，又称白木耳，在分类学上隶属于真菌门担子菌纲异隔担子菌亚纲银耳目银耳科银耳属。据统计，银耳种类较多，多达几十种，分布于全世界。除了少数的种类生于土壤上，少数种类寄生于其他真菌上之外，绝大多数的种类都腐生于各种阔叶树或针叶树的原木上。

（一）银耳的形态特征

银耳的生长由两大部分组成，包括营养器官（菌丝体）和繁殖器官（子实体）。

1. 菌丝体

由担孢子萌发生成，是多细胞，分枝分隔的丝状体。呈灰白色，极细。能在木材或各种代用料培养基上蔓延生长，起吸收和运送养分的作用。当达到生理成熟阶段，条件适宜时，形成子实体。菌丝分为单核菌丝（每个细胞中含一枚细胞核），双核菌丝（每个细胞中含二枚细胞核）和结实性双核菌丝（产生子实体并易胶质化的菌丝）。

2. 子实体

即人们食用部分，无菌盖、菌褶、菌柄之分。由薄而多皱褶的瓣片组成，常见的有福建、云南（菊花形）和四川、湖北（鸡冠型）两大品系，都呈朵形。白色，表面光滑，有弹性、半透明。干后微黄呈角质，硬而脆，体积强烈收缩，为湿重的1/13~1/8，通水浸泡可恢复原状。成熟的子实体的瓣片表面有一层白色粉末；即银耳的孢子，孢子成熟后会自动弹射出来，借风力传播，人工分离菌种就是根据这一特点进行的。

（二）银耳的生活史

银耳的一生虽然短暂（一个生活周期最短只有几天），但整个过程是复杂的。银耳的担孢子在条件适宜的情况下，萌发成单核菌丝，或称为一次菌丝。银耳担孢子有性的区别，真菌学上称为"+"或"-"，萌发成单核菌丝后仍然具备各自的性状，同性别的两条菌丝永远不亲合。只有两个相邻的，不同性别的单核菌丝相遇才能亲合，进行双核化。这种特性称为异宗结合或自交不孕类。并长成具锁状联合的菌丝体，不断地扭结成块，成为银耳原基；然后长出耳芽，经过胶质化后，形成新的银耳子实体。子实体瓣片表面可生成担孢子。开始是菌丝的前端细胞膨大，逐渐变成球体，同时两个核融合，进行减数分裂，变成四个核，接着细胞纵向分隔，形成四个单核细胞，这叫下担子。随后下担子产生乳头状凸起，并继续向前生长，直至伸出子实体的胶质物，称为上担子。之后上担子上长出一个小梗，小梗的前端逐渐膨大成球形，与此同时，下面的核也逐渐向上移动，直至移到小梗顶端的球状体中，核移后，小梗和球状体之间产生分隔。这样就形成了担孢子。担孢子成熟后，在适宜条件下弹射出去，再生长新的下一代，这样周而复始；就是银耳的生活史。

银耳的担孢子在条件不适宜情况下，会产生次生担孢子或芽殖，产生大量的酵母状分生孢子（芽孢），当条件适宜时，次生担孢子和分生孢子都萌发成单核菌丝。菌丝生长遇到不利条件时会断裂成许多节孢子；如生长条件扭转，节孢子又会重新萌发成单核菌丝。银耳是属于异宗结合类，四极性。

（三）银耳生长对环境的要求

银耳不能像植物一样进行光合作用，利用叶绿素自己制造养料，而是依靠其他生物体里的有机物质，作为它的养料，吸取现成的碳水化合物、含氮物质和少量的矿物质。各种代用料培养基，是营养丰富的银耳生长场所。此外在生长过程中，对营养温度，空气相对湿度，空气（氧）光照以及酸碱度各个因素都有一定的要求。因此在栽培过程中，必须采取各种措施，符合银耳的生长发育特性，满足它的要求，才能达到稳产高产的目的，现将生长条件分述如下。

1. 营养

营养是银耳生长的物质基础，代用料培养基的合成比，应是最大限度的满足银耳对各种营养的要求。银耳菌丝能够直接利用简单的碳水化合物如单糖（葡萄糖）、双糖（蔗糖）。因银耳菌丝分解木质素、纤维素能力很低，不能直接利用纤维素和木质素，只有香灰菌丝在酶的作用下分解了木质素和纤维素。银耳菌丝才能利用。培养料还应具备充足的氮素、维生素、磷、钙等矿物元素以及微量元素以利子实体生长。

2. 湿度

水是银耳生命活动的首要条件，银耳对水的要求为"二适一多"。即孢子在适湿的条件下（相对湿度70%~80%）萌发成菌丝，菌丝亦在适湿的条件下定殖，蔓延生长。并在一定的发育阶段分化和产生子实体原基。子实体在多湿环境（相对湿度在80%~90%）迅速发育，展出肥美饱嫩、玉骨冰肌的耳片。在过湿条件下不易萌发成菌丝，而是以芽殖形式出现。在适湿的条件下菌丝才能定殖，生长旺盛。菌丝粗短成束，子实体分化正常。在过湿的环境中，菌丝生长柔弱，纤细稀疏，子实体分化不良或胶化成团。因而要根据银耳生长各阶段对湿度的不同要求，给以适当的水分。

3. 温度

温度是银耳生命活动强度和生长发育速度的重要因素，银耳属中温性真菌，菌丝（包括银耳芽孢和香灰菌丝）在16~30℃内均能生长，其中20~28℃生长正常，23~25℃生长最好，低于20℃或高于28℃菌丝纤弱。子实体分化的温度在16~28℃，低于16℃生长迟缓，高于28℃分化不良，最理想的温度应是22~25℃。银耳抗寒力很强，孢子在0℃2小时，不会失去发芽力。

4. 空气（氧气）

银耳是一种好气性真菌。菌丝萌发对氧气的需求，随着菌丝量的增加而增加。子实体的分化对氧的需求也应掌握，耳大氧多，耳小氧少。在适温多湿的环境中，氧气充足，子实体分化迅速，在缺氧的情况下，菌丝生长缓慢，子实体分化迟缓，所以在栽培过程中，必须适当通风换气。

5. 光照

强烈的直射光；不利银耳菌丝萌发及子实体分化。散射光能促进孢子的萌发和子实体的分化。不同的光照对银耳子实体的色泽有明显关系，暗光耳黄，且子实体分化迟缓，适当的散射光，耳白质优。

6. 酸碱度（pH 值）

银耳是弱酸性真菌，pH 值应在 5.2~5.8，过酸或过碱对银耳都有一定的影响。

以上各因素，都不是孤立存在的，必须加强管理，应想方设法满足银耳生长要求，从而达到高产、优质。

第二节　银耳菌种的生产技术

一、菌种分离

栽培银耳要获得高产、优质，菌种是关键，纯菌种的获得可通过孢子弹射和耳木分离，即有性繁殖和无性繁殖。无性繁殖虽然方法简单，但菌种纯度不高，且易退化，产量也低；有性繁殖菌种纯度高，产量高，但方法比较复杂。无论哪种方法都必须具备银耳和香灰两种菌丝，香灰菌称为银耳的伴生菌。

1. 孢子弹射分离法

（1）种耳的选择：种耳的要求应是出耳正常，朵大、朵形好、肉厚、片大、色白、开片正常、无杂菌、无病害、八成熟的子实体选择备用。

（2）试管培养基的配方：去皮马铃薯 200g、葡萄糖 20g、琼脂 20g、水 1 000mL。

培养基的制作方法：将马铃薯洗净，去皮切片。加水 1 000mL 煮沸 30 分钟，捞起用八层纱布过滤，将溶液加入琼脂、葡萄糖，再用文火煮至琼脂全部溶化，补水至足量，调整酸碱度。趁热分装于试管。装入量为试管总长的 1/4 左右，塞紧棉花塞，将 10 支试管用纸包成一捆，置于高压灭菌锅内，在 1.2kg/cm^2 的压力下保持 30 分钟。取出后趁热将试管排放成斜面，冷却后即可使用。若装入三角瓶，培养基厚度为 1cm。

（3）银耳孢子的弹射：取烧杯 4 只，以及不锈钢钩、接种针、剪刀、镊子、无菌水、无菌纱布、酒精灯、0.1% 的升汞溶液，连同装有马铃薯琼脂培养基的三角瓶、种耳等放入接种箱，用福尔马林 10mL 和高锰酸钾 10g 混合熏蒸，消毒灭菌 30 分钟，先将 3 只烧杯用酒精消毒后，各倒入无菌水若干，另 1 只烧杯倒入 0.1% 的升汞溶液。用剪刀剪数片肉厚、片大的耳瓣，在升汞溶液中浸 5~10 秒钟，迅速依次放入 3 只无菌水烧杯中，各浸洗 1 分钟，再用无菌纱布将水吸干，用钢钩迅速挂于三角瓶内，塞上棉塞。为防杂菌感染，耳片距培养基 3cm 左右。置于恒温箱，温度保持在 23~25℃，培养 24 小时，可在培养基表层看到雾状的孢子卵，这时可在接种箱内，取出钢钩及耳片，塞好棉塞，继续培养 2~3 天后，培养基表面可看到白色糊状，边缘光滑，中间凸起的菌落，这就是银耳孢子。若无杂菌可采取划线法或稀释法，获得纯芽孢后再进行扩大繁殖。

2. 香灰菌丝的分离

取子实体长得理想的耳木一段（段木栽培银耳的木段），去掉耳基及树皮，用 75% 的酒精表面擦洗，杀死附在耳木表面的杂菌，移入装有敌敌畏或乐果的容器中过夜，以便杀死或驱赶耳基周围的虫害和螨类等。

取烧坏 4 只，1 只倒入 0.1% 的升汞溶液，3 只倒入无菌水，连同酒精灯、无菌刀、接种针、无菌纱布、斜面试管和经过消毒的耳木，放入接种箱内，进行消毒灭菌。先将耳木浸入升汞药液内 20 秒钟左右，再移入 3 个装有无菌水的烧杯中顺序洗 3 遍，然后用无菌纱布吸干水分，用无菌刀去掉耳木表面老菌丝，将耳木中间的黑色花纹处弄碎，用接种针挑取麦粒大小一块，迅速移入斜面试管里，塞上棉塞，用此法接完所有试管，一次必须多接一些试管，以便筛选提纯。然后移入电热恒温箱中，温度保持在23~25℃，2~3天后即可长出香灰菌丝。若发现有红、绿、黄等均为杂菌感染，应及时淘汰。纯香灰菌丝色白，粗短，爬壁力强。分离后要根据其爬壁力强的特点，及时转管提纯，这样就能得到理想的香灰菌丝。还可用玻璃"U"形管提纯香灰菌丝：取1~2cm口径的玻璃"U"形管数只，装上木屑培养基，两端口径用塑料纸包扎严，灭菌后在接种箱内，用接种针挑香灰菌丝前端白色处一点接于"U"管一端，经培养菌丝长至另一端后，再挑去一点放入又一"U"形管内，这样反复提纯，可获得纯菌丝，这就叫香灰菌母种。

银耳菌丝与香灰菌的混合：选由芽孢萌发的银耳菌丝扩接数支，当试管里米粒大的银耳菌丝长至黄豆大小时（2~24℃培养6~8天），接入香灰菌丝。配接时，挑取香灰管的先驱菌丝，约米粒大，接于银耳菌落旁边距0.5cm处。2天后出现白色菌丝，7天后出现浓白色的粗短菌丝团（白毛团），12~15天在白毛团上方出现红黄水珠。

3. 银耳原种的交合

获得较纯的银耳芽孢和香灰菌丝后，要进行交合，然后才能用于母种及栽培种的生产。交合的方法是：先将银耳接种在试管的培养基上，在23~25℃的环境中培养5~7天，待银耳菌丝长到黄豆大小时，再接入少许香灰菌丝，在同样温度下，培养7~10天，待香灰菌丝蔓延全试管时即为原种。

二、母种生产

1. 母种培养基的制作

配方：木屑75%（银耳适生树种）、麸皮23%、石膏粉1%、蔗糖1%，pH值=5.2~5.8。

制作方法：将蔗糖用温水化开，再称取木屑、麸皮、石膏粉拌匀加入糖水，补水至足量拌匀，含水量掌握在65%左右，装入500~750g白色透明的菌种瓶中，稍压实，装入量为瓶高的2/3，擦净，塞上棉塞，0.15MPa灭菌2小时半，取出冷却后备用。

2. 接种

灭菌后放于干净通风处冷却。然后用无菌操作法，将试管原种接入母种培养基。接种工作完成后，应立即移入恒温室培养。

3. 培养

将接好菌放入恒温室的母种菌瓶，直立于架子上，温度保持在23~25℃，经3~4天培养，菌丝就会萌发。这时每天要进行观察一次，直至银耳菌丝覆盖培养基表面为止。观察中若发现长得极快的是毛霉、根霉、木霉菌感染，绿、黄、黑为青霉和各种曲霉，都应及时淘汰。在正常温度下，培养15天左右，接种块出现浓白色的发育菌丝；20天左右菌丝扭结，并有红黄色水珠出现；待出现子实体原基时，便可进行扩大生产。

三、生产种的制备

母种成熟后，为确保高产优质，要严格进行筛选，并要进行瓶栽试验。对不同品系，或不同菌株分离的原种，作以比较，选择肉厚、朵大、开片正常、色白、出耳快、产量高的菌株，作为优良母种进行扩大。方法是：在接种箱中，用无菌刀去掉银耳原基，用接种勺挑起一勺，接入生产种培养基，塞好棉塞，然后用此法接完所有瓶子。每瓶母种可扩大生产种40瓶。移恒温箱，保持温度培养15~20天，待出现红、黄色水珠时，便可栽培使用。生产种的培养基制作、灭菌及接菌箱的消毒与原种一样。

第三节　银耳栽培技术

一、银耳袋栽技术

根据银耳子实体的生长温度范围，以春、秋季自然气温下栽培为好。由于各地气候条件不同，只要最高温度不超过28℃，最低温度不低于20℃时，就可栽培银耳。

（一）培养料的选择

袋栽银耳的栽培原料主要木屑、棉籽壳、玉米芯和甘蔗渣等农林副产品，并要添加麦麸、米糠、黄豆粉、石膏、蔗糖等作为辅料，以其他农副产品作为栽培原辅料，均应选新鲜、无霉变者。

（二）培养料配方

以下介绍配方，都是各地经生产实践的基础配方和高产配方，各地可根据当地资源情况参考使用。

配方1：木屑78%，麦麸19%，蔗糖1%，过磷酸钙1%，石膏1%。每500kg培养料可用浙江庆元科达食用菌公司生产的菇力宝丰产灵1kg。

配方2：木屑74%，麦麸22%，石膏粉3%，石灰粉0.3%，硫酸镁0.7%。每500kg可用培养料加浙江庆元科达食用菌公司生产的菇力宝丰产灵1kg。

配方3：木屑76%，麦麸20%，黄豆粉1.5%，硫酸镁0.5%，蔗糖1%，石膏粉1%。每500kg培养料可用浙江庆元科达食用菌公司生产的菇力宝丰产灵1kg。

配方4：木屑73%，麦麸24.5%，石膏粉1%，蔗糖1%，磷酸二氢钾0.5%。每500kg培养料加浙江庆元科达食用菌公司生产的菇力宝丰产灵1kg。

配方5：木屑40%，棉籽壳37.6%，麦麸20%，石膏粉2%，硫酸镁0.4%。每500kg培养料可用浙江庆元科达食用菌公司生产的菇力宝丰产灵1kg。

配方6：棉籽壳78%，木屑18%，石膏粉3.5%，硫酸镁0.5%。每500kg培养料可用浙江庆元科达食用菌公司生产的菇力宝丰产灵1kg。

（三）培养料的配制和装袋

1. 培养料的配制

培养料在配料前，应置烈日下暴晒一天，利用日光中紫外线杀死杂菌孢子、虫卵和螨类，然后过筛，去掉杂质及粗大颗粒，以防刺破耳袋。培养料配方中的麦麸是银耳栽培的常用原料，通常占培养料干料重20%~30%。随着食用菌生产发展，麦麸资源亦日渐短缺、且价格涨。在缺乏麦麸时，可用细米糠代替，但细米糠的蛋白质和脂肪含量均低于麦麸，故在使用米糠时，每50kg应加黄豆粉2~3kg，以补充养分。在生产实践中发现，添加黄豆粉可使耳片色白肥厚，增加产量，常用量占培养料干重1%~2%。在配料时可将黄豆磨成细粉或黄豆浆加入，以磨浆效果好，其方法是将黄豆浸水中6~8小时，使其吸水软化然后磨浆。但配料时若气温过高，则不宜采用磨浆法。

配方中的蔗糖、硫酸镁、磷酸二氢钾等，先以少量热水溶化，混入配料用水中再进行拌料。在银耳培养料配方中，切忌使用多菌灵农药。配料时的加水量，要根据培养料的性质来确定，一般材质疏的原料如棉壳等，加入量稍多，但含水量应控制在50%~55%，不要超过60%。

2. 装袋

银耳袋子栽在大批量生产时通常采用常压灭菌，故宜用聚乙烯筒膜作栽培容器；若采用高压灭菌，则需用庆元菇荣牌聚丙烯筒膜。耳袋的规格，可采用12×55规格，在生产批量较大时，最好采用装袋机装料，一般每台每小时可装400袋。从拌料到装袋结束，要求在5小时内完成。

（四）灭菌接种

采用常压灭菌，灭菌锅的容积以能装1 000袋较为适宜。灭菌时开始火力要猛，使其在4小时内升温到100℃，然后用中火维持，经10~12小时停火。接种要严格遵守无菌操作规程。

（五）发菌管理

接种后，种块上最先长出的是香灰菌丝，开始分解木质素、纤维素，并分泌黑色色素，接着银耳菌丝也开始在基质内蔓延，并在接种处逐渐扭结成团，形成子实体原基。原基开始形成时只是一团黄褐色半透明胶粒，后来逐渐分蘖展片，并发育成熟。因此，银耳的生长发育是一个连续的生理过程、通常分为菌丝生长和子实体发育两个阶段。袋栽银耳为便于室内管理，根据银耳的生物学特性，划分为2个管理阶段较为合理。

1. 菌丝生长期的管理（1~12天）

接种后，将耳袋移至事先消毒的培养室，呈"井"字形交叉堆放在床架上发菌，视自然温度之高低，决定堆高或耳袋排放的密度。接种后3天内是菌丝萌发定殖期，室温要控制在25~30℃，促进羽毛状菌丝迅速萌发定殖，并伸入到培养基质内，形成生长优势，以防止杂菌侵染。但此时室温最高不得超过30℃。3天后，菌丝已向穴口周围伸展，结合翻堆，将床架上耳袋上下移位，并加大耳袋之间的距离，以后每3天翻堆一次，袋间距由1cm增加到2cm，以利通风散热。在此期间，应将室温调整到25~26℃以利银耳菌丝生长。

发菌期空气相对湿度要控制在70%以下，湿度偏高，封口胶布受潮，则易滋生杂菌，但相对湿度亦不可低于60%，以防菌种干枯失水，对萌发不利。在正常情况下，每天开门窗通风1~2次，每次30分钟。若气温适宜，且外界温度又无较大波动，也可长时间开窗通风，使空气清新。发菌期间，要结合翻堆检查污染情况，若发现霉菌菌落，可采用菇霉灵杀菌剂注射法将其杀灭。

2. 原基分化期的管理（13~18天）

为了促进原基分化和生长，要及时部分或全部揭去胶布，改善氧的供应，管理上分为三步进行。

（1）开孔增氧。经8~10天发菌，菌落直径可达10cm左右，在相邻两个接种穴间的菌丝将要相互连接时，应将封口胶布揭开，改平贴为拱贴。拱贴有两种方法，一种使中部隆起，将两侧仍贴在接种口沿上；另一种是使中部呈圆形隆起，将胶布四角仍贴在接种口沿上。不论采用哪种方法，所留孔隙都要有黄豆粒大小，使之具有一定空间，可增加氧气供应，以促进菌丝进一步生长，并有利于原基的发育。开孔增氧的具体时间应根据菌丝的发育情况来确定。据产区实际生产情况调查，于接种后8~9天开孔者占绝大多数，也有10天的，延迟到12天者极少。

开穴增氧的前1~2天，要将耳袋散开排放到床架上，并在室内喷敌敌畏消毒。开穴后不宜即刻喷水，使之有一个适应的过程，半天后开始喷水，每天喷水3~4次，喷水时要防止水分渗入孔隙中，室温仍保持在25℃，并加强通风，使开始裸露的菌丝能处于空气清新、温湿度适宜的小气候环境中。在气候较干燥的北方（如河南、山东等产区），开孔增氧前要在耳袋上盖报纸，并将其喷湿，开孔后仍将报纸盖上，其作用也在于创造湿润环境。

（2）揭开胶布。开孔增氧后4天（一般在接种后14天），穴中逐渐出现白色突起毛团状菌丝，即耳农所称之"白毛团"。此时室温可降到20~23℃，相对湿度提高到80%~85%，以促进分化。随着菌丝生理成熟，白毛团上方会出现浅黄色小水珠，称为"吐黄水"，应将耳袋翻面使孔口缝隙向下，让黄水流出穴外，必要时可用脱脂棉吸干或吹干，然后将室温回升到25℃，使黄水干缩。接种后的15~16天，穴内逐渐形成胶质化银耳原基，应及时将胶布揭去、使之有利于原基的发育。揭胶布后要用湿报纸覆盖。

（3）划膜扩口。划膜扩口是以原接种穴为圆心，用锋利小刀在接种穴外环割一圈，并将薄膜挑去，环割半径比原孔增加0.5cm即可。划膜扩口的时间各地不同，南方是在子实体已长出孔穴的幼耳期，即接种后20~25天，河南等地是在原基分化期，即在接种后16天左右，这时原基已全部形成并有耳芽分化，此时扩孔更有利于耳基与新鲜空气的接触面，满足其对氧日益增长的需要，能促进原基的生长发育。

（六）出菇管理

1. 原基分化管理

在原基分化期，若于接种后14天仍有部分接种穴未现原基，通常与培养料过湿、装料过实有关，可采用划袋增氧排潮的方法进行催蕾。其方法是用刀片在孔穴两边袋侧割缝，或于接种穴背面割"十"字形或圆形孔。经上述处理，仍可照常出耳。原基分化期是银耳由营养生长转向生殖生长的一个重要生理转变时期，因此，在其全部管理过程中，要特别注意环境因子的调节，其基本要求如下。

（1）温度要求偏低。在此阶段内是银耳生理变化最活跃的时期，产生热量大，故应降低室温在22~24℃，使其保持生态平衡。若高于25℃，黄水分泌显著增多，显示其代谢作用加剧；高于28℃，分泌水珠呈黑色，其原基也随之变黑，严重影响出耳率。

（2）湿度要适宜。据野外调查，野生银耳生发时的空气湿气在80%~95%，生产实践证明，原基的正常分化，对湿度有更严格要求。在60%以下者不能出耳；在70%以下者出耳率只有14%~40%，而且很慢，会延迟到30~40天；在80%左右时则大部分可出耳，但却延迟时间，且出耳不齐；室内湿度达90%以上，出耳率可达100%，而且耳潮集中，极少有延期迟出者。故原基分化期相对湿度应控制在90%。水分的调整要逐步增加，开孔增氧时保持80%~85%即可，原基出现后要增加到90%。要求覆盖报纸湿透而无积水，棚顶和墙壁挂有雾状水珠，地面要经常保持湿润。

（3）保持室内空气清新。在生产实践中发现，临近门窗、通常的耳袋往往出耳较早；袋料稍偏松、断袋或袋壁有裂口的也往往出耳较早，因此，加强通风，保证充足新鲜氧气供给，是促进原基分化的重要条件。尤其是在春季，室内外温差小，空气对流作用低，更要经常开门窗通风；冬季室内外温差大，空气对流作用强，可用打开门窗的方法同时达到气体交换的目的。

2. 幼耳期的管理（19~27天）

接种后19~27天为幼耳生长发育期。在此期间内，幼耳的生长有两个特点：一是幼嫩，二是生长不够整齐，出耳较早者朵形已有蚕豆粒大，出耳较迟者只有黄豆粒大。这时期的管理工作是根据这两个生长特点来制定有关措施，促使幼嫩子实体健壮发育，并缩小群体间的差距，为高产打下基础。

（1）温度要适中。室温应调节在23~25℃，以不超过25℃为宜。超过25℃则耳薄，超过28℃时，非但耳薄，且会出现萎缩进而腐烂的现象。温度亦不宜低于22℃，会使耳片变薄，低于18℃时则更薄，长期低温下也会使幼耳萎缩，不开片，或造成腐烂。

（2）湿度要偏低。在其他条件均适宜的情况下，控制湿度是壮耳、并达到群体一致的重要手段。幼耳期室内湿度控制在80%为宜。湿度低于75%，易使幼耳萎缩发黄，并很难恢复正常生长；温度高于85%，则会出现开片早，展片不均匀，不但产量低，朵形不好或有很多小耳、降低商品价值。

（3）适当控氧和通风。幼耳期因室内湿度偏低，如果不是为了降温和排湿，不宜开启门窗。否则会因湿度不降而使幼耳萎缩变黄；同时，通风供氧会使幼耳发育过快，影响产量和质量。在幼耳期管理的最后4天，每天上午10时后，在温、湿度正常情况下，幼耳约3cm大小，应将报纸揭开数小时，使幼耳能接种更多的氧气。揭去的报纸在太阳下晒干灭菌后重新盖上，然后喷一次重水，如床面有烂耳症状，可在水中加四环素或金霉素喷雾。

幼耳期管理总的原则是以控为主，调控结合。河南地区称之为"蹲苗"或很形象地称之为"踏步整队"，其目的就在于培养整齐健壮的群体。

3. 成耳期的管理（28天至收获）

从接种后第28天起，约经10天银耳成熟，这一期间称为成耳期。成耳期的管理重点是促进展片和旺盛生长。

（1）调节温度、防止高温。此时室温宜控制在24~26℃，以25℃最为适宜。在适温下生长银耳朵形好、耳片厚、产量高。成耳期是银耳生理活动最旺盛阶段，袋温较高，要防止室内出现高温。若室温超过27℃，应整天开门窗通风，并结合喷水保湿，防止耳片干燥。

（2）重水催耳。子实体长到5cm大小时，要用重水催耳，使相对湿度达95%，5~6天内银耳即可迅速展片长大。每天喷水次数和喷水量要根据气候和耳片情况来掌握，原则上是宁湿勿干；从第 33 天起，可将报纸揭去，将水直接喷在银耳上，可使耳心部分得到充足氧气与水分，朵形更加饱满。采耳前 5~7 天，要停止喷水，保持湿润状态即可。

（3）强化通风增氧。子实体生长期间，呼吸作用旺盛，对氧的需要量与个体大小成正比，尤其在临近采收前几天，喷水增多，若通风不良，在长时间静止的高湿环境中，很容易出现烂耳。因此，在气温高时应日夜开门窗通风，加强空气交换；气温低时也要在保证室温的条件下，尽可能地多开门窗通风，向阳门窗整天打开亦可。

（4）强予充足散射光。成耳期要拆除门窗上所有遮荫物，增加室内的散射光。在散射光充足的条件下，子实体展片迅速，叶片肥厚，色泽白亮。

（七）采收

经 35~40 天培养，子实体已达到成熟。成熟的标准是，耳片已全部伸展，中部没有硬心，表面疏松，舒散如菊花状或牡丹状和触有弹性并有黏腻感，即可采收。袋栽银耳直径一般在 10~12cm，鲜重 100~200kg，袋径稍粗大者，其鲜重有时可达 500g。适时采收对银耳产量和质量有重要影响。采收偏早，展片不充分，朵形小，耳花不松放，产量低；采收偏晚，耳片薄而失去弹性，光泽度差，耳基易发黑，使品质变差。采耳时，用锋利小刀紧贴袋面从耳基面将子实体完整割下。应先采健壮好耳，再采病耳。采完后，随即控去黄色耳基，清除杂质，在清水中漂洗干净。

再生耳管理：银耳采收后，可进行再生耳管理，其再生率在 80% 左右，培养 15~20 天即可采收，一般每 1 000 穴可收干耳 4kg。但再生耳的耳基较大，耳片小，品质较差。再生耳的管理方法是：采耳后 3 天内室内不要喷水，湿度保持在 85% 即可，温度保持在 23~25℃，以利恢复生长。一般在头茬耳割后约 3 小时，耳基上会分泌大量浅黄色水珠，为耳基保持旺盛生命力的症状。无黄色水珠者，则很少能出再生耳。此时要将黄色水珠倒掉，以防浸渍为害。新生耳芽出现后，控制室温 20~25℃，相对湿度 85%，湿度不足向地面和空中喷水，直到成熟。目前由于栽培水平提高，第一茬耳单产水平高、收益大，故除春栽外，很少有人再进行再生耳的培养。

二、银耳段木栽培技术

（一）菌种准备

用于段木栽培的菌种，一般是木屑种或木块菌种，木块菌种通常有两种形状，一是圆柱形，二是楔形（或三角形）。可选用 0.8~1cm 粗细的青桐、桑、柳、槐等枝条，截断而成。将准备好的木块用 1% 的煎糖水浸泡 4~6 小时捞出滤去水备用。配料比例：青杠木块 50kg，青杠木屑 8kg，米糠（或麸皮）11.5~12.5kg，蔗糖 0.65~0.75kg，石膏粉 0.5~0.75kg、加水适量，pH 值为 5.2~6。其装瓶、灭菌、接种等与木屑培养基菌种相同。栽培种应在段木接种一个月半前开始生产。每瓶菌种需枝条 200g，木屑 150g，每 500kg 段木（青杠树）需木块菌种 10 瓶，其他泡木树需菌种 10~15 瓶。

（二）耳树的选择、砍伐、截杆与架晒

1. 耳树的选择

除松、柏、杉、樟树不宜栽培银耳外，其他都可选用，但以在土壤肥沃、向阳条件下生长、7~9 年树龄、树径 6~12cm 的青杠树为好。

2. 砍伐

砍伐是银耳栽培重要的一环，树叶枯黄至新叶萌发为砍伐期。但以树木休眠至萌发之前砍伐为好，此时树木中可给态养分较多，利于菌丝吸收，砍后15天左右应进行剃枝。

3. 截杆、架晒

为了搬运、管理方便，应把耳树截成1m长为宜，架晒在地势高亢而干燥的地方，分大、中、小架晒，做到晴天晒，雨天盖，接种前段木应有六七成干。

（三）耳堂建设

耳堂是排放耳棒栽培银耳的场所，应选在离住户50m远的山谷林间、溪旁、水源条件好、空气新鲜流通、地势平坦、土层厚、排水良好、七分阴三分阳、花花太阳照耳堂的环境。耳堂规格为40m²，其长10m、宽4m、边墙高2m、山墙高2.7m，可排放5 000kg耳棒，荫棚高出薄膜1m。地窗离地30cm，大小为50cm见方，在长边墙建对开窗3个，共计6个。顶棚或山墙两端开天窗2个，大小与地窗相同。

（四）接种

1. 接种时间

一般在3月下旬至4月上旬，晴天或阴天进行，若遇雨天，要防止生水渗入菌种，否则易感染杂菌。

2. 接种场地

在室内或室外荫棚处均可，场地先打扫干净，并杀虫、消毒，方可接种。

3. 环境卫生

接种人员的手和所用工具先用肥皂水洗后再用酒精棉球擦洗，一定要树立无菌操作意识。

4. 打孔

用电钻或斧子均可，根据耳棒大小，打孔2~4行，行距6.66cm，窝距10cm，孔深1.5~2cm。

5. 拌种

先用0.1%的高锰酸钾水洗菌种瓶（袋），然后将胶质子实体去掉，把菌种倒入盆中捣细拌和均匀，植入耳棒的每个空隙内。

（五）发菌

1. 发菌场地

发菌场地要清洁卫生，在发菌的地面上先杀虫，再撒些生石灰，搭好垫木，方可堆放已接种的耳棒。

2. 发菌方法

发菌堆高1m以下，堆内温度始终控制在22~28℃，最好控制在25℃。前期湿度控制在75%~80%，后期（25天后）湿度控制在80%~85%。发菌3天后，必须揭开薄膜透气20~30分钟。10天后第一次翻棒，以后每隔7天左右将堆内耳棒上下内外轮换一次，保证发菌温度、湿度均匀（6~8cm的耳棒接种14天第一次喷水，8~10cm的耳棒18天第一次喷水，10cm以上的耳棒21天第一次喷水，以后5~7天翻一次棒，喷一次水）。

发菌期间要特别注意保温、保湿和透气。尤其是在高温天气，要特别注意降温透气。

若按要求发菌，40~45天发菌堆内的耳棒出现耳芽15%~20%时，就应立即排堂。

（六）出耳管理

接种后经过45天左右发汗（最多不超过60天），待耳棒普遍出现耳芽后，就散堆排堂，尚未出耳芽的棒也应排堂管理。排堂至采收期间，主要工作是调节温度、湿度和防治病虫害。

1. 控制湿度

长耳期间，要求空气的相对湿度较大，以85%~90%为宜。要注意干湿交替，晴天喷水3~5次，阴天少喷，雨天视其情况适当喷，做到干不见白，湿不流水，保证银耳整天不收边。

2. 温度的调节

银耳子实体生长最适宜温度为23~25℃，在18℃以下生长缓慢，此时堂内要注意升温和保温。当温度在30℃以上时，时间过长对银耳生长不利，这时要注降温，加厚荫棚或在棚上喷洒冷水。在伏天无法降温的情况下，最好停止供水，采用"伏歇"的办法，待气温适合后再进行管理。

3. 防治菌、病、虫害

银耳在生长过程中高温、高湿、闷热，场地不清洁等，常常引起杂菌感染，影响产量和品质。在管理要坚持"以预防为主，防治结合"。大量施用有机磷农药会造成烂耳，并杀死真菌，还会在耳片上留下残毒，对人食用有害。因此，在银耳的整个生产过程中，重视每个环节的清洁卫生和严格消毒，是防止和减少病虫害的有效措施。

（七）采收

及时采收和加工银耳，直接关系到产量和质量。因此，采收标准和加工是十分重要的。通过7天左右的生长，耳片完全展开，边沿发亮，白色透明，手触摸有一定弹性。这时即可采收，应拾大留小，拾弱留强，不能一扫而光，要分级堆放。采时要整朵摘下，不能留下残片，否则会引起烂耳根和菌丝。一个健康耳脚可采收3~5次。

复习题

1. 银耳对环境条件的要求。
2. 银耳袋栽技术。
3. 银耳段木栽培技术。

第七章　灵芝栽培技术

第一节　灵芝基本知识

一、灵芝的营养和药用价值

（一）灵芝营养价值

灵芝含有多种氨基酸、蛋白质、生物碱、香豆精、甾类、三萜类、挥发油、甘露脑、树脂及糖类、维生素 B_1、维生素 C 等。粗纤维比较丰富，子实体中多达 54%~56%。

（二）灵芝药用价值

灵芝早有记载，李时珍在《本草纲目》中说："灵芝甘温无毒，利关节，保神，益精气，坚筋骨，好颜色"。中医常用作补肺肾、止咳喘、补肝肾、安心神，健脾胃等。灵芝能增强神经中枢神经系统功能，强心、改善冠状动脉血液循环，增加心肌缺血氧供应，降压、降脂、护肝，提高机体免疫功能，促进周围血中白细胞增加，并有抗过敏、止咳、祛痰及抗辐射的作用。其中，灵芝富含的有机锗能使人体血液循环通畅，增强人体对氧气的吸收能力，促进人体的新陈代谢，有清血行气、改善体质的功能。此外，灵芝还能柔软血管，降低血液黏稠度，使血液中不易形成血栓。故而灵芝可以用来降低血压。灵芝不但可以降压，还具有稳定血压的作用。主要药用价值如下。

1. 灵芝多糖

灵芝多糖目前已分离到 220 多种，是由数十万到数百万的葡萄糖组合而成的高分子多糖体，大多存在于灵芝细胞内壁。灵芝多糖大多为异多糖，即除葡萄糖外，大多还含有少量阿拉伯糖、木糖、岩藻糖、鼠李糖、半乳糖等。灵芝多糖是灵芝中最有效的成分之一，有广泛的药理活性，能提高机体免疫力，提高机体耐缺氧能力，消除自由基，抑制肿瘤、抗辐射保护（放疗病人最佳选择），提高肝脏、骨髓、血液合成 DNA、RNA、蛋白质能力，延长寿命等。灵芝的多种药理活性大多和灵芝多糖有关。

2. 灵芝酸

灵芝酸是一种三萜类物质，各种灵芝中已分离到灵芝酸 100 多种，如灵芝酸 A、B、C、D、E、F、G、I 等。灵芝酸在不同种的灵芝中或同一种不同生长阶段的子实体中，其含量是不同的，所以其苦味程度也有不同，一般味苦的灵芝其灵芝酸含量往往较高，MA-YASAKI 等人认为灵芝子实体中灵芝酸含量是随着其成熟度的提高而递增，且集中在子实体的外周部位。灵芝酸具有强烈的药理活性，有止痛、镇静、抑制组织胺释放、解毒、保肝、毒杀肿瘤细胞等功效，是灵芝的主要成分之一。日本对灵芝中的灵芝酸的含量十分重视，其中，尤其重视灵芝酸 A、B、C、D 的含量，认为赤灵芝酸含量高，灵芝产品质量就好。

3. 腺苷

腺苷是以核苷和嘌呤为基本构造的活性物质。灵芝含有多种腺苷衍生物，都有较强的药理活性，能降低血液黏度，抑制体内血小板聚集，能提高血红蛋白、2,3-二磷酸苷油的含量，能提高血液供氧能力和加速血液微循环，提高血液对心、脑的供氧能力。灵芝腺苷是一种活性很强的物质，是灵芝的主要有效成分之一。

4. 小分子蛋白质（LZ-8）

此种成分，可以使人体免疫进行调节，其氨基酸组成构造和人体的免疫球蛋白类似，吸收以后，可以帮助人体进行免疫调节，其主要功能为提高人体免疫调能力，抗过敏、抵抗 B 型肝炎。

5. 有机锗

可以增加人体血液吸收氧气的能力达 1.5 倍以上，中和人体代谢所产生的 H 离子，提高人体血液含氧量，进而活化细胞的代谢功能；能完全和体内重金属结合，形成化合物后排出体外；防止体质酸化、止痛。

6. 多种氨基酸及微量元素

一是灵芝所含的氨基酸中，囊括了全部人体必须的氨基酸，长期服用灵芝的人，不会因为氨基酸缺乏而生病。二是灵芝所含的微量元素日益受到重视，服用灵芝除了可以避免微量元素缺乏外，医学研究发现灵之中的某些微量元素，还具有十分重要的药理活性，并日益受到世界重视。

7. 其他有效成分

赤芝孢子内酯：降胆固醇作用；赤芝孢子酸：降转氨酶作用；赤芝碱甲、赤芝碱乙：抗炎；尿嘧啶和尿嘧啶核苷：降低实验性肌强直症小鼠血清醛缩酶；腺嘌呤核苷：镇静、抗缺氧；油酸：膜稳定作用；灵芝总碱：明显增大麻醉犬冠状动脉血流量，降低冠脉阻力及降低心肌耗氧量，提高心肌对氧的利用率，改善缺血心电图变化；灵芝纤维素：降胆固醇、预防动脉粥样硬化、便秘、糖尿病、高血压、脑血栓等。

近 20 年来国内外的大量研究结果证明，泰山赤灵芝具有广泛的药理作用，且毒性极低。这与中医药学和现代医学对灵芝的疗效和毒副作用的认识是一致的。

二、灵芝栽培历史和现状

我国最早的灵芝栽培方法，记载于王允的《论衡》一书中（距今 1 900 余年）。不过，当时的栽培方法是借灵芝孢子的自然接种，为灵芝生长增加一些营养成分，提供适宜生长的温度、湿度条件而已。《抱朴子内篇》记载："夫菌芝者，自然而生，而《仙经》有以五石五木种芝，芝生，取而服之，亦与自然芝无异，具令人长生"。清朝《花镜》中亦有记载："道家种芝法，每以糯米饭捣烂，加雄黄，鹿头血，包干冬笋，俟冬至日，堆于土中自出或灌入老树腐烂处，来年雷雨后，即可得各色灵芝矣"。从这些论述中可见，古人已认识到用"药"，即用淀粉、糖类、矿物质和有机氮化合物组成的人工培养料来栽培灵芝，甚至考虑到在"冬至日"低温季节施"药"，以避免杂菌污染。可见，我国古代学者根据实践经验，对灵芝的生物学特性、生长条件、人工栽种方法均做了初步的、较为科学的论述，其中许多内容已为现代真菌学研究所证实，这些均指出，我国古代学者对灵芝的发展和研究做出了贡献。

利用人工接种，在人工控制的环境下，使灵芝得到更好的生长发育条件的栽培技术，是近30余年才发展起来的。从20世纪60年代以来主要有：室内人工瓶栽技术：此法在70年代初期推广到全国各地，至今仍在应用；室内人工袋栽技术：利用耐高温、高压且无毒的塑料袋的栽培方法，始于70年代末，至今仍在应用；室外露地栽培技术：灵芝菌丝体在室内发育到生理成熟阶段，再移至室外露地半人工条件下，促其子实体进行繁殖生长，这种技术包括有瓶栽、袋栽及段木栽培。此法生产的灵芝子实体质量好，形状好，但因需在室外露地栽培，在城市无法推广；温室人工栽培技术：90年代中期由大棚种植技术发展而来，依靠温室设备控制灵芝的生长条件，实现灵芝周年化生产，是目前国内灵芝种植方法的主力。自60年代我国室内灵芝栽培以来，灵芝的人工栽培已有了长足的发展。但传统的灵芝栽培产量低，需要进一步开发原料资源，提高产量，降低生产成本。

三、生物学特性

（一）形态特征灵芝

灵芝是由菌丝体和子实体两大部分构成。菌丝无色透明、有分隔、分支，白色或褐色，直径1~3μm。菌丝体呈白色绒毛状。子实体由菌盖、菌柄和子实层组成。菌盖半圆形或肾形，（4~12）cm×（3~20）cm，厚0.5~2cm，木栓质，黄色，渐变为红褐色，皮壳有光泽，有环状棱纹和辐射状皱纹。菌柄侧生，罕偏生，深红棕色或紫褐色。菌肉近白色至淡褐色，菌管长达0.2~1cm，近白色，后变浅褐色。管口初期白色，后期呈褐色。孢子红褐色，卵形，一端平截，外孢壁光滑，内孢壁粗糙，中央含1个大油滴。

（二）灵芝生活史

灵芝的整个生长发育过程为：担孢子>适宜条件>单核菌丝锁状联合双核菌丝、特化、聚集、密结、子实体、成熟和弹射担孢子。

1. 孢子粉

灵芝是菌类，不是植物，其传宗接代的胞器叫做孢子（类似植物的种子），孢子粉非常细微，呈椭圆形，长度9~15μm，高度5~7μm，1g的孢子粉总数超过1亿粒。用显微镜放大来看灵芝孢子，它外有两层坚硬的外壳（甲壳素），不易破壁、不易萌发，这也是灵芝之所以稀少的原因，也正因为这两层硬壳的存在，如果不以高科技将之破壁，人体无法吸收。孢子粉内含多糖、多肽、三萜以及许许多多神秘因子，到目前为止，科学家仍无法详细解读它。例如，三萜（灵芝酸），每年都有新的三萜被科学家提取出来，到目前为止，已经知道有超过112种的灵芝酸了，看来还在增加。也可以说，孢子粉神奇功效尚未被完全解读出来，也就是说孢子粉有强力的抑制肿瘤及保肝护肝作用，但真正的作用机理并不完全清楚。

2. 菌丝体

菌丝体是可以说是灵芝的嫩芽，它也是非常细微的，要用显微镜才可以分辨清楚。大量的灵芝菌丝体聚集在一起，其外形就像把一块传统豆腐压碎了的模样，呈黄白色。目前制药工程上多以发酵的方式在 7~10 天内让菌丝以无性繁殖的方式大量生产，再经滤过及浓缩提取而得菌丝体提取物（精粉）。灵芝菌丝体富含大量的灵芝多糖与多肽，但三萜及少，也正用其所含大量的灵芝多糖与多肽，可调节人体免疫，因此目前已广为先进国家所采用。菌丝体的发酵通常只需 7~10 天，超过这个时间菌丝的颜色开始变深，味道变苦，这就是灵芝慢慢减少部分多糖、多肽或其他成分开始转化成三萜之故。

3. 子实体

从菌丝体到长出伞状子实体到子实体成熟中间需 3~5 个月，以灵芝成长图中大家可看到，未成熟的子实体其伞状部分的边缘皆呈灰白色或白色，这表示该子实体尚未成熟，虽然此时也含有多糖、多肽、三萜等成分，但较无生理活性，少供人用。一直到边缘的白色消失，马上出现"喷孢"现象，数天后喷完孢子，该子实体的重量大减，继而死亡。因此我们说灵芝是一年生的，而喷完孢子后的子实体只是灵芝的"尸体"，其有效成分大多蕴含在孢子粉中，这些子实体不能说没有药效，但必须说药效已经大大减少了。

（三）灵芝生长发育需要的条件

1. 营养

灵芝是以死亡倒木为生的木腐性真菌，对木质素，纤维素，半纤维素等复杂的有机物质具有较强的分解和吸收能力，主要依靠灵芝本身含有许多酶类，如纤维素酶、半纤维素酶及糖酶、氧化酶等，能把复杂的有机物质分解为自身可以吸收利用的简单营养物质，如木屑和一些农作物秸秆、棉籽壳、甘蔗渣、玉米芯等都可以栽培灵芝。

2. 温度

灵芝属高温型菌类，菌丝生长范围 15~35℃，适宜 25~30℃，菌丝体能忍受 0℃ 以下的低温和 38℃ 的高温，子实体原基形成和生长发育的温度是 10~32℃，最适宜温度是 25~28℃，实验证明，在这个温度条件下子实体发育正常，长出的灵芝质地紧密，皮壳层良好，色泽光亮，高于 30℃ 中培养的子实体生长较快，个体发育周期短，质地较松，皮壳及色泽较差，低于 25℃ 时子实体生长缓慢，皮壳及色泽也差，低于 20℃ 时，在培养基表面，菌丝易出现黄色，子实体生长也会受到抑制，高于 38℃ 时，菌丝即将死亡。

3. 水分

它是灵芝生长发育的主要条件之一，在子实体生长时，需要较高的水分，但不同生长发育阶段对水分要求不同，在菌丝生长阶段要求培养基中的含水量为 65%，空气相对湿度在 65%~70%，在子实体生长发育阶段，空气相对湿度应控制在 85%~95%，若低于 60%，2~3 天刚刚生长的幼嫩子实体就会由白色变为灰色而死亡。

4. 空气

灵芝属好气性真菌，空气中 CO_2 含量对它生长发育有很大影响，如果通气不良 CO_2 积累过多，影响子实体的正常发育，当空气中 CO_2 含量增至 0.1% 时，有促进菌柄生长和抑制菌伞生长，当 CO_2 含量达到 0.1%~1% 时，虽子实体生长，但多形成分枝的鹿角状，当 CO_2 含量超过 1% 时，子实体发育极不正常，无任何组织分化，不形成皮壳，所以在生产中，为了避免畸形灵芝的出现，栽培室要经常开门开窗通风换气，但是在制作灵芝盆景时，可以通过对 CO_2 含量的不同控制，以培养出不同形状的灵芝盆景。

5. 光照

灵芝在生长发育过程中对光照非常敏感，光照对菌丝体生长有抑制作用，实践证明，当光照为 0 时，平均每天的生长速度为 9.8mm。在光照度为 50lx 时为 9.7mm，而当光照度为 3 000lx 时，则只有 4.7mm，因此强光具有明显抑制菌丝生长作用。菌丝体在黑暗中生长最快，虽然光照对菌丝体发育有明显的抑制作用，但是对灵芝子实体生长发育有促进作用，子实体若无光照难以形成，即使形成了生长速度也非常缓慢，容易变为畸形灵芝，菌柄和菌盖的生长对光照也十分敏感。当 20~100lx 时，只产生类似菌柄的突起物，不产生菌盖；300~1 000lx 时，菌柄细长，并向光源方向强烈弯曲，菌盖瘦小；3 000~10 000lx 时，菌柄和菌盖正常，以人工栽培灵芝时，可以人为的控制光照强度，进行定向和定型培养出不同形状的商品药用灵芝和盆景灵芝。

6. 酸碱度

灵芝喜欢在偏酸的环境中生长，要求 pH 值范围 3~7.5，pH 值 4~6 最适。

在灵芝生长发育过程中所需的各种营养和环境条件是综合性的，各种因素之间存在着相互促进和制约的关系，某一因素变化就会影响其他因素，在灵芝栽培中，必须掌握好这些因素以提高产品的质量

第二节　灵芝常见栽培品种

灵芝的种类较多，根据形态和颜色，可分为赤芝、黑芝、青芝、白芝、黄芝和紫芝 6 种，其中赤芝和紫芝为药用品种，一般栽培品种为赤芝。在赤芝中，优良品种有：信州、惠州、南韩、泰山 1 号、大别山灵芝等。信州灵芝，抗逆性强、菌盖大而厚、商品性好、产量高，是出口创汇的优良品种。南韩灵芝，发菌快、出芝早、片大整齐、产量较高。泰山灵芝，生长迅速、适合袋料栽培，但产量稍低。大别山灵芝，盖大色深，则更适合段木栽培。因此，各地要根据当地的生产条件（袋料或段木）、生产目的（出口或内销）来确定品种。采取袋料栽培，实现一年三收，则可选用南韩灵芝。

一、赤芝

为灵芝属中的代表种，野生菌盖一般可达（5~10）cm×（12~20）cm，厚度达 1~2cm，红褐色稍内卷，菌肉黄白色。菌柄侧生，高达 5~10cm，色与菌盖相同，子实体蜂巢状，菌盖下面有菌管层，菌管长约 1cm，菌管内壁为子实层，着生担孢子，卵型，大小为（8.5~11.5）μm×（5~6.5）μm。

二、紫灵芝

菌盖及菌柄均有黑色皮壳，菌肉锈褐色，菌管硬，与菌肉同色，管口圆，每 1mm^2 约 5 个，孢子大小为（10~12.5）μm×（7~8.5）μm。

三、薄盖灵芝

又称薄树芝，其子实体皮壳具有深紫红色，菌盖比前两种为薄，近菌管处浅褐色，菌

管为肉桂色，每平方毫米 4~5 个，孢子大小为 (7.5~10) μm× (5.5~7) μm，菌盖为 7~11cm，厚 0.5~1.0cm，成熟的菌盖肉卷明显，菌盖背面菌管近白色，木栓质含量少，孢子含量高，药用成分高，药效好。

第三节　灵芝菌种的生产技术

一、灵芝母种培养基的制备与菌种的分离

（一）母种培养基配方及制备

母种培养基配方（PDA）：马铃薯（去皮）200g，葡萄糖20g，琼脂20g，磷酸二氢钾3g，硫酸镁1.5g，维生素 B_1 1~2 片，水 1 000mL。

制备方法　按常规方法进行。培养基制成后，调节 pH 值 4~6，分装试管，高压灭菌30 分钟，稍冷却后摆成斜面培养基。

（二）灵芝纯菌种的分离

常用有组织分离法和孢子分离法两种。

组织分离法选取尚未木栓质化的幼嫩组织。在无菌条件下，取灵芝组织块放在0.1%升汞溶液内进行表面灭菌，处理 2 分钟，再用无菌水冲洗，用无菌纱布擦干。用解剖刀削去子实体的外部皮壳，将菌肉切成小块，接种在斜面培养基中，放在黑暗条件下，经 10 天菌丝可长满试管，即为纯正的母种。然后再扩大培养成原种和栽培种。

孢子分离法　在无菌的条件下，取新鲜成熟的灵芝菌，于马铃薯培养基上培养一段时间，温度控制在24~26℃，培养基表面上便形成与子实体（小灵芝）相似物，在贴近管壁处形成菌管，自菌管口中散发出孢子粉，便是纯孢子粉，将此孢子粉接种到培养基上获得一层薄薄的菌苔状的营养菌丝，即得灵芝纯菌种。

二、原种和栽培种生产

培养基配方：杂木屑75%，麸皮20%，玉米粉3%，蔗糖1%，石膏粉1%。优质母种可用以扩大培养转接原种。春栽 5 月中下旬栽培接种，4 月中下旬制原种；秋栽 8 月栽培接种，7 月制原种。

第四节　灵芝栽培技术

一、灵芝袋栽技术

（一）栽培房的选择

选择合理的灵芝栽培房是取得高产的重要条件。根据灵芝的生物学特性，必须选择能够保湿、保温、通风良好、光线适量、排水通畅、方便操作的栽培房栽培灵芝。栽培房使

用前要清洗干净，再用消毒水喷洒两次。

（二）栽培料的配方

（1）杂木屑 77%，麸皮 18%，玉米粉 3%，蔗糖 1%，石膏粉 1%。

（2）甘蔗渣 50%，杂木屑 48%，黄豆粉 1%，石膏粉 1%。

（3）棉籽壳 44%，杂木屑 44%，麸皮 5%，玉米粉 5%，蔗糖 1%，石膏粉 1%。

（4）玉米芯 45%，杂木屑 45%，麸皮 8%，黄豆粉 1%，石膏粉 1%。

（5）木屑 75%，玉米粉 16%，麦麸 7%，石膏、磷肥各 1%。

（6）木屑 75%，麦麸 23%，碳酸钙 2%。

（三）栽培料的制作

在配制培养料时先将木屑、麦麸、石膏粉等拌匀，含水 60%~65%。料拌好后即可装袋。袋的规格有 15cm×35cm 或 17cm×35cm 的聚丙烯或聚乙烯袋。每袋装干料 350~450g。聚乙烯袋采用常压灭菌 14 小时，聚丙烯袋采用高压灭菌 2 小时，将消毒好的料袋移入无菌箱或无菌室用气雾剂熏蒸消毒，同时打开紫外灯，保持 40 分钟，然后无菌操作接种。一般一瓶麦粒种接料袋 40~45 袋，一瓶玉米粒种接料袋 35~40 袋。将已接种的菌袋移入消毒好的培养室内，分层排放，一般每排放 6~8 层高，每排之间留有人行通道。

（四）发菌及出菇管理

1. 发菌阶段管理

培养室保持 22~30℃，空气相对湿度保持 40%~60%，每天通风半小时，检查并防治杂菌污染，室内有散光即可，避免强光照射。一般经 28~30 天（低温时菌丝生长缓慢）菌丝便可长满菌袋。

2. 出芝管理

出芝时保持温度 26~30℃，空气相对湿度提高到 90%~95%，并提供散射光和充足的氧气。保持地面潮湿（最好有浅水层），每天向墙壁四周及空间喷水 3~4 次，在 8—10 时以前，16 时以后开门通风换气，如遇气温低则在 11—14 时通风换气。原基膨大至逐渐形成菌盖时，忌直接喷水，当菌盖长有 2~3 圈时，在菌盖上下喷透水，每天喷 3~4 次。通风不良易出畸形芝，一旦出现畸形芝芽就割掉。菌盖的生长应有足够的空间。

（五）上架弹粉及采收。

当菌盖边缘白色消失，边缘变红，菌盖开始木质化时，用湿布将菌袋抹干净，上架或放入纸箱内，可叠多层，菌盖不能相互接触或碰到别的东西，用白纸将菌袋封严。孢子粉弹射房要求干净、阴凉。30 天后揭开白纸，收集孢子粉，采子实体。孢子粉子实体一定要晒干或烘干，孢子粉用 100 目的筛子过筛后包装好，分别放在干燥、阴凉的地方待售。

（六）采后管理

灵芝收粉采摘后，菌袋注入适量的营养液（或清水）放进干净的培养室，按照前一阶段的方法培养管理，可以采收第二茬灵芝。

二、灵芝瓶栽技术

（一）培养料配方

棉籽壳 80%，麸皮 16%，蔗糖 1%，生石膏 3%。加水适量，混拌均匀，使培养料含水量在 60%~70%，以手握之不出水为度，调节 pH 值 5~6。

（二）装瓶灭菌

料拌均匀后，先闷 1 小时，然后装入广口瓶中，装料要上紧下松，装量距瓶口 3~
5cm 即可。装好后用尖圆木棒打一通气孔，擦净瓶体，用塑料薄膜加牛皮纸扎紧瓶口，然
后进行灭菌（高压灭菌，压力 1.1kg/cm²，时间 1.5 小时；常压灭菌 100℃，保持 8~10
小时，再闷 12 小时）。

（三）接种

在无菌室内进行。用 75% 的酒精消毒接种工具，然后用右手拿接种耙在酒精灯火焰
上灭菌，左手拿菌种瓶，并打开菌种瓶口，在火焰旁用接种耙取出一块小枣大小的菌种，
迅速放入栽培料瓶中，经火焰烧口，用牛皮纸包扎好，置于培养室内培养。

（四）培养与管理

在温度 20~26℃，空气相对湿度在 60% 以下，培养 20~30 天，菌丝即可长满全瓶；
再继续培养，培养料上就会长出 1cm 大小的白色疙瘩或突起物，即为子实体原基。当原
基长到接近瓶塞时，拔掉瓶口棉塞，让其向瓶外生长，这时，控制室温在 26~28℃，空气
相对湿度在 90%~95%，保持空气新鲜，给以散射光等条件，突起物芝蕾向上伸长成菌
柄，菌柄上再长出菌盖，孢子可从菌盖中散发出来。从接种到长出菌盖，约需 2 个月时
间。生长期要注意管理，每天要通过定时开窗的办法换气，如在气温偏高时，上、下午都
要开窗。

三、灵芝段木栽培

（一）栽培原辅材料

栽培灵芝的好树种有壳斗科、金缕梅科、桦木科等树种。一般段木以选择树皮较厚、
不易脱离、材质较硬、心材少、髓射线发达、导管丰富、树胸径为 8~13cm 为宜。在落叶
初期砍伐，不超过惊蛰。

（二）栽培季节的选择

灵芝属于高温结实性菌类。10~12℃ 为栽培筒制作期。短段木接种后要培养 60~75 天
才能达到生理成熟。

（三）栽培场所的设置

室外栽培最好选择土质疏松、地势开阔、有水源、交通方便的场所作为栽培场。栽培
场需搭盖 2~2.2m 高、宽 4m 的荫棚，棚内分左右两畦，畦面宽 1.5m，畦边留排水沟。若
条件允许，可用黑色遮阳网覆盖棚顶，遮光率为 65%，使棚内形成较强的散射光，使用
年限长达 3 年以上。

（四）填料

选用对折径（15~24）cm×55cm×0.02cm 的低压聚乙烯筒。生产上大多选用 3 种规格
的塑料筒，以便适合不同口径的短段木栽培使用。将截段后的短段木套入塑料筒内，两端
撮合，弯折，折头系上小绳，扎紧。使用大于段木直径 2~3cm 的塑料筒装袋，30cm 长的
段木每袋一段，15cm 长的段木两段一袋，亦可数段扎成一捆装入大袋灭菌。

（五）灭菌

随后立即进行常规常压灭菌 97~103℃，10~12 小时。

（六）接种

制作方法和木腐生菌类方法相同，采用木屑棉籽壳剂型菌种较好。段木接种时，以菌种含水量略大为好，将冷却后的短段木塑料筒预先选择，用气雾消毒盒熏蒸消毒。30 分钟后将塑料袋表层的菌种皮弃之，采用双头接种法。二人配合，一人将塑料扎口绳解开，另一人在酒精火焰口附近将捣成花生仁大小的菌种撒入，并立即封口扎紧。另一端再用同样的方法接种，以此类推，随后分层堆放在层架上。接种过程应尽可能缩短开袋时间，加大接种量，封住截断面，减少污染，使菌丝沿着短段木的木射线迅速蔓延开来。

（七）培养

冬天气温较低，应采用人工加温至 20℃ 以上，培养 15~20 天后即可稍微解松绳索。短段木培养 45~55 天满筒，满筒后还要再经过 15~20 天才进入生理成熟阶段，此时方可下地。

（八）排场

将生理成熟的短段木横放埋入畦面，段木横向间距为 3cm。这种横埋方法比竖放出芝效果更好。最后全面覆土，厚度为 2~3cm。连续两天大量淋水。每隔 200cm 用竹片竖起矮弯拱，离地 15cm，盖上薄膜，两端稍打开。埋土的土壤湿度为 20%~22%，空气相对湿度约 90%。

（九）出芝管理

子实体发育温度为 22~35℃，入畦保持畦面湿润，以手指捏土粒有裂口为度，宁可偏干些。5 月中下旬幼芝陆续破土露面，水分管理以干湿交替为主。夜间要关闭畦上小棚两端薄膜，以便增湿，白天再打开，以防畦面二氧化碳过高，超过 0.1%，而产生"鹿角芝"，不分化菌盖，只长菌柄。通风是保证灵芝菌盖正常展开的关键。6 月以后，拱棚顶部薄膜始终要盖住，两侧打开，防止雨淋造成土壤和段木湿度偏高。6 月中下旬，为了保证畦面有较高的空气相对湿度，往往采用加厚遮阴物。当表面呈现出漆样光泽时，便可收集孢子或采集子实体。

（十）采收与干制

当菌盖不再增大、白边消失、盖缘有多层增厚、柄盖色泽一致、孢子飞散时就可以采收了。一般从接种至采收需 50~60 天，采收后的子实体应剪去带泥沙的菌柄，在 40~60℃ 下烘烤至含水量低于 12%，最后用塑料袋密封贮藏。

复习题

1. 灵芝的营养和药用价值。
2. 灵芝对环境条件的要求。
3. 灵芝段木栽培技术。

第八章　金针菇栽培技术

第一节　金针菇基本知识

一、金针菇的营养和药用价值

金针菇，学名毛柄金钱菌，又名构菌、朴菇、冬菇。金针菇是菇体较小的一种伞菇，因其菌柄细长，色泽和食性似金针菜而得名。其菌柄脆嫩，菌盖黏滑，营养丰富，美味可口。每100g金针菇可食部分含热量26kcal，蛋白质2.4g，脂肪0.4g，碳水化合物3.3g，铁1.4mg，镁17mg，维生素C 2mg，维生素E 1.14mg，维生素A 5μg，烟酸4.1mg，膳食纤维2.7g，钾195mg，磷97mg，钠4.3mg。金针菇所含的蛋白质中含有8种人体必需氨基酸，其中精氨酸和赖氨酸特别丰富，对儿童健康成长及智力发育有益，因而有"增智菇""一休菇""智力菇"的美称。金针菇具有食疗保健的药用价值，其性寒，味咸，滑润。有利肝脏，益肠胃，增智，抗癌等功效。营养专家表示，常食用金针菇可以降低胆固醇，对高血压、胃肠道溃疡、肝病、高血脂等有一定的防治功效。此外，研究发现，金针菇中含有的朴菇素，对小白鼠肉瘤S-180、艾氏腹水癌细胞等有明显的抑制作用。最近新加坡国立大学医学院研究人员发现，金针菇含有一种蛋白，可预防哮喘、鼻炎、湿疹等过敏症，也可提高免疫力，对抗病毒感染及癌症。金针菇还含有多糖体朴菇素，具有抗癌作用，经常食用可防治肝脏系统和胃肠溃疡等疾病，又是很好的保健食品。

二、金针菇栽培历史和现状

栽培简史：唐末五代初，韩鄂撰写的《四时纂要》就记述了"种菌子"的段木栽培法，表明我国栽培金针菇已有近千年的历史。1928年日本京都附近的森本彦三郎发明了瓶栽法，利用木屑和米糠作为原料。在室内培养出优质金针菇，20世纪60年代初期，日本又利用先进的仪器设备及自动化装置，构成一套完整的生产体系，实现了金针菇工厂化栽培，金针菇分布于世界各国，日本已成为金针菇的主产国，现在我国和韩国也已广泛栽培。

金针菇又称冬菇、朴菇、构菌及毛柄金钱菌，是我国最早进行人工栽培的食用菌之一，有1 500多年的栽培历史。历史上多采用段木栽培金针菇，产量低而不稳。近20年来，发明了代料瓶栽、袋栽及生料大床栽培等多种原料、多种方式的栽培方法，使金针菇生产迅速发展，成为世界第六大生产菇种，而且已达到了工业化生产水平，我国金针菇生产位居世界第一位。

三、金针菇生物学特性

（一）形态特征

金针菇由营养器官（菌丝体）和繁殖器官（子实体）两大部分组成。

1. 菌丝体

由孢子萌发而成，在人工培养条件下，菌丝通常呈白色绒毛状，有横隔和分枝，很多菌丝聚集在一起便成菌丝体。和其他食用菌不同的是，菌丝长到一定阶段会形成大量的单细胞粉孢子（也叫分生孢子），在适宜的条件下可萌发成单核菌丝或双核菌丝。有人在试验中发现，金针菇菌丝阶段的粉孢子多少与金针菇的质量有关，粉孢子多的菌株质量都差，菌柄基部颜色较深。

2. 子实体

子实体主要功能是产生孢子，繁殖后代。金针菇的子实体由菌盖、菌褶、菌柄三部分组成，多数成束生长，肉质柔软有弹性。菌盖呈球形或呈扁半球形，直径 1.5~7cm，幼时球形，逐渐平展，过分成熟时边缘皱折向上翻卷。菌盖表面有胶质薄层，湿时有黏性，色黄白到黄褐，菌肉白色，中央厚，边缘薄，菌褶白色或象牙色，较稀疏，长短不一，与菌柄离生或弯生。菌柄中央生，中空圆柱状，稍弯曲，长 3.5~15cm，直径 0.3~1.5cm，菌柄基部相连，上部呈肉质，下部为革质，表面密生黑褐色短绒毛，担孢子生于菌褶子实层上，孢子圆柱形，无色。

（二）生活史

金针菇的生活史，即有有性大循环，又有无性小循环，比其他菇类的生活史复杂，本文着重讲解有性大循环这个主体，无性小循环。金针菇有性世代产生担孢子，每个担子产生 4 个担孢子有 4 种交配型（AB、ab、Ab、aB），担孢子萌发成性别不同的单核菌丝之后立刻结合，形成双核菌丝，双核菌丝在适宜的营养和环境条件下就会产生扭结、形成原基发育成子实体。子实体成熟时，菌褶上形成无数的担子，在担子中进行核配，双倍核经过减数分裂，每个担子先端着生 4 个担孢子。

（三）生长发育条件

1. 营养

金针菇是一种木腐菌类。用作提供碳素营养的物质主要有棉籽壳、棉渣、玉米芯、黄豆秆、杂木屑以及农作物秸秆等。提供氮素营养的物质主要为黄豆粉、麸皮、米糖、玉米粉等，其中玉米粉对金针菇的产量和质量具有很好的作用。无机盐中，镁和磷元素对菌丝生长有促进作用；磷酸根离子还是子实体分化不可缺少的物质。

2. 温度

金针菇生长分为营养生长和生殖生长，即菌丝生长和子实体生长两个阶段。在菌丝生长阶段，菌丝耐低温能力强，-40℃不会冻死，耐高温能力弱，超过 34℃很快死亡。适宜的生长温度范围为 3~34℃，最适生长温度为 20~26℃，子实体属于低温恒温结实性菌类，形成温度为 5~22℃，最适生长温度黄色菌株为 8~18℃，白色菌株为 5~16℃，在此温度范围内，温度越高，子实体生长就越快，绒毛变多，商品价值变低。

3. 水分与湿度

金针菇属喜湿性菌类，抗干旱能力比较弱，此处的水分是指金针菇菌丝生长培养基中水分，培养基的含水量在 50%~80% 范围内菌丝都能生长，其中以培养基的含水量达到 60%~65% 为宜，含水量高，菌丝生长缓慢，含水量低时，子实体分化少。在出菇期间，子实体需要在 85%~95% 的环境下才能生长良好，这里所指的环境中湿度是指在子实体上套上塑料袋内的湿度，而不是出菇房内的湿度。出菇房内空气相对湿度在 75%~85% 范围内就能满足其生长，一般都不需要在菇房内喷水保湿，利用自然的湿度条件就能满足其生长。只有在湿度低于 75% 时，则需要在菇房内地面上浇水增加湿度。刚开口出菇时，湿度不能低于 85%，否则袋口表层培养料干燥，抑制原基形成。

4. 氧气与二氧化碳

金针菇是一种好气性真菌。在菌丝生长阶段，对氧气的需求量较少，但瓶口或袋口要求能透气。在子实体生长发育阶段，则需要增加二氧化碳浓度，抑制菌盖生长，促使菌柄加快伸长，人工栽培时即利用这一特性获得柄长盖小的优质商品菇。但子实体原基形成和分化，则需要在氧气充足的条件下，才能正常形成并分化出菌盖。在其长度达到 1~2cm 时，要增加二氧化碳浓度，促使菌柄生长加快，抑制菌盖展开，生产上是采取在子实体上罩上塑料薄膜袋并逐渐收拢袋口的方法来提高局部二氧化碳浓度，定向控制菌柄的长度和菌盖的大小。

5. 光线

金针菇菌丝生长阶段，不需要光线，光照过强，对菌丝生长有抑制作用。子实体原基形成则需要光照，不过只要微弱的光照，就能满足子实体原基形成的要求，在完全黑暗条件下，原基形成不良。在子实体生长发育阶段，光线对黄色菌株子实体的颜色有影响，但对白色菌株子实体的颜色无影响。金针菇黄色菌株子实体在有强光照射下，菌柄会变成褐色，菌盖颜色加深，质量下降。在黑暗和散射光下生长的金针菇子实体，菌柄为白色，菌盖为淡黄色。

6. 酸碱度（pH 值）

酸碱度是指金针菇菌丝生长培养基中的酸碱度。金针菇菌丝生长培养基的适宜 pH 值为 3~8.4，最适生长的 pH 值为 4~7，过酸或偏碱都不利于金针菇生长。

第二节　金针菇常见栽培品种

目前国内生产上普遍使用的金针菇的栽培菌株可以分为两大类型，即黄色菌株和白色菌株，各地栽培时要依据当地的气候条件，栽培季节的安排以及市场不同消费对象等进行选择。

一、黄色菌株

这类菌株的子实体金黄色至浅褐色，其特点是出菇的适应温度范围比较宽，出菇早，有时会出现边发菌边出菇现象。转潮快，出菇的后劲比较足，后面几潮菇占总产量的比例比较高，鲜菇质地脆嫩，菇体色泽对光线比较敏感。常见菌株有苏金6号、2102等。

二、白色菌株

这类菌株一般子实体为乳白色至纯白色。其特点是出菇对温度反应比较敏感。一般均在18℃以下出菇，出菇较晚，在适宜的温度条件下，一般都是在菌丝发到底后再行出菇。其产量主要集中在前期第一、第二潮菇。菇体质地鲜嫩柔软，菇体色泽对光线较不敏感。常见菌株有Fv093、日金1号等。

第三节　金针菇菌种的生产技术

一、菌种培养基配方

（一）母种配方

马铃薯（去皮）200g、葡萄糖20g、琼脂20g、水1 000mL。

（二）原种和栽培种配方

配方1：锯木屑78%、米糠（或麸皮）20%、蔗糖1%、硫酸钙（石膏粉）1%、水适量。

配方2：棉籽壳40%、锯木屑40%、麸皮或米糠20%、蔗糖1%、石膏粉1%、水适量。

二、菌种质量鉴别

1. 母种

菌丝白色，呈细棉绒状。有少量气生菌丝，稍有爬壁能力，易产生粉孢子，外观呈细粉状，低温保存时，容易长出子实体。黄色菌株菌落表面易出现雪片状菌丝斑，背面呈褐至深褐颜色。

2. 原种与栽培种

正常适龄菌种菌丝白色，纤细密集，培养基顶部常因失水外观呈细粉状，还因培养基水分偏高出现菌丝团，初期白色，后渐呈褐色并结皮，长满瓶后，遇低温会出现丛状子实体。菌丝生长稀疏，菌体干涩，菌丝尖端浓密，白而泛黄，不再向料内延伸，出现生长界限的为劣质菌种。

第四节　金针菇栽培技术

一、金针菇袋栽技术

（一）栽培季节

根据金针菇菌丝生长和子实体发育所要求的环境条件，选择最佳的播种期。即在接种后菌丝生长阶段，温度应在 20~30℃，而在子实体发育阶段，自然温度降至 5~15℃。永春县金针菇栽培季节一般是 10 月至翌年 3 月。

（二）塑料袋的选择和规格

袋栽金针菇可选用聚丙烯或高密度聚乙烯塑料袋。袋的质量要好，厚薄均匀，能耐 100~125℃高温。塑料袋规格：宽×长为（15~18）cm×（35~45）cm，厚度 0.04~0.06cm。每袋装干料 300~500g。

（三）培养料选择和准备

金针菇栽培主料有木屑、棉壳、玉米芯、麦草或稻草、酒渣、醋渣、糖渣、酱渣等。辅料主要有麸皮、米糠、各种饼粉、玉米粉、豆粉、尿素、糖、石膏等。

（四）培养料配方

根据主料的不同介绍几个主要配方：①棉壳 90%、玉米粉 3%、麸皮 5%、石膏和糖各 1%；②棉壳 78%、麸皮 20%、石膏 1%、石灰 1%；③木屑 73%、麸皮 25%、糖和石膏各 1%；④稻草 50%、木屑 22%、麸皮 25%，尿素、石膏、石灰各 1%。以上培养料的含水量均为 65%~70%，pH 值 6.5~7。

（五）拌料和装袋

根据培养基配比，准确称量所用主、辅料。将木屑、棉壳、石膏先干拌均匀，再根据干料重量计算出所用水量，将糖、石灰等可溶于水的物质溶解在水内，然后分次将水加入料中，边加水边搅拌，反复拌多遍，最后使培养料含水量达 65%。不易吸水的料，如棉壳、麦草可先加水预湿，然后再和其他料拌匀。经堆积发酵的陈木屑比新鲜木屑更有利于金针菇利用。

1. 装袋

料拌好后要及时装袋。在地面铺麻袋或塑料薄膜，在其上进行操作。边装料边压实，做到上下一致，虚实适中。装料高度 10~12m，留 12cm 空袋，作出菇套筒用。袋装好后，将薄膜折起，用绳扎好或套上颈口圈，塞好棉塞，立即装锅灭菌。

2. 装袋注意事项

装袋时应注意：①装袋时轻拿轻放，认真操作，虚实适中；②边装袋，边翻动料堆，防止料堆内水分下渗，造成上下含水量不一致；③装好的袋要平卧堆放，以防水分蒸发；④当天拌料，当天装袋和灭菌，避免料酸败，滋生杂菌。

（六）灭菌

熟料栽培需经灭菌，灭菌有常压蒸汽灭菌和高压蒸汽灭菌两种方法。采用高压灭菌时，当锅上压力达 1.5kg/cm² 时，维持 2 小时；常压灭菌时，当蒸灶底部温度达 90~100℃时，开始计时，维持 8~10 小时。装锅时，料袋最好竖直叠放，不可乱放。灭过菌的料袋，移入接种室或干净通风地方降温，待袋温降至 30℃以下时，便可接种。

（七）接种

接种前，接种室或接种箱用甲醛或气雾消毒盒或喷洒消毒药物进行消毒。接种人员手和所用工具都要用酒精消毒，接种时最好 2 人配合，严格无菌操作，但要注意袋子与灯的距离，以防袋子被烧熔。接种后立即开门窗通气，以排除接种室内的污浊气体。

（八）发菌培养

接过菌的袋要竖立在床架或地面，若两端接种的长袋可卧放床架，一般叠放 2~3 层。培养室温度控制在 20~25℃，空气湿度 70% 以下，闭光培养。在发菌过程中（接种后 7~10 天）应经常开通气孔通气，并翻动和倒换菌袋，即将上下、内外的菌袋调换位置，有利于菌丝生长整齐一致。秋栽金针菇，在 9 月至 10 月中旬接种后，气温还较高，应在早、晚开门窗通气散热，而白天关闭门窗或通气孔阻止热空气进入。到 11 月，当气温变凉时，白天可通气，晚上关闭保温。接种后 30~35 天，菌丝可长满袋。

（九）出菇管理

菌丝长满袋后，当菌丝体表面有黄色水珠出现时，有些早熟品种可出现小菇蕾，这标志着菌丝已达到生理成熟，菌丝体生长就要转入子实体发育，应进行出菇管理。

1. 出菇前管理

出菇前管理主要有两项工作，一是开袋口，二是搔菌（挠菌）。开袋口时间根据品种特性、市场情况及气温情况分批开袋。早熟品种先开袋，晚熟品种后开袋，市场形势好早开袋，气温适宜及时开袋。开袋后及时搔菌。用搔菌耙或钩先把老菌种扒净，再将表面菌皮轻轻划破，不要划太深。搔菌的作用是增加菌丝与空气接触，刺激菌蕾形成，并使菌蕾发育整齐。搔菌宜在菌丝体表面出现黄水珠时进行。搔菌后把薄膜袋拉直，排放在床架或地面上，及时在袋口覆盖薄膜或报纸。开袋口、搔菌和覆盖袋口要一并完成，防止表面被风吹干。

2. 催蕾

搔菌和覆盖袋口后，棚温控制在 12~15℃，湿度 85%~90%，每天揭膜通风 1~2 次，每次约 20 分钟，给予一定散射光，诱导子实体形成。5~7 天后表面便出现菇蕾。蕾出现后，每天至少通风 2 次，每次 20~30 分钟。揭膜通风时，要将膜上水珠抖掉，防止水滴在菌盖上引起腐烂。

3. 抑菌培养

抑菌的作用是抑制子实体过多分枝，使菇蕾缓慢生长，保证菇蕾生长健壮一致。抑菌时间是当菇柄长至 1~3cm 时，在现蕾后的 3~5 天进行。抑菌期间菇棚温度降至 8~10℃，停止喷水，湿度控制在 80%~85%，加大通风量，每次通气 0.5~1 小时。增加散射光强度（用 40W 灯照射）。在以上条件下，管理 3~5 天，金针菇可缓慢长成健壮一致的菇丛。

4. 长菇期管理

经抑菌后要转入长菇期管理。长菇期管理的目的是促使菌柄伸长，而抑制菌盖生长。管理的措施是菇棚温度调至 8~12℃，湿度 85%~90%。每天向地面和空间喷水增加湿度，结合喷水揭膜通风 20~30 分钟，以 80~100lx 光照强度，诱导菇丛整齐生长，不扭曲。遇高温天气，要减少喷水，加大通风量。菇棚通气和揭膜通气不要同时进行。一般先大棚通气，再揭膜通气，盖膜后再喷水。以上措施一直管理到采收。

（十）采收及采收后管理

1. 采收

菇柄长 10~15cm，菌盖直径 1cm。袋栽金针菇从接种到采收 60~65 天。采收前 1 天停止喷水，并去掉覆盖物，散去菇体上水分。采收时一手拿菌袋，一手轻轻成丛采下。剪去根部附带的培养料和须根，放入筐内，分级包装。

2. 采收后管理

采收后，清理干净料面，挖去残菇和老菌皮，进行搔菌。搔菌后停止喷水 3~5 天进行养菌。养菌后每袋注入清水 100~200g，浸 1~2 天，倒去多余水分。补水后暂不盖袋口，通风 1~2 次，使菌丝体表面稍干后，再盖膜催蕾进行第 2 潮菇管理。经 15~20 天，可采收第 2 潮菇。

二、金针菇瓶栽技术

（一）栽培时间

白色金针菇大多数属低温型品种，菌丝生长适温 20~25℃，菇蕾形成适温 6~18℃。因此，白色金针菇袋装栽培应在 9 月上旬至翌年 4 月上旬进行。

（二）配制培养料

培养料以木屑和米糠为宜，木屑以细碎的柳、杉木屑最为合适。使用前，最好要经过 1 年以上的堆积处理。在堆积过程中要经常浇水，保持木屑潮湿，以除去木屑中对菌丝生长有害的物质。木屑的粗细比例要合理：一般直径 2~3mm 的占 20%，1~2mm 的占 40%，1mm 以下的占 40%。粗木屑多，培养基易干；细木屑多，通透性差，影响菌丝生长速度。米糠中含白色金针菇生长发育所需的全部养分，但含淀粉多的米糠和脱脂米糠已经变质，尽量不要用。木屑与米糠的容积比例为 3：1，1m³ 混合料加水 350kg 左右（含水量 63%）。培养料要搅拌均匀，使之充分湿润。

（三）装袋灭菌

用 18cm×36cm 的塑料袋装料，大约每袋装料 400g。培养料表面要压实，并保证每袋装入的培养料相等，松紧一致、高低一致，这是将来发菌一致、出菇同时、菌柄长短一致的前提。装袋完毕后，要立即进行灭菌处理，如果放置时间过长（夏天 2~3 小时）就会发酵。可采用常压灭菌和高压灭菌 2 种灭菌方法。常压灭菌，料内温度达 98℃ 以上后维持 12~16 小时；高压灭菌，料内温度达 120℃ 后持续 2 小时。灭菌结束，将袋子趁热放在经消毒的冷却室中，冷却至 20~25℃ 及时接种。

（四）接种

接种一般在无菌室或接种箱中进行，菌种与培养料之比为 1：50，菌种要求盖满培养料表面，能使菌丝生长均匀，并要防止杂菌污染。

（五）菌丝体培养

将接好种的菌袋及时转入培养室，温度控制在 20~25℃，空气湿度在 60%~70%，一般 2 天左右菌丝开始萌动。每天通风换气 2 次，每次 30 分钟，25~35 天后，金针菇菌丝即可长满菌袋。

（六）搔菌

所谓搔菌就是用搔机（或手工）去除老菌种块和菌皮。通过搔菌可使子实体在培养基表面整齐发生。在一般情况下应先搔菌丝生长正常的袋子，再搔菌丝生长较差的。若有明显污染以不搔为佳。搔菌方法有平搔、刮搔和气搔几种。平搔不伤及料面，只把老菌种扒掉，此法出菇早、朵数多；刮搔把老菌种和 5mm 的表层料（适合锯末）一起成块状刮掉，因伤及菌丝，出菇晚，朵数减少，一般不用；气搔是利用高压气流把老菌种吹掉，此种方法最简便。

（七）催蕾

搔菌后应及时进行催蕾处理。此阶段温度应控制在 10~15℃，给予足够低温刺激，促使原基形成。但在前 3 天内，还应保持 90%~95% 的空气相对湿度，以使菌丝恢复生长。此后由于呼吸转旺，二氧化碳含量升高，所以在菌丝恢复生长后应逐步加大通风，同时要防止料面干燥，用增湿器进行增湿。7 天左右，便可看到鱼籽般的菇蕾，12 天左右便可看到子实体雏形，催蕾结束。

（八）均育和抑制

均育是抑制处理的过渡阶段，室温应控制在 8℃ 左右，空气湿度 85%~90%，空气环境力求接近自然状态，以促菇蕾在低温环境中分化分枝。当菇芽长至 1cm 时，转入抑制阶段，将温度调至 4~8℃，空气湿度 85%~90%，二氧化碳浓度 0.10% 以下，同时给予吹风和光照（每天 2~3 小时），促使金针菇菌柄长度整齐一致、组织紧密、颜色乳白。抑制主要是用微风对准子实体吹拂。在低温和冷风吹拂下，虽然子实体生长缓慢，但整齐、强壮、坚挺。待子实体长出袋口 3cm，即可拉直菌袋，转入生育室。

（九）生育阶段的管理

当菌柄长 0.5~1.0cm 时，增加光照，有增产和提高品质的作用。由于金针菇子实体具有很强的向光性，从菇体长 2~3cm 时开始套纸筒到收获，用一定的光照可诱导菌柄向光伸长，因此，在床架上方每隔 3~5m 吊 1 个 15W 灯炮，产生垂直光，促进菌柄伸长。此阶段以温度 8~15℃、空气相对湿度 85%~90%、菇房中二氧化碳含量 0.10%~0.15% 为宜，这样可达到抑制菌盖开伞、促进菌柄伸长的目的。约 15 天，菌盖直径达 1~2cm，菌柄长达 12~15cm，即可采收。

（十）适期采收

当菌柄长 12~15cm，菌盖直径 1cm 左右，边缘内卷，没有畸变，菌柄菌盖不呈吸水状，菌柄根根分明，又圆又粗，全体纯白色，菇全结实，含水量不过多时为采收期。采收前几天要检查菌盖含水量，如果含水量大，采收前 2 天要通风，促进水分蒸发。采收后把菌柄基部和培养基连接的部分培养基及生长不良的菇剔除，按市场要求进行小包装，或用聚乙烯薄膜袋抽气密封，低温保藏。2 潮菇后，为提高产量和品质，可将菌柱脱出调头袋装，也可封闭原出菇袋口，打开另一头出菇。

三、金针菇栽培过程中异常现象与防止方法

（一）发菌期的异常现象与防止

1. 菌种块不萌发

接种后菌种不萌发，菌丝发黄，枯萎。发生原因：①菌种存放时间过长，发生老化，生活力很弱。②接种时，菌种块受到酒精灯火焰或接种工具的烫伤。③遇高温天气，接种和培养环境的温度超过 30℃ 以上，菌种受高温伤害。

预防办法：①使用适龄菌种，菌龄在 30~35 天，菌丝活力旺盛。②在高温天气，安排在早晨或夜间接种，培养室加强通风降温，或适当推迟栽培时间，避免高温伤害。③接

种时防止烫伤菌丝。

2. 菌种块萌发不吃料

在正常发菌环境下，接种后菌块菌丝萌发良好，色泽绒白，但迟迟不往料内生长。发生原因：①用新鲜木屑或掺杂有松木屑为原料，其中含抑制菌丝生长的物质。②培养料含水量过高。③使用尿素补充氮源，量过大；或多菌灵抑菌剂添加过量，抑制菌丝生长。④培养料过细，孔隙率低，加上装袋过实，透气性差，氧含量不足。⑤培养料灭菌不彻底，细菌大量繁殖。⑥培养料 pH 值偏酸或偏碱，菌丝难以生长。菌种质量低劣，生活力衰退，菌丝吃料能力减弱。

预防办法：①选用陈年阔叶木屑，不用新鲜木屑和松木屑。②用优质的麸皮和米糠补足氮源，添加量在高温时间不少于 20%。一样，高温时最好不再添加玉米粉。尿素添加量不超过 0.1%，最好不添加。多菌灵抑菌剂添加量以 0.05%~0.1% 为宜，最好不添加。③木屑中添加一定量的玉米芯（粉碎的），有助于改善培养料的物理性能，以解决木屑过细，空隙小，氧气不足。④掌握正确的灭菌操作。高压蒸气灭菌时，必须排尽冷空气。灭菌要温度准，时间足，在 147.1kPa（1.5kg/cm²）压力确保 2 小时；常压蒸锅灭菌时，锅盖严实，不漏气，火力要旺，蒸气要足，在温度 100℃保持 10 小时或更长。⑤培养料装袋时，pH 值调整为 7~8 为宜。⑥掌握好料与水的比例，培养料含水量，黄色品种控制在 65%，白色品种为 60%，高温酌减，切勿过湿。⑦从有信誉的菌种供应单位购种，选用菌丝洁白、粗壮、浓密的优质菌种。

3. 菌丝发黄萎缩

接种后 10~15 天，菌丝逐渐发黄、稀疏、萎缩，不能继续往料内生长。发生原因：①培养室内温度高，通风不好，袋与袋间排放过紧，影响空气流通，料温往外散发困难，菌丝受高温伤害。②料过湿且压得太实，透气不好，菌丝缺氧。③灭菌不彻底，料内嗜热性细菌大量繁殖，争夺营养，抑制菌丝生长。④培养室通风不好，二氧化碳浓度高。

预防办法：①培养室的温度保持 20℃左右为好。袋与袋间要略有间距，便于料温发散。高温天气，做好通风降温。②掌握好料水比例。装袋做到松紧合适，发现料过湿时，可将袋移至强通风处，菌丝长过肩的菌袋可松开绑绳。以通气降湿。③培养料常压灭菌，在 100℃保持 10 小时可防止细菌污染现象发生。

4. 发菌后期菌丝生长缓慢，迟迟不满袋

发生原因：①袋内不透气，菌丝缺氧，多见于两头扎口封闭式发菌培养。②温度偏低，菌丝生长很慢，或停止生长。

预防办法：①采用封闭式发菌培养时，当菌丝长入料 3~5cm 时，将袋两头的扎绳解开，松动袋口，透入空气，或采用刺孔通气补氧。②保持适温培养，室内温度不低于 18℃。

5. 菌丝未满就出菇

发生原因：栽培偏晚，菌丝培养温度过低，低温刺激出菇。

预防办法：适时栽培，低温栽培时，要加温培养菌丝，使温度维持在 18℃以上。

（二）出菇期的异常现象与防止

1. 不现蕾

发生原因：①培养料含水量偏低，料面干燥。②温度较高，空气干燥，培养料表面出现白色棉状物（气生菌丝），影响菇蕾形成。③通风不良，二氧化碳浓度高，光照不足，延缓菌丝的营养生长。

预防办法：①培养料面干燥，可喷 18~20℃温水，量不宜过多，喷后不见水滴为宜。②通风降温至 10~12℃。喷水增湿，使空气相对湿度提高到 80%~85%。防止气生菌丝产生。③加强通风，增加弱光光照，诱导菇蕾形成。

2. 菇蕾发生不整齐

发生原因：①未搔菌，老菌种块上先形成菇蕾。②搔菌后未及时增湿，空气湿度低，料面干燥，影响菌丝恢复生长。③袋筒撑开过早，引起料面水分散发。

预防办法：①通过搔菌，将老菌种块刮掉，同时轻轻划破料面菌膜，减少表面菌丝伤害，有利于菌丝恢复。②催蕾阶段做好温、湿、气、光四要素的调节，促使料面菇蕾同步发生。③待到料面菇蕾出现后再撑开袋筒，防止料面失水。

3. 袋壁出菇

在袋壁四周不定点出现"侧生菇"。发生原因是袋料松。尤其是较为松软的培养料，在培养后期，袋壁与培养料之间出现间隙，一旦生理成熟，在低温和光照诱导下，出现侧生菇。

4. 料面沿袋壁四周出菇

发生原因：①撑开袋筒过早。②发菌时间过长，料表面菌丝老化和失水。

预防办法：①适温发菌，缩短发菌时间，减少料面水分蒸发。②适时撑开袋筒。③发现料面失水，及时给予补水。

复习题

1. 金针菇对环境条件的要求。
2. 金针菇袋栽技术。
3. 金针菇栽培过程中异常现象与防止方法。

第九章 猴头菇栽培技术

第一节 猴头菇基本知识

一、猴头菇的营养和药用价值

猴头菇是一种著名的食用菌，味道鲜美，历来作为高级席宴上的四大名菜之一，不但营养丰富，而且药效特别显著深受群众欢迎。每 100g（鲜重）含水分 92.5g，蛋白质 2.4g，脂肪 0.1g，粗纤维 4.3g，灰分 0.9g，硫胺素 0.01mg，核黄素 0.03mg，烟酸 0.1mg，抗坏血酸 4mg，维生素 E 0.46mg，钾 13mg，钠 323.9mg，钙 24mg，镁 7mg，铁 2.8mg，锌 0.43mg，铜 0.1mg，磷 37mg 等。此外，还含有猴头菇菌酮、碱及葡聚糖、麦角甾醇、猴菇菌素和多糖等。

在医药上，猴头菇是一种药食两用真菌，猴头菇菌性平，味甘能利五脏、助消化、滋补、抗癌、治疗神经衰弱，中国国内已广泛应用于医治消化不良，胃溃疡，十二指肠溃疡、食道癌、胃癌等消化系统疾病。古时候就被作为难得的健身补品，年老体弱者食用猴头菇菌，有滋补强身的作用。据记载，猴头菇菌性平味甘，有助消化、利五脏的功能。现代医学研究证明，猴头菇菌中含有的多肽、多糖和脂肪族的酰胺物质，有治疗癌症和有益人体健康的功效。

二、猴头菇栽培历史和现状

猴头菇进入人们的饮食生活由来已久，《临海水土异物志》："民皆好啖猴头菇羹，虽五肉臛不能及之，其俗言曰：宁负千石粟，不愿负猴头菇羹。"民间谚语："多食猴菇，返老还童。"相传早在 3 000 年前的商代，已经有人采摘猴头菇食用。但是由于猴头菇的"物以稀为贵"，这种山珍只有宫廷、王府才能享用，外界只知道猴头菇足珍贵食品，对它的有关特性及其烹调方法都不清楚。有关猴头菇的记载，较早见于 370 年前明代徐光启《农政全书》，书中仅仅列有"猴头菇"的名称而已。《御香飘缈录》载有清官的猴头菇菜肴，并盛赞其味鲜美。该书还具体介绍了烹制猴头菇佳肴的炖、炒二法。

近代以来，关于猴头菇的记述仍少。20 世纪 30 年代，《鲁迅日记》曾提到，鲁迅本人吃过他挚友曹靖华赠送的猴头菇，也是赞美它"味确很好"。新中国成立后，随着人们对野生猴头菇菌的驯化和推广人工栽培，市上供心的猴头菇增多。这种山珍才渐渐进入人们的筵宴，并成为某些菜系的名食。

三、猴头菇生物学特性

猴头菌由菌丝体和子实体两部分组成。

菌丝体在试管斜面培养基上，初时稀疏，呈散射状，而后逐渐变得浓密粗壮，气生菌丝短，粉白色，呈绒毛状。放置时间略长，斜面上会出现小原基并长成珊瑚状小菌蕾。在木屑或蔗渣培养料中，开始深入料层，菌丝比较稀薄，培养料变成淡黄褐色，随着培养时间的延长，菌丝体不断增殖，菌丝体密集地贯穿于基质中，或蔓延于基质表面，浓密，呈白色或乳白色。在显微镜下，猴头菌菌丝细胞壁薄，有分枝和横隔直径 10~20μm，有时可见到锁状联合的现象。

子实体是猴头菌的繁殖器官，由双核菌丝在适宜条件下进一步发育而成。通常为单生，肉质，外形头状或倒卵形，极似猴子的头。新鲜时颜色洁白，或微带淡黄色，干燥后变成淡黄褐色。直径 3.5~10cm。人工栽培的有达 14~15cm，甚至更大。基部着生处较狭窄，像菌柄的样子。除基部外均布有针形肉质菌刺，刺直伸而发达，下垂如头发状，长 1~3cm，直径 1~2mm，刺面布以子实层，产生大量的孢子。在显微镜下，猴头菌的孢子椭圆形至圆形，无色，透明，光滑，直径 5~6μm，内含油滴大而明亮；油滴直径 2~3μm，孢子淀粉质。

（一）生活史

猴头菇在自然条件下并不复杂，与其他担子菌基本相似。完成一个正常的生活史。野生的猴头菇常出现在虫孔、树洞、枯枝的断面上，因此，常被误认为寄生菌。在干燥、高温等不良环境下，易形成厚垣孢子，在适当的条件下又会萌发菌丝，继续进行生长繁殖，猴头菇的生长也是从孢子萌发开始，孢子在适宜的环境里萌发初生菌丝。双核菌丝质配形成双核菌丝。双核菌丝繁殖很快，先形成子实体原基，最后形成子实体。子实体上的子实层弹射出担孢子。担孢子萌发，便又开始一个新的生活过程。

从担孢子萌发开始形成一次菌丝，一次菌丝只存在很短时间，后很快就会产生两种不同性质菌丝结合形成双核菌丝，称为营养生长阶段。从双核菌丝继续伸长繁殖后扭结成子实体弹射出担孢子，称为生殖生长阶段。子实体的菌丝是三次菌丝，在生理功能上，其功能有所不同，三次菌丝不能直接吸收营养成分，待子实体长成刺，长出担子和担孢子，又开始了一个新的生活史。

（二）对生活条件的要求

猴头菇是一种木材腐生菌，它和其他高等菌一样，都吸收生物中的碳源、氮源、矿物质、生长素等几种营养成分，除此而外，需要外界条件的温度、湿度、光照、空气、酸碱度等条件。

1. 营养

猴头菇生长需要碳等有纤维素、半纤维素、淀粉、蔗糖等。氮源主要有蛋白质源有机态氮、但也能用尿素、铵盐、硝酸盐作为氮源。猴头菇也需要钙、镁、铁、锌、钼等微量元素和维生素等物质。这些营养元素一般采用的培养料如木屑、米糠、甘蔗渣、玉米芯、淀粉等都含有营养物质。

2. 温度

猴头菇菌丝生长温度范围为6~34℃，最适温度为25℃左右，低于6℃，菌丝代谢作用停止；高于30℃时菌丝生长缓慢易老化，35℃时停止生长。子实体生长的温度范围为12~24℃，以18~20℃最适宜。当温度高于25℃时，子实体生长缓慢或不形成子实体；温度低于10℃时，子实体开始发红，随着温度的下降，色泽加深，无食用价值。

3. 湿度

培养基质的适宜含水量为60%~70%，当含水量低于50%或高于80%，猴头菇原基分化数量显著减少，子实体晚熟，产量降低。对相对湿度的要求，菌丝培养发育阶段以70%为宜；子实体形成阶段则需要达到85%~90%，此时子实体生长迅速而洁白。若低于70%，则子实体表面失水严重，菇体干缩，变黄色，菌刺短，伸长不开，导致减产；反之空气相对湿度高于95%，则菌刺长而粗，菇体球心小，分枝状，形成"花菇"。一个直径5~10cm的猴头菇子实体，每日水分蒸发量达2~6g。

4. 光照

猴头菇菌丝生长阶段基本上不需要光，但在无光条件下不能形成原基，需要有50lx的散射光才能刺激原基分化。子实体生长阶段则需要充足的散射光，光强度在200~400lx时，菇体生长充实而洁白，但光强高于1 000lx时，菇体发红，质量差，产量下降。猴头菇子实体的菌刺生长具有明显的向地性，因此在管理中不宜过多地改变容器的摆设方向，否则会形成菌刺卷曲的畸形菇。

5. 空气

猴头菇是一种好气性的真菌，但子实体和菌丝体对空气的要求有所不同，菌丝体在二氧化碳较高的条件下，对仍然照常生长，子实体生长阶段中，如空气不流通，生长缓慢或成畸形，甚至死亡。

6. 酸碱度

猴头菇生长适宜的酸碱度微酸，pH值4.5~6.5最适宜生长，pH值7.5以上和以下影响菌丝生长和子实体的形成。

第二节 猴头菇菌种的生产技术

一、猴头菇母种生产

（一）母种培养基的制作

1. 猴头菇母种培养基配方

（1）马铃薯葡萄糖琼脂培养基。马铃薯200g、葡萄糖20g、蛋白胨5g、酵母膏1g、琼脂20g、水1 000mL。

（2）黄豆芽葡萄糖琼脂培养基。黄豆芽250g、葡萄糖30g、蛋白胨5g、酵母膏1g、琼脂20g、水1 000mL。

2. 培养基制作

选质量好的马铃薯200g，洗净去皮（若已发芽，要挖去芽及周围小块）后，切成薄片，放进铝锅，加水1 000mL，煮沸30分钟，用4层纱布过滤，取其汁液，若滤汁不足1 000mL，则加水补足，然后将浸水后的琼脂加入马铃薯汁液中，继续文火加热至全部溶化为止。加热过程中用筷子不断搅拌，以防溢出和焦底，最后加入葡萄糖，并调节酸碱度为pH值4.6。

3. 培养基分装

配制好的培养基趁热（60℃）利用玻璃漏斗分装于试管或三角瓶中，装量一般为试管长度的1/4或三角瓶1cm高。分装时必须用纱布或脱脂棉过滤，防止杂质或沉淀物混入管内，同时应注意，勿使试管口或三角瓶口黏附培养基，若不慎黏附时，应随即揩擦干净，以防杂菌感染，装完后立即用棉塞塞口，并要求松紧适度。

4. 灭菌

将装有培养基的试管每10支为一捆，上部用牛皮纸或聚丙烯塑料薄膜包扎好，竖置于铁丝笼中，放入高压灭菌锅内灭菌。灭菌时要先排尽锅内的冷气，温度上升到121℃时，维持30分钟后，即可达到良好灭菌效果。

5. 斜面培养基制作

灭菌后待指针回到零点，先打开锅盖的1/10开度，等到无直冲蒸气时，再打开全部锅盖，取出试管，冷却到50~60℃时，放在成一定角度的木架或木条斜面上，使培养基冷却凝固后成斜面状，斜面长度达到试管长度的1/2。

6. 灭菌效果检查

从灭过菌的斜面培养基试管中随机抽取2~3支斜面试管放入27℃恒温箱中，保温1~2天，观察斜面上是否有霉点或其他绒絮状物出现，一旦发现有霉点或绒絮状物出现，就说明该批培养基灭菌不彻底，应当立即重新灭菌，以确保灭菌效果。

（二）猴头菇菌种分离方法

1. 猴头菇菌种分离方法一——孢子分离法

取野生或瓶栽中长势良好的猴头菇子实体，用无菌镊子摘下正在产生孢子的菌刺，并用无菌水多次冲洗。将处理后的1cm左右长的刺1根或数根，移进准备好的马铃薯葡萄糖培养基斜面试管中，贴在对着斜面中央的试管壁上，这样就使菌刺释放孢子落在斜面上，如果菌刺不易贴在管壁上，也可用无菌接种针，在试管内挑取少量琼脂来做粘贴剂。孢子培养法：把接菌后的试管斜面朝上摆在20℃左右的恒温箱中培养1~3天，当菌刺释放出孢子并落到斜面上后，及时将贴在试管壁上的菌刺移出来，再把试管放在25℃恒温箱中培养5~7天，猴头菇菌丝即可长成菌落。若发现杂菌污染，应立即转管纯化。

2. 猴头菇菌种分离方法二——组织分离法

将按上法取来的猴头菇，在无菌操作下，用小刀在中央纵割出一小口，用手将猴头菇掰成两半，然后用无菌的解剖刀、镊子或接种针，从子实体中部的块状紧密组织的剖面上，割取0.3~0.5cm见方的菌肉，移到马铃薯葡萄糖琼脂培养基的斜面上，置于25℃恒温箱中培养，等菌丝形成菌落时，再分离纯化出纯菌种。

二、原种生产

在取得优良的猴头菇母种后，为满足大面积生产需要，应选择菌丝健壮而洁白、生长旺盛、无老化、无杂菌感染的母种试管进行扩接，由母种菌丝移接到木屑或其他培养基中，经保湿培养后所得到的菌种，即为原种，通常也称其为二级种。

1. 原种培养料及配方

选择干燥、清洁、无夹杂物，适合栽培猴头菇的新鲜无虫、无霉变的木屑、米糠（或麦麸），以及石膏粉、蔗糖（甜菜糖、葡萄糖均可）作为猴头菇原种培养料，其配方为：78%木屑、20%米糠（或麦麸）、1%蔗糖、1%石膏粉。

2. 原种培养基配制

先将所需的木屑、米糠、石膏粉按比例混合拌匀，然后将蔗糖溶化于适量的清水中配成溶液，用喷水壶（喷雾器也可）均匀地撒在配料中，加足水量（一般料水比为1：1.2），然后用铁锨或铁耙搅拌，结团的要打散，用细孔筛筛两遍，再反复搅拌均匀即可。

3. 原种培养基含水量及酸碱度测定

制种用的培养料含水量应控制在60%左右，不宜超过65%。简单的含水量判定方法是：手紧握配料，指缝间无水滴出现而手掌湿润为适宜。酸碱度测定可用pH值试纸插入料中检测pH值，pH值一般应控制在5.5左右。

4. 培养料装瓶

一般先装入瓶的2/3，然后用手握瓶颈，把瓶底放在手掌上叩几下，让培养基自然落实后，继续装至瓶颈，再用小木棒伸入瓶内将培养基压实、压平，料装至瓶肩为度，要求装得下松上紧。

5. 打接种孔

料装好后，用细木棒的柄端在培养基中间钻一个2~3cm（约为料深的4/5），直径1cm的圆洞，以利菌丝透气。随后将木棒轻轻拔出后，整理一下料面，擦干瓶外，塞紧棉塞，用双层牛皮纸包住，用绳、带扎紧，集中进行高温灭菌。

6. 原种培养基灭菌——高压灭菌

将装好瓶的培养基，集中堆放于高压灭菌锅内，然后向锅内加水至水位标记高度，上好锅盖，关好气阀，开始烧火加压。当锅内压强升至0.5kg/cm²时，逐渐开大放气阀，排净锅内冷空气后，再关闭放气阀直至压强达到"1.4"时，稳定火力，维持1小时，再逐渐减小火力、降压。压强自然降到"0"时，打开放气阀排气，随后慢慢打开锅盖。

7. 接种

经过灭菌后的原种培养基连同猴头菇母种、接种工具一起搬进接种箱或接种室内，用高锰酸钾5g加10mL福尔马林或气雾消毒盆进行消毒灭菌。接种时先用接种刀把母种的菌丝体连同培养基分割成蚕豆大的小块，然后用接种针迅速地挑取母种接入原种培养基内，并把瓶口和棉塞在酒精灯火焰上过火灭菌后塞紧。每接完一支试管母种后，接种工具都必须经过酒精灯火焰消毒，然后继续接种，直至全部接种结束，移入菌种培养室。

8. 原种培养

原种接上种后，应立即移入培养室竖放或堆放于培养架上进行培养。接种后10天内，室内温度保持在 25℃，相对湿度控制在 70%以下，当菌丝长到培养基的 1/3 时，可适当增加通风次数，使室温控制在 22℃左右，20 天后，室温应恢复到原来的 25℃为好。1 个月左右，菌丝长满全瓶，原种即培养成功。

三、栽培种生产

一般是在大面积栽培播种前，根据种菇的适宜日期和计划需要量，并略加上部分可能污染报废的数量，把培育好的原种再转接到相同的木屑培养基上进行扩大培育，所形成的优良菌丝，称其为栽培种，通常也称为三级种。

1. 栽培种接种时间

若扩接栽培种正值高温季节，要注意降温，没有空调设备的要选择高山阴凉地区进行，同时一定要在培养基温度降到 30℃以下时进行，接种应在晚上或清晨较好。

2. 接种方法

通常以瓶接瓶为主，即先在酒精灯火焰上方拔出菌种瓶棉塞，再将菌种瓶置于菌种瓶架上并用酒精灯火焰封口；用接种锄刮去瓶内菌种表皮，再将菌种分成花生米大小菌块；然后用左手握住待接瓶底部，并将瓶口置酒精灯火焰上方，右手无名指、小指和拇指轻轻拔去棉塞后，迅速让接种针过火焰挑取少许原种接入生产种培养基内，稍用力压实，封好棉塞。

3. 栽培种培养

接种完毕后，应及时搬入培养室培养，培养期间要避免强光照射，室内温度以 25℃为宜，空气相对湿度不得高于 70%，当菌丝生长到培养基的 1/3 时，室温要适当降低 2~3℃，并注意通风，保持室内空气新鲜。当菌丝长到瓶底后，再培养 10 天左右即可。栽培种菌龄一般以 35 天左右为宜。

四、菌种质量鉴别

猴头菇菌种质量的好坏一般从外观上即可判断。优良菌种菌丝洁白、粗壮、生长快、上下分布均匀，在培养基表面易形成子实体，肥大肉厚，菌刺长。如果菌丝稀疏、纤细，上下颜色不一致，说明菌种质量有问题。

第三节　猴头菇栽培技术

一、猴头菇袋栽技术

（一）场地选择

生产场地应选择生态环境好，水质优良，无有毒气体，周围 300m 无各种污水及其他污染源。要求坐北朝南，通气性好，空气新鲜；栽培室内地要求平整，要有地窗、门窗。

（二）栽培季节的选择

猴头菇菌丝的适宜生长温度（25±2）℃，子实体的适宜生长温度 12~18℃，高于 20℃

子实体生长不良，低于10℃时子实体生长缓慢。从投料到结束需100天左右，其中菌丝体培养需25天左右。浙江一带在当年9月下旬至次年1月上旬为佳。

（三）培养料的配制及装袋

1. 培养料配制

要考虑4个方面：最佳配方，配制方法，合理水分，适宜pH值。培养料应根据当地资源因地制宜地采用，一般常用棉籽壳、玉米芯渣、麦麸、木屑、米糠等原料。先将棉籽壳按1∶1料水比预湿，根据具体配方要求加入其他培养料，拌透拌匀，含水量控制在65%左右。简单测试方法：手捏培养料手指间有水珠几滴，说明含水量已达要求。

2. 培养料装袋

将培养料装入14cm×27cm聚丙烯塑料袋至高12~14cm，培养料松紧度要求上下均匀一致，稍坚实（袋料用手压后不能有凹陷），袋口用塑料绳扎好。装料必须在6小时内完成。

（四）灭菌

袋料栽培以常压灭菌为好，常压灭菌温度为100℃、保持12小时以上。高压灭菌1.5kg/cm^{2}保持2小时。以立式高压灭菌锅为例，其操作步骤是：①关闭排水阀，旋开进水阀或打开锅盖，向锅内加入适量的水，然后将需灭菌的物品放入锅内，不要放得太挤，以免影响蒸汽流通。②盖好锅盖，拧紧进水阀，勿使漏气，开始加热，当压力表指针上升到0.5kg/cm^{2}压力时，应旋开排气阀，放出锅内冷空气约数分钟，待空气排尽，表针降至零位时，关闭排气阀继续加热。④灭菌完毕后，慢慢旋开排气阀，放尽锅内蒸汽，打开锅盖，取出物品。⑤使用完毕后，排尽锅内余水，保持锅内干燥，以免生锈或形成水垢。

（五）接种

一般在接种室或接种箱中进行，接种环境要求清洁、干燥，并进行消毒处理，所使用的菌种要求符合质量标准。当料温冷却到28℃以下后，将袋料、菌种、酒精灯、接种工具等放入接种箱或无菌室内。接种箱或无菌室内放入10mL/m^{3}甲醛和2g高锰酸钾进行反应或适量的其他消毒药剂，密闭熏蒸0.5小时后接种。接种时先点燃酒精灯，右手持接种把在火焰上燃烧，左手握住菌种瓶并靠近火焰处，拔掉棉塞，剔除菌种表面的老菌种块，将菌种挖成小块，再把菌种瓶横放在菌种架上。然后左手再握住待接的袋子，在靠近酒精灯的无菌区内，把菌种块接入袋内，扎好袋口。操作动作要求迅速、敏捷、准确。每瓶菌种接35袋左右。棒形袋接种时，右手用1根1.2cm直径的锥形棒，向料袋刺接种穴，穴深2cm，随即用镊子镊取花生粒大小菌种1块塞入菌种穴中，1根棒可接4~5个接种穴，穴距6~7cm，接好后穴口用胶布封贴，或在袋外再套只稍大的灭过菌的塑料袋，用绳子扎住袋口。

（六）培养

培养方法：壶形袋是接种面朝上双层排放；棒形袋是墙式叠放，堆高8~10袋，菌墙间要留有70cm左右宽的走道。培养管理：①培养室内外要做好消毒、杀虫、清洁卫生工作。②培养室的温度控制在22~25℃菌丝活力强，不会提早形成子实体。温度高于28℃，菌丝长好后容易退化，温度低于20℃，菌丝未长满就会形成子实体。③用草帘、遮阳网遮光，使发菌室基本黑暗（50~60lx光照度）。④勤捡杂菌，以减少重复感染。

（七）出菇管理

1. 催蕾期

袋摆好后，保持温度在15℃以上，停2~3天，让菌丝恢复一下，然后拔去棉塞，调节空气相对湿度在80%~85%。一般5~7天原基即可出现。

2. 幼菇期

原基分化后，不断扩展并由瓶口向外伸出，此时空气相对湿度应达到85%~90%，低于70%则出菇发黄、干缩，并留下永久性斑痕。可采用往地面、空间喷水的方法，维持湿度，不要在子实体上直接喷水。

3. 成菇期

长至乒乓球大小时，菇蕾发育加快，此时仍维持空气相对湿度在85%~90%，但也不应超过90%，否则菇体蒸腾作用减缓，影响菌丝体营养物质向菇体的运输，导致生长迟缓，还易发生病虫害或子实体颜色发红，菌刺粗短的畸形菇。同时应注意通风换气，可掀开大棚两侧薄膜进行通风，通风量大小可通过掀膜控制，温度应在16~20℃为宜，不能低于14℃、高于26℃，否则子实体发红，可通过调节膜上的草帘及通风控制温度。

（八）采收及采收后的管理

猴头菇在子实体七八成熟就应该采收。采收标准是子实体球体基本长足、坚实，菌刺长度在0.5~1cm，未弹射孢子前及时采摘。采收方法是用割刀从子实体基部切下。采摘时要轻拿轻放，采收后2小时内应送厂加工，以防发热变质。采收后应将留于基部的残留物去掉，然后停水养菌偏干管理3~5天，7~10天原基又开始形成，此时又可进行出菇管理。壶形袋栽一般能采4~5次，棒形袋每一种穴可收3次左右。

二、瓶栽猴头菇技术

瓶栽猴头菇的特点是：污染率低，出菇整齐，从瓶口长出的菇形紧凑，朵形美观，畸形菇少，菇的质量好，商品率高。此外，管理上较规范整洁，便于工厂化生产。尽管要购置玻璃瓶，一次性投入较高，但仍不失为猴头菇的一种重要栽培方式。

（一）培养料配方

猴头菇是一种木腐菌，能将木质素、纤维素、半纤维素等高分子糖类物质分解为简单的葡萄糖后吸收利用。用于栽培的材料有木屑、木薯渣、甘蔗渣、棉籽壳、甘薯粉、金刚刺、玉米芯及酒糟等，其中以酒渣和棉籽壳为主的培养料栽培猴头菇产量最高。辅料中可添加麦麸、米糠、蔗糖等营养成分较高的物质。培养料的选择，应根据本地资源情况，因地制宜开发利用。现将一些配方介绍如下。

配方1：棉籽壳培养料：棉籽壳78%，米糠或麸皮20%，糖1%，石膏粉1%。

配方2：木屑培养料：杂木屑77%，米糠或麸皮20%，糖1%，黄豆粉0.5%，尿素0.5%，石膏粉1%。

配方3：金刚刺培养料：金刚刺酿酒残渣80%，麦麸10%，米糠8%，过磷酸钙2%。

配方4：稻草木屑培养料：稻草屑（3cm长）65%，杂木屑8%，麦麸22%，花生壳粉2%，石膏1%，蔗糖1%，碳酸钙1%。

配方5：甘蔗渣培养料：甘蔗渣78%，米糠或麸皮20%，过磷酸钙0.5%，尿素

0.5%，石膏1%。

配方6：玉米芯培养料：粉碎玉米芯78%，麦麸20%，蔗糖1%，石膏1%。

猴头菇与木耳一样，对多菌灵敏感，培养料中不能添加多菌灵。

含水量依原料的种类而定，酒渣以50%为宜，木屑以60%~65%为宜，棉籽壳、甘蔗渣的以70%为宜。这是因为不同原料，粗细度不一样，透气保湿性不一样。

（二）选瓶装瓶

采用口径3cm左右，容积为750mL的普通菌种瓶为好，其次是口径5cm左右，容积为750~1 000mL的化工瓶，罐头瓶较小装料量不足，影响产量而不宜选用。装瓶不能装得太浅，否则会在瓶颈以下形成长柄猴头菇，使食用部分的比例下降。猴头菇只有裸露在空气中才能得到形态正常的子实体，并获得高产，所以培养料要装至瓶颈以上距瓶口2~2.5cm处。将培养料压平后，在中部打孔，直达瓶身中下部，用双层牛皮纸封口。

（三）灭菌和接种

培养料经高压或常压灭菌后，冷却至30℃以下，在无菌室接种，每瓶接种蚕豆大菌种一块。每瓶原种可接40~50瓶。猴头菇有一个特性，原基常常分化较早，有时菌丝刚长满1/4培养料时就现蕾。为使菌丝发菌快，最好采用两点接种法，即先将一小块菌种沿事先打好的接种穴送入培养料底部，然后再将另一块较大的菌种固定在接种孔上，以便上下同时发菌。

（四）发菌

接种后把栽培瓶竖立在架上培养3~5天，待菌丝定殖后，拿出杂菌污染及破损的菌瓶，再卧倒在床架上继续培养。春栽时，自然气温较低，可将瓶子卧放堆积在床架上，堆高0.7~1m，5~6天翻堆一次，并在堆上覆盖纤维袋或旧麻袋，利用堆温加快菌丝的生长速度。栽培中发现，室温控制在24~28℃，菌丝生长致密，30天左右发菌满瓶。温度太高，虽然发菌时间可缩短，但菌丝不致密，不利于高产。培养室空气相对湿度在发菌阶段要求控制在65%~70%，并定期通风，保持干燥。发菌期间最好遮光，以免过早形成原基。

（五）原基分化

瓶内培养料表面接种块上有白色幼蕾时，不要急于拔去封口材料，只有当瓶内菌丝全部长满（或单点接种的菌丝深入到2/3处），原基已有蚕豆或核桃大小，才除去封口材料。有时，干脆把第一批小菇（刚长出瓶口）连同棉塞拔掉，下一批菇特别健壮和朵大。这时可把瓶子竖立于床架上，瓶口盖报纸，经常喷水保湿，空气相对湿度增加到80%左右。如果场地不允许，也可将菌瓶瓶口交叉卧放于床架上，堆3~6层。这样促控结合，使其发育壮大。当幼菇从瓶口长出1~2cm时，则进入出菇期管理阶段。

（六）出菇管理

出菇期必须经常喷水雾，保持较高的空气相对湿度，一般应控制在85%~90%，这时的猴头菇子实体生长迅速，颜色洁白。若过于干燥，子实体生长迟缓或停止，活力下降，在子实体和培养基表面会生长霉菌。幼菇对环境湿度很敏感，当湿度低于70%时，很快干缩发黄，并留下永久性斑痕，在湿度提高后仍可恢复生长，但畸形菇多。菇房内空气相对湿度也不可太高，若高于90%，则蒸腾作用下降，代谢活动减弱，生长缓慢，易发生病害烂菇，或颜色发红，形成肉刺变短的畸形菇。菇房内喷水时切忌让水珠落到菇体上，早期可在瓶上盖报纸，去纸后则可向空中或地面喷雾，否则，会影响菇的品质。出菇期间，室温以 18~22℃最适，高于 26℃ 或低于 10℃，子实体生长减慢，质量降低。出菇期间要逐渐加大通风量和通风时间与次数，猴头菇对 CO_2 十分敏感，其浓度超过 0.1%时，就会刺激菌柄不断分枝，抑制中心部分发育，形成珊瑚状的"花菇"。但在通风时，应避免室外风直接吹于菇体上，否则，菇体畸形，甚至发黄死亡。

三、畸形猴头菇成因及防治

1. 珊瑚型

子实体从基部起分枝，在每个分枝上又不规则地多次分枝。呈珊瑚状丛集，基部有一条似根样的菌丝索与培养基相连，以吸收营养。珊瑚状猴头菇的成因与防治：①猴头菇对 CO_2 很敏感。因此，菌丝体培养阶段要注意通风换气。如果已形成珊瑚状子实体，可在其幼小时，连同培养料一起铲除，以重新获得正常子实体。②培养料中不能含有松、柏树种的芳香族有机化合物。③喷雾和配料用水要清洁，碱性水（石灰质水）不能用。

2. 光秃型

子实体呈块状分枝，系由各分枝生长发育而成。但子实体表面皱褶，粗糙无刺，菌肉松软，个体肥大，鲜时略带褐色，香味同正常猴头菇。水分湿度管理不善会产生光秃无刺型猴头菇。猴头菇在生长过程中，温度越高，蒸发量越大。当气温高于 25℃ 时要特别加强水分管理。要保持 90% 以上的空气相对湿度。此外，通风换气时要避免让风直接吹子实体，以减少其水分蒸发。

3. 色泽异常型

只是菇体发黄，菌刺粗短，有时整个猴头菇带苦味，有的子实体从幼小到成熟一直呈粉红色，但香味不变。温、湿度过低是猴头菇子实体发红的主要原因。根据栽培实践，培养温度低于 10℃、子实体开始发红，随着温度下降猴头菇子实体颜色加深。因此，出菇期间要保证适宜的温、湿度，有效地防止子实体变红。另外，出菇期避免强光，光照度在 1 000lx 以上子实体变红。

子实体发黄是一种病态，子实体发苦，其菌刺粗短。一旦发现病菌污染，应迅速同培养基一起铲除，并重新调适培养条件和抑制病菌，促进新的子实体发生。此外菌种转代次数太多，菌种退化，也有可能导致猴头菇子实体畸形。因此，引种要注意选购优良菌种。

复习题

1. 猴头菇对环境条件的要求。
2. 猴头菇袋栽技术。
3. 猴头菇瓶栽技术。
4. 畸形猴头菇成因及防治。

第十章　茶树菇栽培技术

第一节　茶树菇基本知识

一、茶树菇营养价值

茶树菇营养丰富，蛋白质含量高达19.55%。所含蛋白质中有18种氨基酸，其中含量最高的是蛋氨酸占2.49%，其次为谷氨酸、天门冬氨酸、异亮氨酸、甘氨酸和丙氨酸。总氨基酸含量为16.86%。人体必需的8种氨基酸含量齐全，并且有丰富的B族维生素和钾、钠、钙、镁、铁、锌等矿质元素。都高于其他菌类，中医认为该菇具有补肾、利尿、治腰酸痛、渗湿、健脾、止泻等功效，是高血压、心血管和肥胖症患者的理想食品。其味道鲜美，脆嫩可口，又具有较好的保健作用，是美味珍稀的食用菌之一。茶树菇营养丰富，蛋白质含量高达19.55%。所含蛋白质中有18种氨基酸，其中含量最高的是蛋氨酸占2.49%，其次为谷氨酸、天门冬氨酸、异亮氨酸、甘氨酸和丙氨酸。总氨基酸含量为16.86%。人体必需的8种氨基酸含量齐全，并且有丰富的B族维生素和钾、钠、钙、镁、铁、锌等矿质元素。中医认为，该菇性甘温、无毒，有健脾止泻之功效，并且有抗衰老、降低胆固醇、防癌和抗癌的特殊作用。

根据国家食品质量监督检验中心（北京）检验报告，茶树菇营养成分为：每100g（干菇）含蛋白质14.2g，纤维素14.4g，总糖9.93g；含钾4713.9mg，钠186.6mg，钙26.2mg，铁42.3mg。茶树菇富含人体所需的天门冬氨酸，谷氨酸等十七种氨基酸（特别是人体不能合成的八种氨基酸物质）和十多种矿物质微量元素与抗癌多糖。中医认为：茶树菇性平，甘温，无毒，益气开胃，有健脾止泻。具有补肾滋阴、健脾胃、提高人体免疫力、增强人体防病能力的功效。常食可起到抗衰老、美容等作用。

临床实践证明，茶树菇对肾虚尿频、水肿、气喘，尤其小儿低热尿床，有独特疗效。现代医学研究表明，茶树菇由于含有多量的抗癌多糖，其提取物对小白鼠肉瘤180和艾氏腹水癌的抑制率，高达80%~90%，可见有很好的抗癌作用。因此，人们把茶树菇称做"中华神菇""保健食品""抗癌尖兵"。

茶树菇性平甘温、无毒、有利尿渗湿、健脾、止泻之功能，清热平肝之疗效，是一种具有高蛋白质、低脂肪，集营养、保健、理疗于一身的名贵珍稀食药兼用的真菌。茶树菇对肾虚尿频、水肿、气喘、小儿低热、尿床有独特的疗效，还具有美容、降血压、健脾胃、防病抗病、提高人体免疫力等优点，被人们称为"中华神菇"。

二、茶树菇栽培历史和现状

茶树菇主要来源野生，我国始于1972年，1990年在江西广昌较大面积上人工栽培成功，然后进行规模生产。福建省1994年在三明地区开始开发茶树菇人工栽培，1998年三明地区年产近1 000万袋，宁德市近几年也大力引种栽种。

三、茶树菇生物学特性

(一) 形态

形态特征：子实体单生，双生或丛生。菌盖直径5~10cm，表面平滑，初暗红褐色，后变为褐色或浅土黄褐色，边缘淡褐色，有浅皱纹。菌肉白色，菌褶初白色，成熟后变咖啡色（着生孢子），密集，几乎直生。菌盖完全开展后，分离成箭头状。菌柄长3~8cm，直径3~15mm，中实，纤维质，脆嫩，表面有纤维状条纹，近白色，基部常浅褐色。内菌幕膜质，淡白色，上表面有细条纹，开伞后成菌环留在菌柄上部或黏附于菌盖边缘或自动脱离，内表面常落满孢子而呈锈褐色。孢子印锈褐色。孢子椭圆形，（8.5~11）μm×（5.5~7）μm，芽孔不明显，缘囊体（19~30）μm×（5.5~7）μm，发育类型为被果型。栽培菌株中也有白色变种，其菌盖、柄等颜色纯白，色泽美观。

(二) 生活史

茶树菇是一种异宗结合的担子菌，在人工培养条件下，完成一个生活史需要60~80天，在不同条件下，生活周期的长短有所不同。在木屑棉子壳培养基上，从接种到出菇可以缩短到23~48天，在PDA培养基上也能在短期内完成正常的生活史。茶树菇的双核菌丝比较容易在琼脂培养基上形成子实体。某些单孢子萌发后也有形成细小子实体的特性。

(三) 对生活条件的要求

1. 茶树菇生产发育的营养条件

因为食用菌没有绿叶素，只能依靠同化有机物为生，食用菌对营养物质的要求，可分为碳源、氮源、无机盐类以及生长素物质。茶树菇的碳源主要来自于各种植物性原料，如：杂木屑、棉籽壳、玉米芯、茶饼粉等。菌丝又利用纤维素、半纤维素，利用木质素能力较差，利用蛋白质能力极强，茶树菇所吸收的碳素大约只有20%被用于合成细胞物质，80%被用以维持生命活动所需的能量而被氧化分解，因此在茶树菇的生命活动中，对碳素营养物质的需求量最大。

2. 温度

茶树菇的生长发育只有在一定的温度下方能进行，菌丝生长的温度是10~34℃，耐低温性能比较明显，-5℃时，6小时方能恢复生长，40℃以内4天不会死亡。它的最适生长温度是24~28℃，子实体形成的温度是10~34℃，最适温度是22~28℃，出菇期不受温度刺激。

3. 水分

水分是构成细胞的重要物质。细胞内含有充足的水分，才能维持一定的紧张度，赋予菇类一定特征性的形态外观。水又是菌体细胞内最主要的溶媒，菌类所需的营养物质，必须溶解到水中，才能被菌丝细胞吸收利用，同时细胞内的一切化学反应都是在水溶液中进行的。因此水对菇类生理作用是很重要的。茶树菇培养料含水量一般在 70%~75%。菌丝培养阶段室内空气相对湿度 65%~70%最好，出菇时要求环境相对湿度达到 90%~95%，若低于 70%，菌盖外表变硬甚至发生龟裂，低于 50%以下，会停止出菇，已分化的幼蕾，也会因脱水而枯萎死亡。

4. 光照

茶树菇不同于一般的绿色植物，没有叶绿素，不能进行光合作用，因此，不需要直射阳光，但在生长中保持一定的散射光是很有必要的，菌丝培养阶段不需光照，可以在完全黑暗的条件下完成它的生活史。出菇阶段要求慢射光刺激，300~500lx 最为合适，没有照度表的情况下，做到三分阳七分阴。

5. 空气

同其他生物一样，食用菌的呼吸作用吸收氧气，排出二氧化碳，茶树菇在整个出菇阶段，需要氧气，但要求不高，局部的二氧化碳较高，有利用菌柄变长，产量较高，生长环境要求空气新鲜，CO_2 浓度在 0.03%以下。

6. pH 值

pH 值是溶液中氢离子浓度的反对数，通常用来表示溶液的酸碱度。茶树菇偏碱，中性，pH 值 5.5~6，在弱碱环境也能正常生长，内部的 pH 值变化不大。

第二节　茶树菇常见品种

子实体单生，双生或丛生，菌盖直径 5~10cm，表面平滑，初暗红褐色，有浅皱纹，菌肉（除表面和菌柄基之外）白色，有纤维状条纹，中实。成熟期菌柄变硬，菌柄附暗淡黏状物，菌环残留在菌柄上或附于菌盖边缘自动脱落。内表面常长满孢子而呈锈褐色孢子呈椭圆形，淡褐色。菌盖初生，后逐平展，中浅，褐色，边缘较淡。菌肉白色、肥厚。菌褶与菌柄成直生或不明显隔生，初褐色，后浅褐色。菌柄中实，长 4~12cm，淡黄褐色。菌环白色，膜质，上位着生。孢子卵形至椭圆形。茶树菇与杨树菇、柱状田头菇、柱状环锈伞、柳菌、柳环菌（贵州、云南）、柳松茸（日本与中国台湾）属于同一物种。但杨树菇、柱状田头菇、柱状环锈伞、柳菌、柳环菌（贵州、云南）、柳松茸（日本与中国台湾）等品种，与茶树菇在形态、品质上有较大差异，茶树菇在风味，香气，食、药用价值及经济价值等方面，明显优于杨树菇等品种。

第三节　茶树菇菌种的生产技术

一、母种（一级种）

采用加富 PDA 培养基（马铃薯 200g、葡萄糖 15g、蔗糖 5g、硫酸镁 0.5g、磷酸二氢钾 0.5g、维生素 B_1 1g、水 1 000mL）或加麦皮 PDA 培养基（马铃薯 200g、蔗糖 20g、麦皮 10g、水 1 000mL），以上两种配方均用琼脂 20g。一般后一配方菌丝更粗壮。以上配方制作的母种在 26℃左右恒温下培养 7 天左右即可。

二、原种（二级种）

采用木屑培养基（木屑 78%、麦皮 20%、蔗糖 1%、石膏粉或碳酸钙 1%、普钙、硫酸镁、磷酸二氢钾少量）制作的原种，置 25℃左右恒温下培养 7 天左右即可。

三、栽培种（三级种）

采用木屑培养基或棉籽壳培养基（棉籽壳 78%、麦皮 20%、蔗糖 1%、石膏粉 1%）制作的菌种置 24~28℃下培养 30 天左右即可。茶树菇菌种要求菌丝粗壮、浓白，培养后期母种斜面有时出现红褐色斑纹或原种、栽培种料面出现与金针菇一样长出小子实体为正常现象，但若出现菌丝稀疏弱细，吃料不彻底，有杂色斑点或出现黄水等不宜使用。

四、菌种质量鉴别

凡菌丝洁白，粗壮，上下发布均匀，后期在培养基表明易形成子实体的为优良菌种。若菌丝稀，发育不均，可能培养基过湿；菌丝长的缓慢，不向下生长，可能培养基过干；培养基开始萎缩，袋壁脱离或袋壁间有原基形成，为老龄菌种，活力下降，不宜使用；培养基表面或袋壁出现霉菌落、拮抗线、湿斑等都是污染了杂菌；菌丝逐渐消失，袋壁有粉状物，是螨类为害的表现，这样的菌种应予淘汰。

第四节　茶树菇栽培技术

一、时间安排

茶树菇栽培按季节分春栽和秋栽。春季栽培，菌丝培养阶段需适当保温，子实体生长后期气温升高，生长快，子实体朵形较小，品质相对较差，易受病虫为害；秋季栽培，接种后，菌丝培养温度较适宜。在较低温度下形成的子实体，朵形较大，品质好，病虫害污染少，生物转化率较高，经济效益好。自然气候条件下栽培，应选择在气温为 20~25℃的季节出菇，在远安县春栽一般在 2—3 月生产，6 月后开始出菇，秋栽一般 9—11 月生产，翌年 4 月后开始出菇。

二、栽培方式

栽培方式既可室内栽培，也可室外栽培，栽培形式则分为层架式袋栽、墙式袋栽和床式覆土栽培等。茶树菇的栽培主要用 15cm×30cm×0.004cm 的聚乙烯塑料袋。室内袋栽可利用温室、菇房及闲置空房屋等，自发菌至出菇均在同一场所内完成。室内袋栽的环境小气候易于人为控制，管理方便，易获得优质、高产，也适宜于工厂化栽培。各地可因地制宜加以选择。

三、栽培材料

凡富含纤维素和木质素的农副产品下脚料，茶饼粉、杂木屑、玉米芯、棉籽壳等都可以栽培茶树菇，但以茶籽壳、茶籽饼加入培养料生产出的产品香味、色泽、药用价值都不失天然特殊风味。木屑以阔叶树木最好，如杨树、柳树等栽培茶树菇产量较高，菌丝生长较快。不管采用哪一种木屑都以陈旧的比新鲜的好，要把木屑堆于室外，长期日晒雨淋，让木屑中的树脂挥发及有害物质完全消失。未经堆积的木屑，栽培茶树菇菌丝生长慢，产量低。其配方中加入棉籽壳，营养丰富，蛋白质、脂肪含量较高，制作的培养基通气较好，可提高产量近 1 倍。

四、培养基配方

配方 1：杂木屑 9%、棉籽壳 70%、麸皮 20%、石膏 1%。

配方 2：棉籽壳 89%、麸皮 8%、玉米粉 2%、石灰粉 1%。

配方 3：杂木屑 30%、棉籽壳 30%、玉米芯 20%、麸皮或米糠 19%、石膏粉 1%；上述配方含水量为 60% 左右，pH 值自然，加 10% 的茶籽壳粉，能适当提高产量。

五、菇房（棚）的消毒

菇房（棚）要求干净、干燥、通风、避光，远离作坊、仓库及禽畜栏舍，调温和透光性能良好。栽培前须进行全面杀虫和消毒，首先打扫清洗干净后用杀虫剂喷洒杀虫，隔 3~5 天后，再用甲醛熏蒸消毒，以防治杂菌滋生。培养期间，每隔 1 周进行 1 次消毒。

六、拌料、发酵、装袋、灭菌

1. 拌料

按照选定的栽培料配方，称取各种原料，将木屑、麸皮、玉米粉、石膏粉或石灰粉依次撒在棉籽壳堆上混拌均匀（棉籽壳需提前预湿），接着加入所需的清水，使含水量达 60% 左右，检测含水量方法：采取用手握紧培养料，指缝间有水痕而无水珠下滴，伸开手指能成团，落地即散，若料在掌中手松开就散，表明料太干。拌料要求：①力求"三均匀"，即主料与辅料混合均匀，干湿均匀，酸碱度均匀。②晴天水分蒸发量大，应多加水；阴天空气湿度大，水分不易蒸发，应少加水。③能溶解于水中的基质要溶于水，如磷酸二氢钾、硫酸镁。

2. 培养料发酵

常规栽培方法培养料不经发酵，菌丝生长速度较慢，采用发酵料栽培，可提高菌丝生长速度，且污染率低。方法为按配方拌料，含水量在 65% 左右，拌料要均匀一致，用手抓一把培养料握紧，指缝间有水滴，但不下滴。建堆最好在水泥地面进行，在建堆处的中心用砖块搭一孔，孔上用几根稻草盖上，将培养料以砖孔为中心加料，堆成高 100~120cm、宽 150cm 的料堆，料面拍平，用一木棒从料顶对着中间的砖孔打一洞，防止厌氧发酵。盖上塑料膜，观察料温达 60℃后，第 2 天就可翻堆，再次调节含水量在 65% 左右。待料温再达 60℃后一天即可散堆装袋。堆料发酵时间在 7~8 天，根据发酵具体情况灵活掌握。

3. 装袋

不经发酵的培养料配制后，应立即装袋，以防酸败发热。选用 15cm×30cm×0.005cm 的低压聚乙烯袋（如高压灭菌选用聚丙烯），用手工或装袋机分装，装好后松紧一致，料面平整，装料高度在 20cm 左右，用塑料线捆紧袋口。装好后每袋湿重 0.8~0.9kg。

装袋要注意：①要紧实，扎袋时要将袋下部料敦实，料面压实压平。如果手抓料有凹陷感或料袋有断裂痕迹，表明装料过松。装料太松会带来一系列问题：一是料袋易变形，筒袋与料脱空，接种时易造成薄膜内外气压差，杂菌就可随气流进入袋内，引起污染；二是菌袋出菇期水分保持困难；三是会从袋壁部位长菇，造成采菇难。②扎口时要清除黏附在袋口的培养料，并紧贴培养料用塑料线把袋口扎上活结。

4. 灭菌

装袋完成后要立即进灶灭菌，袋间及四周要有空隙，以利蒸气流通。开始采取旺火快速升温，尽量在 4~6 小时内将温度升到 90℃ 左右，此时要打开排气孔，放出灶内冷气，直至冒出很烫的热气为止。继续升温达 100℃ 时开始记录时间，保持 100℃ 灭菌 14 小时以上，即可停火，闷过夜。灭菌结束后，待锅内温度降至 60~70℃ 时，方可趁热搬运料袋到接种室。因塑料袋受热变软易被木屑刺破，所以搬运要轻拿轻放。茶树菇菌丝抗杂力较弱，因此灭菌要彻底，灭菌是否彻底是茶树菇栽培成败的关键因素之一。

七、接种

待料温降到 30℃ 以下方可接种。春栽时气温较低，一般白天接种，但秋栽时气温较高，就要利用早晚和夜间凉爽时接种。接种箱或接种室需提前消毒，每立方米用 1 包雾气消毒剂熏蒸，接种一般两人一组，解开袋口，每袋接入一块菌种后捆扎叠堆。菌种尽量成块状，避免过碎以防死种。选用的栽培种菌丝要浓白、健壮、无病虫害，菌龄以满瓶后 10 天左右，待菌丝吃透料后，再用于接种，这样的菌种发菌有力，吃料快。

八、培养

将接种后的菌袋竖立排放在室内的层架上，在 25℃ 左右条件下培养 45~55 天，菌丝即可发满全袋。发菌期间，室内尽量保持黑暗。期间的主要操作如下。

1. 控温与通风

管理重点是促进菌丝定殖，迅速蔓延，使菌丝尽快封面，以降低污染率。接菌后三天内菌种处于恢复生长阶段，所以三天内不必进入培养室，三天后菌种开始萌发，菌丝定殖吃料。菌丝生长阶段最好控温在 20~26℃ 为宜，做好遮光及通风换气工作。具体操作上要依据天气、室温及菌丝生长动态等情况来确定通风时间，当气温低于 20℃ 时，每天 14~15 时进行通风；当气温高于 26℃ 时，每天早中晚各通风一次，每次一小时，同时白天要关闭门窗，晚上打开；当气温在 20~26℃ 时，从一天中午通风一次一小时增加至每天二次，每次 1 小时。通风打开门窗时要防止阳光直射至培养室，门窗要装上遮阳物。

2. 检查与翻堆

菌袋的菌丝盖面后，菌丝开始旺盛生长，呼吸量也随之增强，这时袋温也随之逐渐上升，要通过翻堆来调节堆温，防止烧菌，通过翻堆来调节上下层菌袋菌丝长速，使之一致，同时通过结合翻堆来查菌，做好杂菌检查工作。一般要求每 20 天左右翻堆一次，发菌过程要进行三次翻堆。

3. 防鼠与防虫

培养室一定要严防老鼠，即使只有一只老鼠危害，也会造成不可收拾的局面。菌袋受了鼠害，就会发生链孢霉，将会诱发大面积菌袋感染。因此决不可掉以轻心。此外，菌丝吃料后，发生的酒香味会引来害虫，所以要提前预防。

九、出菇管理

菌袋长满菌丝后，再过 10 天左右，积温在 1 600~2 000℃ 时可搬入事先经消毒灭虫的大田棚内，也可在室内，再将菇筒用 0.5%PP 粉液体冲洗干净菌袋表面的灰尘及细菌，干后用刀片在接种口即菌袋顶部割开一寸左右小口，盖上薄膜，保持温度在 20~28℃，相对空气湿度 85%~90%，开口后十几天，不能直接喷水，以免感染杂菌，开口五天后，湿度过高，早晚通风可长一点，一般 10~15 分钟，湿度过低，可在旁边喷水提高湿度。菌丝从营养生长转入生殖阶段料面颜色起变化，初期出现黄水，表面有深褐色的斑块。接着出现小菇蕾，只要温度湿度适合，一般开袋后 15~20 天内开始出菇。从菇蕾采收一般需要 5~7 天。第一期出菇时不须过多喷水。采收第一期菇后应停止喷水 5~6 天，任其恢复菌丝生长，为下期出菇积累营养。15 天后再逐步提高温度到第二期菇长出，时间间隔需5~15 天。以后按以上管理方法，再出第三期菇，采摘三期菇后，如菌袋干燥失水，可开袋喷水，增加湿度，还可出二期菇。

十、采收

采收时应抓住基部一次性将整丛大小菇一起拔下，以利下茬菇发生。采收后清理菌袋料面，合拢袋口，让菌丝休养生息 2~3 天，然后又重喷水，连喷二至三天又出现原基，第二茬菇开始生长，以后重复上述管理，整个周期一般可收 5~7 茬菇，生物转化率一般在 50%~70%。当采收 2 茬菇后，袋内培养料的营养和水分消耗较多，这时培养袋明显变轻，必须及时进行补水。催菇前为最佳补水时期。补水的方法很多，一般采用浸水法或注水法。浸水法是将菌袋中央用 8 号铁丝打 2~3 个洞，然后将菌袋码进浸水池，用木板和石块压紧，然后灌进清水或营养液，至淹没菌袋，达到补水的重量后捞起菌袋，沥干菌袋表层水分进行排场催蕾。注水法是将清水或营养液用注水器直接注进菌袋，注水结束打开门窗通风，沥干菌袋表层水分。

复习题

1. 茶树菇对环境条件的要求。
2. 茶树菇袋栽技术。

第十一章　杏鲍菇栽培技术

第一节　杏鲍菇基本知识

一、杏鲍菇的营养和药用价值

杏鲍菇，又名刺芹侧耳，是近年来开发栽培成功的集食用、药用、食疗于一体的珍稀食用菌新品种。菇体具有杏仁香味，肉质肥厚，口感鲜嫩，味道清香，营养丰富，能烹饪出几十道美味佳肴。杏鲍菇营养丰富，富含蛋白质、碳水化合物、维生素及钙、镁、铜、锌等矿物质，可以提高人体免疫功能，对人体具有抗癌、降血脂、润肠胃以及美容等作用，还具有降血脂、降胆固醇、促进胃肠消化、增强机体免疫能力、防止心血管病等功效，极受人们喜爱，市场价格比杏鲍菇高3~5倍。由于其生物学特性仍处于试验研究阶段，生物转化率一般为60%~80%。

二、杏鲍菇栽培历史和现状

杏鲍菇是一种优质食用菌，世界各国都非常重视杏鲍菇的开发。在意大利、法国、印度等国先后进行了杏鲍菇的栽培研究，Kalmar（1958）首次进行栽培试验，Henda（1970）在印度北部克什米尔高山上发现杏鲍菇并进行了段木栽培，Ferri（1977）进行了商业栽培，但只得到有限的成功。我国三明真菌所从1993年开始对杏鲍菇菌株选育，生物学特性和栽培进行了系统研究，并全国推广应用。我国从20世纪90年代开始引种栽培，目前福建、浙江、山东、河北和台湾省已开始规模化生产，杏鲍菇产量不断提高，已成为我国又一重要食用菌。根据中国食用菌协会统计，2001年全国杏鲍菇总产量仅2.1万t，2004年达到6.1万t。杏鲍菇出口创汇方面无论干菇与鲜菇，都有较大的优势，因此，它是一个有着发展前途的珍稀食用菌。1998年日本已正式将杏鲍菇列入可供商业栽培和销售的新菇种。近年来，泰国、美国、日本、中国台湾采用调温、调湿的自动化生产工艺进行生产，实现了工厂化生产。现在，杏鲍菇已推广应用到全国各地，开发出了不同的栽培方式方法，并已进行了反季节生产。

三、杏鲍菇生物学特性

（一）形态特征

子实体单生或群生，视基质营养和水分及菌丝生理度而异；菌盖幼时略呈弓形；后渐平展，成熟时其中央凹陷呈漏斗状，直径2~12cm，一般单生个体稍大，群生时偏小；菌盖幼时呈灰黑色，随着菇龄增加渐变浅，成熟后变为浅土黄、浅黄白色，中央周围有辐射状褐色条纹，并具丝状光泽；菌肉纯白色，杏仁味明显，破口处短时间变干黄；菌褶延生不齐、白色，与普通杏鲍菇相同；菌柄长2~8cm，直径0.5~3cm，不等粗，基部膨大，呈球茎体状；多侧生或偏生，中实，肉白色、纤维态，吸水性较强。

（二）对环境条件的要求

1. 营养条件

野生条件下，杏鲍菇菌丝体只能依靠缓慢分解基质而得以延续和生长，即使在碳氮比80∶1以上条件下，仍可顽强生长；但这并不说明其菌丝不需要丰富的尤其是有机氮源类营养物质，人工栽培时，为保证其分生数量和生长质量，必须予以适量添加；一般认为，调配基质碳氮比在20∶1左右时菌丝活力明显增强，产菇量亦随之提高。实际生产中可将棉籽壳、木屑等作为主要原料，调配氮源时以麦麸等作为主要辅料，以降低生产成本，并同时提高菌丝长速及其活力。

2. 温度条件

与普通杏鲍菇相同，杏鲍菇菌丝亦喜25℃左右的培养条件，但其耐受范围却在5~35℃；子实体生长温度范围为10~25℃，最适为15℃左右，但亦因菌株而异。一般常规品种（或菌株）由于开发生产时间较长，其温度型早有定论，杏鲍菇则不然，一是人们对其尚不太熟悉，二是由于杏鲍菇菌株的来源不同，其温度特性差异很大，不同国家或不同地区，从不同的生态环境中分离出的种源菌株，其生物学特性亦不同，温度特性自然不同，这就需要生产者在引种时要咨询明确，在安排生产时更需明确，尤其在对外供应菌种、签定某些供求合同时以及牵涉产品出口时，更需仔细，可以说，这是一个基本指标，同时也是最主要的指标，必须十分注意。

3. 水分条件

由于野生杏鲍菇多于亚热带草原或干旱沙漠地区发生，先天决定了它的自然抗性包括抗干旱能力，但这仅是一个方面；另一方面，作为一种生物，水是其生命中不可或缺的组成部分，杏鲍菇自然也不例外，就是说，杏鲍菇既具较强抗干旱能力，同时又需要水分来参与其生命的维持和延续，因此，人工栽培时以将基料含水率调至65%左右为宜；发菌期间要求调控培养室空气湿度70%左右；出菇阶段应保持85%~95%的湿度，以确保子实体正常健康的发育。

4. 通气条件

杏鲍菇菌丝和子实体生长均需新鲜的空气条件。但在菌丝生长阶段，一定浓度的二氧化碳积累，对菌丝反倒有刺激和促进作用，各种原因尚待进一步探讨。但在原基形成阶段则需较充足的氧气，应控制二氧化碳浓度在0.005%~0.1%，子实体生长阶段应在0.03%~0.2%，该浓度相当于通风条件较好的普通居室的空气状况。

5. 光照条件

与普通杏鲍菇相同，杏鲍菇菌丝生长阶段不需要任何光照条件，应予闭光培养。但子实体的生长发育则需适量散射光；一般生产中应将光照度控制在500~1 000lx范围内，既可满足子实体生长需要，又可使产品色泽正常，商品价值因此而得到提高。

6. pH 值

杏鲍菇菌丝生长可适应 pH 值 4.5~8 的条件，但其适宜的基质 pH 值为 6~7，最适为 5.5~6.5，过低或过高都会对菌丝发生不同的抑制作用。

第二节　杏鲍菇常见栽培品种

根据子实体形态特征，国内外的杏鲍菇菌株大致可分为五种类型：保龄球形、棍棒形、鼓槌状形、短柄形和菇盖灰黑色形。其中保龄球形和棍棒形在国内栽培中较为广泛。

第三节　杏鲍菇菌种的生产技术

一、母种生产

1. 培养基配方

配方一：马铃薯 200g，麦麸 20g，蔗糖 20g，磷酸二氢钾 3g，硫酸镁 2g，干酵母 4 片，维生素 B_1 1 片，琼脂 15~25g，水 1 300mL。

配方二：马铃薯 300g，葡萄糖 20g，酵母膏 2g，蛋白胨 2g，琼脂 15~25g，水 1 100mL。

配方三：小麦 100g，阔叶木屑 30g，棉籽壳 30g，葡萄糖 15g，干酵母 6 片，琼脂 15~25g，水 2 000mL。

2. 培养基制作及菌种培养

小麦浸泡于水中，6 小时后煮沸 10 分钟取滤液备用。木屑、棉籽壳清水洗净，放入小麦滤液中，煮沸 30 分钟以上，6 层纱布过滤后，滤液约 1 100mL，不足时加清水补足，然后加入琼脂，加热溶化，最后加入其他辅料，溶化即可。其余操作按常规即可。该配方适于复壮菌种、保存菌种采用，也可用于生产，用于商品菌种时外观效果稍差。

二、原种及栽培种生产

配方一：棉籽壳 70kg，阔叶木屑 15kg，麦麸 15kg，蔗糖 1kg，轻质碳酸钙 1kg，石膏粉 0.5kg，料水比 1：（1.5~1.7）。

配方二：阔叶木屑 70kg，麦麸 20kg，玉米粉 10kg，蔗糖 3kg，过磷酸钙 2kg，尿素 0.6kg，干酵母 100 片，轻质碳酸钙 2kg，石膏粉 1kg，料水比 1：（1.6~2.0）。根据各地资源情况，可灵活选择生产用配方。另外，可选择使用谷粒配方。

第四节　杏鲍菇栽培技术

一、栽培材料

1. 栽培原料

据国外资料介绍杏鲍菇的"自然栽培法"是室外用段木栽培，但产量低。也可在室外用麦秆栽培，产量不稳定。用消过毒的木屑或谷草栽培，产量偏低。木屑、麸皮培养料栽培，生物学效率仅20%，若用麦秆做培养料产量只有木屑的一半。张掖市农副产品资源丰富，其副产品如棉籽壳、废棉团、木屑、黄豆秆、麦秆、玉米秆等均是栽培杏鲍菇的主要原料。以棉籽壳为主料掺入部分棉籽粉能提高产量10%~20%，用玉米芯或木屑为主料只要配方得当，也可获得较高的产量。但用稻草做主料即使添加有棉籽壳、麸皮，出菇都比较迟，出菇率低，产量也低。

2. 栽培辅料

细米糠、麸皮、棉籽粉、黄豆粉、玉米粉、石膏、碳酸钙、糖均是杏鲍菇栽培很好的辅助材料。

二、栽培季节

杏鲍菇出菇的温度是10~15℃，因而必须按照出菇温度的要求安排好季节，在自然条件下栽培，安排好栽培季节是取得成功的保证。根据杏鲍菇的适宜生长温度，在北方地区以秋末初冬、春末夏初较为适宜。但冬季气温较高的地方要安排在全年气温最低的12月出菇更好，因为温度太高或太低都难以形成子实体和促进子实体生长。杏鲍菇与杏鲍菇不同的是：杏鲍菇的第一批菇若未能正常形成会影响到第二批菇的正常出菇，从而影响产量。因此应该根据出菇温度来安排适合当地栽培的季节，杏鲍菇在风雪寒冷的冬季是难以出菇的。

三、栽培方式

杏鲍菇的栽培方式有瓶栽、箱栽、柱形栽培和塑料袋栽培方式。

四、袋栽技术

(一) 配料

配方一：棉籽壳60kg，木屑30kg，麦麸10kg，豆饼2kg（或棉籽饼4kg），蔗糖1kg，过磷酸钙2kg，轻质碳酸钙、石膏粉各1kg，石灰粉0.5kg，尿素0.3kg，料水比1：(1.5~1.8)。

配方二：木屑70kg，麦麸、玉米粉各15kg，豆饼4kg，蔗糖、过磷酸钙各3kg，轻质碳酸钙、石膏粉、石灰粉各1kg，尿素0.6kg，料水比1：(1.6~2)。

配方三：棉籽壳40kg，木屑30kg，麦麸20kg，玉米粉10kg，豆饼3kg，蔗糖1kg，过磷酸钙 2kg，轻质碳酸钙、石膏粉各 1kg，石灰粉 0.5kg，尿素 0.4kg，料水比 1：（1.5～1.8）。

（二）装袋

根据栽培方式及产品去向选择塑料袋，一般以规格（150～180）×0.05 的为宜，每袋装干料 350～450g，约合湿重 1 000g。采用一头出菇时可选择定型方底塑料袋产品，两头出菇时购回聚丙烯筒料自行截断即可。袋口套塑料颈圈、加棉塞或直接扎口均可。装料要使均匀、松紧一致，不可松紧不一，使料袋看上去如同蛇吃老鼠后的腹部，松处易使菌丝断裂，紧处则通透性不好，这样易致发菌不匀，出菇不齐，难以统一管理；生产中建议使用装袋机由专人进行操作，以便于掌握松紧度，及检查监督质量。利用装袋机进行操作的另一优势是工效较高，可在较短时间内完成作业，以使尽快进入灭菌工序，避免料袋置于常温下长时间不能进行灭菌，造成基料酸败，耽误生产，造成浪费。

（三）灭菌

灭菌方式仍以高压蒸汽灭菌为佳，但大多数生产者无力购置该种设备，因此，生产中可采用常压灭菌方式。

（四）接种

料袋冷却至 30℃以下或常温（夏季）时，即移入接种（室），使用高锰酸钾、甲醛或烟雾熏蒸剂、消毒散之类进行熏蒸杀菌，40 分钟后即可进行接种。一般每 500mL 瓶或 750mL 瓶菌种可接 1～12 袋或 15～18 袋，并且，菌种尽量取块接入，减少细碎型菌种，以加速萌发，尽快让菌丝覆盖料面，最大限度地降低污染，提高发菌成功率。

（五）培养

培养室启用前应执行严格消杀工作，门窗及通风孔均封装高密度窗纱，以防虫类进入。接种后的菌袋移入后，置培养架上码 3～5 层，不可过高，尤其气温高于 30℃时更应注意，严防发菌期间菌袋产热；室内采取地面浇水、墙体及空中喷水等方式，使室温尽量降低，冬季发菌则相反，应尽量使室温升高并维持稳定，一般应调控温度在 15～30℃范围；最佳 25℃，湿度 70% 左右；并有少量通风，尽管杏鲍菇菌丝可耐受较高浓度二氧化碳，但仍以较新鲜空气对菌丝发育有利；此外，密闭培养室使菌袋在黑暗条件下发菌，既是菌丝的生理需求，同时也是预防害虫进入的有效措施之一。一般 40 天左右，菌丝可发满全袋。

（六）出菇管理

1. 催蕾阶段

菌袋发满后，再维持 7 天左右，使菌丝充分生理成熟，然后移入菇棚，剪掉扎口或拔除棉塞、去掉套环后将袋口翻下，也可剪掉，露出料面。调控棚湿至 95% 左右，光照强度 1 000lx，并有少量通风，经 15 天左右，袋口料表面即有白点状原基形成，秋栽时采取措施适当降低棚温，春栽时则应设法予以提高，并稍加大通风量，保持原有棚湿，原基数量不断增加，继之连片，随之原基分化，幼蕾现出。该阶段棚温应严格控制在 20℃以下，否则，不能现蕾。

2. 幼蕾阶段

幼蕾体微性弱，需较严格、稳定的环境条件，该阶段可将棚温稳定在 15～20℃、棚湿

90%~95%、光照度500~700lx，以及少量通风，保持棚内较凉爽、高湿度、弱光照及清新的空气，3~5天后，幼蕾分化为幼菇，即可见子实体基本形状。

3. 幼菇阶段

子实体幼时尽管较蕾期个体大，但其抵抗外界不利因素的能力仍然较弱，该阶段仍需保持较稳定的温、水、气等条件，为促其加快生长速度及其健壮程度，可适当增加光照度至800lx，但随着光照的提高，子实体色泽将趋深，故需适度光照。经3天左右，即转入成菇期。

幼蕾及幼菇阶段，是发生萎缩死亡的主要阶段，其主要原因是温度偏高，尤其是秋栽的第一潮菇和春栽的二潮菇，处于温度较高的大气环境中，管理中稍有疏忽或措施不当、管理不及时等，将会令棚温急骤上升，一旦达到或超过22℃，幼蕾即大批发黄、萎缩、继之死亡，幼菇阶段亦如此。因此，严格控制棚温，将是杏鲍菇菇期管理的重要任务，所以，根据其生物学特性，严格、有效地调控各项条件，正确处理温、气、水、光之间的矛盾，使子实体各阶段均处于较适宜的环境中，最大限度的降低死亡率，已成为菇期管理工作优劣的评判标准。

4. 成菇阶段

为获得高质量的子实体，该阶段应创造条件进一步降低棚温至15℃左右，控制棚湿90%左右，光照度减弱至500lx，尽量加大通风，但勿使强风尤其温差较大的风吹拂子实体；风力较强时，可在门窗及通风孔处挂棉纱布并喷湿，或缩小进风口等，以控制热风、干风、强风的进入，既保证棚内空气清新，又可协调气、温、水之间的平衡、稳定的关系，将使子实体处于较适宜条件下，从而健康、正常地生长。

（七）采收

当子实体基本长大，基部隆起但不松软、菌盖基本平展并中央下凹、边缘稍有下内卷、但尚未弹射孢子时，即可及时采收，此时大约八成熟。如生产批量较大时，可掌握七分熟时采收。采收的子实体应随即切除基部所带基料等杂物，码放整齐以防菌盖破碎，并及时送往保温库进行分级、整理及包装，或及时送往加工厂进行加工处理，不得久置常温下，以防菌盖裂口、基部切割处变色而影响商品质量；更不得浸泡于水中，使其充分吸水以增加重量，否则，商品质量将大打折扣。

（八）采后管理

将出菇面清理干净，并清洁菇棚，春栽时喷洒一遍菊酯类杀虫药及多菌灵等杀菌剂后，密闭遮光，使菌袋休养生机，秋栽时只喷一遍杀菌剂即可。待见料面再现原基后，可重复出菇管理。一般可收1~3潮菇，生物学效率50%~60%，商品率80%~90%。

复习题

1. 杏鲍菇出菇管理技术。

第十二章 鸡腿菇栽培技术

第一节 鸡腿菇基本知识

一、鸡腿菇的营养和药用价值

据分析测定，每100g鸡腿菇干品中，含有蛋白质25.4g（其含量是大米的3倍，小麦的2倍，猪肉的2.5倍，牛肉的1.2倍，鱼的0.5倍，牛奶的8倍），脂肪3.3g，总糖58.8g，纤维7.3g，热量346kcal；还含有钾1 661.93mg，钠34.01mg，钙106.7mg，镁191.47mg，磷634.17mg等常量元素和铁1 376μg，铜45.37μg，锌92.2μg，锰29.221μg，钼0.67μg，钴0.67μg等微量元素。鸡腿菇含有20种氨基酸，总量17.2%。人体必需氨基酸8种全部具备，占总量的34.83%；其他氨基酸12种，占总量的65.17%。鸡腿菇性平，味甘滑，具有清神益智、益脾胃、助消化、增加食欲等功效。鸡腿菇还含有抗癌活性物质和治疗糖尿病的有效成分，长期食用，对降低血糖浓度，治疗糖尿病有较好疗效，特别对治疗痔疮效果明显。

由于鸡腿菇集营养，保健，食疗于一身，具有高蛋白，低脂肪的优良特性。且色，香，味形俱佳。菇体洁白，美观，肉质细腻。炒食、炖食、煲汤均久煮不烂，口感滑嫩，清香味美，因而备受消费者青睐。鸡腿菇营养丰富、味道鲜美，口感极好，经常食用有助于增进食欲、消化、增强人体免疫力，具有很高的营养价值。鸡腿菇还是一种药用蕈菌，味甘性平，有益脾胃、清心安神、治痔等功效，经常食用有助消化、增进食欲和治疗痔疮的作用。据《中国药用真菌图鉴》等书记载，鸡腿菇的热水提取物对小白鼠肉瘤180和艾氏癌抑制率分别为100%和90%。

二、鸡腿菇栽培历史和现状

20世纪70年代西方国家已开始人工栽培，我国于80年代人工栽培成功。由于鸡腿菇生长周期短，生物转化率较高，易于栽培，特别适合我国农村种植。近年来种植规模迅猛扩大，已成为伞菌目我国大宗栽培的食用菌之一。近年来，美国、荷兰、法国、德国、意大利、日本相继栽培鸡腿菇成功。

三、鸡腿菇生物学特性

（一）鸡腿菇形态特征

鸡腿菇又名毛头鬼伞、毛鬼伞、刺蘑菇，属真菌门担子菌亚门层菌纲伞菌目鬼伞科。鸡腿菇的生长发育分为两个过程，一个是菌丝体时期，一个是子实体时期，菌丝体与子实体差异较大，人们日常食用的部分就是子实体。

1. 菌丝体

菌丝体是繁殖产生子实体的基础，是鸡腿菇的主体。在培养基中不断生长、繁殖，为子实体吸收、积累、输送营养物质，保证子实体的形成和正常生长。鸡腿菇菌丝在母种培养基上，初期呈灰白色、浓密、整齐，随菌丝不断生长，长满管后培养基呈灰褐色；在原种培养基（麦粒、玉米粒及其他稻壳等）上呈灰白色，有轻微爬壁现象。长时间保藏菌丝会产生黑色色素，常温保藏不易老化。菌丝不接触泥土不扭接出菇。

2. 子实体

子实体是鸡腿菇的繁殖器官，是人们食用的部分。有小型、中型、大型，群生或散生。大型的多为单生。菇蕾期菌盖圆柱形，连同菌柄状似火鸡腿，鸡腿菇由此得名。一个成熟完整的子实体，由菌盖、菌褶、菌柄和菌环4部分组成。菌盖幼期呈圆筒形或椭圆形，表面光滑；菇蕾期呈圆柱状，粗 4~6cm，高 10~20cm，菌盖和菌柄连接紧密，菇体乳白色；后期钟形至渐平展，初白色，顶部淡土黄色，光滑，后渐变深色，直至表皮裂开成平伏而反卷的鳞片，有较短刺肉，故民间又称为"刺蘑菇"；边缘具细条纹，有时呈粉红色，菌肉白色。菌褶初白色，后变为粉灰色到黑色，并开始弹射孢子。孢子呈粉黑色，后期与菌盖边缘一同自溶为墨汁状。菌柄白色，有丝状光泽，纤维质，粗达 1~3.5cm，上有菌环，柄光滑，柱形，中空，近基部渐膨大。菌环白色，膜质，脆薄，后期可上下移动，易脱落。菌褶密集，与菌柄离生，宽 5~10mm，白色，后变黑色，很快出现墨汁状液体。幼嫩子实体的菌盖、菌肉、菌褶、菌柄均为白色，菌盖由圆柱形向钟形伸展时菌褶开始变色，由浅褐色直至黑色，子实体也随之变软变黑，完全丧失食用价值。孢子黑色，光滑，椭圆形，有囊状体。囊状体无色，呈棒状，顶端钝圆，略带弯曲，稀疏。

（二）对环境条件的要求

1. 营养

鸡腿菇能够利用相当广泛的碳源。葡萄糖、木糖、半乳糖、麦芽糖、棉籽糖、甘露醇、淀粉、纤维素、石蜡都能利用。利用木糖比葡萄糖差，利用乳糖相当好，但不是最好；某些菌株利用半乳糖和乳糖好于利用甘露醇、葡萄糖、果糖；利用软石蜡能力较差。蛋白胨和酵母粉是鸡腿菇最好的氮源。鸡腿菇能利用各种铵盐和硝态氮，但无机氮和尿素都不是最适氮源，在麦芽汁培养基中加入天门冬酰胺、蛋白胨、尿素菌丝生长更好。缺少硫胺素时鸡腿菇生长受影响。在培养基中加入含有维生素 B_1 的天然基质，如麦芽浸膏、玉米、燕麦、豌豆、扁豆、红甜菜、野豌豆、红三叶草、苜蓿等绿叶的煎汁，可以大大促进鸡腿菇菌丝的生长。鸡腿菇可以进行深层培养。在麦芽汁培养液中，每升可以产生 25~28g 干菌丝体。在只含无菌水、磷酸盐和碳源的培养液中，鸡腿菇的菌丝也能生长。

2. 温度

鸡腿菇菌丝生长的温度范围在 3~35℃，最适生长温度在 22~28℃。鸡腿菇菌丝的抗寒能力相当强，冬季-30℃时，土中的鸡腿菇菌丝依然可以安全越冬。温度低时，菌丝生长缓慢，呈细、稀、绒毛状；温度高时，菌丝生长快，绒毛状气生菌丝发达，基内菌丝变稀；35℃以上时菌丝发生自溶现象。子实体的形成需要低温刺激，当温度降到 9~20℃时，鸡腿菇的菇蕾就会陆续破土而出。低于 8℃或高于 30℃，子实体均不易形成。在 12~18℃的范围之内，温度低，子实体发育慢，个头大，个个像鸡腿，甚至像手榴弹。20℃以上菌柄易伸长、开伞。人工栽培，温度在 16~24℃时子实体发生数量最多，产量最高。温度低，子实体生长慢，但菌盖大且厚，菌柄短而结实，品质优良，贮存期长；温度高时，生长快，菌柄伸长，菌盖变小变薄，品质降低，极易开伞和自溶。

3. 湿度

菌丝体生长期适宜含水量为 65%，经发酵的培养料含水量 70%时菌丝生长旺盛。水分低，菌丝体生长慢。子实体生长阶段对环境湿度要求较高，相对湿度 85%~95%为宜。湿度不足，子实体瘦小，生长缓慢，湿度过高且通风差，菌盖就易发生斑点病，覆土湿度因土质不同而灵活掌握，一般在 20%~40%，要求手握成团，弃之不散。

4. 光照

菌丝生长不需要光线，黑暗条件下菌丝生长旺盛、新鲜。强光对菌丝生长有抑缓作用，并加速菌丝体的老化。子实体生长阶段需适量散射光，其光线按灵芝生长光线为准。光线在 70~800lx 即可。

5. 空气

鸡腿菇菌丝体生长和子实体的生长发育都需要新鲜的空气。在菇房中栽培，子实体形成期间每小时应通风换气 4~8 次。

6. 酸碱度

鸡腿菇菌丝能在 pH 值 2~10 的培养基中生长。培养基初期的 pH 值 3.7 或 8，经过鸡腿菇菌丝生长之后，都会自动调到 pH 值 7 左右。因此，无论是培养基或覆土材料均以 pH 值为 6~7 时最适合。

7. 覆土

鸡腿菇菌丝体布满培养料后，即使达到生理成熟，如果不予覆土处理，便永远不会出菇，这是鸡腿菇的重要特性之一。鸡腿菇子实体生长的前提条件之一是必须要有覆土。覆土的作用主要是刺激和保湿，加上部分土壤微生物代谢产物的作用等，可使鸡腿菇能顺利出菇、出好菇。

第二节　鸡腿菇菌种生产

一、母种生产

配方 1：马铃薯 200g、葡萄糖 20g、硫酸镁 1.5g、磷酸二氢钾 1.5g、磷酸氢二钾

1.5g、维生素 B$_1$ 10mg、琼脂 20g，加水至 1 000mL。

配方 2：小麦 200g，浸泡 10 小时，煮 30 分钟，滤汁，加葡萄糖 20g、蛋白胨 3g、硫酸镁 0.5g、磷酸二氢钾 1.0g、维生素 B$_1$ 0.2g、琼脂 20g，加水至 1 000mL。

配方 3：小麦 250g，浸泡 10 小时，煮 30 分钟，滤汁，加马铃薯 150g、葡萄糖 20g、蛋白胨 2g、硫酸镁 1.5g、磷酸二氢钾 1.5g、磷酸氢二钾 1.5g、维生素 B$_1$ 10mg、琼脂 20g，加水至 1 000mL。

菌丝最初白色，然后变成灰白色，培养基的颜色也随之加深。在恒温箱中，25℃条件下菌丝在 7~10 天可长满斜面，最快的 5~6 天。

二、原种制作

采用稻草、棉籽壳、杂木屑三种原料为主制作培养基和用麦粒制作培养基。试验证明，鸡腿菇的菌丝在这几种培养基上都可以正常生长，但在以麦粒和棉籽壳为主的培养基上生长最好。

配方 1：稻草培养基稻草（切段或粉碎）60%、麸皮 25%、玉米粉 8%、复合肥 5%、糖 1%、石灰 1%。

配方 2：棉籽壳培养基 A 棉籽壳 90%、麸皮 4.5%、玉米粉 4.5%、石灰 1%。

配方 3：棉籽壳培养基 B 棉籽壳 87.5%、麸皮 10%、尿素 0.5%、石灰 2%。

配方 4：棉籽壳培养基 C 棉籽壳 78%、麸皮 10%、玉米粉 5%、复合肥 5%、糖 1%、石膏 1%。

配方 5：木屑培养基杂木屑 75%、麸皮 15%、玉米粉 8%、糖 1%、石膏粉 1%。

配方 6：麦粒培养基麦粒加水，浸泡 10~15 小时，加 1%石灰粉煮沸 30 分钟（至无白心，而皮不破），稍晾后装瓶。

以上培养基的含水量均控制在 60%~65%，所有培养基均保持自然 pH 值，按常规方法装瓶，塞棉塞，常压或高压蒸汽灭菌。冷却后，在无菌箱或无菌室中无菌操作接入母种，置于 24~26℃的温室或温箱中培养。经 30~35 天鸡腿菇菌丝就可以长满全瓶。除固体菌种外，鸡腿菇的原种也可以用液体培养基进行培养，制成液体原种。在各母种培养基配方中取消琼脂，即可作为液体培养基配方。鸡腿菇菌种的好坏对子实体的产量影响甚大，应加以注意。菌株不同，菌丝的形态也不完全一样。有的菌株起初是线状的，后来逐渐产生气生菌丝；有的菌株起初是棉絮状，后来逐渐变成线状，色泽为白色或灰白色。好的菌种利用培养料的能力强，菌丝生长较快。

三、栽培种制作

（一）配方

同上述原种培养基配方；杂木屑 78%、麸皮 20%、碳酸钙 1%、蔗糖 1%，料水比为 1：1.5，pH 值自然；蘑菇堆肥 28%、木屑 60%、麸皮 12%，料水比 1：（1.4~1.5），pH 值自然。

（二）装袋、灭菌

培养容器采用聚丙烯塑料薄膜袋（长 34~36cm，宽 14~17cm，厚度 0.05~0.06cm）。

选用上述培养基配方，按要求把原辅材料备好，加水搅拌均匀，然后装袋。装袋时先抓 2~3 把培养料装进袋中，用手把袋底的边角压入袋内，并压紧培养料使之成圆柱形，袋底平稳能直立于地面。在袋中插入圆形木棒或直径 2~2.5cm 的试管，最好插到底，但应避免刺破袋子，而后继续边装料边用手压实，装至袋长的 2/3（约 500g 干料），压平表面，拔出木棒或试管。这样预埋管（棒）再装斜，拔出后留下的洞穴坚固、在搬运过程中不易堵塞，灭菌时蒸汽容易穿透培养料，灭菌能更彻底，而且接种时原种落入洞底，加速菌丝生长、缩短栽培种培养时间。培养料装好后，将袋口及表面弄干净，在袋口上套上硬塑料套环（内径 3.5cm，高 3.5cm），让袋口薄膜从环内通过，并向外顺环壁朝下翻转，然后将袋口整平，塞上棉塞，进锅灭菌。为防止棉塞受潮，进锅后每层塑料袋上方都要盖牛皮纸。以 1.5kg/cm^2 的蒸汽压力灭菌 1.5 小时，或常压蒸汽灭菌 8~10 小时，灭菌后取出冷却。

（三）接种与培养

栽培种也应在无菌箱或无菌室内按无菌操作要求接种，然后与原种同样条件进行培养。

第三节　鸡腿菇栽培技术

一、鸡腿菇的栽培原料及配制

鸡腿菇适应性强，是我国食用菌中栽培方法最简便、最灵活、原料最丰富的品种之一。如玉米芯、玉米秆、稻草、高粱秆、豆秸、高粱壳等都是栽培鸡腿菇的好原料。培养基的配制如下。

配方 1：玉米芯 80%，米糠 20%，石膏 1%，磷肥 1%，生石灰 3%，尿素 0.2%，多菌灵（含量 50%）0.1%，含水量在 60%~65%。

配方 2：玉米秸 80%，米糠 20%，磷肥 1%，生石灰 3%，石膏 1%，尿素 0.2%，多菌灵（含量 50%）0.1%，含水量在 60%~65%。

配方 3：豆秸 40%，玉米芯 40%，米糠 20%，石膏 1%，磷肥 1%，生石灰 3%，尿素 0.1%，多菌灵（含量 50%）0.1%，含水量在 60%~65%。

配方 4：稻草 80%，米糠 20%，石膏 1%，磷肥 1%，生石灰 3%，尿素 0.1%，多菌灵（含量 50%）0.1%，含水量在 60%~65%。

配方 5：玉米芯 40%，玉米秸 40%，米糠 20%，石膏 1%，磷肥 1%，生石灰 3%，尿素 0.1%，多菌灵（含量 50%）0.1%，含水量在 60%~65%。

注：以上配方中的玉米芯、秸秆，均粉碎成玉米粒大小，pH 值在 8~9。

二、拌料与堆积发酵

每堆 250~500kg，把磷肥、生石灰拌在米糠中，然后与其他料混合拌匀。把尿素、多菌灵溶于水中，再加到料里拌匀，堆成宽 1.5m、高 1~1.2m、长不限的堆，稍压实。然后在堆的周围用木棍每隔 40cm 打两行直径 5cm、深至堆底的洞，进行有氧发酵。3~5 天后料内温度可达 60℃左右，开始翻第一次堆。以后每 2 天翻堆一次，共翻 3~4 次，使培养料产生少量白色羽毛状高温放线菌。发酵时间 12~16 天。

三、菌袋制作与培育

栽培袋可选用折径 2.5~2.6cm，1~2 道的塑料袋，然后截成长度为 45cm，一头扎口备用。这样的袋每 5 000kg 料大约需 18kg。

装袋的前一天把温室密闭，每 50m 棚用甲醛 500mL，敌敌畏 250mL，加水 15kg 进行全面喷雾。再用 2.5kg 硫黄点燃，密闭 24 小时，杀死棚内杂菌害虫。装袋前将发好的料堆散开，使料温降至 30℃以下开始装袋。把菌种掰成蚕豆大小，先把袋的一头放一层菌种，上面放一层 8cm 左右的培养料，再放一层菌种（中间菌种放在袋的周围），共 4 层菌种 3 层料，最后袋口放一层菌种扎口，两端的菌种略多一些。

四、发菌

将装好的袋上堆培养，堆高 6~7 层，料内温度应掌握在 20~26℃，最高不能超过 30℃。大约 5 天后用针在菌袋两头和中间菌层处打 8~10 个小孔。菌袋在培养期间，要翻堆检查 2~3 次，即每隔 8~10 天翻堆一次。翻堆时要做到上下、里外、侧向相互对调，目的是使菌袋均匀地接触空气和温度，使发菌平衡。菌袋培养期间应注意通风换气，可结合调节温度来通风换气。气温高时，发菌棚要加强通风和降温，菌温高时勤通风。如掀开菇棚边及覆盖物，打开所有通风口使空气对流，从而加大空气流量，降低温度，提高发菌成品率。

菌袋培养期间应注意防湿避光，菌丝在袋内所需的水分不需外界供给，而是靠培养基内现有的水分提供，为此发菌棚内要干燥，空气湿度保持在 70%左右。如果场地潮湿，空气湿度过高，会引起杂菌滋生，导致菌袋污染。因此，发菌棚宜干不宜湿。菌丝生长阶段不需光照，在黑暗条件下要比光线照射生长速度快。所以在菌丝生长阶段，发菌棚要尽量避免光照，菌丝才会迅速、整齐、均匀、粗壮。较强的光照对菌丝有抑制作用。按上述管理方法，经 20~30 天就可长满菌袋。

五、覆土

覆土材料的配制。黏壤土或河泥土 75%，炉灰渣 25%，磷肥 0.5%，生石灰 1%，多菌灵 0.1%，敌敌畏 0.1%，pH 值 8~9，水适量。土握在手捏成团，触之即散。

将发菌好的菌袋脱袋后纵排摆入已处理好的畦床内。间隙用处理好的营养土填充，菌棒上覆 3~5cm 厚的营养土。

六、出菇管理

覆土后上盖地膜保温保湿，温度应掌握在 12~25℃，注意保持土层湿润，加强通风换气。经覆土 15~20 天，菌丝即可穿透覆土层并出现原基形成子实体，此时喷一次水。子实体在生长阶段保持较高的湿度和一定的散光，但不可喷大水，保持地面湿润即可。加强通风换气，管理上主要掌握温湿度。棚内温度超过 25℃ 以上时，以降温增湿为主，喷雾状水保持地面湿润。换气时应避免强风直接吹入畦床，以免影响菇的色泽和质量。可根据出菇的多少灵活掌握通风量，低温季节每天下午 11—14 时通风，高温季节每天早晨和傍晚通风，阴雨天加大通风量。出菇温度控制在 8~25℃，最适温度在 14~18℃，湿度保持在 80%~90%。

七、采收

当子实体长到圆柱形或钟形期，颜色由浅变深，菌盖与菌环未分离或刚刚分离采摘最好，这时的菇味鲜美，蛋白质含量高，质量好，菌盖平展的鸡腿菇质量低劣，不能形成商品。此时如不采收，成熟的子实体会弹射出大量的黑色孢子，而后子实体产生自溶，变成黑色墨汁状，这时完全失去食用价值。应特别注意及时多次采收，可分早、中、晚各一次。采收时，动作要轻，应一手按住菇体生长的基料，一手扭动菇体采下，整丛应等大部分成熟再采摘，防止带动其他菇体而造成死菇。

八、采收后管理

头茬菇采完后，应及时将料面的菇角去除干净，喷一次 pH 值 9~12 的碱性石灰水，调整培养料 pH 值，继续覆盖薄膜，3~4 天后，当有菇蕾出现后，就按上述方法进行出菇管理。只要条件适宜，管理得当，一般可收 3~5 茬菇，生物转化率 75%~100%。

复习题

1. 鸡腿菇对环境条件的要求。
2. 鸡腿菇栽培技术。

第十三章 竹荪栽培技术

第一节 竹荪基本知识

一、竹荪营养和药用价值

竹荪干品中，粗蛋白含量达 18.49%，纯蛋白达 13.82%，矿物质元素含量全面，其硫元素含量之高，几乎是其他菌类的 7~15 倍，还含有 15 种氨基酸和维生素 B_2 和维生素 C 等。从古至今，人们都将竹荪作大补品列入上等宴席，川菜中的"竹荪烩鸡片"、闽菜中的"竹荪响螺汤"、粤菜中的"竹荪鸡掌"、桂菜中的"玻璃鸡片竹荪"、黔菜中的"竹荪银耳"、滇菜中的"竹荪汽锅鸡"、京菜中的"佘竹荪云片"等都是盛名于世的佳肴。在隆重的国宴上款待美国总统尼克松，前国务卿基辛格，日本首相田中角荣等都用了竹荪名菜。

竹荪的药用价值也很高，能防治高血压，高胆固醇和肥胖病，把竹荪和糯米一起煮水饮服，有止咳、补气、止痛的功效，动物实验证明，每 1kg 体重投 300mg 竹荪热水提取液对肉瘤 180 的抑制率可达 60%，对艾氏瘤的抑制率可达 70%，用于治疗白血病也有一定效果。贵州平坝县用红托竹荪治疗细菌性肠炎，得到较好疗效。

二、竹荪栽培历史和现状

竹荪于 20 世纪 80 年代由福建省古田县首先驯化成功，1973 年，国内开始了人工栽培竹荪的研究，20 世纪 80 年代人工栽培竹荪获得突破性进展，贵州在 80 年代末竹荪人工栽培进入了大面积推广阶段，真菌皇后——竹荪由原来的山间野外，翠竹林中来到了栽培者的前庭后院，栽培室中。

三、竹荪生物学特性

（一）形态特征

1. 孢子

是竹荪的基本繁殖单位，短粗状、较小，大小为 （3~4.5） μm×（17~28） μm，无色透明。

2. 菌丝体

由孢子萌发而成，是竹荪的营养器官，深入基质中分泌外酶，分解、吸收、贮存和输送养料，初期为白色绒状，逐渐发育成绒状，最后密集膨大为索状，气生菌长而浓密，组织化的菌丝为粉红色，淡紫色和黄褐色，红色素和紫色素，在受外界刺激或干燥脱水后更加明显。因此，有红色素和紫色素就是鉴别是否竹荪菌种的主要依据。

3. 子实体

完整的竹荪子实体，包括菌盖、菌柄、菌裙和菌托等几部分。竹荪子实体形态图成熟的竹荪包括菌盖、菌托、菌柄和菌裙四部分。

菌盖：钟形，白色或略带土色，高 2~4cm，表面有不规则的多角形凹陷。顶端平，有圆形或椭圆形小孔。子实层附着在菌盖的凹陷表面，孢子着生在其中，暗绿色或黄绿色，初期肉质，暴露在空气中后，迅速液化为黏稠状物，散发出浓烈的腥味，可引诱昆虫来取食，以此传播孢子。孢子柱状，大小为（3~4）μm×（2~3）μm，无色透明，表面光滑。

菌托：菌蕾破裂后的残留部分，下面与深入土壤内的菌索相连，上面支撑着菌柄。蛋形菌托呈鞘状，三层。外面一层叫外菌膜，中间为白色的胶质体，里面一层为内菌膜。

菌柄：柱状，白色，中空，多孔，海绵质，脆嫩。是商品食用部分之一。

菌裙菌盖与菌柄之间撒下的白色网状组织。下垂如裙，因此叫菌裙，它是主要商品食用部分。菌裙长 4~20cm 或更长，多数为白色，也有黄色的（黄裙竹荪）。

（二）生活史

竹荪的整个生活史就是这样由孢子→菌丝→菌索→子实体→孢子，周而复始，不断循环，一代又一代的繁衍。

竹荪子实体是生长在地上的繁殖器官，地下还有菌丝体和菌索。菌索的形成表明菌丝体内已积累了足够的养料，并达到了生理成熟。此时生育条件适宜，许多菌索便交织扭结在一起，菌索顶端逐渐膨大形成原基，进而长大成菌蕾，俗称菌球、菌蛋等。

在自然条件下，菌蕾生在离地表 1~2cm 处的腐殖土层中，由菌索先端逐渐膨大而形成的，初期米粒状，白色。米粒状的白色菌球继续长大，经过一段时间，可发育成鸡蛋大或更大的卵形球。菌蕾表面初期有刺毛，后期刺毛消失，呈粉红色、褐色或污白色。菌蕾内部是竹荪子实体的幼体，随温度的变化，菌蕾开裂伸出子实体的时间也长短不一，人工栽培大约为 20 天，气温低时可长达 60 天以上。菌蕾形成是一个连续的过程，按其特征可划分为 6 个时期：原基分化期菌索生理成熟，顶端膨大，分化成瘤状小菌蕾；球形期瘤状菌蕾膨大成球形菌体，内部器官已分化完善。表面有刺毛，白色，顶端出现细小裂纹；卵形期球形菌蕾顶部突起，裂纹增多，刺毛退掉，形似鸡蛋，表面产生色素；破口期菌蕾达到生理成熟后，如果外界空气相对湿度达 85% 以上，基质含水量 70% 左右时，菌柄即可撑破菌蕾外菌膜。此时可见在菌蕾顶部出现一裂口，裂口由细变宽，露出黏稠状透明胶体。透过胶质物可见白色内菌膜，继而看到菌盖顶部孔口。此期常发生在清晨 5—8 时；菌柄伸长期菌柄迅速伸长，菌盖露出，菌裙逐渐张开；成型期菌柄停止伸长，菌裙张开达到最大限度，子实体即成型。

（三）生长发育条件

1. 营养

竹荪是一种腐生性真菌，对营养物质没有专一性，与一般腐生性真菌的要求大致相同，其营养包括碳源、氮源、无机盐和维生素。碳源主要由木质素、纤维素、半纤维素等提供，生产中常利用竹鞭、竹叶、竹枝、阔叶树木块、木屑、玉米秸、玉米芯、豆秸、麦秸等作为培养料来栽培竹荪。一般情况下，培养料中常添加少量的尿素、豆饼、麸皮、米糠、畜禽粪等作为氮源。在配制培养基时，也常加入适量的磷酸二氢钾、硫酸钙、硫酸镁等来满足竹荪生长发育对无机盐的需要。维生素类物质在马铃薯、麸皮和米糠等植物性原料中含量丰富，一般不必另行添加。

2. 温度

大部分竹荪品种（长裙竹荪和短裙竹荪）属中温型菌类，菌丝生长的温度为 8~30℃，适宜温度为 15~28℃，高于 30℃ 或低于 8℃，菌丝生长缓慢，甚至停止生长。子实体形成在 16~25℃，最适为 22℃。在适温范围内，子实体的生长速度随温度的升高而加快。引种时，须了解品种的温型，根据当地的气候条件适时安排生产季节。

3. 水分

竹荪生长发育所需的水分，主要来自于基质。营养生长期，培养基含水量以 60%~65% 为宜。进入子实体发育期，培养基含水量和土壤含水量要提高到 70%~75%，以利养分的吸收和转运。同时，空气相对湿度对竹荪的生长发育也有很大影响。一般来说，竹荪在营养生长阶段，空气相对湿度以维持在 65%~75% 为宜。当进入生殖生长阶段，空气湿度要提高到 80%；菌蕾成熟至破口期，空气湿度要提高到 85%；破口到菌柄伸长期，空气湿度应在 90% 左右；菌裙张开期，空气湿度应达到 95% 以上，这时如果空气湿度低，菌裙则难以张开，黏结在一起而失去商品价值。

4. 空气

竹荪属好氧菌，因此，无论是菌丝的生长发育，还是菌球生长、子实体的发育环境，空气必须清新。否则，二氧化碳浓度过高，不仅菌丝生长缓慢，而且也影响子实体的正常发育。但也必须注意，在竹荪开裙时，要避免风吹，否则会出现畸形。

5. 光照

竹荪菌丝生长发育不需要光线，遇光后菌丝发红且易衰老。在自然界中，竹荪生长在郁蔽度达 90% 左右的竹林和森林地上。这说明菌球生长及子实体成熟均不需要强光照，因此，人工栽培竹荪场所的光照强度应控制在 15~200lx，并注意避免阳光直射。

6. 土壤及酸碱度

在自然界中，竹荪的生长离不开土壤，人工栽培竹荪，一定要在培养料面上覆 3~5cm 厚的土层才能诱导竹荪菌球发生。竹荪菌丝生长的土壤或培养料要求偏酸，其 pH 值为 4.6~6.0。

第二节 竹荪常见栽培品种

竹荪菇形如美女着裙，但并非无瑕，其菇顶部有一块暗绿色而微臭的孢子液，因而又叫臭角菌；因其子实体未开伞时为蛋形，还叫蛇蛋菇；此外还有竹参、竹菌、竹姑娘、面纱菌、网纱菇、蘑菇女皇、虚无僧菌（日本）等俗名，这些名称均与竹荪发生的环境或形状有关。在生物分类学上竹荪属于担子菌亚门腹菌纲鬼笔目鬼笔科竹荪属。该属有许多种类，已被描述的竹荪近 10 种。长裙竹荪之名与竹类有关，由此带给人以误解，以为竹荪只能在竹林内生长。其实不然，疏松而富含腐殖质的竹林下的落叶层、盘根错节的庞大竹林地下根系，固然为竹荪的生长繁育创造了良好环境，但阔叶树混交林、热带经济作物中的橡胶林、芭蕉园、亚热带地区的草地乃至茅草屋顶上，也能成为竹荪的栖身之所。竹荪如多数腐生真菌一样，只要条件合适，也能在腐熟的稻草、麦秸、玉米秆、甘蔗渣、棉籽壳等农作物秸秆上生长。

人工栽培的竹荪有短裙竹荪（*Dictyophora duplicata*）、长裙竹荪（*D. indusiata*），长裙竹荪菌丝生长快，个体大，产量高，是一个较好的栽培品种。短裙竹荪菌丝生长较长裙竹荪慢，因此栽培时生产周期较长。近年来，我国食用菌工作者驯化栽培成功了两个新种，红托竹荪（*D. rubrovolvata*）和刺托竹荪（*D. echinovolvata*）。黄裙竹荪有毒，不宜食用。

第三节 竹荪菌种的生产技术

一、母种的制作

配方 1：蛋白胨 1%，葡萄糖 1%，琼脂 2%，水 100mL。pH 值为 5~6；

配方 2：马铃薯 25%，葡萄糖 2%，琼脂 2%，水 100mL。pH 值为 5~6。

用常规 PDA 培养基制作竹荪母种生长极其缓慢，生长势弱，各地都对竹荪母种培养基添加营养成分，因而其配方也不相同。添加成分比较普遍的有：蛋白胨 1%、磷酸二氢钾 0.2%、硫酸镁 0.5%，维生素 B₁ 微量。还有用鲜竹水煮液、蕨根水煮液配方的；也有用松针粉、麦芽汁、豆芽汁，酵母浸膏配方的。制作者可根据自己的物质条件选配。

二、原种及栽培种制作配方

配方 1：碎竹片（1~2cm）65%、木屑 15%、麸皮 20%、加水至培养料含水量为 65%。

配方 2：杂屑 75%、麸皮 20%、糖 1%、石膏 1%、黄豆饼粉 3%、加水调至培养料含水量为 60%~65%。

主要原料有竹屑、木屑；有竹木枝条。补助料有豆粉、糖、石膏、过磷酸钙、硫酸镁、磷酸二氢钾等。若用木屑、木枝则需选适合栽培竹荪的阔叶树。菌种以枝条、竹木粒加竹屑混合料种最好，这种培养基保水性好，透气性强，菌丝生长速度快而且健壮致密，耐保存，不易老化，栽培产量高，除此外，还有竹木屑种、枝条种、农作物秸秆种。

三、菌种鉴别

正常菌丝体初期白色，成熟菌种有色素，长裙竹荪多呈粉红色，间有紫色；短裙竹荪呈紫色，良好的竹荪种菌丝粗壮，呈束状，气生菌丝呈浅褐色，栽培种以枝条或颗粒为主的混合种最好，纯枝条、颗粒种其次，纯粉料种最差。

第四节　竹荪栽培技术

一、栽培方法

（一）压块栽培

是将培养好的竹荪栽培种从瓶或袋中挖出，压制成菌块，进行覆土栽培的方法。特点是出菇早而集中，从而栽培用期也短，但用种量较大。

1. 挖瓶压块

在成都地区挖瓶压块时间可在上半年的 4—5 月。将刚长满的竹荪栽培种：从瓶（袋）中挖出，与香菇压块用木框相同。使用前用 5% 石灰水或 5‰ 高锰酸钾溶液擦洗过。做成四周较中部稍薄点的栽培块，每块用种约 12 瓶。注意不要压得太紧，以免过于损伤菌丝体。

2. 菌丝体愈合

压块成型后，去掉木框，先盖 1 张消毒干报纸，将菌块放在经消毒后的薄膜上，并包裹好，菌块之间相距 4~5cm，置于床架上，保湿培养 15~20 天，菌丝体重新愈合。

3. 覆土

待菌丝愈合后，在菌块上面盖 1~20n 厚叶的竹叶，继续培养 5~10 天，菌丝布满叶层 80% 以上时，及时覆盖泥土 2~4cm 厚。

4. 管理

主要通过调节基物、覆土层含水量、菇房内的温度、空气温度、通风和光照条件等来满足竹荪生长发育所需的最适条件，达到高产稳产。一般地，在覆土后空气相对湿度 80%，气温 16~20℃，光照 3~105lx 条件下，1~2 个月（最早的 24 天左右）后开始现蕾。

（1）水分管理。覆土层土壤含水量控制在 20%~30%。若土壤含水量过大，则菌丝会因徒长大量地爬于土层表面，而在土层中分化形成原基，菌蕾数目少，达不到产高的目的。菇房内空气相对略湿度保持在 80% 左右。菌蕾生长阶段空气相对温度提高到 85%~90%。否则，空气量度太低，土层水分易散失；温度太高则易引起杂菌繁殖，尤其是黏菌。浇水时喷头应向上，以避免冲伤上蕾。

（2）温度控制。遇高温时，通过开起门窗而降低温度，以免热到菇蕾；低温时，要紧闭门窗，有条件的可装上加温装置，提高菇房温度，以防冻死菇蕾。

（3）通风换气。每天开起门窗 2~3 次，每次通风换气 10~20 分钟，以便新鲜空气进入菇房，供竹荪生长发育需要。

（4）杂菌和虫鼠害的防治。这项工作应以预防为主。若已发现菇床上有黏菌（草生发网菌 *Stemonitis herbatica*）和鬼伞类（Coprinaceae）杂菌出现，则应及时地除去，并在其发生外周围撒上一层干石灰粉，控制其蔓延。若发现有菇蝇、螨类以及线虫为害时，则应喷敌敌畏药液加以消除，但要注意不要伤害菇蕾。菇房要安装纱窗、纱门，以防老鼠进入菇房，危害竹荪。

（二）直播床栽

指将经处理后的竹料等直拉铺于菇床上，进行播种、覆土的栽培方法。具有出菇面积大、能充分利用菇架大面积栽培，菇房利用率较钵栽有效，但较压块栽培周期长些等特点。

1. 下料与播种

床架上先铺一张大的消毒塑料薄膜，在薄膜底部开上几个小孔，以利多余水分流出。再在其上下料、播种，填铺一层料播一层种，共播三层菌种。尽量使菌种块夹在竹块之间，种料紧密相贴，最上层盖上一薄层竹叶。每平方米以干重计用料 20kg，用种 3~4 瓶。播种完毕后，浇水，再盖上塑料薄膜，保湿培养。

2. 覆盖

待菌种块复活生长，菌丝基本长满料面时，及时覆盖土壤，覆土层厚度 2~4cm。

3. 管理

与压块栽培法的管理方法相同。

（三）直播箱（钵）栽

利用塑料周转箱、木箱、花钵等容器，直接下料播种进行栽培的方法。箱栽时，箱底先铺塑料膜，并留出水小孔，再在底层铺 2~3cm 厚的小卵石，卵石上铺 2cm 厚的菜园土，土层上铺菌种，填料播种方法与直接床栽法相同。若规格为 15cm×31cm×14cm 的箱子，可铺料以干重计 4kg，用种 2 瓶/箱。钵栽时可不用薄膜。栽培管理的水分控制及温度调节等措施与压块栽培法相同。

（四）林间代料栽培

在树林或竹林下，利用竹木加工后的废竹、木屑，农副产物（如甘蔗渣、作物秸秆等）进行竹荪栽培。这种方法具有应用范围广、投资省、用工少、管理方便、成本低、效益好等优点。是在广大农村的竹区、林区栽培竹荪行之有效的方法。

1. 场地选择

向阳背风、排水良好、土壤湿润、无白蚁活动的竹林、竹木混交林、阔叶树林、针阔叶树混交林、果园等可作为栽培竹荪的场所。选好场地后，清除地上杂草、保持环境卫生，并撒上干石灰粉进行消毒处理。为防止外界人畜干扰，在播种后最好在栽培场所周围人为地作上围墙。

2. 播种时间

一般地说，一年四季均可播种，但以春秋两季播种效果最好。

3. 林间栽培方法

一般采用床栽。床宽 80~100cm，长度不限，根据笔者实践，最好是每 0.5m² 一箱，每厢间隔 30~50cm，以增加边际效应和为菌丝蔓延增加出竹荪的范围。用栽培种 2~6 瓶/m²。播种采用层播法：即先铺处理过的竹叶、木屑或树枝叶等，再铺一层料，随后撒主层菌种（若为竹专块料，则宜将菌种夹在竹心），然后又再铺一层料，再量一层菌料，如此播 3~4 层，一般铺料厚 15~20cm，播后盖竹叶、木屑等，最后盖土，土层厚 4~5cm，并用清水浇透。根据地势高低情况，可采用相适应的地表栽培和坑栽两种形式：①地表栽培：在地势较低、潮湿的场地采用此法。即先在消毒场地上划好厢线，并插竹块标出界限、然后在厢界内铺料、播种、播后用土把厢围封起来。②坑栽：当场地蔽荫度不够或地势较高，土壤较干燥时，宜采用此形式。先在划好的厢内挖坑，坑深 10~15cm，挖好后坑内及周围撒石灰粉消毒，然后采用层播法播种。

4. 竹林栽培方法

在各种竹林里，按每亩 180~200 个窝计算打窝，在空地上最好在腐竹头边，挖 15~20cm 深，长×宽为 50cm×35cm 大小的坑，每坑投料计 1~1.5kg，每亩投干料 200~300kg，挖好后就地取一些腐竹叶垫底，然后铺料撒种，如此播 2~3 层，再盖竹叶，稍踩紧，最上面用挖坑出来的土覆盖；若晴天土壤干燥时，应浇透水（雨后栽培不用浇水）。一般雨后播种菌丝复活较好，在竹林里栽培时，将菌种夹在蔫泡竹内，则菌丝生长效果好。另外，在竹叶上撒些木屑效果也较好。在竹林内同样可采用床栽法。由于林间，无论是竹林或树林，特别是老年林，其地下的根交错盘踞，因砍伐或自然死亡等多种原因，使地下埋藏了不少腐根，这些腐根是竹荪生长所需的营养物质。在林间播种，菌丝不仅在投料的地方生长，而且同时也蔓延到其他有养料的地方。因此，野外林间空地栽培竹荪是最经济的栽培方法。

5. 管理

野外林间栽培竹荪，只要场地选择恰当，一般不需要搭棚可遮荫。土壤湿润也不必浇水。春秋季节若遇干旱、则需在菇床及竹头、坑边附近适当浇水补充水分。越冬后的菌丝待气温回升后，开始向四周蔓延伸展，形成菌索，在 3—4 月，菌索先端形成小菌蕾，在菌蕾形成时，需经常浇水。此阶段若严重缺水，菌蕾则会因分化不成而死亡，即使形成菌蕾，但也开不了裙；若浇水过多，则菌丝徒长，幼菌蕾到成熟时便全破口，给病菌的侵入创造机会，从而导致菌蕾死亡。一般在雨水较多的 6—8 月，是竹荪大量出现撒裙的时候，要注意及时采收。

二、采收

采收时期：适宜采收期应在竹荪生长发育过程中的成型期进行。因为开型期的竹荪子实体菌柄伸长到最大高度，菌裙完全张开达到最大粗度，产孢体（菌盖上黑褐色孢子液组织）尚未自溶，所以这时采收的竹荪子实体具有很好的形态完整性，菌体洁白。否则，过早地采收，菌裙、菌柄尚未完全伸长展开，干制后个体小，商品价值低；过迟采收，菌裙、菌柄萎缩、倒伏；而且产孢体自溶，则沿裙柄下流，污染裙、柄，严重地影响到产品的色泽。

采摘方法：采摘时，用一只手扶住菌托，另一支手用小刀将菌托下的菌索切断，轻轻取出，放入瓷盘和篮子内。决不要用手扯。因为用手扯会将菌裙、菌柄很脆嫩，极易折断，采摘时应轻拿轻放。采收后、将菌盖和菌托及时剥掉，保留菌裙菌柄。去掉菌托表面上的泥土，菌盖可在清水中浸洗除掉表面上的孢体，再进行干制。若裙柄已有少量污染，则应及时用清水或干净湿纱布擦净即可。

复习题

1. 竹荪对环境条件的要求。
2. 栽培的方法。

第十四章　滑菇栽培技术

第一节　滑菇基本知识

一、滑菇的营养和药用价值

滑菇是世界上五大宗人工栽培的食用菌之一，是我国传统出口产品。盖淡黄色至黄褐色，成熟期金黄色，边缘略淡，后期出珍珠菇菌呈现放射状条纹，菌盖圆心较小，菌柱柱形，菇体小至中大丛生，有黏液和黄色鳞片，是一种低热量、低脂肪的保健食品，每100g含有粗蛋白35g，高于香菇和滑菇，其外观亮丽、味道鲜美，鲜滑菇口感极佳，具有滑、鲜、嫩、脆的特点，菌丝生长温度3~32℃，出菇温度6~20℃，适各种料栽培，转化率120%以上，抗杂高产易栽，除食用价值较高外，菌盖表面所分泌的黏多糖，具有较高的药用价值。

二、滑菇栽培历史和现状

滑菇人工栽培始于日本，1921年日本进行生滑菇分离驯化栽培。1950年进行规模化段木栽培，1961年开始用木屑代料箱式栽培，而我国人工栽培滑菇最早始于台湾，大陆1977年才开始进行大面积人工栽培，主要分布在辽宁、吉林、黑龙江、北京、山西等地。主要采用压块栽培，现已向袋式栽培演变，生物学效率达100%以上。

三、滑菇生物学特性

滑菇又名滑子菇、光帽鳞伞，日本叫纳美菇。在植物学分类上属真菌门担子菌亚门担子菌纲伞菌目丝膜菌科鳞伞属。

（一）形态和生活史

滑菇子实体丛生，伞形小，结菇多。菌盖深褐色，初呈扁半球形，长大后中央陷呈扁平状，菌盖表面有一层极黏滑的黏胶质（主要成分为氨基酸），表面黄褐色，没有鳞片，直径5~8.6cm。菌褶直生、密集、初呈白色或黄色，成熟时呈锈色或赭石色，菌肉由淡黄色变为褐色。菌柄圆柱形，长5~7cm。菌环着生长于菌柄的上部，黄色，易消失。

（二）对生活条件的要求

1. 营养

滑菇属木腐菌，在自然界中多生长在阔叶树，尤其是壳斗科的伐根、倒木上。人工栽培滑菇以木屑、秸秆、米糠、麦麸等富含木质素、纤维素、半纤维素、蛋白质的农副产品为人工栽培的培养料。滑菇对生长素的需求在常用的以米糠、麦麸为培养基的配方中不需另加。

2. 温度

滑菇菌丝在5~32℃均可生长，最适温度为22~25℃。子实体在5~18℃都能生长；高于20℃，子实体菌盖薄，菌柄细，开伞早，低于5℃，生长缓慢，基本不生长。

3. 光照

滑菇栽培不需要直射光，但必须有足够的散射光。菌丝在黑暗环境中能正常生长，但光线对已生理成熟的滑菇菌丝有诱导出菇的作用。出菇阶段需给予一定的散射光。光线过暗，菌盖色淡，菌柄细长，品质差，还会影响产量。

4. 湿度

菌丝培养料含水量以60%~65%为宜。子实体形成阶段培养料含水量以75%~80%为最好，空气相对湿度要求85%~95%。

5. 空气

滑菇也是好氧型菌类，对氧的需求量与呼吸强度有关。早春，接种之初，气温低，菌丝生长缓慢，少量的氧即能满足需要；随着气温升高，菌丝新陈代谢加快，呼吸量增加，菌丝量增加，就要注意菇房通风和料包内外换气。出菇阶段子实体新陈代谢十分旺盛，更需新鲜空气，在环境中如二氧化碳浓度超过1%，子实体菌盖小、菌柄细、早开伞。

6. 酸碱度

培养料的酸碱度直接影响细胞酶的活性，滑菇菌丝生长需要酸碱度pH值5~6。木屑、麦麸、米糠制成的培养料酸碱度一般为6~7，但经加温灭菌后pH值要下降，无须再调整pH值。

第二节　滑菇常见栽培品种

滑菇按子实体发生温度的不同可划分为：低温型，出菇温度5~10℃；中温型，出菇温度7~12℃；高温型，出菇温度7~20℃。

日本对滑菇品种的划分为：极早生种，出菇适温7~20℃；早生种，出菇适温5~15℃；中生种，出菇适温7~12℃；晚生种，出菇适温5~10℃。早生种，菇体较小，色泽淡，出菇较早，在我国东北地区一般9月初开始出菇，10月初为出菇盛期；中生种，菇体较大，色泽较深，一般9月下旬至10月中旬是出菇盛期；晚生种，菇体特征与中生种相似，但出菇时间较晚，一般10月上旬开始出菇，月末、月初是出菇旺期。

生产者应根据生产方式和目的来选用品种，供外贸出口的，最好选用子实体紧凑、成熟期较集中的品种；加工罐头应按工厂要求选用品种，鲜销应选子实体大、产期较分散的品种；在一个菇场内，为避免出菇过于集中，可采取不同成熟期的品种进行搭配。

第三节　滑菇栽培技术

（一）栽培季节的选择

滑菇的栽培季节选择，也是根据各地的气候条件、栽培形式及所用品种不同而定的。一般选择低温季节接种，高温季节发菌，低温季节出菇的栽培方式，因此多采用春季接菌，秋季出菇的季节安排。以长春为例，播种期一般在2月下旬到4月上旬，此时低温接种易控制杂菌污染，提高接种成功率，而且正值农闲不与农业争劳力，接种后气温升高，菌丝在4~8℃生长繁殖，外界气温升高到10℃以上时，菌丝已基本封面，抑制了杂菌的污染，5—8月进行养菌，9—11月出菇。

（二）袋栽技术

1. 栽培料配方

种植滑菇的原料广泛，棉籽壳、杂木屑、野草、农作物秸秆以及污染的废料等均可。

配方1：杂木屑58%，五节芒等野草粉30%，麦皮10%，碳酸钙1%，石膏粉1%；

配方2：杂木屑86%，麦皮10%，玉米粉2%，碳酸钙1%，石膏粉1%；

配方3：杂木屑73%，棉籽壳15%，麦皮10%，碳酸钙1%，石膏粉1%；

配方4：杂木屑56%，稻草粉30%，麦皮10%，玉米粉2%，碳酸钙1%，石膏粉1%。

pH值5~6，料水比1：1.15。杂木屑要选用陈旧木屑，比如香菇的污染料以及经堆集发酵处理的杂木屑。

2. 装袋、灭菌、接种

采用15cm×55cm规格的聚乙烯塑料袋，每袋装湿料2~2.1kg。装袋、灭菌、接种具体做法同袋栽香菇。由于滑菇栽培种比较松散特别是未走透的栽培种，因此栽培种须走满袋后，方可用于生产，这对提高成活率、降低污染率有一定成效。

3. 养菌期管理

滑菇菌丝生长温度4~32℃，最适24~26℃，32℃以上菌丝停止生长甚至死亡，低于10℃菌丝生长缓慢，若长期处在0℃以下会发生冻害。管理关键：滑菇接种安排在冬、春，气温一般不高，为了有利于菌丝定殖生长，接种后菌筒先按柴堆式排放，排与排间隔25~30cm，待接种口菌丝圈直径达7~8cm时，改按井字形叠放，每堆6~7层。养菌室气温低于15℃时，菌筒堆紧些；气温高于25℃，菌筒堆疏些，同时要加强通风换气，以防高温烧菌。

翻堆3~4次。翻堆时结合检杂，对污染绿霉等杂菌的菌筒可重新利用，而污染毛霉、红霉、黄曲霉的滑菇菌丝可将其覆盖，对出菇影响不大。

4. 出菇期管理

滑菇属低温结实性真菌，出菇温度5~20℃，适宜温度10~18℃。气温高于20℃，子实体不发生，已长的滑菇菌柄细小，易开伞，商品价值低，严重时，菌盖表面黏液变少变干，色泽变暗，菇质变软，甚至死亡；5~10℃，滑菇生长健壮，但产菇量少。气温过低，也会造成滑菇冻害。滑菇喜湿，出菇期空气湿度要提高到90%左右，低于80%会引起死菇，表现症状：菌盖黏液变少，色泽不鲜，菌盖边缘起皱，甚至菇体平缩。气温高时，要加强通风，防止死菇。

（1）菌筒上架与催蕾。上架时间安排在 10—11 月，日气温稳定在 20℃ 以下时。菇筒上架后，挖除接种口老菌块，接种口朝侧向，并盖好薄膜保湿，当湿度低于 70% 时，可适当向空间喷雾水。待接种口长出新菌丝体时，选气温适宜的天气，向菇棚空间、菇筒表面喷水，每日 2~3 次，使空间湿度达 90% 左右，促其现蕾。接种口凹陷处若有积水，要及时倒掉。长筒栽培，第一潮菇发生在接种口处，不须割菇蕾；第二潮菇发生在接种口外围，第三、第四潮菇在菇筒表面均可形成。菇蕾出现后，长到米粒大小时，及时用利刀沿菇蕾外围割破 3/4 薄膜，使其裸露。

（2）出菇期管理。现蕾后接种口朝上，每天早晚各喷水 1 次，晴天喷水量要加大，适宜的空间湿度为 90% 左右，菇筒凹陷处有积水，要清理。气温高时要加厚棚顶遮阳物，气温低时调疏遮阳物。菇蕾生长期不可通对流风，气温低少通风（每天 1 次，每次 0.5~1 小时），气温在 18℃ 以上要加强通风，为防止因通风而引起湿度下降，要相应增加喷水次数。菇棚气温 5℃ 以下，不能直接向菇蕾表面喷水，特别是霜冻天，以免菇蕾被冻死。一潮菇采收后，需养菌 10 天左右，让菌丝充分恢复，积累养分，而后再通过喷水增湿，进行催蕾。

5. 采收

按滑菇收购标准适时采收。盐水菇与鲜菇收购要求未开伞时采收，若是用于干制，则在菌膜微破时采收。

（三）盘栽技术

1. 配制培养基

（1）配方。A：木屑 85%，麦麸 14%，石膏 1%；B：木屑 50%，玉米芯粉 35%，麦麸 14%，石膏 1%；C：木屑 54%，豆秸粉 30%，麦麸 15%，石膏 1%。

（2）配料。将配方中各原料充分混匀，用喷壶洒入清水使含水率达 58%~60%。

2. 灭菌

将加水后的混合物放入蒸锅内进行蒸料。整个蒸料过程应按"见气撒料"的要求进行，撒料完毕，封严锅口后待锅口缝隙冒出大量热气时，持续蒸料 2 小时，整个蒸料过程要做到火旺气足，经过蒸料过程培养基的含水率会增加到 62%~63%，这是滑菇栽培的适宜含水率，蒸料完毕，闷锅 50~60 分钟后趁热出锅并包盘，盘的规格为 55~60.35cm，培养基在盘内压实的厚度为 3.5~4.0cm，重量为 4.5~5.0kg。

3. 接种栽培

待盘内培养基冷却到 20℃ 以下时即可进行接种，接种可以在接种室内进行，也可以在室外干净的场地上进行，但无论是在接种室还是在室外接种，都要求环境清洁四周无杂菌污染源，地面不起浮尘，尤其是室外接种，要选择无风天气，保证不起灰尘，减少接种时的杂菌污染。接种前，先将菌种掰成 0.5~1.0cm 的小块，打开包盘薄膜，迅速将菌种块均匀撒在培养基表面，再重新将菌盘包好。

4. 发菌管理

（1）发菌前期。从接种到滑菇菌丝长满菌盘表面，需 15~25 天，接种后的菌盘；每

6~8 盘垛叠成一垛，上面及四周覆盖草帘，农作物秸秆等，防止菌盘冻结。此期间管理重点是：既要保温又要通风换气，保持盘与盘之间温度在 3~7℃，最佳温度为 4~6℃。一般在发菌前每一周倒垛一次，将位于垛上部的菌盘倒至底部，原来底部的菌盘移到上部，发菌前期应倒垛 2~3 次。

（2）发菌中期。即菌丝体基本长满菌盘表面到穿透整个菌盘的时期。此期间温度缓慢回升，中午最高温度可达 15℃，因此进入发菌中期，应将菌盘及时移到培养架上单盘摆放。此期应注意菇房内通风换气，确保菌盘内菌丝有充足的氧气供应，此期间需 25~30 天。

（3）发菌后期。菌丝体穿透整个培养基到菌盘表面形成橘黄色蜡质层的期间，管理的重点要适当增加菇房内散射光线，促进蜡质层的正常形成，还应继续保持菇房正常通风，过了发菌后期，菌盘进入越夏期，整个越夏期间，应继续保持菇房内的通风，同时还要给菇棚降温，可通过加大遮阴度来解决，也可以向菇棚内外喷洒井水来实现降温。

（4）开盘划面。开盘划面的时间应视环境和滑菇品种而定，早生品种可在菇房最高温度稳定在 24℃ 以下时开盘，中晚生品种在 22℃ 以下开盘，正常情况下，丹东地区的开盘时间在 8 月 25 日至 9 月 5 日，个别寒冷的地方可适当早开。开盘时，打开包盘薄膜，用消毒的水果刀沿菌盘长度方向每隔 3cm 划开蜡层，共划 6~7 行，根据蜡层的厚度确定划面深度，一般为 0.2~0.5cm。

5. 出菇管理

开盘划面后的菌盘进入适应期，不要马上向菇盘表面喷水，而应继续将包盘薄膜覆盖在菌盘表面 4~5 天，待划口长出新生菌丝体后方可进行喷水管理。配水管理最初的 4~5 天为轻水阶段，通过向盘面喷少量雾状水，保持盘面湿润，主要是向空间和地面喷水，将环境湿度增大到 85%~90%，每日喷水 3~4 次。从第六天开始进入重水阶段，应向盘面喷水，使水分逐渐向盘内渗入，此期间应增加一次夜间喷水，时间可在 20—22 时，或在 2—3 时，使菌盘含水率在 15~20 天内达到 70%。向盘面喷水的多少应根据菌盘的密实程度而定，菌盘密实的，渗水慢，可适当多喷水，菌盘蜡层薄且菌块松软的，应适当少喷水。当环境温度和湿度适宜时，盘面开始出现米黄色原基，此阶段的水分管理应以保持空间湿度为主，使盘面的菇蕾始终保持湿润状态，当菌盖长到 0.3~0.5cm 时，应适当增加喷水量，直到菇体达到商品要求。采完一茬菇后，应将盘面残菇清理干净，停止喷水 4 天，让菌丝恢复生长，积累营养。出菇期间，菇体和菌丝体需氧量增加，应定期为菇房通风换气，否则将引起幼菇死亡和菇体畸形。

6. 采收

按照滑菇收购标准的要求应及时采收。在大面积栽培时，当菌盖直径达到同品标准的上限与下限之间采收最为适宜，这样既能避免因菇体过量生长或开伞而降低商品价值，又能减少菌盘内的营养消耗，利于提前转茬，提高产量。

7. 病虫害防治

滑菇的病虫害防治应遵循以预防为主，综合防治的原则，不能单独依靠药物防治。药物防治可在开盘前和春季菌盘进棚上架进行。开盘前，可用敌敌畏稀释 200 倍液喷雾杀菇蚊，也可用敌敌畏点燃熏杀菇蚊（每 200m³ 空间用敌敌畏 1 000g）；春季菇棚罩严塑料薄膜后，先用2%石灰水喷洒整个空间和地面，然后按每1m³使用10g硫黄的剂量点燃熏杀杂菌，效果较好。

复习题

1. 滑菇对环境的要求。
2. 滑菇袋栽技术。

第十五章　姬松茸栽培技术

第一节　姬松茸基本知识

一、姬松茸的营养和药用价值

菌盖嫩，菌柄脆，口感极好，味纯鲜香，食用价值颇高。新鲜子实体含水分85%~87%；可食部分每100g干品中含粗蛋白40~45g、可溶性糖类38~45g、粗纤维6~8g、脂肪3~4g、灰分5~7g；蛋白质组成中包括18种氨基酸，人体的8种必需氨基酸齐全，还含有多种维生素和麦角甾醇。营养极其丰富，而且组配合乎人体健康要求，尤其引人注目的是医药保健价值。据报道，其多糖含量为食用蕈菌之首，特别是所含甘露聚糖对抑制肿瘤（尤其是腹水癌）、治疗痔瘘、增强精力、防治心血管病等都有特效。正是由于有如此诱人的营养价值和医疗保健功能，所以近年来在日本掀起食用热。

二、姬松茸栽培历史和现状

又名小松菇、巴西蘑菇或柏拉氏蘑菇、ABM菇，属担子菌亚门层菌纲伞菌目蘑菇（黑伞）科蘑菇（黑伞）属，原产于巴西、秘鲁。1965年，日裔巴西人将其孢子菌种送给日本，经蕈菌工作者数年的试验性栽培，获得成功，10多年后开始进行商业性栽培，并按照日本人喜爱的松茸而命之以"姬松茸"的美名。实际上，是白蘑菇的近亲，与松茸无论从分类地位和性状风味上都有很大差别。1992年，福建省农业科学院引进菌种，进行试验研究，在该省一些地区栽培，逐渐推广至华北地区，北京市已有试验性栽培，其发展前景，尤其是国际市场看好，有很高的推广价值。

三、姬松茸生物学特性

（一）形态和生活史

子实体粗壮，菌盖直径5~11cm，初为半球形，逐渐成馒头形最后为平展，顶部中央平坦，表面有淡褐色至栗色的纤维状鳞片，盖缘有菌幕的碎片。菌盖中心的菌肉厚达11mm，边缘的菌肉薄，菌肉白色，受伤后变微橙黄色。菌褶离生，密集，宽8~10mm，从白色转肉色，后变为黑褐色。菌柄圆柱状，中实，长4~14cm，直径1~3cm，上下等粗或基部膨大，表面近白色，手摸后变为近黄色。菌环以上最初有粉状至绵屑状小鳞片，后脱落成平滑，中空。菌环大，上位，膜质，初白色，后微褐色，膜下有带褐色绵屑状的附属物。孢子阔椭圆形至卵形，没有芽孔。菌丝无锁状联合。

1. 菌丝体

菌丝在不同培养基上，其菌落形态有比较明显的差异。在马铃薯、葡萄糖培养基上，菌丝呈白色绒状、纤细、无明显色素分泌。在粪草培养基上，菌丝呈匍匐状，而且菌丝整齐粗壮。两种培养基上，菌丝在前期有的会形成细索状。而后期呈粗索状，并形成菌皮。菌丝的爬壁力很强。

2. 子实体

子实体的个体形状与大小差异较大；菇体前期呈浅棕色至浅褐色；菌盖光滑园整。平展后直径为4~8cm、厚2~3cm。盖缘内曲；起初为扁半球形，以后逐渐地变为球形。它的菌褶呈浅褐色并且离生。菌柄始期粗短、以后逐渐变得细长、而且菌柄是实心的、长度为2~6cm，粗1.5~3.5cm。

3. 孢子

孢子印是浅褐色的。

（二）对环境条件的要求

是夏秋间发生在有畜粪的草地上的腐生菌，要求高温、潮湿和通风的环境条件。

1. 营养需求

主要分解利用农作物秸秆，如稻草、麦秸、玉米秆、棉籽皮等和木屑作为碳源；豆饼、花生饼、麸皮、玉米粉、畜禽粪和尿素、硫酸铵等作氮源。据试验研究，能利用蔗糖、葡萄糖，而不能利用可溶性淀粉；能利用硫酸铵，浓度在0.3%时最佳；也可利用硝酸铵，但不能利用蛋白胨。

2. 温度

菌丝发育温度范围10~37℃，适温23~27℃。子实体发生温度范围17~33℃，适温20~25℃。

3. 水分

培养料最适含水量55%~60%［料水比为1∶（1.3~1.4）］，覆土层最适含水量60%~65%，菇房空气湿度75%~85%。

4. 光线

菌丝生长不需要光线，少量的微光有助于子实体的形成。

5. 空气

是一种好氧性真菌，菌丝生长和子实体生长发育都需要大量新鲜空气。

6. 酸碱度

培养料的pH值在6~11范围内皆可生长，最适pH值8.0。

第二节　姬松茸菌种制作

一、母种

一般采用 PDA 培养基（去皮马铃薯 200g、葡萄糖 20g、琼脂 18~20g、水 1 000mL）。制作方法：称取去皮马铃薯 200g，洗净，切成不规则的、大小为 1~2cm 的块，煮沸后再烧 15 分钟，以马铃薯酥而不烂为度。用 4 层纱布过滤，取滤液，放入 18g 琼脂，加热至琼脂完全熔化，再用 4 层纱布过滤。在滤液中加入葡萄糖 20g，充分搅拌，加热熔化，趁热分装试管，分装量约为试管容量的 1/5。然后塞上棉塞，于每 cm² 1.1kg 压力下灭菌 30 分钟，出锅后，稍事冷却，趁热摆斜面。用从可靠菌种提供处所获优良母种在无菌条件下扩接，一支试管种可扩接 30 支左右。适温培养，7~10 天长满斜面。

二、原种

一般采用木屑米糠培养基（木屑 77.5%、米糠 20%、糖 1%、石膏 1%、石灰 0.5%，另加水 120%~130%）。制作方法：先将食糖溶于少量水中，将木屑、米糠、石膏、石灰按比例称好，拌和均匀，把糖水加入清水中，倒入木屑料内，边加边拌，充分拌匀，然后装瓶，清洁瓶口和外部，塞棉塞，每 cm² 1.5kg 压力灭菌 2 小时。选长势良好、无污染母种，每管可扩接 4~6 瓶，严格按无菌要求操作。适温培养，3~4 周菌丝长满全瓶。

三、栽培种

一般采用谷粒培养基（小麦、黑麦、高粱、小米等均可作为谷粒）。制作方法：先将谷粒去除瘪粒、杂质，淘洗干净，取谷粒 12kg，加水 17kg，煮沸 15 分钟，于沸水中浸 15 分钟，滤掉水分，稍晾干。取谷粒（熟）11kg，加石膏粉 120g，碳酸钙粉 40g，拌匀后装瓶，于每 cm² 1.5kg 压力下灭菌 2 小时。选长势良好，无污染原种扩接，严格按无菌要求操作。适温培养，3~4 周菌丝长满全瓶。

第三节　姬松茸栽培技术

一、种植季节

根据生物学特性，种植季节一般安排在春末夏初和秋季。春季种植在清明前后（3—5 月），秋季种植在立秋之后（9—11 月）。低海拔地区可延长至 4—5 月播种，6—7 月收菇。总之，要掌握播种后，经 40~50 天开始出菇时，气温能达到 20~28℃ 为好。各地气候条件不同，播种期应灵活掌握。

二、菇房的设置

菇房是生长发育的场所，要选择为获得优质高产创造适宜的环境条件。菇房可以是现代化菇房、塑料大棚、简易塑料棚和空闲房屋。菇房内可采用层叠式或畦式，根据菇房现有条件而定。如主要利用自然气温，应抓住适宜的季节进行栽培。北京地区一般安排在春末夏初至秋天栽培，播种后 40 天左右出菇时菇房温度控制在 20~28℃ 为好。如利用菜窖或温室，一年四季均可栽培。南方温湿度合适的地方和林区，也可以在加荫棚、风障的条件下露地作畦栽培，根据适合生长的温湿度及当地的气候条件掌握。

三、培养料选配

栽培以甘蔗渣为原料最为合适，可用稻草、麦秆、棉籽皮、茅草、芦苇和玉米秆等原料进行栽培，也可任选一种或几种混合，辅以牛粪、马粪、禽粪或少量化肥。所用的原料一般要求晒干和新鲜。介绍如下配方供参考。

配方 1：稻草 65%、干粪类 15%、棉籽皮 16%、石膏粉 1%、尿素 0.5%、石灰粉 1%，过磷酸钙 1%、饼肥 0.5%。

配方 2：甘蔗渣 80%、牛粪 15.5%、石膏粉 2%、尿素 0.5%、石灰粉 2%。

配方 3：玉米秆（或麦秸）80%、牛粪粉 15%、石膏粉 3%、石灰粉 1%、饼肥 1%，另加尿素 0.4%或硫酸铵 0.8%。

配方 4：芦苇（或茅草）75%、棉籽皮 13%、干鸡粪 10%、石灰粉 2%，另加复合肥 0.7%。

配方 5：稻草 47%、木屑 45%、过磷酸钙 2%、硫酸铵 1%、石膏粉 3%、石灰粉 2%，另加尿素 0.3%。

配方 6：稻草 80%、牛粪 14%、石膏粉 3%、石灰粉 3%，另加尿素 0.6%。

四、建堆发酵

1. 预湿

在播种前 15~20 天，将草料浸泡吸足水分，预堆 10~20 小时，干畜禽粪也需同时淋水调湿预堆。

2. 建堆

先在地面上按 2m 宽铺一层 20~30cm 厚的湿草料，接着再铺一层湿畜禽粪，如此一层草料、一层畜禽粪直至铺完为止。堆高 1.5m，堆顶呈龟背形，料堆四周与顶部须盖好草帘，下雨时或低温天气加盖薄膜，避免雨淋，同时又有利于保温、保湿、促进发酵。

3. 翻堆

共翻堆 3~4 次。翻堆时要求把底部的料翻到上部，边缘的料翻到中间，中间的料翻到边缘，同时充分拌松、拌和，适量淋水，使其干湿均匀。发酵好的培养料色泽为茶褐色，手抓有弹性，用力一拉即断，并有一种特殊的香味。

建堆发酵与双孢蘑菇一样。将稻草、秸秆等或棉籽皮浸透水后与畜禽粪等分层铺撒均匀建堆，一般建堆上宽 1.2m，下宽 1.5m，高 1.3m。堆料后的 3~4 天，堆温通常可达

70℃左右。堆温的测定一般以圆柱形温度计插入料堆深约 33cm 处为标准。5~7 天后，堆温就会下降，此时应翻堆。翻堆的目的是改善料层的空气条件，散发堆内的废气，调整料堆的水分，同时添加化肥和石膏粉，改善发酵条件，让微生物继续生长繁殖，更好地促使堆温回升，加速粪草分解，达到均匀腐熟。

第一次翻堆时加入尿素、硫酸铵等化肥并充分搅拌匀，在微生物的作用下，通过发酵变成适合的氮源。5 天后进行第二次翻堆，再按 4 天、3 天的间隔翻堆 5 次，共发酵 24 天左右。为了使堆料发酵均匀，翻堆时应把中间培养料翻到外面，把外层培养料堆进中间。发酵后培养料以达到棕褐色，手拉纤维易断为度。堆制发酵后培养料含水量为 60% ~ 75%，手抓一把培养料用力挤，指缝有二三滴水即为含水量适宜。将 pH 值调至 9。为了制作均匀、完全成熟、高质量的培养料，翻堆非常重要，这是产量高低的先决条件。

五、培养料的上床（畦）

选择地势平坦、排水方便及近水源处整成宽 1~1.2m、长度不限的菇床。床边筑 10~15cm 宽的土埂，中间留 20cm 宽的小土埂，畦与畦间留 40~50cm 宽的走道，四周挖排水沟。并按常规搭设 2 米高的简易遮阳棚，床四周悬挂草帘，防止烈日照射。

栽培室内、野外畦床均可。室内搭架床 3~5 层或利用原有菇房架床，将完全成熟的培养料均匀地、不松不紧地铺入菇床或畦床，厚度以 20cm 为宜。培养料上床后，关闭菇房的出入口、通风口，然后用甲醛加高锰酸钾熏蒸（每立方米空间用甲醛 8~10mL，高锰酸钾 5g）或用硫黄熏蒸 24 小时，排除菇房或畦内的药味，待料温降至 28℃时播种。栽培室内、野外畦床均可。室内搭架床 3~5 层或利用原有菇房架床，将完全成熟的培养料均匀地、不松不紧地铺入菇床或畦床，厚度以 20cm 为宜。培养料上床后，关闭菇房的出入口、通风口，然后用甲醛加高锰酸钾熏蒸（每立方米空间用甲醛 8~10mL，高锰酸钾 5g）或用硫黄熏蒸 24 小时，排除菇房或畦内的药味，待料温降至 28℃时播种。

六、播种及管理

培养料整平后，菇房中没有刺鼻的氨味，料温稳定在 28℃以下，即进行播种。目前，大都采用谷粒菌种，其方法是把谷粒菌种均匀地撒于培养料表面，大约每平方米面积需要一瓶 750mL 的菌种，再盖上一层进房时预先留下的含粪肥较多的优质培养料，厚度以看不到谷粒菌种为度。播种后用木板轻轻抹面。室外畦床栽培播种后尤其要注意保温、保湿，播种后要根据每天的天气温度变化注意床内料温。播种后第 6 天，若料面干燥应喷水保湿，一般每天通风一次。室内栽培也要注意菇房内的温度变化，既要保温保湿，又要使新鲜空气通入菇房，以人进入菇房时不感到气闷为宜。

露地栽培，播种后要在畦面两边用竹木条扦插成弯弓形，然后覆盖塑料膜，使其在小气候中发育生长。菇床罩膜内温度以不超过 30℃为宜，过高则应揭膜散温，并保持相对湿度不低于 85%。

七、覆土

播种后 20 天左右，菌丝长到整个培养料的 2/3 时开始覆土。覆土是栽培上非常重要的一环，覆土土质的好坏直接影响产量和质量。覆土主要起到 4 个方面的作用。

（1）覆土层内土壤微生物活动能刺激诱导子实体的形成。

（2）覆土后，料面和土层的通气性能降低，菌丝在代谢过程中所产生的二氧化碳不能很好地散发，改变了氧气和二氧化碳的比例。一定浓度的二氧化碳可促进子实体的形成。

（3）覆土后，料面和土层内部能够保持一个相对稳定的小气候，加之要向土层喷洒大量的水分，使菌丝在水分充足的条件下，持续不断地形成子实体。

（4）覆土对料面菌丝的机械刺激和喷水的刺激都可促进子实体形成，并支撑菇体。不覆土不出菇，要求选用保水通气性能较好的土粒用作覆土，不能用太坚硬的砂土。一般采用田底土、泥炭土或人造土（取河泥、塘泥并加入牛粪粉和石灰粉进行堆沤，经 1 个月后即可使用，pH 值 9 左右）。覆土前一天将土调至含水量为 70%~75%。覆土采用平铺方式或锯齿式，即先在料面上覆上一层 1cm 左右的土粒后，每间隔 10~15cm 做一宽 10cm、高 5cm 的土坎，厚度 3~4cm。

八、出菇管理

出菇期间的管理合适与否，都会造成大幅度的增产或减产。因此，必须细心管理。姬松茸菌丝在培养料蔓延之后，才开始出菇。一般播种后 40 天左右，菌丝发育粗壮，少量爬上上层。此时畦床上面应喷水，罩膜内相对湿度要求在 90%~95%，并保持盖膜 2 天后，土面上就会出现白色米粒状菇蕾，继而长成黄豆状，3 天后菇蕾长到直径 2~3cm 时，应停止喷水，避免造成菇（蕾）体畸形，这是水分管理的关键。出菇时，要消耗大量氧气，并排出二氧化碳，所以在出菇期间必须十分注意通风换气，每天揭膜通风 1~2 次，通风时间不少于 30 分钟，通风后继续罩膜保湿，促进菇蕾的正常生长。阴雨天气可把罩膜四周掀开进行通风换气，防止菇蕾烂掉。

出菇期温度以 20~25℃ 最好。若早春播种的，出菇时气温偏低，可罩紧薄膜保温保湿，并缩短通风时间和次数。夏初气温超过 28℃ 时，可以在荫棚上加厚遮阳物，整天打开罩膜通风透气，创造较阴凉气候。室内种植时，也要注意门窗遮阳，并早晚通风，出菇周期大体上 10 天，出菇结束后可修改畦的形状，再喷水补充畦床的水分，为下次出菇做好准备。出菇可持续 3~4 个月，可逐批逐次出菇采收（一般 4~5 批）。

九、采收

姬松茸的采收适期是菌盖刚离开菌柄之前的菇蕾期，即菌盖含苞尚未开伞，表面淡褐色，有纤维状鳞片，菌褶内层菌膜尚未破裂时采收为宜。若菌膜破裂，菌褶上的孢子逐渐成熟，烘干后菌褶会变成黑色，降低商品价值。

采收后的鲜菇，可通过保鲜或盐渍加工。若是干制，应根据客户的要求，有的是整朵置于干燥机内烘干；有的是由盖至柄对半切开，烘干成品。干品气味芳香，菌褶白，用透明塑料袋包装，外包装用纸皮箱或根据客户的要求进行。

十、死菇的原因及防治

1. 温度过高

菇棚连续几天30℃以上高温，再加上通风不良，易造成死菇。防治办法：出菇期要密切注意气温变化，根据气温调控棚温，及时通风换气，严防棚内出现高温。

2. 通风不良

菇棚内通风不良，氧气不足，二氧化碳浓度过大，易焖死菇蕾；再遇高温，死菇更为严重。防治办法：结合天气变化，注意通风换气，每天2~3次，气温高时应加强通风。通风时要注意不要大风量直接吹到菇蕾上。

3. 喷水不当

覆土层没有及时补水（喷出菇水），出菇时喷水温度过低或补水保湿时喷水过量；另外，高温喷水过多、菇棚湿度达95%以上、通气不良等，均易使菇蕾死亡。防治办法：喷水增湿要坚持少喷、勤喷，防止喷水过多，严防渗入料内。喷水要结合调控温度进行通风换气。

4. 出菇过密

培养料过薄或偏干、覆土过薄、菌丝长出并覆土后水分管理不到位等，均易造成出菇不正常、菌丝生活力弱、出菇过密。

5. 出菇部位过高

覆土过少并遇到高温而致使出菇过密，覆土过薄，原基未发育成熟就长出土面，覆土后未及时喷出菇水而致使菌丝向上冒出，结菇部位提高，也可造成部分死菇。防治办法：覆土后应调控温度，保持土层适宜湿度。

6. 营养失调

单纯增加氮源或以草料代替粪料，致使碳、氮比失去平衡，造成死菇；培养料用量减少，出菇后期营养不足而造成死菇；堆肥过熟或时间过长，致使营养不足，或堆肥时间不足，料温不够，养料没有得到充分分解转化，均可造成营养失调而死菇。防治办法：要严格按照配方要求制备培养料，保持适宜的碳、氮比，按要求堆制、发酵。

7. 菌丝衰老

母种转管繁殖代数过多，菌种制作温度过高、保存不当或保存时间过长，均可造成菌丝老化，出菇后则易死亡。防治措施：应选用优良菌种，创造适宜菌丝生长发育的条件，严防高温培养和保存，并及时播种使用。

8. 病虫为害

病虫为害或用药不当均可造成死菇。出菇栽培时，难免发生一些病虫害；但是，病虫害防治过程中使用农药失误时，也可以导致栽培的失败。在出菇期间，病虫害的防治要尽可能采用生物防治或诱杀的方法，以免造成药物残留，影响商品品质。防治病虫害要坚持防重于治、综合防治的原则，力争早发现、早除治。

9. 机械损伤

采菇时操作不慎，损伤了周围的幼菇，也是造成死菇的原因之一。防治措施：采收时应轻旋、轻采，尽量避免损伤周围的幼菇。

复习题

1. 姬松茸对环境条件的要求。
2. 姬松茸栽培技术。
3. 姬松茸死菇的原因及防治。

第十六章 灰树花栽培技术

第一节 灰树花基本知识

一、灰树花的营养和药用价值

灰树花是食、药兼用蕈菌，夏秋间常野生于栗树周围。子实体内质，柄短呈珊瑚状分枝，重叠成丛，其外观，婀娜多姿、层叠似菊；其气味、清香四溢，沁人心脾；其肉质脆嫩爽口，百吃不厌；其营养具有很好的保健作用和很高的药用价值。近年来作为一种高级保健食品，风行日本、新加坡等市场。由于我国较早的权威专著《中国的真菌》的采用，灰树花便成为比较通用的汉语名称。灰树花具有松蕈样芳香，肉质柔嫩，味如鸡丝，脆似玉兰。据农业部质量检测中心分析河北省迁西人工栽培的灰树花，其营养和口味都胜过号称菇中之王的香菇，能烹调成多种美味佳肴。

灰树花营养丰富，其营养素含量经中国预防医学科学院营养与食品卫生研究所和农业部质检中心检测每百克干灰树花中含有蛋白质 25.2g（其中含有人体所需氨基酸 18 种18.68g，其中必需基酸占 45.5%、脂肪 3.2g、膳食纤维 33.7g、碳水化合物 21.4g，灰分5.1g、富含多种有益的矿物质，钾、磷、铁、锌、钙、铜、硒、铬等，维生素含量丰富，维生素 E109.7mg、维生素 B_1 1.47mg、维生素 B_2 0.72mg、维生素 C17.0mg，胡萝卜素4.5mg。多种营养素居各种食用菌之首，其中维生素 B_1 和维生素 E 含量高 10~20 倍，维生素 C 含量是其同类的 3~5 倍，蛋白质和氨基酸是香菇的 2 倍，能促进儿童身体健康成长和智力发育，有关的精氨酸和赖氨酸含量较金针菇中赖氨酸（1.024%）和精氨酸（1.231%）的含量高；与鲜味有关的天门冬氨酸和谷氨酸含量较高，因此被誉为"食用菌王子"和"华北人参"。

二、灰树花栽培历史和现状

最早进行灰树花人工栽培研究，是日本人伊藤一雄（1940 年）和广江勇（1941 年），他们分别就灰树花特性孢子萌发，菌丝体生长所需的环境条件、树种与腐朽关系进行了系统研究。由于种种原因而被耽搁，直到 20 世纪 70 年代初期，灰树花才被重新认识，80年代初，日本开始人工栽培灰树花规模栽培，群马、福冈等地是主要栽培产区。2007 年，日本灰树花的产量仅次于香菇、金针菇、灰树花、猴头菇等的大宗菇类。

我国对灰树花的研究起步较迟，1982 年，三明真菌研究所黄年来等在福建黄岗山，采到野生子实体并分离得到菌种；1983年，浙江庆元县食用菌研究所韩省华等人从国外引种并培育出菇，20多年来，我国浙江、福建、上海、河北、四川、云南等地的一些科研单位，也相继进行了引种驯化和栽培试验研究。目前，浙江、河北、福建、山东、黑龙江、四川、北京、云南等地区都有了规模化生产。

我国灰树花栽培起源于1980年，最先由四川省农业科学院刘芳秀、张丹栽培成功，她们从四川蒙顶山野生灰树花分离得到菌种，栽培取得成功，由于栽培面积小，推广面积不大。规模栽培源自浙江省庆元县和河北省迁西县。1981年日本籍中国商人易乃成与上海华东师范大学教授丁训侠访问庆元县，在购买野生灵芝的同时，与庆元县科委交换了灰树花试管。1982年，韩省华、吴克甸等在庆元县栽培成功。1985年吴克甸、周永昌发表了《灰树花栽培技术初报》这是我国最早的灰树花大面积栽培成功的报道。到1990年，庆元县出口盐渍灰树花50余t，1995年栽培量达到1 400多万袋（吴传缙，1995），成为庆元县仅次于香菇的第二大菌类产业。

为了灰树花能规模化栽培和产品开发，1987年，浙江省科技厅和浙江省丽水地区科委，将"灰树花栽培高产技术"列为科研课题，由韩省华、吴克甸等人进行专门攻关。他们先后在浙江省庆元县、吉林长白山等地采集到10多份野生植株，并发现了灰树花的菌核现象：在不良环境条件下，灰树花会形成棕褐色的坚硬木质化菌核，外形呈不规则长块状，外表呈凸凹不平的瘤状突起，断面外3~5mm呈棕褐色，内为白色，子实体可由当年菌核的顶端长出。同时，系统地进行了灰树花的椴木栽培、代料栽培、覆土栽培和菌棒栽培的研究，摸清了灰树花的生理特性和生长规律，总结了模式栽培技术。由韩省华、吴克甸研究的灰树花高产栽培技术，1988年，获浙江省丽水地区行署科技进步二等奖。这项技术在浙南和闽北的食用菌主栽区得到广泛推广。庆元、龙泉、云和、景宁；松溪、政和、浦城等地区已是我国灰树花栽培的主要产区。

河北省迁西县在1982年，利用当地野生资源进行灰树花驯化栽培获得成功，被列为河北省"八五"重点科技攻关项目。1992年，河北省迁西县赵国强在当地分离出灰树花菌株迁西二号，并研究出灰树花埋土地栽技术。1993年，灰树花仿野生栽培法研究有了突破性进展，生物学效率可达128%。1994年，通过省级技术鉴定，被原国家科委列入"星火计划"，推广到全国各地。到1996年，整个唐山地区都有较大面积得以推广。

三、生物学特性

（一）形态特征

灰树花子实体肉质，短柄，呈珊瑚状分枝，末端生扇形至匙形菌盖，重叠成丛，大的丛宽40~60cm，重3~4kg；菌盖直径2~7cm，灰色至浅褐色。表面有细毛，老后光滑，有反射性条纹，边缘薄，内卷。菌肉白，厚2~7mm。菌管长1~4mm，管孔延生，孔面白色至淡黄色，管口多角形，平均每毫米1~3个。孢子无色，光滑，卵圆形至椭圆形。菌丝壁薄，分枝，有横隔，无锁状联合。

（二）对环境条件的要求

1. 营养

灰树花是一种木腐菌，同其他食用菌一样，在生长过程中同样需要从外界吸收营养，其对碳源、氮源等营养元素的要求与香菇、滑菇等的要求区别不大。在其生长过程中可以适当地多添加一些氮源物质。

2. 温度

在自然界中，灰树花多在夏秋季节生长。其菌丝生长的温度范围较广，在 3~32℃ 的范围内均可以生长。与一般食用菌相类似，其最适合的温度为 20~25℃。灰树花有一个特点，那就是比较耐高温，在 32℃ 时不会停止生长，但此时菌丝较弱。灰树花原基形成的温度一般在 18~22℃，而子实体在 10~25℃ 的温度范围内都可以生长，其最适宜的生长温度为 15~20℃。如果温度较低，子实体生长较慢；在温度较高时，子实体生长则较快，这一点，是所有食用菌的特点。

3. 水分与空气湿度

培养基中的水分（含水量）一般控制在 60%~65% 为好。而空气相对湿度，在菌丝生长阶段一般在 60%~65%，与培养基的含水量基本一致，这一方面可以防止培养基中的水分散失，另外一方面也可以防止棉塞或封口纸受潮发霉。而在子实体生长发育阶段，空气相对湿度要大，应该保持在 85%~95%，以 90% 为好。空气相对湿度低，会造成子实体原基干枯、死亡。湿度一般低于 80% 就会发生这种现象，而湿度过大，子实体又容易腐烂。

4. 光照

灰树花在菌丝生长阶段对光照要求不严，在黑暗条件下，菌丝生长要快一些，但是，如果没有光的刺激则不容易形成子实体原基。当形成原基后，如果没有散射光照射，原基不会变成灰黑色，子实体也不会正常的生长发育。只有在光照正常的情况下，灰树花的子实体才能正常地分化和生长。如果光照不足，会使子实体分化困难，菌盖多畸形，色泽发白，朵形也不正常。

5. 空气

灰树花在菌丝生长阶段一般不需要氧气，也可以正常生长。但是，与其他食用菌不同的是，在灰树花的子实体发育生长阶段，对氧气的需求量是比较大的，是在所有食用菌中需氧量最多的。因此，必须经常通风，以保持在栽培场地有足够的氧气。否则，因为通风不足，会造成灰树花子实体发育畸形，开片困难，呈珊瑚状，影响品质。氧气严重缺乏时，还会使子实体停止生长甚至霉烂。

6. 酸碱度

灰树花的菌丝体适宜在微酸性的培养基中生长，其最适宜的 pH 值在 5.5~6.5。

第二节　灰树花菌种制作

一、母种制作

配方 1：马铃薯 200g、蔗糖 20g、K_2HPO_4 2g、$MgSO_4$ 1g、蛋白胨 2g、维生素 B_1 20mg、琼脂 20g、水 1 000mL，高压灭菌后使用。

配方 2：马铃薯 200g、麸皮 50g、蔗糖 18g、K_2HPO_4 2.5g、$MgSO_4$ 1.5g、蛋白胨 5g、

维生素 B_1 30mg、琼脂 20g、水 1 000mL，高压灭菌后使用。

二、原种、栽培种制作

配方 1：杂木屑 40%、棉籽壳 40%、麸皮 18%、蔗糖 1%、石膏粉 1%、含水量 60%~63%。

配方 2：杂木屑 40%、棉籽壳 40%、麸皮 10%、玉米粉 8%、蔗糖 1%、石膏粉 1%、含水量 60%~63%。

配方 3：杂木屑 78%、麸皮 20%、红糖 1%、石膏粉 1%、含水量 60%~63%。

配制好后，装入菌种瓶进行高压或常压灭菌，冷却后接种培养。

第三节　灰树花菌种的栽培技术

一、栽培季节的选择

灰树花发菌时间比较长，一般为 1 个半月到 2 个月。而且由于灰树花子实体生长温度范围较窄，最适的出菇温度为 15~20℃。所以，在选择栽培季节时应主要考虑自然温度与出菇温度的适宜性。这样，可以保证灰树花栽培有较高的成功率。

二、栽培场地的选择

灰树花是一种好氧、喜光的食用菌。因此，在选择栽培场地时，要注意选择通风条件好、光线较充足的培养场地。在培养场地内，可以放置一些架子，以节约空间，增加栽培数量，提高培养场地的利用率。但要注意层数不要过多，层间距离要大，以免影响光照。

如果在室外栽培，要选择通风良好，潮湿、排水方便的地方建棚，建棚后要加遮阴，但也要有一定的光线，一般为三分阳，七分阴为好，与香菇棚类似。

在栽培棚内可以建起小的栽培阳畦，阳畦的深度可以根据当地的具体情况而定。如果水分较充足，场地比较潮湿，应建高畦（即高出地面 15~20cm）；如果是场地较干燥，应建起低畦（即向下挖低于地面 20~30cm）；如果当地风较大，可以在畦上再搭建小拱棚，以利于保持畦内小空间的温度以及调节小环境的温度。

三、袋栽技术

（一）选料、配料

灰树花属木质腐生菌，一般采用山毛榉、橡树等阔叶树杂木屑为培养料。颗粒大小 0.5~2mm。0.5mm 以下，颗粒过细容易出现畸形子实体；2mm 以上，颗粒过粗又容易使产量下降，适量（30%以下）添加一些针叶木屑效果更好。短树枝灭菌后栽培效果也很好。南方地区也可用蔗渣、稻草等为主料进行栽培。营养添加物主要有麸皮、玉米粉，玉米粉较佳，用 30%麸皮+70%玉米粉效果也很好。营养添加量一般占总干料重的 20%~30%，过量添加营养容易出现畸形菇。

培养基配方：①杂木屑 73%、麸皮 10%、玉米粉 15%、糖 0.8%、石膏 1.1%、过磷酸钙 0.1%、含水量 64%、pH 值 6.5。②杂木屑 38%、棉籽壳 30%、麸皮 7%、玉米粉 15%、糖 1%、石膏 1%、含水量 64%、pH 值 6.5。③杂木屑 30%、棉籽壳 30%、麸皮 7%、玉米粉 13%、糖 1%、石膏 1%、细土 18%、含水量 64%、pH 值 6.5。

（二）拌料、装袋、灭菌

（1）拌料。按配方称足原料，干料先混合均匀，糖溶于水后掺入料中拌匀，含水量以手握料指缝中有 1~2 滴水滴出即可。用指示剂测 pH 值，过酸加石灰，过碱加过磷酸钙调节 pH 值至 6.5。

（2）装袋。采用 17cm×33cm×0.004cm 或 15cm×30cm×0.004cm 的聚丙烯袋装料。装料时要求上紧下松，外紧内松，整个料筒不可过紧。袋口用喇叭口环或海绵塞封口，也可用订书机封口。

（3）灭菌。装袋后马上灭菌，灭菌时使温度尽快升到 100℃，常压灭菌 100℃，维持 8~10 小时，高压灭菌 121℃，保持 1.5~2 小时。灭菌结束后，需待温度下降至 40℃ 以下方可打开灭菌箱，搬出菌袋，放在干净的室内冷却。

（三）接种及发菌

接种要在接种箱或接种室内进行，严格按照无菌操作程序进行，在接种箱内可以使用高锰酸钾与甲醛混合灭菌或用气雾消毒剂灭菌，接种时，应该使用酒精灯，动作要迅速、准确，尽可能地缩短接种时间。接种量一般可以按 750mL 的菌种接 20 袋左右。

接种后的栽培袋要及时搬进培养室或大棚内进行发菌管理。此时，室内（或棚内）的温度要保持在 20~25℃，空气相对湿度要在 65% 左右。在菌丝生长阶段，一般对光线要求不严。可以在光线较暗的条件下培养，这段时间需要 30~40 天。在发菌阶段，要经常检查，发现有污染的栽培袋，应及时清除，以免造成大面积污染。当菌丝发满袋，在培养基表面可以形成浓密的菌被，并逐渐隆起，形成凸起状时，就开始进入形成原基，进而发育成子实体的阶段，也就是出菇管理的阶段。

（四）出菇管理

灰树花的出菇有覆土栽培和无覆土栽培两种形式，其管理方式也不尽相同，下面就分别介绍。

1. 无覆土栽培

由于无覆土栽培没有覆土这一工序，因此相对而言比较简单。在菌袋培养 2 个月后，在培养基的表面会有隆起并开始出现灰黑色原基。由于料的松紧度，播种多少，透气性等多种因素的影响，会造成菌丝生长速度不同，可及时地把已形成原基的菌袋挑出来，移到出菇棚中，再培养一周左右，就可以开袋了，这一段时间内，温度最好控制在 15~20℃。

开袋主要有两种方法，一是用刀在原基形处划 "V" 形或 "X" 的刀口，二是直接将封口打开或割掉，以有利于子实体生长。开袋后最好将栽培袋放入菌床中，并在上面搭上小棚，这样会更好地保持温度及湿度。

在子实体生长阶段，主要是进行了水分管理和通风换气，灰树花的子实体与其他食用菌子实体发育阶段一样，都需要保持有较高的空气相对湿度，保持在 90%~95%。前面说过，灰树花是一种需要氧气量较高的菌类。因此，要经常通风，以保持栽培棚中有较多的氧气。灰树花的管理主要是要解决好保持温度与通风换气之间的矛盾。如果气温能够保持在 15~20℃，一般每天需要喷水 2~3 次，可以在早、晚或早、中、晚各一次。在喷水的同时，应进行通风，这样可以保持湿度。如果外界湿度较小，温度较高，就要增加喷水次数。

为了保持棚内有较好的通风。可以保留几对对流的通风口，使棚内的空气保持新鲜。在正常管理的情况下，一般经过 10 天左右，培养子实体原基会逐渐长大，初期成团状，上面有一些皱褶，并呈现出一些黄色的小水珠。以后，逐渐分化，形成覆瓦状重叠的菌盖，其颜色也逐渐变浅，直至变成浅灰色，菌盖下面的子实体层也逐渐发育成熟。

开袋培养由于没有覆土的支持，其培养料的保湿功能较差，子实体受环境的温度及湿度的影响较大。所以，为了保持栽培成功，一定要尽量控制环境中的温度及湿度的变化幅度。另外，开袋培养的灰树花子实体的菌柄发育较差，比较容易受到损伤，在管理过程中一定要小心谨慎。

2. 覆土培养

当菌袋内开始形成原基，并分泌较多的淡黄色水珠时，表面菌袋已经"成熟"，就可以开袋覆土了。覆土的选择与双孢菇的覆土相似，要选择菜园土或者是富含腐殖质的土地表层土等。覆土要经过暴晒及消毒杀虫处理后使用，在使用前要先用水将土湿润。

覆土的方法有以下几种。

(1) 菌床覆土。在培养棚内先制作阳畦，畦的深度要比袋的长度略深一些，将已"成熟"的菌袋的袋口打开，将培养基表面的塑料袋剪去，使培养基表面全部露出来。在菌袋的侧面用刀片划开几道割缝，在袋的底部也可以割开几个小口，以利于吸收水分及排出水分并容易通气。

在畦内先铺上一层吸水性及透气性较好的砂土，然后把已处理好的袋整齐地排入畦内，在菌袋之间要留有一定的空隙。在空隙中添入土，并在培养料的表面也覆盖上一层土，厚度为 1.5~2.5cm，把培养基上隆起的原基盖上为好。

覆土完毕后，要及时调整好土壤中的水分，可以用喷雾器均匀喷水，以少量多次为原则。为在较短的时间内调整好覆土的含水量（以用手提土和不碎也不粘手为好）。最好在覆土上再盖上一层稻草，或粗砂粒。这一方面可以保持覆土表面的湿度，同时也可以防止子实体底部由于喷水而溅上土粒。

(2) 单袋覆土。即把菌袋上保留一定高度（一般为 3~4cm）的塑料袋。在两边可以割开 1~2 个小口，以防止积水。然后把覆土再覆盖在培养料上，厚度大约是 2cm，并将菌袋排入沟槽中，以利于管理。覆土后的管理与无覆土栽培的水分及通风的管理一样。覆土栽培的灰树花朵形较大，菌柄也比较粗壮。但有时也会因为喷水会在子实体底部溅上泥沙，影响质量。

3. 出菇条件控制

(1) 水分管理。4 月下旬自然气温达到 15℃以上，在畦内灌一次水，水量以没畦面 2cm 左右为宜，自动渗下后每天早、中、晚各喷水一次，水量以湿润地面为宜，并尽量往空间喷。根据降雨情况，干旱时每隔 5~7 天要浇水一次，水能立即渗下为宜，有降雨时少灌。灰树花原基发后，喷水时应注意远离原基，避免将原基上的黄水珠冲掉。灰树花长大后可以在菇上喷水，促进菇体生长。灰树花采收后 3 天，其根部不要喷水，以利菌丝复壮，再长下潮菇。高温季节还需要往草帘和坑外空地洒水，降温增湿。低温季节喷水和灌水时最好用日光晒过的温水，以利保温。雨季降雨充足，可以少喷水或不喷水，干旱燥热需在白天中午增喷一次大水。

（2）温度管理。4 月下旬或 5 月上旬以保温为主，晚上要盖严草帘和塑料布，或者草帘在下塑料布在上，并在日光充足时适当延长阳光直射畦面的时间。6 月下旬至 8 月高温高热期应以降温为主，可以用喷水降温和增加草帘上的覆盖物增加遮荫程度。晚上揭开塑料布或草帘露天生长，白天气温高时再盖上草帘或塑料布等覆盖物。

（3）通气管理。4 月中旬以后要将北侧塑料布卷起叠放在草帘上，使北侧长期保持通风，每天早晚要揭开草帘通风 1~2 小时。注意低温时和大风天气要少通风，高温和阴雨时要多通风，早晚喷大水前后，适当加大通风。通风要和保温、保湿、遮光协调进行，不可不通风，也不可通风过多。菇蕾分化期少通风多保湿，菇蕾生长期多通风促蒸发。

（4）光照管理。用支斜架的方法保持灰树花生长的稳定散射光，每天早晚晾晒 1~2 小时增加弱直射光。生产上不采用过厚的草帘，以保留稀疏的直射光，出菇期避免强直射光，不可为保温和操作方便而撤掉遮阴物，造成强光照菇。

（5）光温水气协调管理。光、温、水、气这些因子必须协调，在不同的季节、不同的时期和不同的天气情况，以及栽培管理条件，抓主要方面，但不能忽视以致偏离次要方面的极限，还需要通过任何一种因子的概貌措施来创造对其他因子的需求条件。如雨天增加通风达到出菇的湿润条件，干热时通过增加遮阴减少高温伤害；每天早晚揭帘晾晒，可与通风、喷水同时进行，或者在此时采菇。

4. 灰树花的采收

（1）灰树花采收的时间。灰树花由现蕾到采收的时间与子实体生长期的温度有关。一般地说，如果温度在 23~28℃，由现蕾到采摘需 13~16 天，如果出菇时的温度在 22℃以下至 14℃，由现蕾至采摘要经过 16~25 天。

（2）灰树花应该采摘时的标志。如果阳光充足，灰树花幼小时颜色深，为灰黑色，长出菌盖以后在菌盖的外沿有一轮白色的小白边，这轮小白边是菌盖的生长点。随着菌盖的长大，菌盖由深灰色变为黄褐色，作为生长点的白边颜色变暗，边缘稍向内卷曲，此时可采摘。

如果光照不足，灰树花幼小时，颜色较白，生长点不明显，到菌盖较大时，要看菌盖背面是否出现多孔现象，如果恰好出现菌孔，此时可采摘；如果菌管已经很长，说明灰树花已经老化。老化的灰树花不但质量差，也影响下茬的出菇，所以应及时采收。

（3）灰树花采收的方法。采收灰树花时，将两手伸平，插入子实体底下，在根的两边稍用力，同时倾向一个方向，菌根即断。注意不要弄伤菌根。有的菌根可以长出几次灰树花。捡净碎片及杂草等，过 1~2 天上一次大水，照常保持出菇条件，过 20~40 天就可出下潮菇。将采下的灰树花除掉根部的泥土和沙石及子实体上面的杂草等即可鲜售。

四、原木栽培

（1）选材。选用陈旧树枝条，锯成长 15cm，浸水，使枝条含水量达 75%。

（2）装袋。选用 17cm×33cm×（0.04~0.055）mm 聚丙烯袋，袋内部空隙用木屑填满，袋口套环加盖。

（3）灭菌。常压 100℃ 保持 8~10 小时；高压 121℃ 保持 2 小时。

（4）接种培养。接种适期为 12 月至翌年 4 月。接种后在 15~20℃ 环境中培养，菌丝生长会快些，4 月以后培养，自然气温即可。

（5）埋土。时间为 5—6 月，去掉菌袋塑料，单个或两个合在一起埋一穴，一畦两穴，穴距 20cm×20cm，盖土厚度 3~6cm，穴顶呈圆锥形，再盖树叶 2cm。

（6）管理。采收方法同上，原木栽培可收获 2~3 年。因此，采收完，环境要清理干净，防止病虫发生。

复习题

1. 灰树花对环境条件的要求。
2. 灰树花栽培技术。

第十七章 大球盖菇栽培技术

第一节 大球盖菇基本知识

一、大球盖菇的营养和药用价值

大球盖菇富含蛋白质、多糖、矿质元素、维生素等生物活性物质，氨基酸含量达 17 种，人体必需氨基酸齐全。大球盖菇子实体粗蛋白含量为 25.75%，粗脂肪为 2.19%，粗纤维为 7.99%，碳水化合物 68.23%，氨基酸总量为 16.72%，$E/E+N$ 及 E/N 比值分别为 39.11% 和 0.64。矿质元素中磷和钾含量较高，分别为 3.48% 和 0.82%。生物活性物质中的总黄酮、总皂甙及酚类的含量均大于 0.1%，牛磺酸和维生素 C 含量分别为 81.5mg/100g 和 53.1mg/100g。

大球盖菇对小白鼠 S-180 肉瘤和艾氏腹水癌的抑制率高达 70%。大球盖菇干品中含灰分 11.4%，碳水化合物 32.73%，蛋白质 25.81%，脂类 2.60%。无机元素中磷含量最多，100g 干品中约含磷 1204.65mg，之后依次为钙 98.34mg，铁 32.51mg，锰 10.45mg，铜 8.63mg，砷 5.42mg，钴 0.38mg。还含丰富的葡萄糖、半乳糖、甘露糖、核糖和乳糖。总氮中 72.45% 为蛋白氮，27.55% 为非蛋白氮。蛋白质中 42.80% 为清蛋白和球蛋白。除此之外，还含有多种维生素，如 100g 干品大球盖菇中含烟酸 51.38mg，核黄素 3.88mg，硫胺素 0.51mg，维生素 B60.42mg，维生素 B_1 20.41mg。大球盖菇含胆碱、甜菜碱、组胺、鸟嘌呤、胍和乙醇胺等多种生物胺，其中组胺、乙醇胺和胆碱含量较高（根据科学研究，到目前为止，已被确认与人体健康和生命有关的必需微量元素有 18 种，即有铁、铜、锌、钴、锰、铬、硒、碘、镍、氟、钼、钒、锡、硅、锶、硼、钶、砷等。每种微量元素都有其特殊的生理功能。尽管它们在人体内含量极小，但它们对维持人体中的一些决定性的新陈代谢却是十分必要的。一旦缺少了这些必需的微量元素，人体就会出现疾病，甚至危及生命）。

二、大球盖菇栽培历史和现状

1922 年美国人首先发现并报道了大球盖菇。1930 年在德国、日本等地也发现了野生的大球盖菇。1969 年在当时的东德进行了人工驯化栽培。20 世纪 70 年代发展到波兰、匈牙利、前苏联等地区，逐渐成为许多欧美国家人工栽培的食用蕈菌。80 年代，上海市农业科学院食用菌研究所曾派员赴波兰考察，引进菌种，并试栽成功，但未推广。90 年代，福建省三明真菌研究所立题研究，在橘园、田间栽培大球盖菇获得良好效益，并逐步向省内外推广。2008 年，河北省已有种植，北京市也有试验栽培者。

几年来的引种推广情况表明，大球盖菇具有非常广阔的发展前景。首先，栽培技术简便粗放，可直接采用生料栽培，具有很强的抗杂能力，容易获得成功。其次，栽培原料来源丰富，它可生长在各种秸秆培养料上（如稻草、麦秸、亚麻秆等）。在中国广大农村，可以当作处理秸秆的一种主要措施。栽培后的废料可直接还田，改良土壤，增加肥力。其三，大球盖菇抗逆性强，适应温度范围广，可在 4~30℃ 范围出菇，在闽粤等省区可以自然越冬。由于适种季节长，有利于调整在其他蕈菌或蔬菜淡季时上市。其四，大球盖菇由于产量高，生产成本低，营养又丰富，作为新产品一投放市场，很容易被广大消费者所接受。

三、大球盖菇生物学特性

（一）形态特征

子实体单生、丛生或群生，中等至较大，单个菇团可达 1kg 重。菌盖近半球形，后扁平，直径 5~45cm。菌盖肉质，湿润时表面稍有黏性。幼嫩子实体初为白色，常有乳头状的小突起，随着子实体逐渐长大，菌盖渐变成红褐色至葡萄酒红褐色或暗褐色，老熟后褪为褐色至灰褐色。有的菌盖上有纤维状鳞片，随着子实体的生长成熟而逐渐消失。菌盖边缘内卷，常附有菌幕残片。菌肉肥厚，色白。菌褶直生，排列密集，初为污白色，后变成灰白色，随菌盖平展，逐渐变成褐色或紫黑色。菌柄近圆柱形，靠近基部稍膨大，柄长 5~20cm，柄粗 0.5~4cm，菌环以上污白，近光滑，菌环以下带黄色细条纹。菌柄早期中实有髓，成熟后逐渐中空。菌环膜质，较厚或双层，位于柄的中上部，白色或近白色，上面有粗糙条纹，深裂成若干片段，裂片先端略向上卷，易脱落，在老熟的子实体上常消失。孢子印紫褐色，孢子光滑，棕褐色，椭圆形，有麻点。顶端有明显的芽孔，厚壁，褶缘囊状体棍棒状，顶端有一个小突起。

（二）对环境条件的要求

1. 营养

营养物质是大球盖菇的生命活动的物质基础，也是获得高产的根本保证。大球盖菇对营养的要求以碳水化合物和含氮物质为主。碳源有葡萄糖、蔗糖、纤维素、木质素等，氮源有氨基酸，蛋白胨等。此外，还需要微量的无机盐类。实际栽培结果表明，稻草、麦秆、木屑等可作为培养料，能满足大球盖菇生长所需要的碳源。栽培其他蘑菇所采用的粪草料以及棉籽壳反而不是很适合作为大球盖菇的培养基。麸皮、米糠可作为大球盖菇氮素营养来源，不仅补充了氮素营养和维生素，也是早期辅助的碳素营养源。

2. 水分

水分是大球盖菇菌丝及子实体生长不可缺少的因子。基质中含水量的高低与菌丝的生长及长菇量有直接的关系，菌丝在基质含水量 65%~80% 的情况下能正常生长，最适含水量为 70%~75%。培养料中含水量过高，菌丝生长不良，表现稀、细弱，甚至还会使原来生长的菌丝萎缩。在南方实际栽培中，常可发现由于菌床被雨淋后，基质中含水量过高而严重影响发菌，虽然出菇，但产量不高。子实体发生阶段一般要求环境相对湿度在 85%

以上，以95%左右为宜。菌丝从营养生长阶段转入生殖生长阶段必须提高空间的相对湿度，方可刺激出菇，否则菌丝虽生长健壮，但空间湿度低，出菇也不理想。

3. 温度

温度是控制大球盖菇菌丝生长和子实体形成的一个重要的因子。

（1）菌丝生长阶段。大球盖菇菌丝生长温度范围是5~36℃，最适生长温度是24~28℃，在10℃以下和32℃以上生长速度迅速下降，超过36℃，菌丝停止生长，高温延续时间长会造成菌丝死亡。在低温下，菌丝生长缓慢，但不影响其生活力。当温度升高至32℃以上时，虽还不致造成菌丝死亡，但当温度恢复适宜温度范围，菌丝的生长速度已明显减弱。在实际栽培中若发生此种情况，将影响草堆的发菌，并影响产量。

（2）子实体生长阶段。大球盖菇子实体形成所需的温度范围是4~30℃，原基形成的最适温度是12~25℃。在此温度范围内，温度升高，子实体的生长速度增快，朵形较小，易开伞；而在较低的温度下，子实体发育缓慢，朵形常较大，柄粗且肥，质优，不易开伞。子实体在生长过程中，遇到霜雪天气，只要采取一定的防冻措施，菇蕾就能存活。当气温超过30℃以上时，子实体原基即难以形成。

4. 光线

大球盖菇菌丝的生长可以完全不要光线，但散射光对子实体的形成有促进作用。在实际栽培中，栽培场选半遮荫的环境，栽培效果更佳。主要表现在两个方面：其一产量高；其二是菇的色泽艳丽，菇体健壮，这可能是因为太阳光提高地温，并通过水蒸气的蒸发促进基质中的空气交换以满足菌丝和子实体对营养、温度、空气、水分等的要求。但是，如果较长时间的太阳光直射，造成空气湿度降低，会使正在迅速生长而接近采收期的菇柄龟裂，影响商品的外观。

5. 空气

大球盖菇属于好气性真菌，新鲜而充足的空气是保证正常生长发育的重要环境条件之一。在菌丝生长阶段，对通气要求不敏感，空气中的二氧化碳浓度可达0.5%~1%；而在子实体生长发育阶段，要求空间的二氧化碳浓度要低于0.15%。当空气不流通、氧气不足时，菌丝的生长和子实体的发育均会受到抑制，特别在子实体大量发生时，更应注意场地的通风，只有保证场地的空气新鲜，才有可能获得优质高产。

6. pH值

大球盖菇在pH值4.5~9均能生长，但以pH值为5~7的微酸性环境较适宜。在pH值较高的培养基中，前期菌丝生长缓慢，但在菌丝新陈代谢的过程中，会产生有机酸，而使培养基中的pH值下降。菌丝在稻草培养基自然pH值条件下可正常生长。

7. 土壤

大球盖菇菌丝营养生长阶段，在没有土壤的环境能正常生长，但覆土可以促进子实体的形成。不覆土，虽也能出菇，但时间明显延长，这和覆盖层中的微生物有关。覆盖的土壤要求含有腐殖质，质地松软，具有较高的持水率。覆土以园林中的土壤为宜，切忌用砂质土和黏土。土壤的pH值以5.7~6.0为好。

第二节 大球盖菇菌种的生产技术

一、母种制作技术

一般处于保存期的大球盖菇菌种的菌丝处在缓慢生长或停止生产状态，所以在制作生产用的母种前，必须对保存的菌种进行复壮，以便将处于旺盛生长状态的菌种接入母种或原种培养基上，促进菌丝快速生长，获得菌丝粗壮、浓白、生长势旺的菌种。

1. 培养基配方

配方1：PDA（马铃薯200g、葡萄糖18g、琼脂18g、水1 000mL）。

配方2：PDA+硫酸镁1.5g+磷酸二氢钾3g+蛋白胨2g、水1 000mL。

配方3：马铃薯100g、干杂木屑100g、葡萄糖20g、琼脂20g、水1 000mL。

上述配方的培养基经高压20分钟灭菌消毒后制成试管斜面，3天内用完。

2. 制作方法

通过组织分离技术，将选取的大球盖菇组织块接入配方1培养基上（或接入需复壮的保存种）。在24~28℃条件下经10~15天培养，菌丝长至试管1/4~1/3时，挑取菌丝扩展前端浓密、粗壮的部分转入配方2或配方3培养基上，采用两点接种法，以使菌丝迅速长满培养基表面（一般15~20天）提高菌丝的质量。经配方2和配方3复壮培养基培养的菌丝表现为浓白、粗壮、生命力强，以利原种菌丝的生长，缩短原种培养时间，提高成品率。

二、原种及生产种制作

1. 配方

配方1：小麦或大麦88%、米糠或麦麸10%、石膏或碳酸钙1%、石灰0.5%、含水量65%（加入米糠或麸皮主要是使培养基疏松，增加透气性，菌丝走向好）。

配方2：小麦25%、稻草64%、麦麸10%、石膏粉1%、含水量65%~70%。

配方3：杂木屑42%、杂刨木花42%、米糠或麦麸15%、硫酸镁0.2%、石膏或碳酸钙1%、含水量70%。

以上配方在1.3~1.5kg/m² 压力下，消毒2~2.5小时，3天内用完。

2. 原料选择和配制

实践证明，制作大球盖菇原种和生产种的培养基主原料以麦粒最好，木屑、刨木花次之，稻草最差。

（1）麦粒的选择。应选深黄或暗红色皮韧性大、浸泡时不易破皮的麦粒为好，从吸水率来看大麦优于小麦。

（2）浸泡。浸泡分石灰水浸泡和清水浸泡预煮后加石灰两种方法。前者用1%石灰水浸泡，pH值9~10，在25℃小麦浸泡8~9小时，大麦浸泡9~10小时，夏季水温高应适当缩短时间。浸泡好的小麦粒，用手指甲掐麦粒凹陷，有较强的弹性，指甲印很快消失为宜。后者用清水先浸麦粒，时间与上相同。浸好的麦粒捞起用清水冲洗后沥干，放入锅内煮至刚沸为止捞起晾干，加入铺料混合，用0.5%石灰调pH值6.5左右，含水量65%。

（3）装瓶及消毒。选用容积700mL，瓶口内径为3cm左右的浅白色耐高温玻璃瓶（不宜用广口瓶，以免杂菌侵入），将配好混匀的培养料装入瓶中，每瓶装200～300g为宜，在1.3～1.5kg/m² 压力下消毒2～2.5小时，切忌消毒时间过长以免麦粒呈糊状，导致透气性和养分下降，影响菌丝生长。

（4）接种和培养。采取多点式接种，即在瓶内培养料四周按适当的距离接种3～4点，料面上再接小块菌种，在24～28℃条件下，暗培养7～10天，菌丝萌发生长至直径4cm左右的菌斑时，立刻对菌丝进行人工搅拌，搅拌时接种点的菌丝被搅断受刺激，同时由于开瓶口（在超净台上进行）实际上给菌丝起增氧作用，有利于菌丝迅速生长，一般整个培养过程需25～30天可长满瓶。

3. 生产种制作

（1）配方、培养基制作、瓶子选择和消毒与原种相同。

（2）接种。将长满瓶的原种接种到生产培养基表面上，尽量铺满料面，以免杂菌污染，每瓶原种接不超过30瓶生产种，在24～28℃条件下培养7～10天菌丝萌发生长至洁白、浓密粗壮时，对菌丝进行人工搅拌，搅断菌丝，刺激其快速生长，一般20～25天长满全瓶。

第三节　大球盖菇栽培技术

一、栽培材料

大球盖菇可利用农作物的秸秆作原料，用不加任何有机肥的培养料，大球盖菇的菌丝就能正常生长并出菇。如果在秸秆中加入氮肥、磷肥或钾肥，大球盖菇的菌丝生长反而很差。木屑、厩肥、树叶、干草栽培大球盖菇的效果也不理想。大面积栽培大球盖菇所需材料数量大，为此应提前收集，贮存备用。作物秸秆可以是稻草、小麦秆、大麦秆、黑麦秆、亚麻秆等。

早稻草和晚稻草均可利用，但晚季稻草生育期较长，草秆的质地较粗硬，用于栽培大球盖菇，产菇期较长，产量也较高。稻草质量的优劣，对大球盖菇的产量有直接影响。适宜栽培大球差菇的稻草应是足干，新鲜的。贮存较长时间的稻草，由于微生物作用可能已部分被分解，并隐藏有螨、线虫、跳虫、霉菌等，会严重影响产量，不适宜用来栽培。清洁、新鲜、干燥的秸秆，不利于各种霉菌和害虫生长，因而在这种培养料上大球盖菇菌丝生长很快，鲜菇产量最高。实验表明，大球盖菇在新鲜的秸秆（麦秆）上，每平方米可以产菇12kg，而使用上一年的秸秆每平方米只产鲜菇5kg，而生长在陈腐秸秆上每平方米只产鲜菇1kg。除主要材料外，还需准备建堆后用的覆盖物和防雨用的薄膜。覆盖物可利用废旧麻袋，经清洗晒干后，将其底部及一侧剪开，展平即可，较大的破洞要补上。还可用质地较厚的无纺布或草帘来覆盖，也有用成沓的废报纸作覆盖物的。

二、栽培方式

大球盖菇可以在菇房中进行地床栽培、箱式栽培和床架栽培,不适合集约化室内栽培。德国、波兰、美国主要在室外(花园、果园)采用阳畦进行粗放式裸地或保护地栽培。在中国也多以室外生料栽培为主,因为不需要特殊设备,制作简便,且易管理,栽培成本低、经济效益好。

三、栽培季节

根据大球盖菇的生物学特性和当地气候和栽培设施等条件而定。在中欧各国,大球盖菇是从 5 月中旬至 6 月中旬开始栽培。在中国华北地区,如用塑料大棚保护,除短暂的严冬和酷暑外,几乎常年可安排生产。如在常年结果的柑橘、板栗等园林里进行立体套种,为了使大球盖菇和树木形成一个组合得当、结构合理、经济效益显著的较佳立体栽培模式,还必须考虑不同品种果实的采收期。

较温暖的地区可利用冬闲田,采用保护棚的措施栽培。播种期宜安排在 11 月中下旬至 12 月初,使其出菇的高峰期处于春节前后,或按市场需求调整播种期,使其出菇高峰期处于蔬菜淡季或其他蕈菌上市量少的季节。

四、培养料预湿发酵

1. 培养料预湿

稻草浸水在建堆前稻草必须先吸足水分。把净水引入水沟或水池中,将稻草直接放入水沟或水池中浸泡,边浸草边踩草,浸水时间一般为 2 天左右。不同品种的稻草,浸草时间略有差别。质地较柔软的早稻草,浸草时间可短些,经 36~40 小时,晚稻草、单季稻草质地较坚实,浸草时间需长些,大约 48 小时。稻草浸水的主要目的一是让稻草充分吸足水分,二是降低基质中的 pH 值,三是使其变软以便于操作,且使稻草堆得更紧。采用水池浸草,每天需换水 1~2 次。除直接浸泡方法外,也可以采用淋喷的方式使稻草吸足水分。具体做法是把稻草放在地面上,每天喷水 2~3 次,并连续喷水 6~10 天。如果数量大,还必须翻动数次,使稻草吸水均匀。短、散的稻草可以采用袋或筐装起来浸泡或淋喷。

对于浸泡过或淋透了的稻草,自然沥水 12~24 小时,让其含水量达最适湿度 70%~75%。可以用手抽取有代表性的稻草一小把,将其拧紧,若草中有水滴渗出,而水滴是断线的,表明含水量适度;如果水滴连续不断线,表明含水量过高,可延长其沥水时间。若拧紧后尚无水滴渗出,则表明含水量偏低,必须补足水分再建堆。

2. 培养料预湿发酵

预发酵在白天气温高于 25℃ 以上时,为防止建堆后草堆发酵、温度升高而影响菌丝和生长,需要进行预发酵。在夏末秋初季节播种时,最好进行预发酵。具体做法是将浸泡过或淋透的草放在较平坦的地面上,堆成宽 1.5~2m、高 1~1.5m 的长度不限的草堆,要堆结实,隔 3 天翻一次堆,再过 2~3 天即可移入栽培场建堆播种。气温低时,把预湿的料沥干、预堆一天变柔软后即可上床栽培。

预发酵在实际栽培中可通过分步操作结合进行，将浸透的草从水沟中捞起后成堆堆放，一方面让其沥去多余水分，另一方面适当延长时间，让其发酵升温，过2~3天再分别建堆。采用此法进行时，应注意掌握稻草的含水量。尤其是堆放在上层的草常偏干，一定要补足水分后才能播种建堆。否则会造成建堆后温度上升，影响菌丝的定殖。

五、建堆播种

1. 建堆播种

堆制菌床最重要是把秸秆压平踏实。草料厚度20~30cm，最厚不得超过30cm。每平方米用干草量20~30kg，用种量600~700g。堆草时先喷水湿润畦面，第一层堆放和草离畦边约10cm，厚度8~12cm，播一层种；第二层料面厚10cm左右，再播一层种；第二层4~5cm，以不见菌种为宜。播种时，菌种瓣成胡桃大小为宜，播在两层草之间。播种穴的直径5~8cm，采用梅花点播，穴距20cm×20cm，控制播种的穴数，可使菌丝生长更快。

关于堆草的形式，各地可因地置宜地进行。如参照草菇栽培的方式先扎小草把的方式，然后再分层堆叠；或者把料草捆成较大的草把（干草量5~7kg），将菌种塞入草把内，再把不足捆的草置于地上，一般可将3捆草堆在一起。无论采用何种形式建堆，均必须掌握以下的原则：草堆要尽量紧密结实，以利菌丝生长，有条件的可以碾压后再建堆；以小堆为好，一般在1m³左右，堆高25cm左右。成片建堆只要便于行走操作，间距可适当缩小，以充分利用土地；堆形以梯形为好，底层较大，上面向内缩，以便于覆土；菌种块大小要均匀，不要过碎，一般以胡桃大小为好。建堆完成后，选3~4个有代表性的草堆插入温度计观察堆温不要超过30℃。

2. 建堆播种

加盖覆盖物建堆播种完毕后，在草堆面上加覆盖物，覆盖可选用旧麻袋、无纺布、草帘、旧报纸等。旧麻袋片因保湿性，且便于操作，效果最好，一般单层即可。大面积栽培用草帘覆盖也行。草堆上的覆盖物，应经常保持湿润，防止草堆干燥。将麻袋片在清水中浸透，捞出沥去多余水分后覆盖在草堆上，用作覆盖的草帘，既不宜太稀疏，也不宜太厚，以喷水于草帘上时多余的水不会渗入料内为度。若用无纺布、旧报纸，因其质量轻，易被风掀起，可用小石块压边。

六、发菌期的管理

温度、湿度的调控是栽培管理的中心环节。大球菇在菌丝生长阶段要求堆温22~28℃，培养料的含水量为70%~75%，空气中的相对湿度为85%~90%。在播种后，应根据实际情况采取相应调控措施，保持其适宜温度、湿度指标，创造有利的环境促进菌丝恢复和生长。

1. 菇床水分调节

建堆前稻草一定要吸足水分，这是保证菇床维持足够湿度的关键。播种后的20天之内，一般不直接喷水于菇床上，平时补水只是喷洒在覆盖物上，不要使多余的水流入料内，这样对堆内菌丝生长有利。如果前期稻草吸水不足，建堆以后稻草会发白偏干，致使菌丝生长速度减缓。如果遇上气温高时，还会造成堆温明显上升，菌种的成活，即使以后再补水，也难以达到满意的效果。这不仅增加了工作量，而且不利于菌丝生长。室外栽培需备有塑料薄膜防雨，特别是播种盖薄膜，雨过后即掀去薄膜，并排除菇床周围积水。

2. 菌丝生长期水分调节

菌丝生长阶段应适时适量的喷水。前 20 天一般不喷水或少喷水，待菇床上的菌丝量已明显增多，占据了培养料的 1/2 以上，如菇床表面的草干燥发折时，应适当喷水。菇床的不同部位喷水量也应有区别，菇床四周的侧面应多喷，中间部位少喷或不喷，如果菇床上的湿度已达到要求，就可天天喷水，否则会造成菌丝衰退。

3. 堆温调节

建堆播种后 1~2 天，堆温一般会稍微上升。要求堆温在 20~30℃，最好控制在 25℃左右，这样菌丝生长快且健壮。在建堆播种以后，每天早晨和下午要定时观测堆温的变化，以便及时采取相应的措施，防止堆温出现异常现象。当堆温在 20℃ 以下时，在早晨及夜间加厚草被，并覆盖塑料薄膜，待日出时再掀去薄膜。堆温偏高时，应找到堆温升高的原因，采取相应的对策。若因稻草浸水时间过短，或吸水不均匀，在建堆后 2~3 天，堆温将明显升高，可能超过 32℃。此时，应将草堆的上半部分菌种。如果堆温较高，但不超过 30℃，只需把覆盖物掀掉，并在草堆中心部位间隔地打 2~3 个洞，洞口直径 3cm左右，洞深 15~20cm。培养料的堆温主要受气温的影响。培养料是否需要预发酵处理，应根据栽培季节灵活掌握。在夏末秋初，气温较高时宜进行预发酵，而在气温偏低堆温难以保持时就不要预发酵。浸草后直接建堆播种，在温度偏低的条件下对菌丝的生长还可起促进作用。另外，在不同季节栽培大球盖菇还可以通过场地的不同遮阳和通风程度来调节堆温。

七、覆土

播种后 30 天左右，菌丝接近长满培养料，这时可在堆表覆土。有时表面培养料偏干，看不见菌丝爬上草堆表面，可以轻轻挖开料面，检查中、下层料中菌丝，若相邻的两个接种穴菌丝已快接近，这时就可以覆土了。具体的覆土时间还应结合不同季节及不同气候条件区别对待。如早春季节建堆播种，如遇多雨，可待菌丝接近长透料后再覆土；若是秋季建堆播种，气候较干燥，可适当提前覆土，或者分两次覆土，即第一次可在建堆时少量覆土，仅覆盖在堆上面，且尚可见到部分稻草，第二次覆土待菌丝接近透料时再进行。

菇床覆土一方面可促进菌丝的扭结，另一方面对保温保湿也起积极作用。一般情况下，大球盖菇菌丝在纯培养条件下，尽管培养料中菌丝繁殖很旺盛，也难以形成子实体，或者需经过相当长时间后，才会出现少量子实体。但覆盖合适的泥土并满足其适宜的温湿度，子实体可较快形成。

1. 覆盖土壤的选择

覆盖土壤的质量对大球盖菌的产量有很大影响。覆土材料要求肥沃、疏松、能够持（吸）水，排除培养料中产生的二氧化碳和其他气体。腐殖土具有保护性质，有团粒结构，适合作覆土材料。国外认为，50% 的腐殖土加 50% 泥炭土，pH 值 5.7 可作为标准的覆土材料。实际栽培中多就地取材，选用质地疏松的田园壤土。这种土壤土质松软，具有较高持水率，含有丰富的腐殖质、团粒结构差或持水率差的砂壤土、黏土或单纯的泥炭不适于作覆土材料。

2. 覆土方法

把预先准备好的壤土铺洒在菌床上，厚度2~4cm，最多不要超过5cm，每平方米菌床约需0.05m³土。覆土后必须调整覆土层湿度，要求土壤的持水率达36%~37%。土壤持水率的简便测试方法是用手捏土粒，土粒变扁但不破碎，也不粘手，就表示含水量适宜。

覆土后较干的菌床可喷水，要求雾滴细些，使水湿润覆土层而不进入料内。正常情况下，覆土后2~3天就能见到菌丝爬上覆土层，覆土后主要的工作是调节好覆土层的湿度。为了防止风湿外干，最好采用喷湿上层的覆盖物。喷水量要根据场地的干湿程度、空气的相对湿度灵活掌握。只要菌床内含水量适宜，也可间隔1~2天或更长时间不喷水。菌床内部的含水量也不宜过高，否则会导致菌丝衰退。

八、子实体形成期间的管理

菌丝长满且覆土后，即逐渐转入生殖生长阶段。一般覆土后15~20天就可出菇。此阶段的管理是大球盖菇栽培的关键时期，主要工作的重点是保湿及加强通风透气。

大球盖菇出菇阶段窨的适宜相对湿度为90%~95%。若采用麻袋片覆盖，只要将其浸透清水，去除多余的水分后再覆盖到菌床上，一般每天处理1~2次。若采用草帘覆盖，可用喷雾的方法保湿。掀开覆盖物时，结合检查覆土层的干湿情况。若覆土层干燥发白，必须适当喷水，使之达到湿润状态。喷水切不可过量，多余的水流入料内会影响菌床出菇。另外，还要抽查堆内的含水量情况，要求菌丝吃透草料后，稻草变成淡黄色，用手捏紧培养料，增养料既松软，又湿润，有时还稍有水滴出现，这是正常现象。倘有霉烂状或挤压后水珠连续不断线即是含水量过高，应及时采取下列补救措施，否则将前功尽弃。

（1）停止喷水、掀去覆盖物，加强通气，促进菌床中水分的蒸发，使覆盖物、覆土层呈较干燥的状态，待堆内含水量下降后，才采取轻喷的方法，促使其出菇。

（2）开沟排水，尽量降低地下水位。

（3）从菌床的面上或近地面的侧面上打数个洞，促进菌床内的空气流通。加强通风透光，每天在喷水和掀去覆盖物的同时，使其直接接受自然的光照。通气的好坏也会影响菇的质量与产量。在菌床上有大量子实体发生时，更要注意通风，特别是采用塑料保护棚栽培，需增加通风次数，延长通风时间，有时可长达1~2小时。而在柑橘园栽培，空气新鲜，可不必增加通风次数。场地通气良好，长出的菇柄短，菇体结实健壮，产量高。

大球盖菇出菇的适宜温度12~25℃，当温度低于4℃或超过30℃均不长菇。不同的季节大球盖菇的出菇期表现差异较大。在10—12月、3—4月温度适宜，出菇快，整齐，出菇时间相应缩短。而深秋或冬季播种，整个生长期明显延长，其出菇期也会相对延长。为了调节适宜的出菇温度，在出菇期间可通过调节光照时间、喷水时间、场地的通风程度等使环境温度处于较理想的范围。长菇期间，若遇到霜冻，一要注意加厚草被，盖好小菇蕾，二是要少喷水或不喷水，防止直接受冻害。在我区大部分地区，只要盖好草被，再加上地温的保护，其菇蕾可安全渡过，但是如果让菇蕾直接裸露，气温低于0℃，菇蕾受到干冷风，特别是西北风袭击，可造成冻害，菌丝生长显得很缓慢，但霜冻低温对菌丝体来说，并不产生冻害，可以安全过冬。

出菇期的用水、通气、采菇等要翻动覆盖物，在管理过程中要轻拿轻放，特别是床面上有大量菇蕾发生时，可用竹片使覆盖物稍隆起，防止碰伤小菇蕾。

九、采收

大球盖菇比一般食用菌个头大，一般食用菌朵重约 10g，而大球盖菇朵重 60g 左右，最重的可达 2 500g，直径 5~40cm。应根据成熟程度、市场需求及时采收。子实体从现蕾，即露出白点到成熟需 5~10 天，随温度不同而表现差异。在低温时生长速度缓慢，而菇体肥厚，不易开伞，相反在高温时，表现朵型小，易开伞。整个生长期可收 3 潮菇，一般以第潮的产量最高。每潮菇相间 15~25 天。一般情况下，从 10 月中下旬至翌年的 5 月底均可出菇，而其出菇最适宜的季节 10 月下旬至 12 月上旬和 3—4 月。

当子实体的菌褶尚未破裂，菌盖呈钟形时为采收适期，最迟应在菌盖内卷，菌褶呈灰白色时采收。若等到成熟，菌褶转变成暗紫灰色或黑褐色，菌盖平展时才采收就会降低商品价值。不同成熟度的菇，其品质、口感差异甚大，以没有开伞为佳。达到采收标准时，用拇指、食指和中指抓住菇体的下部，轻轻扭转一下，松动后再向上拔起。注意避免松动周围的小菇蕾。采过菇后，菌床上留下的洞口要及时补平，清除留在菌床上的残菇，以免腐烂后招引虫害而危害健康的菇。采下来的菇，应切去其带泥土的菇脚。

十、虫害发生的种类与鉴别

（一）虫害发生的种类

1. 菇蚊菇蝇类

秋季栽培一般采用发酵料，如大球盖菇、鸡腿菇以及双孢菇等，体形较小的菇蚊、大球盖菇眼菌蚊、蘑菇眼菌蚊、多刺眼菌蚊、异型眼菌蚊、粪蝇、蚤蝇、果蝇等成虫近料产卵，成虫及卵并不能直接产生危害；当温度在 16~30℃时，约 4 天卵即孵化为幼虫，幼虫以取食菌丝或子实体为生，危害 7~18 天即化蛹，一般蛹期为 2~8 天，之后羽化为成虫，成虫羽化后当日或次日即可再度交尾，交尾当日即可产卵，一般每只菇蚊产卵 10 粒以上，最多的达 270 粒，菇蚊成虫体形较大，一般品种体长可在 3.5mm 以上，最大可超过 6mm，幼虫体长一般在 5mm 左右，最大可超过 16mm。菇蝇类体形偏小，最大型的蚤蝇其成虫体长仅在 1.5mm 左右，幼虫则在 2~3mm，但果蝇成虫及其幼虫体长可达 5mm 左右，与菇蚊相差无几。上述害虫的成虫极具趋光性和趋味（菇香味、料香味、腐味）性，菇棚闭光处理时，发生概率较低，虫口密度大为下降。其幼虫初期均在表层料内活动，咬食菌丝，出菇后则可钻至菌柄基部，直至菌盖，待菇体"中空"后又回到料内，继续深入危害，直到将基料内菌丝全部蚕食干净。

2. 螨类

螨类虫源渠道较多，或寄居于棚内边角的缝中，亦可存活于立柱缝隙、架杆竹木裂纹中，也可通过各种工具进入菇棚，个别的还可通过菌种（主要是三级种）传播，总之，进入渠道多多。螨类主要以咬食菌丝为主要危害，但当虫口密度较大时，同样能咬啮菇蕾及老熟子实体。螨虫主要品种有粉螨、蒲螨、穗螨等。螨虫个体极其微小，但该害虫有群居习性，成堆成团地活动于料表及菇棚边角、地面，虫口密度很大时，料表呈白色（乌白色) 或肉红色甚至红褐色。螨虫繁殖速度极快, 20~30℃温度条件下, 完成一代的生育需 8 天左右, 个别品种则仅需 3 天即可完成一代。因品种的不同, 部分螨虫亦需经卵、幼螨、若螨、成螨等生育阶段, 但有的品种则只有卵、螨之分, 因为它们的卵可直接在母体内发育为成螨, 然后破体而出。当生存条件不适, 或无菌、菇可食时, 则可吸附于工具、人体甚至其他虫类活体上, 借机转移至适宜场所, 继续其生存和繁殖扩大。

3. 跳虫

该虫多于夏秋季节发生危害, 15℃以上条件即可存活, 气温达 22℃时渐趋活跃, 并随之繁殖扩大, 跳虫以菌丝体和子实体为危害对象, 且潜伏在菌褶及细小缝隙中, 使产品价值大打折扣甚至报废。跳虫品种较多, 常见的主要有角跳虫、黑角跳虫、黑扁跳虫等。跳虫的寿命很长, 多数品种能存活半年左右, 长者达到一年。跳虫的主要形体特征是体形微小, 一般在 1.5mm 左右, 最大者亦在 5mm 以下。菇棚内潮湿的环境、阴暗的光线、丰富的菌丝及蘑菇营养, 为跳虫的繁衍生息提供了最佳的条件, 因此, 危害性较大。

4. 线虫

线虫主要危害食用菌菌丝, 亦有多个品种, 主要有具口针的菌丝线虫、无口针的小杆线虫等, 前者以口针插入菌丝体吸取菌丝液汁, 使菌丝生长受阻、继之萎缩死亡, 产生"退菌"现象; 后者则用其头部快速搅动菌丝, 使之成为极微细的菌丝碎片, 然后吞食或吸吮, 结果同样是使菌丝消失。线虫体形微小, 一般在 1mm 左右, 但其繁殖速度很快, 一般在 20~30℃条件下, 交配后约 30 小时即可产卵, 一条雌虫可产卵几十粒, 高者可达140 粒; 卵发育到成虫只需十几天, 25℃以上条件时仅需 8 天左右。线虫类害虫体表光滑, 喜水渍环境或水分较大的生存条件, 活动时似有一团水在移动, 这是鉴别线虫的重要方法。

(二) 预防虫类危害的措施

预防虫类危害, 是食用菌生产中防治害虫的积极态度, 而且效果极佳。主要措施如下。

基料堆酵阶段: 首先, 使用防虫网来预防虫类进料产卵, 是经济有效、方法简便的上佳措施, 同时又有效解决了药物残留问题。选用一般蔬菜育种上用的防虫网即可, 即使微小的菇蝇也无法钻进。其次, 经常喷洒高效、低残药物于料表驱避虫类, 但使用浓度应低, 喷洒量要少, 以免产生药残。再次, 有条件时尽量采用熟料栽培方法, 防虫的同时又兼灭杂菌、病菌, 一举多得。最后, 在双孢菇、姬松茸菇类栽培时, 推广应用二次发酵技术, 高达 60℃以上的温度, 持续 2 天左右, 将使虫类活体包括卵、幼虫以及成虫全部被杀灭, 尽管生产成本稍有提高, 但却换来了既杀虫、又杀 (抑) 菌、而且基料腐熟均匀、祛除异味等诸多效应, 可谓一举多得。

播种发菌阶段: 相当数量的虫害就是在该阶段侵入的, 一般持续 3~5 周的发菌阶段, 大球盖菇、鸡腿菇等菌袋均扎有微孔, 可完全满足菇蚊类、螨类虫的进出而基本不受限制。首先, 高密度窗纱 (如防虫网) 封装发菌室门窗及通风口等, 并坚持闭光培养, 以免成虫趋光进入。其次, 经常检查室内有否成虫, 一经发现, 立即喷洒菊酯类低浓度药物予以杀灭, 即使单纯喷洒清水, 使菇蚊类翅膀上沾有水珠, 成虫即可坠地并不能再度飞起, 亦可致死。最后, 培养室周围环境较差时, 例如靠近垃圾、厕所、粪堆等, 除尽可能地予以清理防范外，室内需经常喷洒杀虫药物于空间、墙壁上，也是非常有力的防范措施之一。

出菇管理阶段：第一，菇棚门窗及通风口封装高密度窗纱（防虫网即可），防成虫进入。第二，尽量降低棚内光线。第三，管理用水坚持用井水或自来水，不用沟、湾、塘中的"死水"。第四，进出口地面撒1~2m宽的石灰带，以防螨类、鼠妇等害虫及小动物进入。最后，在出菇间歇，适量喷洒菊酯类药物，并配合施用甲醛、漂白粉类药物，具有虫、菌兼防的双重作用，但在子实体生长期内，应禁用任何药物，以防药残影响质量。

（三）害虫来源

食用菌栽培生产中，大部分害虫是以卵的形式进入基料的，其中小部分是产卵于基料内，然后播种，而大多则是播种后产卵的。通过菌种带幼虫活体（或活虫）进入播种阶段的概率较小。卵的孵化与基料发菌同步进行，一般情况下肉眼根本无法发现或鉴别；起初幼虫个体群体均较小，取食菌丝量很小，不容易引起注意，待幼虫不断发育长大，并随着群体的扩大，对菌丝危害较重时，已至第一潮出菇或进入出菇盛期，该阶段尚难察觉，直至第二潮出菇发生困难，甚至不再出菇，基料表面菌丝消失殆尽、变为褐色时，才发现原来是害虫作祟，可以说，相当一部分生产者是该阶段发现害虫的。秋冬季节害虫的另一特点，就是随着气温的逐渐降低，虫类亦在寻找温暖的庇护所，基料内比较适合，培养室、栽培棚内温度也较合适，在找到适当的"住处"之后，迅速繁殖，使害虫群体急速扩大。

（四）危害症状

食用菌上发生的害虫，前期发菌阶段均以咬食菌丝体为生，后期出菇阶段则连子实体一并"通吃"，发生严重时，基料表面由白变黄、变褐，甚至成为黑色，表层甚至内部密布害虫排泄物，子实体基部直至整个菌柄被咬食为海绵状，甚至菌盖上也有虫孔。

另一方面，虫害可导致某些病害或杂菌的肆虐。如基料表层菌丝消失、虫类排泄物遍布。引起腐烂后，诸如木霉、根霉等杂菌趁机而入，易产生病害；虫类咬食子实体导致幼菇（菇蕾）死亡、腐烂，还易吸引外界成虫进入，虫体上带有若干细菌或真菌，在增加害虫（虫口）密度的同时，又带入了大量的病菌，给本来已经受损的食用菌生产"雪上加霜"。

（五）杀灭害虫的方法

及时发现虫害并采取措施予以杀灭，应严格选择药物品种，既注意药残问题，又防止发生药害。初发虫害密度极小时，使用高效低残的菊酯类药物，空中或料表覆土喷雾即可予以杀灭。

中等发生时，将有部分产卵于料内，可将子实体一次性采光，对菇蚊及跳虫类采用800倍液敌敌畏对料表、覆土层喷施，并覆膜3~5小时；对螨类虫害可喷洒1 000倍液杀螨类药物，如扫螨特、杀螨醇等，亦经覆膜数小时；对线虫类采用0.5%甲醛溶液予以重喷，亦须覆膜2~4小时。

当料表出现褐色斑块、菌柄有虫蛀现象时，已属重度发生。此时，幼虫多在料内，喷洒药物一般无效，可采用磷化铝"通杀"的措施予以一次性全部杀灭。方法是：将子实体全部采光，菌墙栽培时，使用塑膜覆盖菌墙，两边间隔1m放置一片磷化铝，快速将塑膜四周用土压实，8～10 小时即可。菌畦栽培方式的杀虫，参考上述。注意要点：操作要快；覆膜要压实；撤膜时，应先打开菇棚门、窗及通风口。然后将塑膜掀开，待 1～2 小时后，再将塑膜移出棚外，将磷化铝废料小心捡出，予以深埋处理，不可乱弃。

复习题

1. 大球盖菇对环境条件的要求。
2. 以小麦粒为原料制作大球盖菇菌种技术。
3. 大球盖菇栽培技术。

第十八章　羊肚菌栽培技术

第一节　羊肚菌基本知识

一、羊肚菌的营养和药用价值

羊肚菌的营养相当丰富，据测定，羊肚菌含粗蛋白 20%、粗脂肪 26%、碳水化合物 38.1%，还含有多种氨基酸，特别是谷氨酸含量高达 1.76%。因此，有人认为是"十分好的蛋白质来源"，并有"素中之荤"的美称。人体中的蛋白质是由 20 种氨基酸搭配而组成的，而羊肚菌就含有 18 种，其中 8 种氨基酸是人体不能制造的，但在人体营养上显得格外重要，所以被称之为"必需氨基酸"。另外，据测定羊肚菌至少含有 8 种维生素：维生素 B_1、维生素 B_2、维生素 B_{12}、烟酸、泛酸、生物素、叶酸等。羊肚菌的营养成分，可与牛乳、肉和鱼粉相当。因此，国际上常称它为"健康食品"之一。羊肚菌含抑制肿瘤的多糖，抗菌、抗病毒的活性成分，具有增强机体免疫力、抗疲劳、抗病毒、抑制肿瘤等诸多作用；日本科学家发现羊肚菌提取液中含有酪氨酸酶抑制剂，可以有效地抑制脂褐质的形成。

羊肚菌所含丰富的硒是人体红细胞谷胱甘肽过氧化酶的组成成分，可运输大量氧分子来抑制恶性肿瘤，使癌细胞失活；还能加强维生素 E 的抗氧化作用。硒的抗氧化作用能改变致癌物的代谢方向，并通过结合而解毒，从而减少或消除致癌的危险。

羊肚菌既是宴席上的珍品，又是久负盛名的食补良品，民间有"年年吃羊肚、八十照样满山走"的说法。羊肚菌性平、味甘，具有益肠胃、消化助食、化痰理气、补肾、壮阳、补脑、提神之功能，对脾胃虚弱、消化不良、痰多气短、头晕失眠有良好的治疗作用。羊肚菌有机锗含量较高，具有强健身体、预防感冒、增强人体免疫力的功效。羊肚菌含有大量人体必需的矿质元素，每百克干样钾、磷含量是冬虫夏草的 7 倍和 4 倍，锌的含量是香菇的 4.3 倍、猴头的 4 倍；铁的含量是香菇的 31 倍、猴头的 12 倍等。

二、羊肚菌栽培历史和现状

羊肚菌俗称羊雀菌（云南）、包谷菌（四川）、麻子菌（陕西）、狼肚（甘肃），属子囊菌亚门盘菌纲盘菌目羊肚菌科羊肚菌属，由于其菌盖是一个布满陷和棱脊的网状体，形状似羊肚而得名。早在 1883 年，英、美、法、德等国家就开始了羊肚菌栽培研究，我国从自 20 世纪 80 年代至今不时有栽培成功的报道，主要有朱斗锡和张飞翔。1993—2007 年，朱斗锡数次宣称用 80%~90% 泥土、混入 10%~18% 植物有机质，再播入 10% 的菌种，经过一定时期的控温控湿培养即可获得羊肚菌，并于 1993 年、2000 年两次申请国家发明专利。1994—2006 年，张飞翔也同样数次在相关刊物上宣称羊肚菌栽培方法，其种植方法只需采用类似普通食用菌栽培料即可获得羊肚菌子实体。1993 年，雷春梅声称采用堆肥发酵技术栽培羊肚菌获得成功；1996 年，刘作喜和王永吉报道将杂木屑、农作物秸秆等原料采用层播方法，覆土后即能成功获得羊肚菌子实体；2006 年，张明生等宣称可用小麦粒 25%，杂木屑 30%，谷壳 14%，碎玉米芯 30%，每 100kg 料再加磷酸二氢钾 40g，氯化镁 10g，蔗糖 1kg，过磷酸钙 1kg，再加含腐殖质丰富的土壤浸出液拌匀、装袋、常规灭菌、接种、管理后即可栽培出羊肚菌。此外，邓衍领、廖志勇、邓衍领、黄菁、陈亚光、戴玉淑等也分别报道了他们的羊肚菌栽培技术。综上所述，羊肚菌属内的黑色羊肚菌已经可以采用仿生栽培方法获得成功，只是该方法目前仍依赖于栽培环境场地（包括土壤特性、温度、湿度）、栽培料（圆叶杨等），再覆盖上原发生过羊肚菌的地表土（尤其是杨属根土）、草木灰才能栽培成功，产量受自然环境因素影响较大；黄色羊肚菌采用 OWER 等所述羊肚菌栽培方法可以在美国实现人工栽培。

三、羊肚菌生物学特性

（一）形态和生活史

子实体较小或中等，6~14.5cm，菌盖不规则圆形，长圆形，长 4~6cm，宽 4~6cm。表面形成许多凹坑，似羊肚状，淡黄褐色，柄白色，长 5~7cm，宽粗 2~2.5cm，有浅纵沟，基部稍膨大，生长于阔叶林地上及路旁，针叶林里也有，单生或群生。

羊肚菌无性繁殖阶段是由子囊孢子萌发长生初生菌丝，初生菌丝可产生分生孢子长出新的菌丝，也可在适宜条件下形成菌核，由菌核萌发菌丝形成子实体；有性生殖阶段是初生菌丝的（+）（-）两种菌丝配合产生次生菌丝，由次生菌丝产生菌核，再由菌核形成子实体。因此，菌核是子实体形成的必经阶段。

（二）对环境条件的要求

1. 营养

尖顶羊肚菌是一种腐生兼共生真菌，在自然界中分解纤维素、木质素的能力较强。能利用杂木屑、棉籽壳、玉米芯等农林下脚料作为主料，麸皮、玉米粉等作为辅料制作尖顶羊肚菌仿生栽培所需的菌种，但由于它同时依赖于圆叶杨等菌材提供相关活性物质或伴生菌，因此，目前还不能完全人工栽培。

2. 温度

尖顶羊肚菌属于低温型真菌，但其菌丝体在温度 5~30℃均能生长，最适温度为 18~22℃，在 35℃时停止生长，5℃以下处于休眠状态；子囊果分化的温度为 4~11℃，高于 13℃子囊果很难分化，但子囊果在 6~25℃时均能生长，其中低于 8℃环境中生长的子囊果品质较好，温度高于 18℃品质较差。因此适宜的温度是影响尖顶羊肚菌生长、发育和品质的重要因素之一。

3. 水分

水是尖顶羊肚菌仿生栽培成功与否的关键因子，其子囊果分化时需近似饱和的水分刺激原基分化，但在子囊果发育阶段则需 60%~70% 的水分保证其生长发育需要。因此，如何控制好土壤基质含水量则是田间管理的重点，一般以土壤含水量控制在 65% 左右为宜，空气相对湿度控制在80%~90%为宜。当土壤含水量和空气湿度过高时，尖顶羊肚菌菌柄易腐烂。当土壤含水量和空气湿度过低时，尖顶羊肚菌顶部易畸形或停止生长，进而影响尖顶羊肚菌的产量和质量。

4. 空气

尖顶羊肚菌属好气型真菌，其菌丝体生长阶段和子囊果形成阶段均需新鲜空气。通气状况良好，有利于菌丝的健壮生长，子囊果的分化和生长发育。如果通气状况不良，容易发生柄长盖小的畸形菇，影响品质，降低商品价值。尖顶羊肚菌菌丝体生长能耐受较高的二氧化碳浓度，当二氧化碳浓度在空气中达2.2%时，菌丝生长达到最大值。

5. 酸碱度

尖顶羊肚菌每年春季4—5月和秋季的8—9月雨后多发生在海拔800~3 200m的杨、桦、楸、乌桕等阔叶林或以冷杉、云杉为主的混交林中和草原草丛、河岸边、山地斜坡、草地和火烧山地、农家庭院菜地、草坪等腐殖质含量较高的地方，但发生最多的生境却是当年早春或头年秋冬火烧山内或圆叶杨、乌桕、楸木等阔叶林下土壤腐殖质较厚（一般7~15cm厚）、pH值为6~8的地上。因此，在尖顶羊肚菌仿生栽培时，原料配制时pH值要求适当的高于菌丝体母种培养pH值，灭菌前pH值可在8.0，灭菌后pH值降为7.5左右为宜，此外适宜的pH值还可控制病原微生物的发生。

6. 光照

尖顶羊肚菌菌丝体生长阶段不需要光照，但子囊果原基分化时需散射（光强60~1 000lx）进行刺激。光照过强或直射光下则不利于尖顶羊肚菌子囊果的分化，光强易使尖顶羊肚菌顶部灼伤，色泽不好，影响商品价格。因此，在尖顶羊肚菌仿生栽培时，需覆盖遮光率为85%~90%的遮阳网来促进尖顶羊肚菌子实体生长、发育。

第二节　羊肚菌常见品种

一、羊肚菌

菌盖近球形、卵形至椭圆形，高4~10cm，宽3~6cm，顶端钝圆，表面有似羊肚状的凹坑。凹坑不定形至近圆形，宽4~12mm，蛋壳色至淡黄褐色，棱纹色较浅，不规则地交叉。柄近圆柱形，近白色，中空，上部平滑，基部膨大并有不规则的浅凹槽，长5~7cm，粗约为菌盖的2/3。子囊圆筒形，280μm×320μm。孢子长椭圆形，无色，每个子囊内含8个，呈单行排列。侧丝顶端膨大，粗达12μm。

二、小顶羊肚菌

菌盖狭圆锥形，顶端尖，高2~5cm。基部宽1.7~3.3cm，凹坑多长方形，蛋壳色。棱纹黑色，纵向排列，由横脉连接。柄乳白色，近圆柱形，长3~5cm，粗11~20mm，上部平，基部稍有凹槽。子囊（210~250）μm×（15~20）μm。孢子单行排列，（22~26）μm×（12~14）μm，侧丝顶端膨大，直径达11μm。

三、尖顶羊肚菌

菌盖长，近圆锥形，顶端尖或稍尖，长达 5cm，直径达 2.5cm。凹坑多长方形，浅褐色，棱纹色较浅，多纵向排列，由横脉相连。柄白色，长达 6cm，直径约等于菌盖基部的 2/3，上部平，下部有不规则凹槽。子囊（250~300）μm×（17~20）μm，孢子单行排列，（20~24）μm×（12~15）μm。侧丝顶部膨大，直径达 9~12μm。

四、粗柄羊肚菌

菌盖近圆锥形，高约 7cm，宽 5cm。凹坑近圆形，大而浅，浅黄色，棱纹薄，不规则地相互交织。柄粗壮，淡黄色，长约 10cm，基部粗 5cm，稍有凹槽，向上渐细。子囊圆柱形，有孢子部分 150μm×18μm。孢子 8 个，单行排列，椭圆形，无色，（22~25）μm×（15~17）μm。侧丝无色，顶部膨大。

五、小羊肚菌

菌盖圆锥形至近圆锥形，高 17~33mm，宽 8~15mm。凹坑往往长形，浅褐色。棱纹常纵向排列，不规则相互交织，颜色较凹坑浅。柄长 15~25mm，粗 5~8mm，近白色或浅黄色，基部往往膨大，并有凹槽。子囊近圆柱形，有孢子部分约 100μm×16μm，孢子单行排列，椭圆形，（18~20）μm×（10~11）μm。侧丝顶部膨大。

第三节　羊肚菌菌种生产

一、母种生产

1. 配方

配方 1：改良 PDA 培养基：马铃薯 200g，葡萄糖 20g，蛋白胨 2g，磷酸二氢钾 0.05g，硫酸镁 0.05g，磷酸氢二钾 0.05g，硝酸钾 1.5g，琼脂 18g。

配方 2：改良 CYM 培养基：蛋白胨 2g，酵母浸膏 4g，葡萄糖 20g，硫酸镁 0.5g，磷酸氢二钾 0.48g，磷酸二氢钾 0.5g，硝酸钾 1.5g，琼脂 18g。

配方 3：木屑 50g，葡萄糖 20g，蛋白胨 3g，琼脂 18~20g，水 1 000mL。

2. 培养基的制作过程

将马铃薯去皮称量 200g，切成小薄片放入锅中加适量的水（1 000~1 200mL），加热煮至马铃薯软而不烂，用 3 层纱布过滤马铃薯。在滤液中加入琼脂 20g，微火加热，不断搅拌至琼脂融化。再次过滤杂质然后补加其他药品和补充不足水分，趁热将培养液分装在试管中，培养液的量宜在试管斜放时斜面占试管的 2/3。装管时操作人员要尽量避免将培养液滴在管壁周围，以减少杂菌的侵染。分装好的试管要加盖棉塞，以 5~10 支为 1 组用牛皮纸或小布袋进行包扎，竖直放入高压锅中进行 121℃灭菌 30 分钟即可。

3. 母种分离

培养子囊壳表面先用 75%的乙醇棉球擦一遍，然后用无菌水冲洗，无菌滤纸吸水，盖朝下，无菌操作悬挂于广口瓶中，经适温培养，收集孢子后，取出子囊壳。接种后的广口瓶和培养皿均置 18~20℃ 室内避光培养。每隔 5 小时观察 1 次孢子和组织块中菌丝萌发情况、污染情况和菌落大小等。待孢子萌发并形成絮状菌丝体后，无菌操作用接种锄挑取广口瓶内无污染的菌丝体与少量培养基一起接种于培养皿内进行纯化培养。

二、原种、栽培种制备

1. 配方

配方 1：阔叶木屑 100kg，麸皮 10~20kg，过磷酸钙 0.5%，蔗糖 1%，生石灰 1kg，石膏 1kg，料水比例为 1∶（1.2~1.8）。

配方 2：玉米芯 100kg，生石灰 1kg，石膏 1kg，料水比例为 1∶（1.2~1.8）。

配方 3：麦粒 100kg，碳酸钙 1%，生石灰 1%，蔗糖 1%（麦粒在使用前要提前浸泡至透心，然后将水晾至半干再加入辅料搅拌装瓶）。尖顶羊肚菌原种和栽培种的培养料可以通用。

2. 培养基的制作、接种和培养

制作过程中料要搅拌均匀，pH 值在灭菌前应在 8 左右。用 17cm×33cm 的高密度聚乙烯或聚丙烯袋，每袋装干料 500~600g，拌料前 1 天将磷肥砸碎过筛，用水溶化，第 2 天取其上清液去渣，石膏、石灰先与麸皮或米糠混匀后再加入主料中，土可撒在水中与磷肥水上清液混合加入料中。边加水边拌匀，料水比例为 1∶1.3。料拌匀后装袋、灭菌，常压灭菌 6~8 小时，1.5kg/m³ 高压 1 小时，再将纯化后的菌种分别接种于经高压灭菌的表面覆盖一层约 1cm 厚土的木屑培养基上，装入 18~22℃ 的培养室中避光培养发菌至长满全袋（直径 17cm，高 33cm），菌核长满栽培料表面 80%，待用。

第四节　羊肚菌栽培技术

一、栽培季节的选择

尖顶羊肚菌属于低温型真菌，在栽培中避开高温季节是仿生栽培尖顶羊肚菌的总原则。尖顶羊肚菌菌丝生长最适宜的温度为 18~25℃，子囊果分化温度为 4~12℃，子囊果生长最适温度为 12~16℃，根据菌丝体和子囊果生长的适宜温度，结合本地区的气候条件，对尖顶羊肚菌的栽培时间进行适时调整。因此，尖顶羊肚菌的栽培种制作和接种宜在初夏，种植季节宜在霜降来临之前。

二、栽培地选择

选择微酸性红、黄砂壤土，前茬为豆科或禾本科作物，轮闲或生荒地更为理想，有一定坡度，以便排水，但坡度不宜超过 15°，以免雨水冲刷。整地在头一年的早春季节进行，深翻，烧去杂草、树根，增加土壤磷、钾含量。以后根据地块情况再翻挖 1~2 次，充分腐熟和自然消毒。种植前 1 个月，结合整地，每公顷施入腐殖肥 30~37.5t 待种。栽培地应选在环境清洁、空气清新、水质无污染的地方，同时还应具备地势低、水电便利的条件。栽培地的设置除了场地选择，还要兼顾防暑性能、遮光性和配套设施。尖顶羊肚菌虽是低温型菌，但是发菌期所需温度应在 18～25℃，而且子囊果生长时期生命活动旺盛，因此要求栽培地的保温性和通气性要好。尖顶羊肚菌不同生育阶段对空气相对湿度的要求不同，湿度的高低可人为控制，但保湿时间的长短则和栽培地的性能相关。

三、材料选择

腐殖土、草木灰、普通硅酸盐水泥、木屑、菌材（白杨木、西南桦、榆树，白蜡树）、多菌灵。

四、播种方法

1. 厢式栽培

取圆叶杨等菌材按 1.5m×1.0m×0.5m 规格菌堆，每堆用木材 7 根（鲜重约 25kg）。尖顶羊肚菌播种方式一般为撒播，将菌种移入整好地的栽培场所中，地上先撒腐殖土、草木灰和普通硅酸盐水泥，再播上菌种，最后用菌材将菌种块轻轻盖住，覆土。

2. 生态模式栽培

准备种植的退耕还林地沿种植地块等高线开成条带状平地，条带中心间距（行距）1.5m，按株距 200cm，挖 40cm×40cm×40cm 的圆叶杨种植塘；将苗直立于塘中央，一手扶直苗，一手回填土，回填的土要细碎无杂物；回填土至塘深 1/2 或 2/3 时，在距苗 5cm 的周围加入少量草木灰和普通硅酸盐水泥，再埋入菌包，菌包由栽培料接种尖顶羊肚菌母种在 22℃温度下培养 30 天获得，每塘埋包量为 200g；继续回填土至塘平时。

五、播种后的管理

种植 1 个月内用菌液进行根部补浇 2 次和除草 1 次，保持土壤湿度和防止杂草滋生。之后分别在次年 1—6 月进行农田或退耕还林地遮阴（盖遮阴率为 85%～90% 的遮阳网）和喷水，以保持农田或退耕还林地土壤和空气湿度（一般以土壤含水量控制在 65% 左右为宜，空气相对湿度控制在 80%～90% 为宜），促进尖顶羊肚菌子实体发生。

六、采收

适时采收是尖顶羊肚菌仿生栽培优质高产的关键措施之一。过早采收产量低，过迟采收尖顶羊肚菌变褐，组织变老子囊果变色，失去商品价值。尖顶羊肚菌子囊果的成熟以菌柄淡黄色为宜，菌柄初变褐为标志，但是在一般的生产中我们采收的子囊果要以八分成熟为宜，此时采收的子囊果整齐，棱纹较宽，边缘较厚，口感好、味道鲜美、外形美观，便于储存运输，保质期长。从幼菇到采收期需 7～12 天，采收时用左手 3 个指头轻轻握住菌柄，右手用竹片等非金属物轻轻撬起子囊果。采收后的尖顶羊肚菌要先将菇体上附带的杂质去除干净，再按照不同等级分别存放，采菇用的篮子内部应放柔软物，以免擦伤菇体表面，每篮放菇数量不宜太多，以防压伤菇体。

复习题

1. 羊肚菌对环境条件的要求。
2. 羊肚菌栽培技术。

第三部分 实 验

实验一　母种培养基的制作

一、本次实验的目的和要求

学会母种培养基的配制方法，了解食用菌母种制作的工艺流程和制作母种的基本技能。

二、实验内容或原理

母种培养基配制。

工艺流程：培养基配方→培养基的配制→分装试管→灭菌→摆斜面。

三、需用的仪器或试剂等

仪器：接种箱或超净工作台、高压灭菌锅、电炉、天平、试管、试管架、漏斗、漏斗架、橡皮管、玻璃管。

试剂：马铃薯、葡萄糖、琼脂等。

四、实验步骤

1. 培养基配方

以 PDA 培养基为例，马铃薯（去皮）200g、葡萄糖 20g、琼脂 20g、水 1 000mL。为经强化营养或准备保藏菌种，可添加 KH_2PO_4 3g、$MgSO_4 \cdot 7H_2O$ 1.5g、维生素 B_1 10mg。

2. 培养基配制

首先将马铃薯去皮、洗净、挖去芽眼、切成薄片，称取 200g，放入铝锅中用 1 000mL 清水加热煮沸，维持 20 分钟左右，煮至软而不烂为止。用双层湿纱布过滤，然后取滤液并补足蒸发损失的水分。再加入琼脂继续加热，待琼脂溶化后，添加葡萄糖及其他成分，搅拌均匀后准备装管。

3. 分装试管

培养基配制后应趁热分装。装管时勿使管内外壁沾上溶液，以免浸湿棉塞，污染杂菌。装管后塞上棉塞。棉塞的大小、松紧度应适宜，以用手提棉塞、试管不脱落为准。然后每 10 支试管扎成一捆，棉塞上方用牛皮纸包好，避免灭菌时被水蒸气浸湿。

4. 灭菌

灭菌前将水加至锅内水位标记高度。将试管放入锅内，盖上锅盖，对角旋紧锅上螺旋，并闭排气阀，开始加热，当锅内蒸汽大量排出时再继续排汽 3~5 分钟，关闭放气阀。当压力表指针到 0.15kg/cm² 时（灭菌所需压强）开始计时，继续维持该压强 30 分钟。

灭菌结束待压力表指针自然回到 "0" 位时打开放汽阀，排出锅内剩余蒸汽后，打开锅盖。注意切忌在压力表未到"0"位时就放汽，以免试管内的培养基向上冲浸湿棉塞，造成以后菌种的污染。

5. 摆斜面

当培养基的温度降到 60℃ 时，将试管斜面放在木棒上，使呈斜面，斜面的长度以占试管长度的 1/2 为宜。冷却后即成斜面培养基。

五、教学方式

以分组的形式进行实验、讨论。

六、考核要求

掌握母种培养基的配制比例与高压灭菌方法。根据提交的实验报告、实验过程与结果，评分方式为优、良、中、及格、不及格。

七、实验的报告要求

要求有观察记载数据，完成实验报告与作业。

实验二　菌种的分离与培养

一、本次实验的目的和要求

掌握母种转管继代培养技术，了解食用菌制作母种的基本技能。

二、实验内容或原理

本实验以组织分离为例进行菌种分离与培养，工艺流程：种菇的选择与消毒组织块的切取菌丝培养。

三、需用的仪器或试剂等

仪器：接种箱或超净工作台、解剖刀、牛角勺、棉花、纱布、酒精灯等。
试剂：75%酒精、高锰酸钾、福尔马林等。

四、实验步骤

菌种的分离与培养（本实验以组织分离为例）。种菇的选择与消毒选择出菇早，菇形正，菇盖肥厚，具有该品种特征，无病虫害、无杂菌污染，子实体八九分成熟的作为种菇。种菇选定后，用75%酒精进行表面消毒。组织块的切取将斜面培养基放进接种室、接种箱或超净工作台内，用紫外灯（或化学药品）进行消毒0.5小时以上，关闭紫外灯后20分钟后，再开始进入接种室内进行接种。接种是一项技术性很强的工作，需要在无菌的环境中以无菌操作方法进行接种，才能减少污染。无菌操作是接种过程中最基本的操作方法，要求操作熟练，动作迅速。用无菌刀在菇柄或菇盖中部纵切一刀，然后用手将菇体掰开，在菌柄和菌盖交界处用刀切取 $0.3 \sim 0.5 cm^2$ 的小方块组织，将其移接到试管内培养基的中央，将其移接到试管内培养基的中央。

菌丝培养。接种后置于25℃恒温箱中培养，2~3天后可见组织块周围发生白色绒毛状菌丝，此时每天要检查杂菌污染情况。培养7~10天后，菌丝即可长满斜面。观察记载详细观察比较母种菌丝生长发育动态，计算出平均每天菌丝生长速度。

$$试管内菌丝生长的速度 = \frac{菌落的直径（mm）- 菌种块直径（mm）}{菌落生长的时间（天）}$$

观察母种菌丝的表面形态特征。通过镜检，观察菌丝细胞核的变化规律及锁状联合的形成。

五、教学方式

以分组的形式进行实验、讨论。

六、考核要求

要求组织分离成功率在 50% 以上。根据提交的实验报告、实验过程与结果，评分方式为优、良、中、及格、不及格。

七、实验的报告要求

要求有观察记载数据，完成实验报告。

实验三　原种与栽培种制作

一、本次实验的目的和要求

学会原种与栽培种培养基的配制方法，掌握原种与栽培种的接种技术，了解食用菌原种与栽培种制作的工艺流程和制作的基本技能。

二、实验内容或原理

1. 原种与栽培种培养基配制

工艺流程：培养基配料→装瓶（或装袋）→灭菌→冷却→接种。

2. 掌握原种与栽培种的接种操作技术

接种箱消毒→器械消毒→无菌接种→菌丝培养

三、需用的仪器或试剂等

仪器：接种箱、高压灭菌锅、750mL广口瓶、酒精灯、接种勾等。

试剂：75%酒精、气雾消毒剂、棉籽壳、木屑、麸皮、石膏粉、棉花等。

四、实验步骤

（1）配方。本实验以棉籽壳为主料培养基为例。配方为：棉籽壳78%，麦麸或米糠20%，过磷酸钙1%，蔗糖1%。

（2）拌料。先根据要做原种的数量，算出各种原料的用量，然后称量、混合，加水拌料。混合时，先将棉籽壳和麦麸混合在一起，过磷酸钙和糖混溶在拌料用的水中。拌料时，边加水边搅拌，同时测试含水量。

（3）含水量的测定。拌好料后，用手抓一把培养料，捏在手中紧握，手指缝中有水印但以水不往下滴为适，此时含水量为62%~64%。

（4）装瓶。将拌好的培养料装入原种瓶或塑料袋中央，边装边压实（但不得过紧），一直装到瓶肩处为宜。

（5）擦瓶。将瓶口和瓶外粘的培养料擦掉，以免接种后污染杂菌。

（6）封口。用棉塞塞住瓶口或用透气膜包住瓶口，再包一层防潮纸（或牛皮纸），用线绳将瓶口扎好，准备灭菌。

（7）灭菌。灭菌方法同母种的灭菌方法，压强为1.4~1.5kg/cm²，1.5~2.0小时。

（8）接种。挑取母种培养基一小块，置于原种或栽培种培养基中央孔边，随即按原样封口。

（9）菌丝培养。接种后的原种，置于25℃的培养室培养。3~5天后菌丝即可恢复生长。5~7天菌丝开始伸入培养基内。当菌丝长满瓶后，即可直接分移栽培种，栽培种菌丝长满面瓶后，需要养菌1~2周，以增加菌丝量及增强菌丝活力后，再用于生产。

（10）观察记载。观察原种菌丝的表面形态特征。

五、教学方式

以分组的形式进行实验、讨论。

六、考核要求

掌握原种与栽培种培养基的料水比例与高压、常压蒸汽灭菌方法，要求原种与栽培种成功率在90%以上。根据提交的实验报告、实验过程与结果，评分方式为优、良、中、及格、不及格。

七、实验的报告要求

要求有观察记载数据，完成实验报告。

实验四　食用菌栽培技术

一、本次实验的目的和要求

学会平菇或金针菇栽培袋的制作方法，掌握其出菇管理技术。

二、实验内容或原理

1. 平菇与金针菇栽培袋制作

工艺流程：栽培原料配制→装袋→灭菌→冷却→搬入接种室→接种→室消毒→接种→适温培养菌丝。

2. 出菇管理

控温→调温→通风→采收→补水。

三、需用的仪器或试剂等

仪器与设备：接种箱、高压灭菌锅或常压灭菌灶、接种铲、酒精灯。

试剂：75%酒精、气雾消毒剂、棉籽壳、木屑、麸皮、石膏粉等。

四、实验步骤

（1）配方。本实验以棉籽壳为主料培养基为例。配方为：棉籽壳78%，麦麸或米糠20%，过磷酸钙1%，蔗糖1%。

（2）拌料。先根据要做原种的数量，算出各种原料的用量，然后称量、混合，加水拌料。混合时，先将棉籽壳和麦麸混合在一起，过磷酸钙和糖混溶在拌料用的水中。拌料时，边加水边搅拌，同时测试含水量。

（3）含水量的测定。拌好料后，用手抓一把培养料，捏在手中紧握，手指缝中有水印但以水不往下滴为适，此时含水量为62%~64%。

（4）装袋。将拌好的培养料装入塑料袋中央，边装边压实（但不得过紧），一直装到2/3长为宜。

（5）套环。用双套环或纤维绳扎实袋口，准备灭菌。

（6）灭菌。灭菌方法同原种栽培种的灭菌方法。

（7）接种。挑取栽培种培养基一小块，置于栽培袋中，随即按原样封口。

（8）菌丝培养。接种后的栽培袋，置于培养室培养。3~5天后菌丝即可恢复生长。5~7天菌丝开始伸入培养基内。当菌丝长满袋后，移入菇房。

（9）出菇管理。控温、调温、通风、采收、补水。

五、教学方式

以分组的形式进行实验、讨论。

六、考核要求

掌握平菇与金针菇栽培袋的制作技术，要求制袋成功率在95%以上。根据提交的实验报告、实验过程与结果，评分方式为优、良、中、及格、不及格。

七、实验的报告要求

要求有观察记载数据，完成实验报告。

实验五　食用菌栽培与加工现场参观

一、本次实验的目的和要求

通过参观食用菌栽培与加工现场，增强食用菌规模化生产或工厂化生产与食用菌加工的感性认识。

二、实验内容或原理

参观金针菇、平菇、香菇等食用菌大型菇场或加工厂。

三、需要的实验材料

无

四、实验步骤

参观→收集资料→总结、归类→撰写实验报告→课堂讨论。

实验六　食用菌电化教学

一、目的要求

通过观看食用菌生长发育和栽培新技术的录像片，让学生观看食用菌菌丝体及子实体生长发育的动态过程，了解当前不同地区食用菌栽培的特色，学习食用菌栽培新技术。

二、实验仪器

有关食用菌菌丝及子实体生长发育和栽培技术的光盘或 DVD。

三、方法步骤

在放映前，指导教师先对有关食用菌菌丝、子实体生长特点和栽培技术提出几个问题，请学生在观看时注意记录，观看完毕之后，针对问题进行讨论。

主要参考文献

常明昌，2001. 食用菌栽培技术 ［M］. 北京：中国农业出版社.

崔颂英，2010. 食用菌栽培技术 ［M］. 沈阳：东北大学出版社有限公司.

弓建国，2011. 食用菌栽培技术 ［M］. 北京：化学工业出版社.

胡清秀，2011. 食用菌栽培新技术 ［M］. 北京：中国农业出版社.

刘旭东，2008. 食用菌栽培技术 ［M］. 北京：中国林业出版社.

刘振祥，张胜，2007. 食用菌栽培技术 ［M］. 北京：化学工业出版社.

米青山，2009. 食用菌栽培实用新技术 ［M］. 北京：中国环境科学出版社.

阮淑明，2011. 食用菌栽培技术 ［M］. 厦门：厦门大学出版社.

夏志兰，2010. 珍稀食用菌栽培技术 ［M］. 长沙：湖南科技出版社.

张淑霞，2007. 食用菌栽培技术 ［M］. 北京：北京大学出版社.

张智，2011. 食用菌栽培与加工技术 ［M］. 北京：中国林业出版社.

平菇

双孢菇

香菇

木耳

草菇

银耳

灵芝

金针菇

猴头

茶树菇

杏鲍菇

鸡腿菇

竹荪　　　　　　　　　　滑菇

姬松茸　　　　　　　　　灰树花

大球盖菇　　　　　　　　羊肚菌

猪苓　　　　　　　　　　　　　茯苓

鸡油菌　　　　　　　　　　　　牛肝菌

蟹味菇　　　　　　　　　　　　黄伞